钢铁企业燃气工程设计手册

岳雷 编著

北 京

冶 金 工 业 出 版 社

2015

内 容 提 要

本手册对钢铁企业冶炼过程中产生的各种有利用价值的可燃性气体的处理工艺及技术进行了详细的介绍，包括高炉煤气、转炉煤气和焦炉煤气的生产及处理方法，集中介绍了钢铁企业近些年来应用比较广泛的燃气处理方法，并给出了设计实例。同时，针对钢铁企业内所需的主要燃气燃料（包括天然气和液化石油气），介绍了辅助性可燃气体的应用方法。

在侧重设计技术论述的前提下，本手册还对燃气设计工艺中的环保、安全和节能问题作了较全面的阐述。同时，根据新的设计概念，本手册也提出了数字工厂设计技术的方法及新计算技术的应用和推荐意见。

本手册主要面向广大冶金设计研究院的工程设计人员，可作为设计及科研人员的一手参考资料；同时，也可作为普通高等院校冶金、动力、热能等相关专业学生的参考用书。

图书在版编目（CIP）数据

钢铁企业燃气工程设计手册/岳雷编著 . —北京：冶金工业出版社，2015.3
ISBN 978-7-5024-6822-4

Ⅰ.①钢… Ⅱ.①岳… Ⅲ.①钢铁企业—煤气供给系统—系统设计—技术手册 Ⅳ.①TF055-62

中国版本图书馆 CIP 数据核字（2015）第 004356 号

出 版 人 谭学余
地　　址　北京市东城区嵩祝院北巷 39 号　邮编　100009　电话　(010)64027926
网　　址　www.cnmip.com.cn　电子信箱　yjcbs@cnmip.com.cn
责任编辑　常国平　美术编辑　彭子赫　版式设计　孙跃红
责任校对　石　静　责任印制　牛晓波
ISBN 978-7-5024-6822-4
冶金工业出版社出版发行；各地新华书店经销；北京百善印刷厂印刷
2015 年 3 月第 1 版，2015 年 3 月第 1 次印刷
787mm×1092mm　1/16；27 印张；654 千字；418 页
120.00 元

冶金工业出版社　投稿电话　(010)64027932　投稿信箱　tougao@cnmip.com.cn
冶金工业出版社营销中心　电话　(010)64044283　传真　(010)64027893
冶金书店　地址　北京市东四西大街 46 号(100010)　电话　(010)65289081(兼传真)
冶金工业出版社天猫旗舰店　yjgy.tmall.com
（本书如有印装质量问题，本社营销中心负责退换）

前　言

1978～1986 年期间，冶金工业部及其下属设计院相继编写了一些燃气设计参考资料，这些资料主要是针对当时中国钢铁行业发展情况，结合钢铁生产过程中的燃气处理过程进行编撰的。至 2014 年底，中国的高炉炼铁系统已经达到 $4000m^3$ 以上规模，转炉炼钢系统已经达到 300t 以上规模，相比较于 20 世纪 70～80 年代的生产工艺，单体设备能力增长了 30～40 倍，与主要炼铁和炼钢设备配套的燃气处理设施也有着质的变化。同时，随着高炉和转炉成套技术的飞速发展，二次能源的利用技术也突飞猛进，特别是近年在工程技术和设备制造上的突破更是令人耳目一新，干法除尘电除尘、干法布袋除尘、余热回收技术、余压发电、大型煤气储气设备的应用、清洁能源技术的应用等在宝钢、包钢、莱钢、马钢、武钢等国内大型钢厂被普遍应用，并作为节能环保项目已经较广泛地取代了 20 世纪的工程技术方法，而旧的燃气设计参考资料中相关工程设计方法基本上已经不再被提及。

同时，国家在钢铁企业安全生产监管过程中越来越重视工业企业燃气的监督。2000 年以后，《建筑设计防火规范》、《工业企业煤气安全规程》、《城镇燃气设计规范》《工业金属管道设计规范》、《压力管道安全技术监察规程——工业管道》等一系列与燃气设计相关的法律和规程规范都做了相当大的调整和条文补充，其意图不仅仅要让工业企业重视煤气的安全生产，还要提高钢铁企业内部的能源利用效率，促进产业结构升级。与此同时，一大批新的管道和设备标准也配套实施。

为适应新形势下钢铁行业及燃气工程领域的发展需求，体现现有钢铁企业主流的燃气生产、净化和利用的方法，积极响应新的规程规范，作者在收集大量相关资料的基础上，结合自己的研究成果，特编撰了本手册。

本手册集合了新设计环境下所涉及的设备技术和工艺方法，并且为广大读者提供了设计范例，不仅可以使行业内相关人员更加方便地了解燃气工程设计的要点，深入理解条文规范，还可以充分认识主要燃气设备的详细情况和性能参数的确定方法。本手册旨在为燃气设计人员或相关钢铁企业生产人员提供设计参考信息，进一步将安全、环保、节能和循环经济等现代化设计理念进行融合与拓展，积极探索数字化设计方法和 BIM 技术，使国内设计技术真正与国际接轨。

　　本手册内容主要包括高炉煤气、转炉煤气、焦炉煤气、天然气和液化石油气的处理方法，重点介绍了管道工程和气体输送方法，同时针对安全、环保、节能和数字化工厂技术进行了单独的剖析，而手册的附录部分提供了部分最新的标准数据，供行业内相关人员参考。本手册的目的是在"以人为本"和"节能环保"的设计理念下，让行业内部相关人员可以深刻地理解和认识燃气的产生、处理和综合利用过程，形成整体的概念。

　　本手册以现行标准、规范及相关的工艺技术应用成果为依据，以设计人员应掌握的专业基本知识和工艺设计方法为重点，紧密联系工程实践，运用设计规范、标准，理论联系实际，力求满足不同层次设计人员的需求，可作为本专业设计人员从事工程咨询、工程建设项目管理、专业技术管理的辅导读本。

　　本手册写作过程中参考了我国现行的高等学校推荐教材、国家有关的工程建设标准以及燃气专业的设计手册、参考资料等，并引用了一些实际的工程设计范例，在此对上述作者和单位表示感谢。感谢手册编写过程中以强烈的责任感、深厚的学术造诣为本手册进行审查，并提出宝贵意见和建议的专家。同时，各位本书的编校人员对本手册字斟句酌、精心编校，在此表示深切的感谢。

　　由于作者水平所限，本手册难免会出现纰漏，敬请广大读者提出宝贵意见。

编著者

2014 年 11 月

目　录

第一章 基础理论知识

本章主要介绍了常见可燃气体的基本物理性质和基于这些物理性质下的燃气热力学性质和燃烧特性，为以后章节提供必要的理论基础。

第一节 燃气的物理性质

一、单一气体的物理性质

单一气体的物理特性是计算各种混合燃气特性的基础数据。燃气中常见的单一气体标准状态下的主要物理热力特性值参考表1-1-1与表1-1-2。

表1-1-1 某些低级烃的基本性质

气 体		甲烷	乙烷	乙烯	丙烷	丙烯	正丁烷	异丁烷	丁烯	正戊烷
分子式		CH_4	C_2H_6	C_2H_4	C_3H_8	C_3H_6	C_4H_{10}	C_4H_{10}	C_4H_8	C_5H_{12}
相对分子质量		16.0430	30.0700	28.0540	44.0970	42.0810	58.1240	58.1240	56.1080	72.1510
摩尔容积/$m^3 \cdot mol^{-1}$		22.3621	22.1872	22.2567	21.9362	21.990	21.5036	21.5977	21.6067	20.891
密度/$kg \cdot m^{-3}$		0.7174	1.3553	1.2605	2.0102	1.9136	2.7030	2.6912	2.5968	3.4537
相对密度		0.5548	1.048	0.9748	1.554	1.479	2.090	2.081	2.008	2.671
气体常数/$kJ \cdot (kg \cdot K)^{-1}$		517.1	273.7	294.3	184.5	193.8	137.2	137.8	148.2	107.3
临界参数	临界温度/K	191.05	305.45	282.95	368.85	364.75	425.95	407.15	419.59	470.35
	临界压力/MPa	4.6407	4.8839	5.3398	4.3975	4.7623	3.6173	3.6578	4.020	3.3437
	临界密度/$kg \cdot m^{-3}$	162	210	220	226	232	225	221	234	232
热值	高热值/$MJ \cdot m^{-3}$	39.842	70.351	63.438	101.266	93.667	133.886	133.048	125.847	169.377
	低热值/$MJ \cdot m^{-3}$	35.902	64.397	59.477	93.240	87.667	123.649	122.853	117.695	156.733
爆炸极限	爆炸上限/%	5.0	2.9	2.7	2.1	2.0	1.5	1.8	1.6	1.4
	爆炸下限/%	15.0	13.0	34.0	9.5	11.7	8.5	8.5	10	8.3
黏度	动力黏度/$MPa \cdot s$	10.393	8.600	9.316	7.502	7.649	6.835	6.875	8.937	6.355
	运动黏度/$mm^2 \cdot s^{-1}$	14.50	6.41	7.46	3.81	3.99	2.53	2.556	3.433	1.85
无因次系数		164	252	225	278	321	377	368	329	383
沸点/℃		-161.49	-88	-103.68	-42.05	-47.72	-0.50	-11.72	-6.25	36.06
定压比热容/$kJ \cdot (m^3 \cdot K)^{-1}$		1.545	2.244	1.888	2.960	2.675	4.130	4.2941	3.871	5.127
绝热指数		1.309	1.198	1.258	1.161	1.170	1.144	1.144	1.146	1.121
导热系数/$W \cdot (m \cdot K)^{-1}$		0.03024	0.01861	0.0164	0.01512	0.01467	0.01349	0.01434	0.01742	0.01212

注：表中数据为温度273.15K、压强101325Pa下的值。

表1-1-2 某些气体的基本性质

气 体		一氧化碳	氢气	氮气	氧气	二氧化碳	硫化氢	空气	水蒸气
分子式		CO	H_2	N_2	O_2	CO_2	H_2S	—	H_2O
相对分子质量		28.0104	2.0160	28.014	31.9988	44.0098	34.076	28.966	18.0154
摩尔容积/$m^3 \cdot mol^{-1}$		22.3984	22.427	22.403	22.3923	22.2601	22.1802	22.4003	21.629
密度/$kg \cdot m^{-3}$		1.2506	0.0899	1.2504	1.4291	1.9771	1.5363	1.2931	0.833
气体常数/$kJ \cdot (kg \cdot K)^{-1}$		296.63	412.664	296.66	259.585	188.74	241.45	286.867	445.357
临界参数	临界温度/K	133.0	33.30	126.2	154.8	304.2	373.55	132.5	647.3
	临界压力/MPa	3.4957	1.2970	3.3944	5.0764	7.3866	8.890	3.7663	22.1193
	临界密度/$kg \cdot m^{-3}$	300.86	31.015	310.91	430.09	468.19	349.00	320.07	321.70
热值	高热值/$MJ \cdot m^{-3}$	12.636	12.745			25.348			
	低热值/$MJ \cdot m^{-3}$	12.636	10.786			23.368			
爆炸极限	爆炸上限/%	12.5	4.0				4.3		
	爆炸下限/%	74.2	75.9				45.5		
黏度	动力黏度/$\mu Pa \cdot s$	16.753	8.355	16.671	19.417	14.023	11.670	17.162	8.434
	运动黏度/$mm^2 \cdot s^{-1}$	13.30	93.0	13.30	13.60	7.09	7.63	13.40	10.12
无因次系数		104	81.7	112	131	266		122	
沸点/℃		-191.48	-252.75	-195.78	-182.98	-78.20	-60.30	-192.00	
定压比热容/$kJ \cdot (m^3 \cdot K)^{-1}$		1.302	1.298	1.302	1.315	1.620	1.557	1.306	1.491
绝热指数		1.403	1.407	1.402	1.400	1.304	1.320	1.401	1.335
导热系数/$W \cdot (m \cdot K)^{-1}$		0.0230	0.2163	0.02489	0.250	0.01372	0.01314	0.02489	0.01617

注：表中数据为温度273.15K、压强101325Pa下的值。

二、混合物的质量组成和体积组成

（一）混合气体的组分

混合气体的组分有三种表示方法：容积成分（又称体积成分）、质量成分和摩尔成分（又称分子成分）。

1. 容积成分

容积成分是指混合气体中各组分的分容积与混合气体的总容积之比，即：

$$r_1 = \frac{V_1}{V}; \quad r_2 = \frac{V_2}{V}; \quad \cdots; \quad r_n = \frac{V_n}{V} \tag{1-1-1}$$

混合气体的总容积等于各组分的容积之和，即：

$$V = V_1 + V_2 + \cdots + V_n \tag{1-1-2}$$

$$r_1 + r_2 + \cdots + r_n = \sum_1^n r_i = 1 \tag{1-1-3}$$

式中 V_1，V_2，$\cdots$，V_n——混合气体各组分的分容积，m^3；

r_1，r_2，$\cdots$，r_n——混合气体各组分的容积成分，以 r_i 表示任一组分；

n——混合气体的组分数；

V——混合气体总容积，m^3。

2. 质量成分

质量成分是指混合气体中各组分的质量与混合气体的总质量之比，即：

$$g_1 = \frac{G_1}{G}; \quad g_2 = \frac{G_2}{G}; \quad \cdots; \quad g_n = \frac{G_n}{G} \tag{1-1-4}$$

混合气体的总质量等于各组分质量之和，即：

$$G = G_1 + G_2 + \cdots + G_n \tag{1-1-5}$$

$$g_1 + g_2 + \cdots + g_n = \sum_1^n g_i = 1 \tag{1-1-6}$$

式中　G_1，G_2，$\cdots$，G_n——混合气体各组分的质量，kg；

g_1，g_2，$\cdots$，g_n——混合气体各组分的质量，以 g_i 表示任一组分；

n——混合气体的组分数；

G——混合气体总质量，kg。

3. 摩尔成分

摩尔成分是指混合气体各组分摩尔数与混合气体的总摩尔数之比，即：

$$m_1 = \frac{N_1}{N}; \quad m_2 = \frac{N_2}{N}; \quad \cdots; \quad m_n = \frac{N_n}{N} \tag{1-1-7}$$

气体的摩尔成分在数值上近似等于容积成分，混合气体的总摩尔数等于各组分摩尔数之和，即：

$$N = N_1 + N_2 + \cdots + N_n \tag{1-1-8}$$

$$m_1 + m_2 + \cdots + m_n = \sum_1^n m_i = 1 \tag{1-1-9}$$

式中　N_1，N_2，$\cdots$，N_n——混合气体各组分的摩尔数，mol；

n_1，n_2，$\cdots$，n_n——混合气体各组分的摩尔成分，以 n_i 表示任一组分；

n——混合气体的组分数；

N——混合气体总摩尔数，mol。

（二）混合物组分的换算

1. 混合气体组分换算

由混合气体的容积或摩尔成分换算为质量成分的计算方法如下：

$$g_i = \frac{r_i M_i}{\sum_{i=1}^{n} r_i M_i} \quad (i = 1, 2, \cdots, n) \tag{1-1-10}$$

由混合气体的质量成分换算为容积或摩尔成分的计算方法如下：

$$m_i = \frac{g_i/M_i}{\sum\limits_{i=1}^{n} g_i/M_i} \quad (i = 1,2,\cdots,n) \tag{1-1-11}$$

式中 M_1, M_2, $\cdots$, M_n——混合气体各组分的相对分子质量。

2. 混合液体组分换算

由混合液体的容积成分换算为质量成分的计算方法如下：

$$g_{yi} = \frac{y_i\rho_i}{\sum\limits_{i=1}^{n} y_i\rho_i} \quad (i = 1,2,\cdots,n) \tag{1-1-12}$$

由混合液体的质量成分换算为摩尔成分的计算方法如下：

$$x_{yi} = \frac{g_{yi}/M_i}{\sum\limits_{i=1}^{n} g_{yi}/M_i} \quad (i = 1,2,\cdots,n) \tag{1-1-13}$$

由混合液体的质量成分换算为容积成分的计算方法，如下：

$$y_{yi} = \frac{g_{yi}/\rho_i}{\sum\limits_{i=1}^{n} g_{yi}/\rho_i} \quad (i = 1,2,\cdots,n) \tag{1-1-14}$$

式中 y_{y1}, y_{y2}, $\cdots$, y_{yn}——混合液体各组分的容积组分；

$\quad\quad x_{y1}$, x_{y2}, $\cdots$, x_{yn}——混合液体各组分的摩尔组分；

$\quad\quad \rho_1$, ρ_2, $\cdots$, ρ_n——混合液体各组分的密度，kg/m^3。

三、混合物的密度和相对密度

（一）平均相对分子质量

混合气体平均相对分子质量的计算方法如下：

$$M = r_1M_1 + r_2M_2 + \cdots + r_nM_n \tag{1-1-15}$$

混合液体平均相对分子质量的计算方法如下：

$$M = r_1M_1 + r_2M_2 + \cdots + r_nM_n \tag{1-1-16}$$

（二）密度

单位体积的物质所具有的质量称为这种物质的密度。气体的相对密度是指气体的密度与标准状态下空气密度的比值（也称为气体的比重）；液体的相对密度是指液体的密度与标准状态下水的密度的比值（也称为液体的比重）。

混合气体的平均密度和相对密度计算方法如下：

$$\rho = \frac{M}{V_M} \tag{1-1-17}$$

$$S = \frac{\rho}{1.293} = \frac{M}{1.293 V_M} \tag{1-1-18}$$

式中 ρ——混合气体的平均密度，kg/m^3；

V_M——混合气体的平均摩尔体积，$m^3/kmol$；

S——混合气体的相对密度，空气为1。

燃气通常含有水蒸气，则湿燃气的密度可以参考式（1-1-19）来进行修正，即：

$$\rho^\omega = (\rho + d) \times \frac{0.833}{0.833 + d} \tag{1-1-19}$$

式中　ρ^ω——湿燃气的密度，kg/m^3；

ρ——干燃气的密度，kg/m^3；

d——水蒸气含量，kg/m^3 水蒸气。

第二节　热平衡、热效率与热能利用率

一、热平衡

系统的热平衡关系式为：

$$Q_{out} + Q_{in} - Q_{de} = Q_e + Q_{ab} + Q_L \tag{1-2-1}$$

式中　Q_{out}——系统外部输入热量，kJ/h；

Q_{in}——系统内部生成热量，kJ/h；

Q_{de}——系统中二氧化碳、水蒸气在高温下分解吸热量，kJ/h；

Q_e——有效利用热量，kJ/h；

Q_{ad}——化学反应热量，kJ/h；

Q_L——各项损失热量，kJ/h。

系统热平衡示意图如图1-2-1所示。

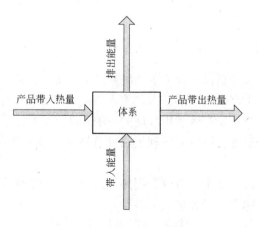

图 1-2-1　系统热平衡示意图

方程式（1-2-1）左边为输入热量。系统外部输入热量一般由三部分组成：

（1）主要输入热，系统的主要热量来源，如燃气的燃烧热、燃气的物理热和燃气中携带水分的物理热等。

（2）辅助输入热，随着供入主要输入热时必须带入的热量，如燃气燃烧时所必须供给的空气所拥有的物理热等。

（3）其他输入热，从其他系统或设备的余热等。

系统内部生成热是指有些设备在完成工艺过程时发生放热化学反应，如钢材加热过程中发生氧化反应放出的热量，这部分由化学反应产生的热量应以输入热计入。

当燃气燃烧产生的烟气温度较高时，烟气中的二氧化碳和水蒸气会发生分解反应，吸收一部分热量，这部分热量称为燃气燃烧分解吸热，应从输入热中减去。

方程式（1-2-1）右边为输出热量：

（1）有效利用热，指根据工艺要求在理论上必须获得的或消耗的热量，如在冶金加热炉中，被加热的金属要求达到所必需的温度而吸收的热量；在干燥、蒸发等工艺中，水分蒸发所吸收的热量。

（2）在某些工艺过程中，伴随发生化学系热反应，这部分被吸收的热量也是工艺过程所必需的，应作为有效利用热加以考虑。当产品或同时产生的副产品本身部分为燃料时，有效利用热应包括这部分燃料的热值。另外，还有可能存在未包括以上各项的其他有效热量。

（3）热损失是指没有被利用的热量，一般包括以下各项：排烟、排气、排水热损失；漏烟、漏气、漏水热损失；不完全燃烧热损失；炉体及设备外壳的蓄热及散热损失；各种管道的热损失；水冷吸收热损失；炉门及开孔的热辐射损失；炉门及开孔的逸漏损失；其他热损失。

针对某热力系统建立热平衡方程时，热平衡中的因次单位要统一。对各项热量进行计算时，要注意基准温度的确定，通常选择0℃或环境温度为基准温度。对于复杂的系统，可以分别进行各子系统的热平衡计算，其综合后即为全系统热平衡。对于连续工作系统，热平衡工作应在热稳定的工况下进行；间歇工作的系统，一般按一个工作周期进行计算。

二、热效率

某一系统的热效率是指该系统为了达到特定的目的，输入总热量的有效利用程度在数量上的表示，等于有效利用热量占总输入热量的百分比。热效率是衡量某一系统热量利用的技术水平和热量有效利用程度的一项经济性指标。在能量的转换和传递过程中，总会有一部分损失，所以有效利用热量总是小于输入总热量，也就是说热效率的数值总是小于1。

热效率可通过输入总热量、有效利用热量或损失热量的测量和计算来确定。有效利用热量等于输入总热量与损失热量之差。

热效率通常使用 η 表示。根据有效利用热量及输入总热量求得的热效率称为正平衡效率；根据热损失及输入总热量求得的热效率称为反热平衡效率。

正热平衡效率计算参考公式如下：

$$\eta = \frac{Q_e}{Q_0} \times 100\% \tag{1-2-2}$$

式中 η——效率,%;

        Q_e——有效利用热量,kJ/h;

        Q_0——输入总热量,kJ/h。

反平衡效率计算参考公式如下:

$$\eta = \left(1 - \frac{Q_L}{Q_0}\right) \times 100\% \tag{1-2-3}$$

式中 Q_L——损失热量,kJ/h。

实际的燃气加热燃烧系统中,往往进行着燃气燃烧和传热两个过程,为方便分析问题,可以把热效率公式和这两个过程相联系,参考公式(1-2-4),如下:

$$\eta = \frac{Q_e}{Q_0} = \frac{Q_e}{Q} \times \frac{Q}{Q_0} = \eta_1 \eta_2 \tag{1-2-4}$$

式中 Q——燃气燃烧后留在系统内的热量,kJ/h;

        η_1——燃气燃烧后留在系统内的热量占燃气燃烧放出热量的比例,%;

        η_2——有效利用热量占燃气燃烧后留在系统内热量的比例,%。

为了提高系统热效率,可以从提高 η_1 和 η_2 着手。

(1)提高 η_1 的途径:

1)提高空气的预热温度,可以有效地提高 η_1。

2)控制过剩空气系数,使过剩空气系数等于或略大于1。

3)降低系统出口烟气温度,可明显提高 η_1。

(2)提高 η_2 的途径:

1)创造良好的系统内部传热条件,使物料在炉内获得更多的热量。在工艺允许的温升速度下,提高温升速度。

2)减少系统的各项热损失,如减少孔洞逸漏和热辐射损失;采用结构合理、绝热良好的炉墙和炉顶,以减少炉体散热和蓄热损失。

三、热能利用率

热能利用率是指已得到的热量(包括余热回收和重复利用的热量),与输入总热量之比。热能利用率计算方法参考式(1-2-5):

$$\varepsilon = \frac{Q_e + Q_w + Q_d}{Q_0} \tag{1-2-5}$$

式中 ε——热能利用率,%;

        Q_w——预热回收热量,kJ/h;

        Q_d——重复利用热量,kJ/h。

如果有效热量能再次得到利用,这部分热量称为重复利用热量。例如,钢材被加热到所需温度后出炉,经某种工艺过程,钢材仍有较高的温度,若能将这部分热量进行利用,则这部分热量称为重复利用热量。热能利用率将随着有效利用热量、已重复利用热量和已回收利用热量的增加而提高。这三项热量值之和可能大于输入总热量,所以热能利用率可能大于 1。

四、热平衡计算

热平衡分析包括热收入项、热支出项两部分。

（一）热收入项

热收入项包含燃气的化学能、物理热和空气物理热三部分。

燃气的化学能：

$$Q_c = q_g^0 H_L \tag{1-2-6}$$

式中　q_g^0——燃气流量，m^3/h；

　　　H_L——燃气热值，kJ/m^3。

其中，燃气流量需要进行校核，即：

$$q_g^0 = q_g \times \frac{273.15}{273.15 + t_g} \times \frac{p_g + B}{101325} \tag{1-2-7}$$

式中　q_g——标准状态下的气体流量，m^3/h；

　　　t_g——燃气温度，℃；

　　　p_g——燃气压力，Pa；

　　　B——大气压力，Pa。

燃气的物理热：

$$Q_g = c_g q_g^0 t_g \tag{1-2-8}$$

式中　c_g——燃气从 $0 \sim t_g$ 的平均定压比热容，$kJ/(m^3 \cdot ℃)$。

空气的物理热：

$$Q_a = c_a q_a t_a \tag{1-2-9}$$

式中　c_a——空气从 $0 \sim t_g$ 的平均定压比热容，$kJ/(m^3 \cdot ℃)$；

　　　q_a——空气流量，m^3/h；

　　　t_a——空气温度，℃。

（二）热支出项

热支出项包括有效利用热量、加热设备散热、排烟热损失、辐射热损失、逸漏热损失等。

有效利用热量：

$$Q_e = G(c_2 t_2 - c_1 t_1) + G_W r_W \tag{1-2-10}$$

式中　G——被加热物件的质量，kg/h；

　　　t_1，t_2——分别为被加热物件的起始温度与终了温度，℃；

　　　c_1，c_2——分别为被加热物件的起始温度与终了温度下的比热容，$kJ/(kg \cdot ℃)$；

　　　G_W——加热过程中发生相变的组分质量，kg/h；

　　　r_W——相变潜热，kJ/kg。

加热设备的散热量：

$$Q_{br} = \sum_i K_i F_i (t_i - t_0) \qquad (1-2-11)$$

式中　K_i——加热设备某散热表面的传热系数，$kW/(m^2 \cdot ℃)$；

　　　F_i——加热设备某散热表面的面积，m^2；

　t_i，t_0——分别为加热设备某散热表面的温度、环境温度，℃。

　　排烟热损失：

$$Q_f = c_f q_f t_f \qquad (1-2-12)$$

式中　c_f——烟气自 $0 \sim t_f$ 的平均比热容，$kJ/(kg \cdot ℃)$；

　　　q_f——排烟量，m^3/h；

　　　t_f——烟气温度，℃。

　　辐射热损失：

$$Q_r = \Sigma 20.52 \left(\frac{T_1}{100}\right)^4 F\varphi \qquad (1-2-13)$$

式中　T_1——漏热处的高温处炉温，K；

　　　F——漏热处的高温处面积，m^2；

　　　φ——辐射的综合角系数。

　　燃气逸漏损失：

$$Q_{do} = \Sigma q_{do} c_{do} t_{do} \qquad (1-2-14)$$

$$q_{do} = \mu H b \sqrt{\frac{2gH(\rho_a - \rho_t)}{\rho_t}} \times \frac{273.15}{273.15 + t} \times 3600 \qquad (1-2-15)$$

式中　q_{do}——燃气逸漏量，m^3/h；

　　　t_{do}——燃气逸漏温度，℃；

　　　c_{do}——逸漏燃气的定压比热容，$kJ/(kg \cdot ℃)$；

　　b，H——分别为燃气逸漏处的宽度、高度，m；

　　　t——逸漏处燃气温度，℃；

　　　μ——流量系数，薄壁处为 0.6，厚壁处为 0.8；

　　　ρ_a——逸漏处空气密度，kg/m^3；

　　　ρ_t——逸漏处燃气密度，kg/m^3。

　　冷却设备吸收热量：

$$Q_w = c_w q_w (t_{w2} - t_{w1}) \qquad (1-2-16)$$

式中　c_w——冷却介质的比热容，$kJ/(kg \cdot ℃)$；

　　　q_w——冷却介质的流量，kg/h；

　t_{w1}，t_{w2}——分别为冷却介质进入、离开系统的温度，℃。

第三节　燃气的燃烧

一、燃烧反应

燃烧反应是燃气可燃成分在一定条件下和氧发生剧烈氧化而放出热和光。此一定条件是可燃成分和氧按一定比例呈分子状态混合，参与反应的分子在碰撞时必须具备破坏旧分子和生成新分子所需的能量，以及具有完成反应所需时间。表 1-3-1 列出了几种单一可燃气体的燃烧反应式与产生热量，其中热量分别以热效应与热值表示，其热效应或热值有高、低之分是由于前者包括完全燃烧后烟气冷却至原始温度时水蒸气以凝结水状态所放出的热量。

表 1-3-1　几种单一可燃气体的燃烧反应式与产生热量

序号	气体	燃烧反应式	热效应/$kJ \cdot kmol^{-1}$		热值/$kJ \cdot m^{-3}$	
			高	低	高	低
1	H_2	$H_2 + 0.5O_2 = H_2O$	286013	242064	12753	10794
2	CO	$CO + 0.5O_2 = CO_2$	283208	283208	12644	12644
3	CH_4	$CH_4 + 2O_2 = CO_2 + 2H_2O$	890943	802932	39842	35906
4	C_2H_2	$C_2H_2 + 2.5O_2 = 2CO_2 + H_2O$	—	—	58502	56488
5	C_2H_4	$C_2H_4 + 3O_2 = 2CO_2 + 2H_2O$	1411931	13213545	63438	59482
6	C_2H_6	$C_2H_6 + 3.5O_2 = 2CO_2 + 3H_2O$	1560898	1428792	70351	64397
7	C_3H_6	$C_3H_6 + 4.5O_2 = 3CO_2 + 3H_2O$	2059830	1927808	93671	87667
8	C_3H_8	$C_3H_8 + 5O_2 = 3CO_2 + 4H_2O$	2221487	2045424	101270	93244
9	C_4H_8	$C_4H_8 + 6O_2 = 4CO_2 + 4H_2O$	2719134	2543004	125847	117695
10	$n\text{-}C_4H_{10}$	$C_4H_{10} + 6.5O_2 = 4CO_2 + 5H_2O$	2879057	2658894	133885	123649
11	$i\text{-}C_4H_{10}$	$C_4H_{10} + 6.5O_2 = 4CO_2 + 5H_2O$	2873535	2653439	113048	122857
12	C_5H_{10}	$C_4H_{10} + 7.5O_2 = 5CO_2 + 5H_2O$	3378099	3157969	159211	148837
13	C_5H_{12}	$C_4H_{12} + 8O_2 = 5CO_2 + 6H_2O$	3538453	3274308	169377	156733
14	C_6H_6	$C_6H_6 + 7.5O_2 = 6CO_2 + 3H_2O$	3303750	3171614	162259	155770
15	H_2S	$H_2S + 1.5O_2 = SO_2 + H_2O$	562572	518644	25364	23383

二、着火

由稳定氧化反应转变为不稳定氧化反应而引起燃烧的瞬间称为着火。由于热量聚集、温度上升产生的着火称为热力着火，一般燃气等工程上着火属热力着火。可能着火的最低温度称为着火温度，一般采用实验测定，且随方法不同而有较大差异。表1-3-2 列出了某些可燃气体的着火温度。

表 1-3-2　某些可燃气体的着火温度　　　　　　　（℃）

可燃气体	CH_4	C_2H_6	C_3H_8	C_4H_{10}	C_2H_4	H_2	CO
着火温度	700	550	540	530	540	550	570

热力着火温度可由下式估算：

$$T = T_0 + \frac{R \times M}{E} \times T_0^2 \tag{1-3-1}$$

式中　T——热力着火温度，K；

　　　T_0——周围介质温度，K；

　　　R——气体常数，$J/(kg \cdot K)$；

　　　M——气体摩尔质量，g/mol；

　　　E——气体活化能，J/kmol。

三、燃气的热值

燃气一般为多组分的混合气体，其热值的计算可参考式（1-3-2）：

$$H = H_1 r_1 + H_2 r_2 + \cdots + H_n r_n \tag{1-3-2}$$

式中　　　　　　　H——燃气高热值或低热值，kJ/m^3；

H_1，H_2，$\cdots$，H_n——各可燃组分的高热值或低热值，kJ/m^3；

r_1，r_2，$\cdots$，r_n——各可燃组分的容积成分。

干、湿燃气各自高、低热值之间的换算可参考式（1-3-3）～式（1-3-6）：

$$H_h^{dr} = H_L^{dr} + 1959\left(r_{H_2}^{dr} + \sum \frac{n}{2} r_{C_mH_n}^{dr} + r_{H_2S}^{dr}\right) \tag{1-3-3}$$

$$H_h^{W} = H_L^{W} + \left[1959\left(r_{H_2}^{w} + \sum \frac{n}{2} r_{C_mH_n}^{w} + r_{H_2S}^{w}\right) + 2352 d_g\right]\frac{0.833}{0.833 + d} \tag{1-3-4}$$

$$H_h^{W} = \left(H_h^{dr} + 2352 d_g\right)\frac{0.833}{0.833 + d} \tag{1-3-5}$$

$$H_L^{W} = H_L^{dr}\frac{0.833}{0.833 + d} \tag{1-3-6}$$

式中　H_h^{dr}，H_h^{W}——干、湿燃气的高热值，kJ/m^3；

　　　H_L^{dr}，H_L^{W}——干、湿燃气的低热值，kJ/m^3；

$r_{H_2S}^{dr}$，$r_{C_mH_n}^{dr}$，$r_{H_2}^{dr}$——干燃气中 H_2S、C_mH_n、H_2 的容积成分；

$r_{H_2S}^{w}$，$r_{C_mH_n}^{w}$，$r_{H_2}^{w}$——湿燃气中 H_2S、C_mH_n、H_2 的容积成分。

四、燃烧空气需要量

燃气燃烧过程中，空气需要量分为理论空气需要量与实际空气需要量。理论空气需要量是按燃烧化学反应计量方程式实现完全燃烧所需空气量，即完全燃烧所需的最小空气量，此时过剩空气系数 $\alpha = 1$；由于燃气与空气混合不均匀而需供给过剩空气量以达到完全燃烧，实际空气需要量大于理论空气需要量，此时过剩空气系数 $\alpha > 1$。

表 1-3-3 中列出了几种常见可燃气体的理论空气需要量与理论耗氧量。

表 1-3-3　几种常见可燃气体的理论空气需要量与理论耗氧量　（m^3/m^3 干燃气）

可燃气体	理论空气需要量	理论耗氧量	可燃气体	理论空气需要量	理论耗氧量	可燃气体	理论空气需要量	理论耗氧量
H_2	2.38	0.5	C_2H_6	16.66	3.5	$i\text{-}C_4H_{10}$	30.94	6.5
CO	2.38	0.5	C_3H_6	21.42	4.5	C_5H_{10}	35.70	7.5
CH_4	9.52	2.0	C_3H_8	23.80	5.0	C_5H_{12}	38.08	8.0
C_2H_2	11.90	2.5	C_4H_8	28.56	6.0	C_6H_6	35.70	7.5
C_2H_4	14.28	3.0	$n\text{-}C_4H_{10}$	30.94	6.5	H_2S	7.14	1.5

注：燃气类型为干燃气。

燃气理论空气需要量与实际空气需要量的计算参考式(1-3-7)～式(1-3-12)。

$$V_0 = \frac{1}{0.21}\left[0.5r_{H_2} + 0.5r_{CO} + \sum\left(m + \frac{n}{4}\right)r_{C_mH_n} + 1.5r_{H_2S} - r_{O_2}\right] \quad (1\text{-}3\text{-}7)$$

式中　　　　　　　　　V_0——燃气理论空气需要量，m^3 干空气/m^3 干燃气；

r_{H_2}，r_{CO}，$r_{C_mH_n}$，r_{H_2S}，r_{O_2}——分别为 H_2、CO、C_mH_n、H_2S、O_2 的容积成分。

$$V = \alpha V_0 \quad (1\text{-}3\text{-}8)$$

式中　V——燃气实际空气需要量，m^3 干空气/m^3 干燃气；

　　　α——过剩空气系数。

当燃气低热值不大于 10500kJ/m^3 时：

$$V_0 = \frac{0.209}{1000}H_L \quad (1\text{-}3\text{-}9)$$

式中　H_L——燃气的低热值，kJ/m^3。

当燃气低热值大于 10500kJ/m^3 时：

$$V_0 = \frac{0.26}{1000}H_L - 0.25 \quad (1\text{-}3\text{-}10)$$

对天然气、石油伴生气、液化石油气等烷烃类燃气：

$$V_0 = \frac{0.268}{1000}H_L \quad (1\text{-}3\text{-}11)$$

$$V_0 = \frac{0.24}{1000}H_h \quad (1\text{-}3\text{-}12)$$

式中　H_h——燃气的高热值，kJ/m^3。

五、完全燃烧烟气量

当燃气完全燃烧发生在理论空气需要量（$\alpha = 1$）时产生的烟气量成为理论烟气

量，此时烟气成分为 CO_2、SO_2、N_2 和 H_2O，其中 CO_2 和 SO_2 合称为烟气中的三原子气体，通常采用 RO_2 表示。当烟气完全燃烧发生在实际空气需要量（$\alpha > 1$）时产生的烟气量称为实际烟气量。烟气中含有 H_2O 时为湿烟气，不含 H_2O 时为干烟气。

（一）理论烟气量

根据理论烟气的成分，理论烟气量由三部分组成，见式（1-3-13）：

$$V_f^0 = V_{RO_2} + V_{H_2O}^0 + V_{N_2}^0 \tag{1-3-13}$$

其中

$$V_{RO_2} = V_{CO_2} + V_{SO_2} = r_{CO_2} + r_{CO} + \sum m r_{C_mH_n} + r_{H_2S} \tag{1-3-14}$$

$$V_{H_2O}^0 = r_{H_2} + r_{H_2S} + \sum \frac{n}{2} r_{C_mH_n} + 1.2(d_g + V_0 d_a) \tag{1-3-15}$$

$$V_{N_2}^0 = r_{N_2} + 0.79 V_0 \tag{1-3-16}$$

式中　　V_f^0——理论烟气量，m^3/m^3 干燃气；

$V_{H_2O}^0$——理论烟气中水蒸气体积，m^3/m^3 干燃气；

$V_{N_2}^0$——理论烟气中 N_2 的体积，kg/m^3 干燃气；

V_{RO_2}——烟气中三原子气体体积，m^3/m^3 干燃气；

V_{CO_2}，V_{SO_2}——烟气中 CO_2 与 SO_2 体积，m^3/m^3 干燃气；

r_{CO_2}——CO_2 的容积成分；

d_a——空气含湿量，kg/m^3 干空气；

d_g——燃气含湿量，kg/m^3 干燃气；

r_{N_2}——N_2 的容积成分。

理论烟气量可按燃气热值作近似计算求得。

对于烷烃类燃气：

$$V_f^0 = \frac{0.239 H_L}{1000} + a \tag{1-3-17}$$

式中　a——系数，天然气，$a = 2$；石油伴生气，$a = 2.2$；液化石油气，$a = 4.5$。

对于焦炉煤气：

$$V_f^0 = \frac{0.272 H_L}{1000} + 0.25 \tag{1-3-18}$$

对于低热值小于 $12600 kJ/m^3$ 的燃气：

$$V_f^0 = \frac{0.173 H_L}{1000} + 1.0 \tag{1-3-19}$$

（二）实际烟气量

与理论烟气量相比较，由于实际烟气量产生于过剩空气系数 $\alpha > 1$ 的状态，即空气量大于理论空气需要量。过剩空气含湿量形成的实际烟气中水蒸气体积由式（1-3-20）计算：

$$V_{H_2O} = r_{H_2} + r_{H_2S} + \sum \frac{n}{2} r_{C_mH_n} + 1.2(d_g + \alpha V_0 d_a) \tag{1-3-20}$$

式中　V_{H_2O}——实际烟气中水蒸气体积，m^3/m^3 干燃气。

同时，由于空气量的增加也导致烟气中氮气量增加，并出现过剩氧，其体积分别由式（1-3-21）和式（1-3-22）计算：

$$V_{N_2} = r_{N_2} + 0.79\alpha V_0 \tag{1-3-21}$$

$$V_{O_2} = 0.21(\alpha - 1)V_0 \tag{1-3-22}$$

式中　V_{N_2}——实际烟气中 N_2 体积，m^3/m^3 干燃气；

　　　V_{O_2}——实际烟气中 O_2 体积，m^3/m^3 干燃气。

实际烟气量由式（1-3-23）计算：

$$V_f = V_{H_2O} + V_{N_2} + V_{RO_2} \tag{1-3-23}$$

式中　V_f——实际烟气量，m^3/m^3 干燃气。

实际烟气量也可以由理论烟气量换算，由式（1-3-24）计算：

$$V_f = V_f^0 + (\alpha - 1)V_0 \tag{1-3-24}$$

（三）烟气密度

标准状态下烟气密度可按照式（1-3-25）计算：

$$\rho_f^0 = \frac{\rho_g^{dr} + 1.293\alpha V_0 + d_g + \alpha V_0 d_a}{V_f} \tag{1-3-25}$$

式中　ρ_f^0——烟气密度，kg/m^3；

　　　ρ_f^{dr}——干燃气密度，kg/m^3。

六、不完全燃烧参数

（一）烟气中 CO 含量

不完全燃烧的特征是燃气中可燃成分或其不完全燃烧产物存在于烟气中，因此与完全燃烧相比，其烟气中除完全燃烧产物 RO_2、N_2、O_2 与 H_2O 外，还存在 CO、CH_4 与 H_2。由于 CO 在不完全燃烧烟气中的含量大大超过 CH_4 与 H_2 的含量，因此工程检测与计算中近似地将 CO 作为燃气不完全燃烧产物，并以此判断燃烧完全与否。烟气中 CO 含量除仪器检测外，也可由计算求得：

$$r'_{CO} = \frac{0.21 - r'_{O_2} - r'_{RO_2}(1 + \beta)}{0.605 + \beta} \tag{1-3-26}$$

$$\beta = \frac{0.395(r_{H_2} + r_{CO}) + 0.79\sum\left(m + \frac{n}{4}\right)r_{C_mH_n} + 1.18r_{H_2S} - 0.79r_{O_2} + 0.21r_{N_2}}{r_{CO_2} + r_{CO} + \sum m r_{C_mH_n} + r_{H_2S}}$$

$$\tag{1-3-27}$$

式中　r'_{CO}——干烟气中 CO 的容积成分；

　　r'_{O_2}，r'_{RO_2}——干烟气中 O_2 和 RO_2 的容积成分；

　　　β——燃气特性系数，天然气一般在 $0.75 \sim 0.80$ 之间。

当完全燃烧时，一氧化碳容积成分为零；当不完全燃烧时，一氧化碳的容积成分大于零。

（二）过剩空气系数

不完全燃烧时的过剩空气系数，通过燃气成分与检测烟气成分可由式（1-3-28）计算：

$$\alpha = \frac{0.21}{0.21 - 0.79 \times \dfrac{r'_{O_2} - 0.5r'_{CO} - 0.5r'_{H_2} - 2r'_{CH_4}}{r'_{N_2} - \dfrac{r_{N_2}(r'_{RO_2} + r'_{CO} + r'_{CH_4})}{r_{CO_2} + r_{CO} + \sum mr_{C_mH_n} + r_{H_2S}}}} \tag{1-3-28}$$

式中　r'_{N_2}，r'_{H_2}，r'_{CH_4}——干烟气中 N_2、H_2、CH_4 的容积成分。

当不完全燃烧干烟气中可燃成分以 CO 为主时，可以认为 H_2 与 CH_4 容积成分为零，当烟气中的 N_2 含量也很少时，式（1-3-28）可简化为式（1-3-29）：

$$\alpha = \frac{0.21}{0.21 - 0.79 \times \dfrac{r'_{O_2}}{r'_{N_2} - \dfrac{r_{N_2}r'_{RO_2}}{r_{CO_2} + r_{CO} + \sum mr_{C_mH_n} + r_{H_2S}}}} \tag{1-3-29}$$

当完全燃烧，同时 N_2 含量也很少时，式（1-3-29）可以做进一步简化，见式（1-3-30）：

$$\alpha = \frac{0.21}{0.21 - 0.79 \times \dfrac{r'_{O_2}}{1 - r'_{RO_2} - r'_{O_2}}} \tag{1-3-30}$$

七、燃烧温度

燃烧温度为燃烧时烟气的温度。按设定条件不同，燃烧温度分为热计量温度、燃烧热量温度、理论燃烧温度、实际燃烧温度，均由燃烧热平衡求得。

（一）热计量温度

如果燃烧在绝热状态下进行，燃气与空气的物理热和完全燃烧产生的化学热用于加热烟气，此时烟气的温度称为热量计温度。其计算公式参考式（1-3-31）：

$$t_c = \frac{H_L + (c_g + 1.20c_{H_2O}d_g)t_g + \alpha V_0(c_a + 1.20c_{H_2O}d_a)t_a}{V_{RO_2}c_{RO_2} + V_{H_2O}c_{H_2O} + V_{N_2}c_{N_2} + V_{O_2}c_{O_2}} \tag{1-3-31}$$

式中　　　　　　　　　t_c——热量计温度，℃；

c_g，c_a，c_{RO_2}，c_{H_2O}，c_{N_2}，c_{O_2}——燃气、空气、RO_2、水蒸气、N_2、O_2 的定压比热容，$kJ/(m^3 \cdot ℃)$；

t_g，t_a——燃气与空气的温度，℃；

V_{O_2}——干燃气完全燃烧所产生的烟气中 O_2 的体积，m^3/m^3。

几种常见单一气体的平均定压比热容见表 1-3-4。

表 1-3-4　几种常见单一气体的平均定压比热容　　（kJ/（m³·℃））

气　体	平均定压比热容	气　体	平均定压比热容	气　体	平均定压比热容
H_2	1.298	C_3H_6	2.675	CO_2	1.620
CO	1.302	C_3H_8	2.960	SO_2	1.779
CH_4	1.545	$n\text{-}C_4H_{10}$	3.710	O_2	1.315
C_2H_2	1.909	$i\text{-}C_4H_{10}$	3.710	N_2	1.302
C_2H_4	1.888	C_6H_6	3.266	空　气	1.306
C_2H_6	2.244	H_2S	1.557	水蒸气	1.491

（二）燃烧热量温度

燃烧在绝热与 $\alpha=1$ 状态下进行时，燃气完全燃烧产生的化学热用于加热烟气，但不计燃气与空气的物理热，即 $t_g=t_a=0$，此时烟气温度称为燃烧热量温度。其计算公式参考式（1-3-32）：

$$t_{ther} = \frac{H_L}{V_{RO_2}c_{RO_2} + V_{H_2O}c_{H_2O} + V_{N_2}c_{N_2} + V_{O_2}c_{O_2}} \tag{1-3-32}$$

式中　t_{ther}——燃烧热量温度，℃。

（三）理论燃烧温度

当考虑因不完全燃烧而导致的热量损失，包括 CO_2 和 H_2O 的分解吸热（当烟气温度低于 1500℃时，可不计分解吸热），此时烟气温度称为理论燃烧温度。其计算公式参考式（1-3-33）：

$$t_{th} = \frac{H_L - Q_c + (c_g + 1.20c_{H_2O}d_g)t_g + \alpha V_0(c_a + 1.20c_{H_2O}d_a)t_a}{V_{RO_2}c_{RO_2} + V_{H_2O}c_{H_2O} + V_{N_2}c_{N_2} + V_{O_2}c_{O_2}} \tag{1-3-33}$$

式中　t_{th}——理论燃烧温度，℃；

Q_c——不完全燃烧损失的热量，kJ/m³ 干燃气。

（四）实际燃烧温度

由于实际燃烧过程中除不完全燃烧热损失之外，必然发生向周围介质的散热损失，因此同时考虑不完全燃烧热损失与周围介质散热损失情况下烟气的温度称为实际燃烧温度。其计算公式参考式（1-3-34）：

$$t_{atc} = \frac{H_L - Q_c - Q_e + (c_g + 1.20c_{H_2O}d_g)t_g + \alpha V_0(c_a + 1.20c_{H_2O}d_a)t_a}{V_{RO_2}c_{RO_2} + V_{H_2O}c_{H_2O} + V_{N_2}c_{N_2} + V_{O_2}c_{O_2}}$$

$$\tag{1-3-34}$$

式中　t_{atc}——实际燃烧温度，℃；

Q_e——散热损失，kJ/m³ 干燃气。

实际燃烧温度低于理论燃烧温度，它们的差值取决于燃烧工艺、炉结构等因素，两者的关系由经验式（1-3-35）确定。

$$t_{atc} = \mu t_{th} \tag{1-3-35}$$

式中　μ——高温系数，参见表1-3-5。

表1-3-5　常用燃烧设备的高温系数

燃 烧 设 备	μ	燃 烧 设 备	μ
带火道无焰燃烧器	0.9	隧道炉	0.75~0.82
锻造炉	0.66~0.70	竖井式水泥窑	0.75~0.80
无水冷壁锅炉炉膛	0.70~0.75	平　炉	0.71~0.74
有水冷壁锅炉炉膛	0.65~0.70	回转式水泥窑	0.65~0.85
有炉门室炉	0.75~0.80	高炉空气预热器	0.77~0.80
连续式玻璃池炉	0.62~0.68		

第二章 高炉煤气

高炉煤气是高炉炼铁工艺的主要副产品之一,是冶金企业节能回收利用的主要对象。近年来,高炉煤气动能回收利用方法、净化回收工艺、加压输送方法和大规模存储等技术都有了较大的发展,这些技术的发展直接提高了行业内部对高炉煤气的使用效率,不仅有利于缓解钢铁企业内部能源供应紧张的问题,还提高了环境保护水平,降低了生产能耗。本章将着重介绍高炉煤气的性质、余能利用方法,以及新的煤气处理工艺方法。

第一节 高炉煤气的基本性质

一、高炉煤气的发生

高炉煤气主要由高炉产生,产生后的高炉煤气的温度和压力都较高,温度在250℃以上、压力在0.15MPa以上。高炉煤气的温度和压力主要与高炉的规模和生产状态有关,在事故状态下,高炉煤气的温度和压力相对较低。

高炉煤气产生后被输送至除尘系统,高炉煤气除尘一般分为干法除尘和湿法除尘两类,这两类除尘方法的目的在于将气体中的含尘量降低至 $10mg/m^3$ 以下。

经过除尘后的高炉煤气被输送至余压透平发电设备(TRT),进行降压、发电,余压透平发电设备与减压阀组并联,当透平发电设备故障或煤气发生量过大时,使用减压设备降压。

经净化、减压后的高炉煤气将被输送到加压站,经加压后给用户。如果经过余压透平发电设备或减压阀组后,克服管道阻力损失,高炉煤气压力依旧可以满足用户需求,则煤气可以直接供给用户;如果用户对高炉煤气的使用压力较高,可以通过加压风机提高高炉煤气的压力,使其达到用户要求进行输送。

高炉煤气柜与用户管网并联,主要起平衡管网压力的作用。当高炉煤气发生量增加时,高炉煤气柜回收多余的高炉煤气;当高炉煤气发生量减少时,高炉煤气柜向管网补充高炉煤气。高炉煤气柜在整个煤气输送管网系统中,起到稳定压力的作用,克服了高炉炼铁过程中,煤气发生量波动的缺点。

高炉煤气处理流程如图 2-1-1 所示。

二、高炉煤气的性质

(一)高炉煤气的成分

高炉煤气主要由大中型高炉产生,影响其成分的因素主要有鼓风的成分、喷吹物

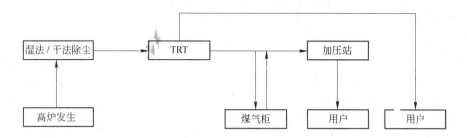

图 2-1-1　高炉煤气处理流程

成分、炉内煤气利用情况、燃烧比、焦炭成分、铁矿石成分等。高炉煤气的成分可参考表 2-1-1。

表 2-1-1　高炉煤气成分　　　　　　　　　　　　（%）

煤气成分	比　例	煤气成分	比　例
CO_2	16 ~ 22	N_2	53 ~ 57
CO	21 ~ 26	C_nH_m	少　量
H_2	1 ~ 4		

（二）高炉煤气的基本发生量

因为高炉煤气中的惰性气体含量较多，所以高炉煤气的热值相对较低，一般在 2760 ~ 3720kJ/m^3 之间。高炉煤气产量较大，随着煤气余热、余压利用技术的发展，高炉煤气一般将会经过煤气余压发电（TRT）、干法除尘或湿法除尘等工艺进行处理后，被输送入炼铁、炼钢、轧钢等工艺流程系统重新利用。

高炉煤气发生量的一般计算方法有两种，主要分为热风量计算法和焦比计算法。

根据高炉鼓风量进行计算，如下：

$$V_G = (1.35 ~ 1.38)FM \qquad (2-1-1)$$

式中　V_G——高炉煤气发生量，m^3/h；

　　　　F——高炉单位鼓风量，m^3/t；

　　　　M——高炉小时产铁量，t。

在高炉喷吹过程中往往会喷吹重油、煤粉或焦炭等，此时高炉煤气产量的计算方法如下：

$$V_G = (B_1C_1 + B_2C_2 + B_3C_3)M \qquad (2-1-2)$$

式中　B_1，B_2，B_3——分别为焦炭、重油、煤粉的煤气产率；

　　　　C_1，C_2，C_3——分别为焦比、重油比、煤比。

在式（2-1-2）中，焦炭、重油和煤粉的煤气产率可以参考表 2-1-2 来进行取值。焦比、重油比、煤比需要根据炼铁工艺进行调整，但是这些参数的基本取值范围根据一般工程经验不会有太大变化，因此利用这种方法可以进行高炉煤气发生量的估算。

表 2-1-2　焦炭、重油和煤粉的煤气产率　　　　　　　　（m³/t）

名　称	煤气产率	名　称	煤气产率
焦　炭	3300～3500	煤　粉	2500～2700
重　油	4600～5000		

（三）高炉煤气的损失量

高炉煤气在余压利用、除尘和输送过程中，会产生一定量的损失和管道泄漏，一般整体比率在 3%～5% 之间，根据国家相关标准规范规定，煤气管道的输送损失应不大于 2%，因此高炉煤气损失中的一大部分在于设备的泄漏。高炉煤气设备泄漏损失率参见表 2-1-3。

表 2-1-3　高炉煤气设备泄漏损失率　　　　　　　　　　（%）

损　失　项　目	小时损失率	年损失率
大型高炉、除尘	3	5
小型高炉、除尘	4	7
大型高炉煤气输送	0.5	1
小型高炉煤气输送	1	2

第二节　高炉煤气重力除尘

无论高炉大小，重力除尘器是高炉煤气除尘设备的第一级。高炉煤气所使用的焦炭、重油、煤粉的发热量中，约有 30% 转变为炉顶煤气的潜热，因此充分利用这些气体的潜热对于节约能源是非常重要的。但是，从高炉引出的炉顶煤气中还含有大量灰尘，不能直接使用，必须经过除尘处理。

高炉煤气最常用的除尘流程如图 2-2-1 和图 2-2-2 所示。

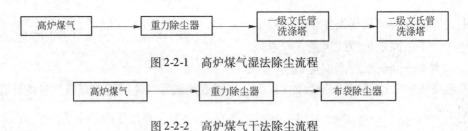

图 2-2-1　高炉煤气湿法除尘流程

图 2-2-2　高炉煤气干法除尘流程

本节将着重介绍高炉煤气重力除尘器的应用与设备计算方法，并于第三节与第四节分别介绍文氏管与布袋除尘器相关的高炉煤气除尘流程设计。

一、重力除尘器区域布置与设备结构及附件

（一）重力除尘器区域布置

高炉煤气重力除尘器一般布置在铁罐线的一侧，采用高架式布置，清灰口以下的

净空应满足火车或汽车的通过要求，同时重力除尘器区域布置首先应满足以下要求：

（1）新建高炉的除尘器应位于高炉铁口、渣口 10m 以外的地方。

（2）新建高炉煤气区域附近应避免设置常有人工作的地沟；如果必须设置，应使沟内空气流通，防止积存煤气。

（3）新建高炉煤气净化设备应布置在宽敞的地区，保证设备间有良好的通风。各单独设备间的净距不应少于 2m，设备与建筑物间的净距不应少于 3m。

（二）重力除尘器设备结构

高炉煤气重力除尘器系统可参考附录 A。由于近年来炼铁技术的发展，高炉煤气净化工艺及相关配套设备又有了较大的技术进步，重力除尘器在外形与内部构造上也有了一定的变化，特别是如何优化重力除尘器内部的风场使重力除尘器可以更高效地发挥作用。

高炉煤气重力除尘器一般采用垂直型，属于风力分选器，且入口含尘气流流动方向与粉尘粒子重力方向相同，可以除去沉降速度大于气流上升速度的粒子。气流从煤气管道输送进入除尘器后，因挡板转变方向，大粒子沉降在锥体周围，顺顶管落下。一般情况下，这类除尘器的直径应为烟道的 2.5 倍，这时，气体进入沉降室的流速为烟道流速的 1/6 左右。一般重力除尘器的尘粒去除效率与粒径的关系如图 2-2-3 所示。

高炉煤气除尘器结构设计可参考以下数据：

（1）除尘器直径必须保证煤气在标准状况下的流速不超过 0.6～1.0m/s。

（2）除尘器直筒部分的高度，要求能保证煤气停留时间不小于 12～15s。

（3）除尘器下部圆锥面与水平面的夹角应大于 50°。

（4）除尘器内喇叭口以下的积灰体积应能具有足够的富余量（至少满足 3 天以上的积灰量）。

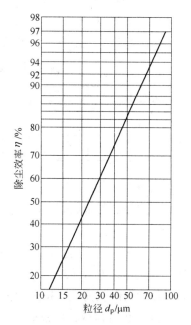

图 2-2-3　重力除尘器除尘
效率与粒径的关系

（5）粗煤气在除尘器设备及设备连接的管道中的流速应满足表 2-2-1 中的要求。

（6）除尘器内喇叭管垂直倾角应在 5°～6.5°之间，下口直径应为除尘器直径的 0.55～0.7 倍，喇叭管上部长度为直径的 4 倍。

（7）重力除尘器应设置蒸汽或氮气接管头。

（8）除尘器顶端至切换阀之间，应有蒸汽、氮气接管头。除尘器顶部及各煤气管道最高点应设放散阀。

（9）在除尘器及粗煤气管内，易磨损处一般均衬铸钢衬板，其余部分砌黏土砖保护，砌砖时砌体厚度为113mm。为使砌砖牢固，每隔1.5～2.0m焊接托板。

表2-2-1　重力除尘器及粗煤气管道中煤气流速范围　　（m/s）

序　号	设备及管道	流　速
1	炉顶煤气溢出口	3～4
2	导出管与上升管	5～7
3	下降管	6～9
		10（设计参考速度）
4	下降总管	7～11
5	重力除尘器	0.5～1

（三）重力除尘器附件

1. 平台荷载

作用在除尘器平台上标准荷载分布可参考表2-2-2。

表2-2-2　作用在除尘器平台上的标准荷载分布　　（kN/m²）

序　号	平台和梯子位置	正常荷载	附加荷载
1	清灰阀平台	4	10
2	其他平台及走梯	2	4

2. 温度荷载

重力除尘器金属壳外的计算温度：正常值为80℃；附加值为100℃。

3. 灰荷载

重力除尘器内的灰荷载：除尘器前和粗煤气管道布置在前述角度和流速范围内时，一般不考虑灰荷载。

除尘器内灰荷载可按下列情况考虑：

（1）正常荷载，可按照高炉一昼夜的煤气灰吹出量计算。

（2）附加荷载，清灰制度不正常或除尘器内积灰未全部放净，荷载可按照正常荷载的2倍计算。

（3）特殊荷载，按照除尘器内最大可能积灰极限计算，煤气灰密度一般可按照1.8～2.0t/m³计算。

4. 气体荷载

除尘器内的气体荷载分为：

（1）正常荷载。高压操作时，按设计采用的最高炉顶压力；常压操作时，一般为10～30kPa。

（2）附加荷载。按照风机发挥最大能力时，可能达到的最高炉顶压力。

（3）特殊荷载。按爆炸压力400kPa正压及10kPa负压考虑。

二、重力除尘器工艺计算

（一）除尘器内沉降速度计算

重力除尘器的尘粒沉降速度可以近似求得。一般设烟气中含有的尘粒为球形，粒径在 1～100mm 范围内，尘粒在沉降时仅受到烟气的阻力。

$$F_g = \frac{\pi}{4}d_s^3(\rho_k - \rho_1)g \qquad (2\text{-}2\text{-}1)$$

式中　F_g——尘粒的沉降力，N；

　　　　d_s——尘粒的当量直径，m；

　　　　ρ_k——尘粒的密度，kg/m³；

　　　　ρ_1——烟气的密度，kg/m³；

　　　　g——重力加速度，m/s²。

$$F = 3\pi\mu d_s w_s \qquad (2\text{-}2\text{-}2)$$

式中　F——烟气阻力，N；

　　　　μ——烟气黏度，Pa·s；

　　　　w_s——灰粒的沉降速度，m/s。

当尘粒种类和直径以及烟气状态一定时，尘粒的沉降力 F_g 为一定值。在此情况下，灰粒由静止状态开始沉降时，由于沉降速度很小，因此当 $F < F_g$ 时，尘粒呈等加速度沉降过程中，下降速度不断增加，则烟气阻力 F 不断增加；当达到 $F_g = F$ 时，尘粒的下降速度不再增加，而以等速度不断沉降，此速度则称为尘粒的沉降速度，其计算公式参考式（2-2-3）：

$$w_s = \frac{d_s^2(\rho_k - \rho_1)}{18\mu}g \qquad (2\text{-}2\text{-}3)$$

尘粒直径计算参考式（2-2-4），同时可参考图 2-2-4。在实际工程计算中，还要对 d_s 进行修正，采用修正系数为 0.65，则：

$$d_s = 0.65\sqrt{\frac{18\mu w_s}{(\rho_k - \rho_1)g}} \qquad (2\text{-}2\text{-}4)$$

（二）除尘器压降计算

重力除尘器的压力降主要由出口、入口的局部阻力损失和除尘器本体的沿程阻力损失等组成。一般重力除尘器的压降很

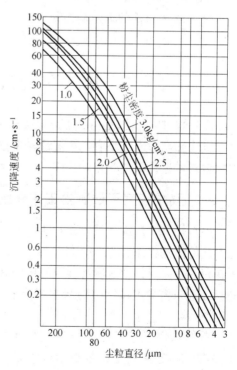

图 2-2-4　尘粒粒径与沉降速度的关系

小，在几十帕左右，而且一般主要损失是在入口处，因此可以将入口做成喇叭形或设置气流分布板以减少涡流损失。除尘器压降计算参考式(2-2-5)~式(2-2-9)。

$$\Delta p = \left(f \frac{L}{R_h} + \varepsilon_i + \varepsilon_o \right) \frac{\rho_g v^2}{2} \qquad (2\text{-}2\text{-}5)$$

$$f = 0.00135 + 0.099 Re^{-0.3} \qquad (2\text{-}2\text{-}6)$$

$$R_h = \frac{BH}{2(B+H)} \qquad (2\text{-}2\text{-}7)$$

$$\varepsilon_i = \left(\frac{BH}{A_i} - 1 \right)^2 \qquad (2\text{-}2\text{-}8)$$

$$\varepsilon_o = 0.45 \left(1 - \frac{BH}{A_o} \right) \qquad (2\text{-}2\text{-}9)$$

式中 f——除尘器内摩擦系数；

R_h——除尘器的水力半径，m；

ε_i——入口阻力系数；

ε_o——出口阻力系数；

Re——雷诺数；

B——除尘器的当量直径，m；

H——除尘器的高度，m；

A_i——入口前的管道截面积，m^2；

A_o——出口前的管道截面积，m^2。

第三节 高炉煤气干法除尘

高炉煤气除尘方法主要分为干法除尘与湿法除尘，随着高炉煤气除尘技术的推广，干法除尘技术逐渐取代了湿法除尘技术。国内主要的钢铁企业都使用高炉煤气干法除尘技术进行煤气净化。

一、高炉煤气干法除尘工艺介绍

高炉煤气干法除尘技术是近十几年来兴起的高炉煤气净化技术，其主要依靠布袋对粉尘的过滤作用，来净化高炉煤气。高炉煤气通过净化箱体后，所含的粉尘将被吸附在布袋上。可以通过脉冲氮气将吸附在布袋上的灰尘吹散，使灰尘进入灰仓，通过卸灰装置来将除尘箱体中的灰尘收集后进行处理。高炉煤气布袋除尘工艺流程如图2-3-1所示。

布袋除尘工艺流程计算过程中可以通过过滤符合的判定方法来确定过滤面积，进而确定使用箱体数目；也可以直接确定反吹风速来确定过滤面积，进而确定使用箱体数目。一般情况下，都会在计算箱体数目上增加一个备用箱体。为了

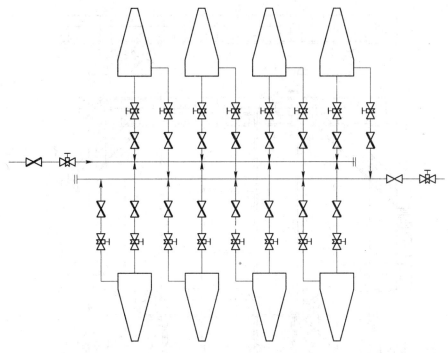

图 2-3-1　高炉煤气布袋除尘工艺流程

减轻布袋除尘器的过滤负荷、保护布袋除尘器设备，一般会在布袋除尘器组前增加重力除尘装置，将一些可以通过自然沉降的颗粒直接过滤掉，防止大颗粒进入布袋内堵塞布袋。

二、高炉煤气干法除尘设备

高炉煤气脉冲喷吹袋式除尘器是以氮气为清灰动力，利用脉冲喷吹机构在瞬间放出氮气，诱导数倍的二次空气高速射入滤袋，使滤袋急剧膨胀，依靠冲击振动和反向气流而清灰的袋式除尘器。采用脉冲喷吹的清灰方式，具有清灰效果好、净化效率高、处理气量大、维修工作量小、运行安全可靠等优点，但其控制系统较为复杂、维护管理水平要求较高，并且需要有稳定的氮气供给。

高炉煤气脉冲袋式除尘器的结构特点是箱体为圆筒形，上部安装防爆阀，灰斗卸灰装置下有储灰器和卸灰阀。其喷吹系统各部件都有良好的空气动力学特征，脉冲阀阻力低、启动快、清灰能力强，且直接利用袋口起作用，省去了传统的引射器，因此清灰压力只需 0.15~0.3MPa；滤袋长度可达 6m，占地面积小，滤袋以缝在滤袋口的弹性膨胀圈嵌在天花板上，拆装滤袋方便，减少了人与粉尘的接触。布袋除尘结构如图 2-3-2 所示，其选型参见附录 B。

单体高炉煤气布袋除尘器一般按照过滤风速 0.8m/min 进行计算设计，内部滤袋可以根据具体情况进行调整，布袋除尘器的处理风量一般为理想风量，与过滤风速成正比。单体筒体性能参数见表 2-3-1。

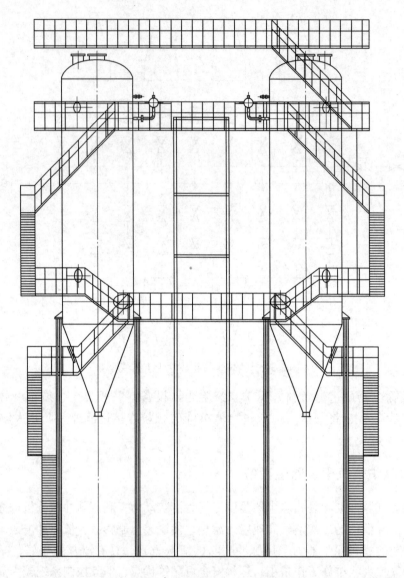

图 2-3-2 布袋除尘器结构示意图

表 2-3-1 单体筒体性能参数

筒体内径 /mm	脉冲阀		滤 袋		过滤面积 /m²	处理风量 /m³·h⁻¹
	型号	数量/个	规格/mm×mm	数量/条		
φ2600	YA-3	9	φ130×6000	99	243	11664
φ2700	YA-3	10	φ130×6000	112	275	13200
φ2800	YA-3	10	φ130×6000	120	294	14112

续表 2-3-1

筒体内径 /mm	脉冲阀		滤 袋		过滤面积 /m²	处理风量 /m³·h⁻¹
	型号	数量/个	规格/mm×mm	数量/条		
φ2900	YA-3	11	φ130×6000	131	321	15408
φ3000	YA-3	11	φ130×6000	139	341	16368
φ3100	YA-3	11	φ130×6000	148	363	17424
φ3200	YA-3	12	φ130×6000	160	392	18816
φ3300	YA-3	12	φ130×6000	170	417	20016
φ3400	YA-3	13	φ130×6000	186	456	21888

三、高炉煤气干法除尘工艺计算

（一）布袋过滤面积计算

布袋除尘器的过滤面积分为两部分，即有效过滤部分和无效过滤部分，无效过滤部分一般会占到总过滤面积的 5%～10%。

箱体中的无效过滤部分主要包含加工死区和积灰死区。干式除尘所有的滤袋在加工过程中，要固定在护板或者是短管上，有的还要吊起来固定在袋帽上，所以滤袋两端需要双层缝制甚至多层缝制；双层缝制的这部分因阻力加大已经无过滤作用，同时有的滤袋中间还要加固定环，这部分也没有过滤作用。而布袋在工作过程中，布袋内部会有一定量的积灰，此部分也没有过滤能力。

布袋除尘器布袋的过滤面积计算方法参考式（2-3-1）：

$$S = S_1 + S_2 \tag{2-3-1}$$

式中 S——布袋除尘器布袋的过滤面积，m²；

S_1——有效过滤面积，m²；

S_2——无效过滤面积，m²。

有效过滤面积的计算方法可以根据过滤负荷法来计算，也可以根据反吹风速法来计算。根据过滤负荷法来计算时，根据现有材料特性，过滤负荷一般取 34m³/(m²·h)。过滤负荷大于 34m³/(m²·h) 会使箱体负担过重，箱体容易老化；而当过滤负荷小于 34m³/(m²·h) 时，箱体负荷不够导致箱体浪费。但是，随着过滤材料的变更，这种计算方法的计算偏差比较大。

过滤负荷计算法计算有效过滤面积参考式（2-3-2）：

$$S_1 = \frac{Q}{G} \tag{2-3-2}$$

式中 Q——高炉煤气实际流量，m³/h；

G——过滤负荷，m³/(m²·h)。

过滤风速计算方法计算有效过滤面积参考式（2-3-3）。针对不同种类的含尘气体，过滤风速可参考表2-3-2。

$$S_1 = \frac{Q}{60v} \qquad (2\text{-}3\text{-}3)$$

式中　Q——高炉煤气实际流量，m^3/h；

　　　v——过滤风速，m/min。

表2-3-2　过滤风速　　　　　　　　　　（m/min）

粉尘种类	清灰方式	
	反吹风	脉冲喷吹
炭黑，氧化硅，铝、锌的升华物以及其他在气体中由于冷凝和化学反应而形成的气溶胶，活性炭，由水泥窑排出的水泥	0.33～0.60	0.8～1.2
铁及铁合金的升华物、铸造尘、氧化铝、由水泥磨排出的水泥、碳化炉升华物、石灰、刚玉、塑料、铁的氧化物、焦粉、煤粉	0.45～1.0	1.0～2.0
滑石粉、煤、喷砂清理尘、飞灰、陶瓷生产的粉尘、炭黑（二次加工）、颜料、高岭土、灰石灰、矿石、铝土矿、水泥（来自冷却器）	0.6～1.2	1.5～3.0

（二）布袋除尘箱体

布袋箱体数目计算方法主要根据箱体结构和单条布袋来进行确定。单条布袋过滤面积参考式（2-3-4），箱体数目计算参考式（2-3-5）。

$$S_d = \pi Dl \qquad (2\text{-}3\text{-}4)$$

式中　S_d——单条布袋过滤面积，m^2；

　　　D——布袋直径，m；

　　　l——单条长度，m。

$$N = \frac{S}{S_d n} \qquad (2\text{-}3\text{-}5)$$

式中　N——布袋箱体个数，台；

　　　n——每台箱体中的布袋数量，条/台。

（三）布袋除尘压力降

布袋除尘器的阻力主要由三部分组成：设备进口和出口的阻力损失、滤袋和滤料阻力、粉尘层阻力。滤袋阻力一般为50～150Pa，而粉尘层阻力为滤袋阻力的5～10倍。根据不同的滤袋材料，所产生的过滤阻力也不一样，过滤阻力可以参考式（2-3-6）计算。常用滤料特性参数参见表2-3-3。

$$\Delta p_g = (A + B)vm \qquad (2\text{-}3\text{-}6)$$

式中 Δp_g——过滤阻力，Pa；

    A——吸附粉尘过滤系数；

    B——滤袋阻力系数；

    m——滤料性能系数。

表 2-3-3　常见滤料特性参数

序号	滤料名称	粉尘负荷 /g·m⁻²	滤料厚度 /mm	A	B	m	滤料单位面积 质量/g·m⁻²
1	细结构棉毛织物	305~1139	3.75	5.03×10^{-2}	0.24~0.90	1.01	463
2	半羊毛织斜纹布	117~367	1.6	5.34×10^{-2}	0.23~0.73	1.11	300
3	粗平纹布	201~361	0.6	3.24×10^{-2}	0.18~0.33	1.17	171
4	毛织厚绒布	145~603	1.56	4.97×10^{-2}	0.17~0.72	1.10	255
5	棉织厚绒布	183~330	1.07	7.56×10^{-2}	0.45~0.82	1.14	362

四、高炉煤气干法除尘设计方法

（一）高炉煤气布袋除尘器区域布置

高炉煤气布袋除尘器一般布置在铁罐线的一侧与重力除尘器同区域布置，采用高架式布置，清灰口以下的净空应满足火车或汽车的通过要求，同时布袋除尘器区域布置首先应满足以下要求：

（1）新建高炉的除尘器应位于高炉铁口、渣口 10m 以外的地方。

（2）新建高炉煤气区域附近应避免设置常有人工作的地沟；如必须设置，应使沟内空气流通，防止积存煤气。

（3）新建高炉煤气净化设备应布置在宽敞的地区，保证设备间有良好的通风。各单独设备间的净距不应少于 2m，设备与建筑物间的净距不应少于 3m。

（二）高炉煤气布袋除尘器设备

1. 设备结构基本要求

（1）布袋除尘器煤气出入口应设有可靠的隔断装置。

（2）布袋除尘器每个箱体应设有放散管。

（3）布袋除尘器应设有煤气高、低温报警和低压报警装置。

（4）布袋除尘器箱体采用泄爆装置。

（5）布袋除尘器反吹清灰时，不应采用在正常操作时用粗煤气向大气反吹的方向。

（6）布袋箱体向外界卸灰时，应有防止煤气外泄的措施。

2. 设备基本结构

布袋除尘器基本结构可以分为两种：一般型布袋除尘器和灰仓型布袋除尘器。灰仓型布袋除尘器与一般型布袋除尘器的区别主要在于其存灰量大、过滤面积小。灰仓型布袋除尘器一般用于大型高炉布袋除尘系统中，作为灰收集器布置于除尘器组末端。除尘器滤袋过滤方式采用外滤式，滤袋内衬有笼形骨架，以防被气流压扁，滤袋口上方相应设置与布袋排数相等的喷吹管。在过滤状态时，荒煤气进口气动蝶阀及净煤气出口气动蝶阀均打开，随煤气气流的流过，布袋外壁上积灰逐渐增多，布置在各箱体布袋上方的喷吹管实施周期性大的动态脉冲氮气反吹，将沉积在滤袋外表面的灰膜吹落，使其落入下部灰斗中。在某一箱体进行反吹时，也可以将这一箱体出口阀关闭，清灰后应及时启动机械化卸、输灰系统。

一般型布袋除尘器包括筒体、布袋喷吹系统、花板组件、布袋龙骨、格子板、介质进出口、支座和安全附件设施等，主要设备结构示意图如图 2-3-3 ~ 图 2-3-6 所示。布袋除尘器配有两个氮气喷吹用气包。

大灰仓布袋除尘器包括筒体、布袋喷吹系统、花板组件、布袋龙骨、介质进出

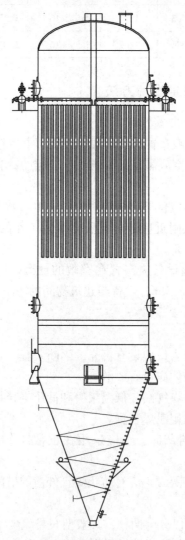

图 2-3-3 布袋除尘器结构示意图

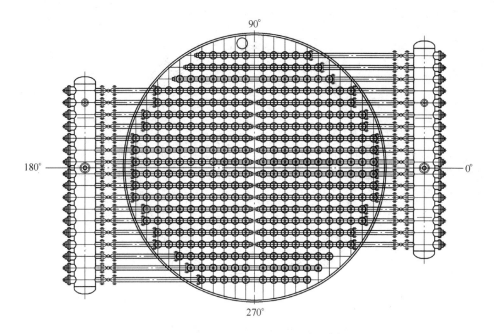

图 2-3-4 布袋除尘器龙骨结构示意图

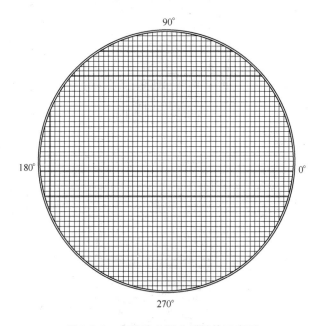

图 2-3-5 布袋除尘器花板结构示意图

口、支座和安全附件设施等，主要设备结构示意图如图 2-3-7 ~ 图 2-3-9 所示。大灰仓在结构上没有格子板，同时布袋长度仅有一般型布袋除尘器的三分之一，大灰仓本体的过滤面积相对较小。由于过滤面积小，因此大灰仓仅配一个氮气喷吹用气包。

布袋除尘器设备可参考附录 B。

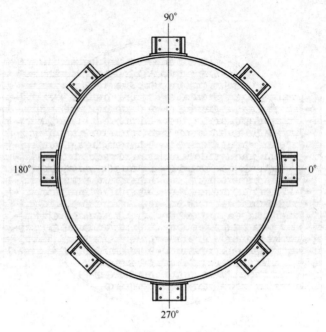

图 2-3-6　布袋除尘器地脚结构示意图

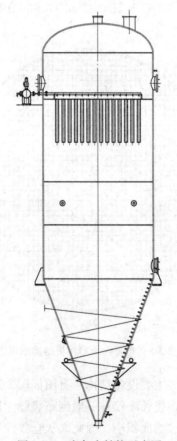

图 2-3-7　大灰仓结构示意图

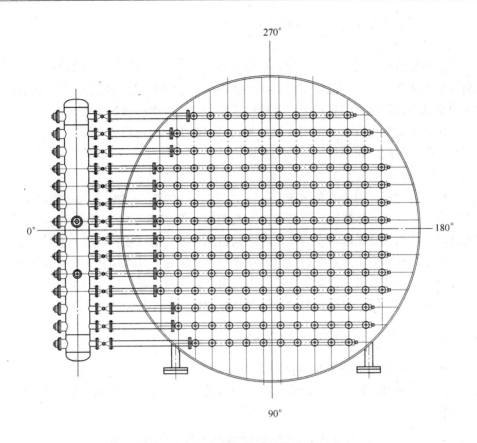

图 2-3-8　大灰仓布袋龙骨结构示意图

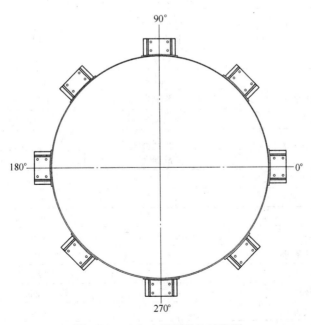

图 2-3-9　大灰仓地脚结构示意图

（三）高炉煤气布袋除尘输灰方式

1. 刮板机输灰

采用刮板机输灰形式，需要配备刮板机和辅助输灰装置。一般将输灰系统布置在布袋除尘器灰斗下方，当除尘器内灰斗积灰到一定程度时，打开灰斗下方的卸灰阀，灰斗内的灰直接泄漏在刮板机上，使用皮带将积灰运输出布袋除尘器区。

利用这种方法进行输灰不用设置大灰仓，但是由于输灰系统为露天设置、输灰能力相对有限，因此仅在小型高炉中配套使用。

2. 气力输灰

采用气力输灰，需要配备大灰仓存灰，气力输灰系统主要配套大中型高炉使用。除大灰仓外，其余的布袋除尘器底部卸灰阀与输灰管道相连接。当需要进行输灰时，使用高压氮气喷吹将底部灰斗内的积灰吹入输灰管道，通过输灰管道将灰输送进入大灰仓。大灰仓底部配备卸灰阀，可以定期集中收集积灰。气力输灰相比于刮板机输灰更加环保，其输灰通道全部封闭在管道内，而且积灰可以进行集中收集，更有利于生产管理。但是，使用气力输灰会增加控制系统的难度，并且会增加大灰仓设备。

五、高炉煤气干法除尘设计实例

（一）高炉煤气干法除尘系统计算

某厂煤气采用高炉煤气布袋除尘项目初始设计数据见表 2-3-4，采用过滤风速法进行计算。

表 2-3-4 某厂高炉煤气布袋除尘项目初始设计数据

项 目	操 作 条 件	单 位	数 值
炉顶煤气压力	最大压力	MPa	0.25
	正常压力	MPa	0.18
	常压炉顶压力	MPa	0.04
煤气流量（标态）	最大流量	m^3/h	460000
	正常流量	m^3/h	420000
	事故流量	m^3/h	240000
煤气温度	正常温度	℃	200
	事故温度	℃	195
荒煤气含尘量（标态）		mg/m^3	5~10
净煤气含尘量（标态）		mg/m^3	8
滤袋直径		mm	130
滤袋高度		mm	6900
单个箱体滤袋数量		条	356
减压后的煤气压力		kPa	10
滤袋过滤风速		m/min	0.41
厂区内大气压		kPa	84.5
高炉煤气含水量		kg/m^3	0.03

针对高炉炉顶不同工作条件下，计算高炉煤气流量，计算结果见表2-3-5。

表2-3-5　某厂高炉煤气布袋除尘项目流量计算结果

项　目	校正系数	工况流量 /m³·h⁻¹	标准流量 /m³·h⁻¹
实际操作最大煤气量（0.18MPa，200℃）	0.68	31.28×10^4	46×10^4
实际操作正常煤气量（0.18MPa，200℃）	0.68	28.56×10^4	42×10^4
事故操作煤气量（0.04MPa，195℃）	1.43	34.35×10^4	24×10^4

比较工况流量后，取最大工况流量$34.35 \times 10^4 \text{m}^3/\text{h}$，用于箱体选型设计。根据已知的过滤风速进行计算可知，取16个箱体可以满足除尘要求，15台工作、1台备用。除尘项目除尘器数目计算结果见表2-3-6。

表2-3-6　某厂高炉煤气布袋除尘项目除尘器数目计算结果

除尘面积百分比/%	过滤面积/m²	布袋条数/条	箱体个数/个
95	14698.2	5219	15
94	14802.2	5275	15
93	15014.3	5332	15
92	15179.3	5390	16
91	15344.3	5450	16
90	15514.4	5510	16

在针对所选择的工况分别计算脏煤气总管、净煤气总管、布袋进出口管道、减压阀组前后管道流速，见表2-3-7。

表2-3-7　某厂高炉煤气布袋除尘项目管道流速计算结果

项　目	实际流量/m³·h⁻¹	选用管内径/mm	实际流速/m·s⁻¹
脏煤气管道	343485.7	2800	15.39
净煤气管道	343485.7	2600	17.84
布袋进出口管道	34348.57	904	14.61
减压阀组前管道	343485.7	2600	17.84
减压阀组后管道	839015.1	4000	18.46

（二）刮板机输灰高炉煤气干法除尘系统

1. 基础设计条件

某厂500m^3高炉煤气布袋除尘项目，采用刮板机输灰，使用脉冲氮气进行箱体内部吹扫。除尘项目管道流速计算结果见表2-3-8。

表 2-3-8 某厂 500m³ 高炉煤气布袋除尘项目管道流速计算结果

项 目	数 值	项 目	数 值
高炉煤气发生量/m³·h⁻¹	最大：14.00×10^4 正常：13.00×10^4	重力除尘器后煤气温度/℃	正常操作：约200 事故操作：约500
高炉炉顶煤气压力/MPa	0.1 0.03（常压操作）	荒煤气湿度/g·m⁻³	≤30
重力除尘器后煤气含尘量/g·m⁻³	正常操作：≤6 常压操作：≤10	净煤气含尘量/mg·m⁻³	≤10

2. 除尘器性能

使用 *DN*3400 箱体，设备外形结构如图 2-3-10 所示。本设计选用11个布袋除尘器箱体，采用一列式布置。布袋除尘箱体直径 3.4m，上部采用椭圆形封头，下部采用锥形漏斗。一个箱体滤袋数量为 160 条，滤袋规格（直径×长度）为 $\phi 120mm \times 6000mm$，每箱滤袋面积为 362m²。荒煤气从箱体下部切线方向进入，净煤气出口设在箱体顶部，这样既可达到较好的除尘效果，又可延长布袋的使用寿命，简化了操作平台，给操作及维护带来很大方便。箱体上设有人孔和爆破阀。滤袋采用 FMS 针刺毡，其允许工作最高温度为 260℃。箱体设有外保温，保温材料采用隔热性能良好的超细玻璃棉毡，外包镀锌铁皮。箱体下部灰斗还设有蒸汽盘管，防止结露。反吹介质为氮气，脉冲用氮气压力为 0.3～0.4MPa，小时用量为 400m³。因为氮气不是连续使用，因此在氮气入口管道上设有一个 2m³ 的氮气罐，罐体直径为 $\phi 1000mm$，储气罐全高 3m。在缓冲罐前设有压力调节阀，调节、稳定氮气的压力，以满足脉冲反吹系统的要求。

高炉煤气经重力除尘器粗除尘后，进入布袋除尘器精除尘，净化后的煤气经煤气主管、调压阀组调节稳压后，送往厂区净煤气总管。反吹方式采用脉冲氮气反吹，可连续周期性地进行反吹，也可实现

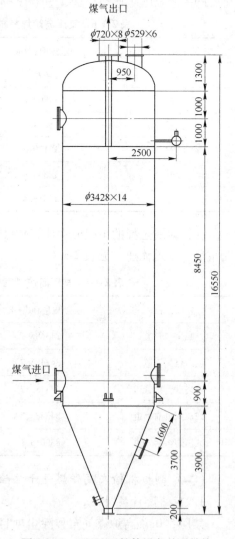

图 2-3-10 *DN*3400 箱体设备外形结构

定时或定压差的间歇反吹操作制度，清除布袋外壁的积灰。在布袋除尘器出口煤气管道上装有煤气含尘量分析仪，可在线连续检测净煤气含尘量，及时发现破损布袋的箱体。荒煤气的灰尘含量为 $6 \sim 10 \mathrm{g/m^3}$，经布袋除尘后，煤气的含尘量不高于 $10 \mathrm{mg/m^3}$，即可以满足用户对煤气含尘量的要求。布袋进口煤气温度要求在 $120 \sim 260 ℃$ 之间。

3. 工艺流程设计

经计算使用 9 台布袋除尘器即可满足其除尘要求。荒煤气输气管道和净煤气管道使用 DN1600，荒煤气与净煤气管道支管采用 DN700。分支管处设置有效切断装置，如盲板阀或插板阀。净煤气总管与荒煤气总管处设置有效切断装置。煤气工艺流程如图 2-3-11 所示。

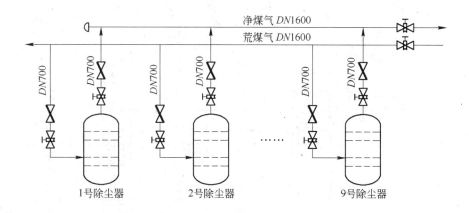

图 2-3-11　煤气工艺流程

（三）气动输灰高炉煤气干法除尘系统

气动输灰系统使用氮气进行气力输灰，介质一般采用中压氮气经减压后输送给布袋除尘器。中压氮气经减压后，采用脉冲方式进行除灰，高炉煤气布袋除尘器内的灰尘会被吹送至大灰仓内集中收集运输。中压氮气经减压后，分别为除尘器底部灰斗振动除灰、花板除灰、上部布袋除灰和管道输灰提供低压氮气。

1. 流程设计

流程设计包括荒煤气流程、净煤气流程、低压氮气流程、中压氮气流程和输灰流程，如图 2-3-12 所示。

荒煤气与净煤气管道管径均为 DN2200，布袋除尘器进气管道与出气管道管径均为 DN800，大灰仓煤气出气管道管径为 DN125。

各布袋除尘器的脉冲氮气管总管为 DN150，与各布袋除尘器的气包相连接；除尘器花板处吹扫氮气总管径为 DN80；灰斗吹扫氮气总管径为 DN50。

2. 煤气管道及设备平、立面图布置

布袋除尘器采用双排布置，平面布置图如图 2-3-13 所示，立面布置图如图 2-3-14 和图 2-3-15 所示。

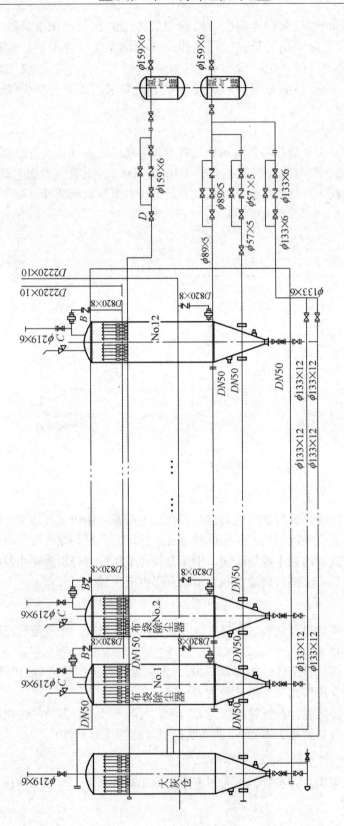

图 2-3-12 高炉煤气布袋除尘工艺流程

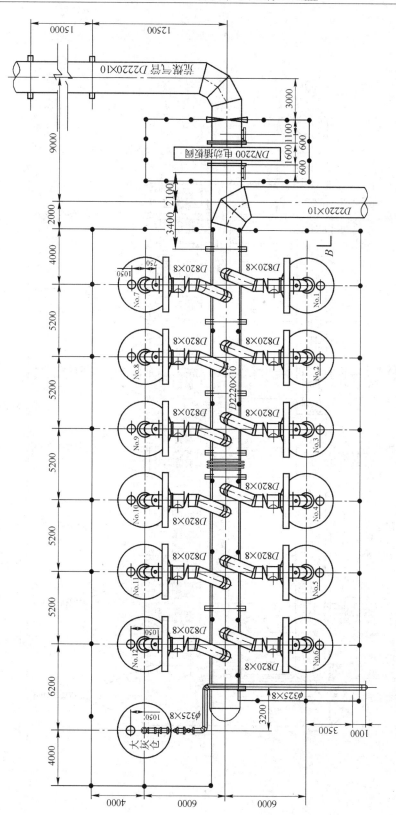

图 2-3-13　高炉煤气布袋除尘平面布置图

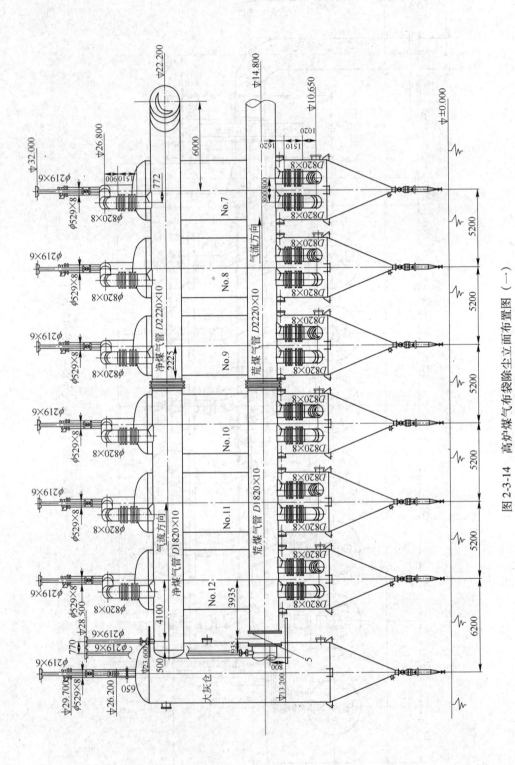

图 2-3-14 高炉煤气布袋除尘立面布置图（一）

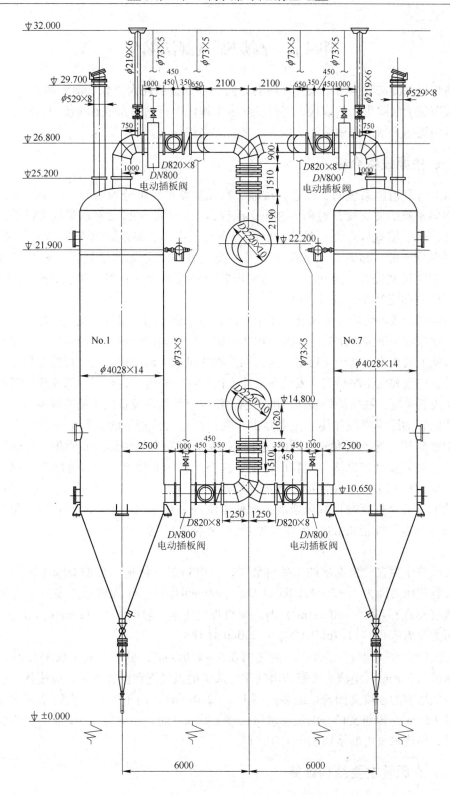

图 2-3-15　高炉煤气布袋除尘立面布置图（二）

第四节　高炉煤气湿法除尘

高炉煤气湿法除尘由于煤气处理能力低、水资源消耗大、煤气损失率大等缺点，正在被布袋干法除尘逐渐取代，但是一些水资源较丰富的国家依然在使用，特别是印度、越南等国家依旧使用湿法除尘方法来处理高炉煤气。

一、主要设备介绍

高炉煤气清洗系统的文氏管，按喉口有无溢流水膜可分为两类：一类是喉口有一层均匀水膜的文氏管，通称为溢流文氏管；另一类是喉口没有水膜的文氏管，通称为文氏管。按喉口有无调节设备也可分为两类：一类是喉口部分装有调节装置，喉径可以调节的，称为调径文氏管；另一类是喉口部分无调节装置，喉径是固定的，称为定径文氏管。因此，常用的文氏管有溢流调径文氏管、溢流定径文氏管、调径文氏管和定径文氏管等四种。

溢流调径或溢流定径文氏管多用于清洗高温未饱和的脏煤气。文氏管喉口上部设有溢流水箱或喷淋冲洗水管，在喉口周边形成一层均匀的连续不断的水膜，避免灰尘在喉口壁上的积聚。这种文氏管一般采用外喷式供水。调径或定径文氏管多用于清洗常温的、已饱和的半净煤气，安装在溢流文氏管或洗涤塔后，组成串联文氏管系统或塔后文氏管系统，视高炉炉顶压力的大小，作为煤气精洗设备或半精洗设备。

文氏管的除尘降温作用，主要是由于喉口高速气流携带的大量尘粒与喷入喉口的微细水滴相互冲击而凝聚。同时由于微细水滴有巨大的传热传质面积，使煤气迅速冷却。如果要增加水滴与尘粒的冲击、提高尘粒的凝聚速度、改善除尘效率，需要增加单位体积中的水粒数量，除选择较高的水气比外，在压力降许可的范围内，最有效的方法是提高喉口气流速度，促使水滴进一步雾化；另一个重要因素是合理布置和选择雾化性能好的喷水嘴，使喷入的水滴能均匀地分布在整个喉口容积之内。

文氏管作为煤气精洗前的预处理装置时，喉口煤气流速一般取 60m/s 左右，流经文氏管的压力降为 3.43 ~ 4.90kPa（350 ~ 500mmH$_2$O）。作为精除尘装置（净煤气含尘量（标态）不大于 20mg/m^3）时，喉口煤气流速一般取 100 ~ 120m/s，流经文氏管的压力降为 7.84 ~ 11.76kPa（800 ~ 1200mmH$_2$O）。

文氏管的水气比（标态），一般选用 0.5 ~ 1.0L/m^3，最小不低于 0.35L/m^3，最大不超过 1.5L/m^3。溢流文氏管的水气比与选定的煤气饱和温度有关，应按热平衡计算。一般塔前的溢流文氏管系统多选用 1.5 ~ 2.0L/m^3；用于串联文氏管系统多选用 3.5 ~ 4.0L/m^3。溢流文氏管的溢流水量处理生铁煤气时，一般为 0.5L/m^3；处理锰铁煤气时，溢流水量可酌情增加至 1.0L/m^3。

二、文氏管主要结构计算

文氏管主要结构如图 2-4-1 所示。

（一）喉口部分

喉口部分是文氏管除尘器的核心设备部件。文氏管喉口管径计算见式（2-4-1）：

$$D_T = 0.0188 \sqrt{\frac{Q_t}{U_t}} \qquad (2\text{-}4\text{-}1)$$

式中　D_T——喉口直径，m；

　　　Q_t——进口气体的实际流量，m^3/h；

　　　U_t——喉口中气流速度，m/s，一般为 $50 \sim 120 m/s$。

喉口长度一般为喉口直径的 $1 \sim 3$ 倍，计算见式（2-4-2）：

$$L_T = (1 \sim 3)D_1 \qquad (2\text{-}4\text{-}2)$$

式中　L_T——喉口长度，m。

（二）收缩管部分

收缩管进口直径的计算见式（2-4-3）：

$$D_1 = 2D_T \qquad (2\text{-}4\text{-}3)$$

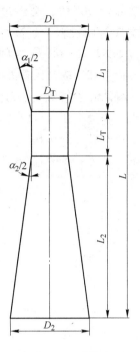

图 2-4-1　文氏管主要结构示意图

式中　D_1——收缩管进口直径，m。

收缩管长度的计算，参考式（2-4-4）：

$$L_1 = \frac{D_0}{2}\cot\alpha_1 \qquad (2\text{-}4\text{-}4)$$

式中　L_1——收缩管长度，m；

　　　α_1——收缩角，（°），一般取 12.5°。

（三）扩张管部分

扩张管进口直径的计算，参考式（2-4-3）：

$$D_2 \approx D_1 \qquad (2\text{-}4\text{-}5)$$

式中　D_2——扩张管进口直径，m。

扩张管长度的计算，参考式（2-4-4）：

$$L_2 = \frac{D_2 - D_0}{2}\cot\alpha_1 \qquad (2\text{-}4\text{-}6)$$

式中　L_2——扩张管长度，m；

　　　α_1——扩张角，（°），一般取 12.5°。

（四）压力损失计算

湿法除尘主要利用文氏管喉口处进行喷水，来实现对煤气的洗涤作用。高炉煤气湿法除尘过程中，会经过两级除尘器，分别为一级文氏管和二级文氏管。经过每个文氏管的过程中，高炉煤气的温度会降低至55℃，一级文氏管处压力损失基本在8.82~15.68kPa之间，二级文氏管处压力损失基本在14.7~27.44kPa之间，一级文氏管和二级文氏管处的压力损失主要集中在喉口位置。

　　湿法除尘的煤气压力损失有两种计算方法。由于煤气在通过文氏管过程中，压力损失主要集中在喉口位置，因此喉口处的压力损失计算最为重要。喉口处的压力损失与喉口的结构密切相关，如果知道文氏管喉口处的具体结构，可以采用式（2-4-7）来进行计算；如果不知道文氏管喉口处的具体结构，可以采用式（2-4-8）来进行估算。

$$\Delta p = \frac{w^2 r S^{0.133} m}{1.16} \tag{2-4-7}$$

$$\Delta p = \left(0.3 + \frac{1.8m}{r}\right)\frac{10w^2 r}{2g} \tag{2-4-8}$$

式中　Δp——文氏管喉口阻力，Pa；

　　　　w——喉口流速，m/s，一般取为40~65m/s；

　　　　r——煤气密度，kg/m³；

　　　　S——喉口面积，m²；

　　　　m——水气比，kg/m³，一般取为1.6~2.5kg/m³；

　　　　g——重力加速度，m/s²。

　　可以通过压力降来估算5μm以下尘粒的湿法除尘效率。当粉尘粒径大于5μm时，其穿透性较强，因此还没有非常准确的计算方法。

$$\eta = 1 - 9266\Delta p^{-1.43} \tag{2-4-9}$$

式中　η——除尘效率，%；

　　　　Δp——文氏管喉口阻力，Pa。

三、文氏管热平衡计算

　　文氏管热平衡计算主要需要确定水量，一般水气比为1~1.5kg/m³。但是，为了更精确地计算水量，可以参考式（2-4-10）所示的计算方法来计算高炉煤气水量。其中，进水量可略大于排水量，主要考虑到一部分水气化后进入高炉煤气中，计算方法参考式（2-4-11）。

$$Vc_{p1}t_{yj} + q_{m1}c_s t_{sj} = V(c_{p2}t_{yp} + d_{m1}I_w) + q_{m2}c_s t_{sp} \tag{2-4-10}$$

式中　V——标准状态下高炉煤气体积流量，m³/h；

　　c_{p1}，c_{p2}——标准状态下进、排高炉煤气的定压比热容，kJ/(m³·℃)；

　　　　c_s——标准状态下水的定压比热容，kJ/(m³·℃)；

t_{yj}，t_{yp}——进、排高炉煤气的温度，℃；

t_{sj}，t_{sp}——进、排水的温度，℃；

q_{m1}，q_{m2}——进、排水量，t/h；

d_{m1}——高炉煤气含湿量限度，kg/m³，参考附录L；

I_w——水蒸气热焓，$I_w = (2490.67 + 1.92556 \times t) \times 4.184$。

$$q_{m1} = Vd_{m1}\rho + q_{m2} \tag{2-4-11}$$

式中　ρ——水的密度，t/m³。

四、脱泥脱水设备

高炉煤气经洗涤塔、文氏管等除尘设备湿法清洗后，煤气中夹带的部分灰泥与水分，应采用脱泥脱水设备使其从煤气中分离出来。目前，高炉煤气清洗系统中，最常用的脱泥脱水设备主要有重力灰泥捕集器和填料脱水器。

（一）重力灰泥捕集器

1. 工作原理与结构

气流进入重力灰泥捕集器后，速度降低，并且改变了气流方向，而气流中的灰泥和水滴仍做直线加速沉降，当水滴沉降速度大于器内煤气上升的速度时，就产生了水气分离。重力灰泥捕集器结构简单，不易堵塞，对细尘粒和水滴的脱除效率不高。其结构示意图如图2-4-2所示。

重力灰泥捕集器一般与文氏管协同安装，文氏管安装于重力灰泥捕集器的顶部作为煤气的进口，重力灰泥捕集器上设有煤气出口。一般来讲，煤气进、出口流速控制在15~20m/s之间，筒内部煤气流速控制在4~6m/s之间。

2. 重力灰泥捕集器结构计算

（1）入口管径和筒体直径。入口直径与筒体直径计算参考式（2-4-12）和式（2-4-13）。

$$d_r = \sqrt{\dfrac{Q}{3600\,\dfrac{\pi}{4}v_r}} \tag{2-4-12}$$

式中　d_r——入口直径，m；

Q——高炉煤气流量，m³/h；

v_r——高炉煤气入口流速，m/s，一般为15~20m/s。

$$d_t = \sqrt{\dfrac{Q}{3600\,\dfrac{\pi}{4}v_t}} \tag{2-4-13}$$

式中　d_t——入口直径，m；

v_t——高炉煤气筒体流速，m/s，一般为4~6m/s。

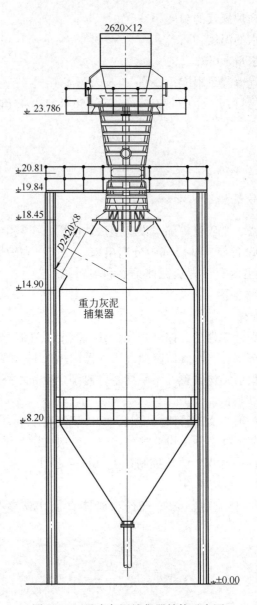

图 2-4-2　重力灰泥捕集器结构示意图

（2）圆筒部分高度。圆筒高度 H 可以分为两部分：一部分为文氏管煤气出口高度与灰泥捕集器煤气出口高度之间的高差 h_1，另一部分为灰泥捕集器底部空间 h_2。高差 h_1 一般取 0.5～1.0 倍的筒体直径，且不应小于 3m；高度 h_2 一般应大于 0.5 倍的筒体直径。圆筒高度计算参考式(2-4-14)～式(2-4-16)。

$$H = h_1 + h_2 \tag{2-4-14}$$

式中　H——圆筒高度，m；

　　　h_1——高差，m；

h_2——底部空间高度，m。

$$h_1 = (0.5 \sim 1.0)d \tag{2-4-15}$$

式中　d——圆筒直径，m。

$$h_2 = 0.5d \tag{2-4-16}$$

（3）上、下锥体高度。上锥体的 θ_1 一般取 30°~45°，下锥体的 θ_2 一般取 50°~60°。上、下锥体高度计算参考式（2-4-17）和式（2-4-18）。

$$h_3 = \frac{d - d_r}{2}\tan\theta_1 \tag{2-4-17}$$

式中　h_3——上锥体高度，m；

　　　θ_1——上锥体角度，(°)，一般取 30°~45°。

$$h_4 = \frac{d - d_s}{2}\tan\theta_2 \tag{2-4-18}$$

式中　h_4——下锥体高度，m；

　　　θ_2——下锥体角度，(°)，一般取 50°~60°。

　　　d_s——排污管直径，m。

（4）压力降。重力灰泥捕集器的压力损失主要集中在进口位置。其局部阻力系数可取 2.75，局部阻力较小，一般忽略不计，计算可参考式（2-4-19）。

$$\Delta p = \xi\frac{\gamma v_r^2}{2} \tag{2-4-19}$$

式中　Δp——压力损失，Pa；

　　　ξ——局部阻力系数，一般取 2.75；

　　　γ——高炉煤气密度，kg/m^3。

（二）填料脱水器

填料脱水器一般作为最后一级的脱水设备，其结构如图 2-4-3 所示。入口煤气速度一般为 13~15m/s；筒体内煤气速度一般为 4~6m/s。筒体高度约为 2 倍的筒体直径。筒内填料目前多采用角钢代替木材。填料脱水器的脱水效率一般为 85%。煤气流经脱水器的压力降为 0.49~0.98kPa(50~100mmH₂O)。

五、湿法除尘区域设计方法

（一）基本原则

常压高炉的洗涤塔、文氏管洗涤器、灰泥捕集器和脱水器的污水排出管的水封有效高度，应为高炉炉顶最高水柱高度的 1.5 倍，且不小于 3m。

高压高炉的洗涤塔、文氏管洗涤器、灰泥捕集器下面的浮标箱和脱水器，应使用

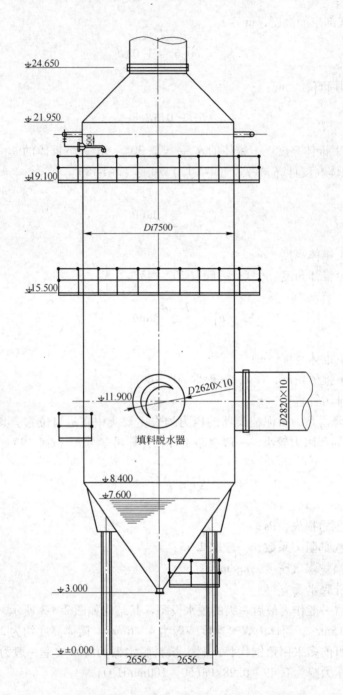

图 2-4-3 某 2200m³ 高炉湿法除尘配套用填料脱水器结构示意图

符合高压煤气要求的排水控制装置，并有可靠的水位指示器和水位报警器。水位指示器和水位报警器均应在管理室反映出来。

各种洗涤装置应装有蒸汽或氮气管接头。在洗涤器上部，应装有安全泄压放散装置，并能在地面操作。

洗涤塔每层喷水嘴处，都应设有对开人孔。每层喷嘴应设栏杆和平台。

可调文氏管、减压阀组必须采用可靠的、严密的轴封，并设较宽的检修平台。

每座高炉煤气净化设施与净煤气总管之间，应设可靠的隔断装置。

（二）湿法除尘设计实例

以下实例为某 2200m³ 高炉的湿法除尘设施。其设计工艺流程如图 2-4-4 所示，设备布置如图 2-4-5 所示。文氏管配套使用灰泥捕集器，文氏管供水管道使用 DN500 管道，荒煤气管道使用 DN2800，净煤气管道使用 DN2600。

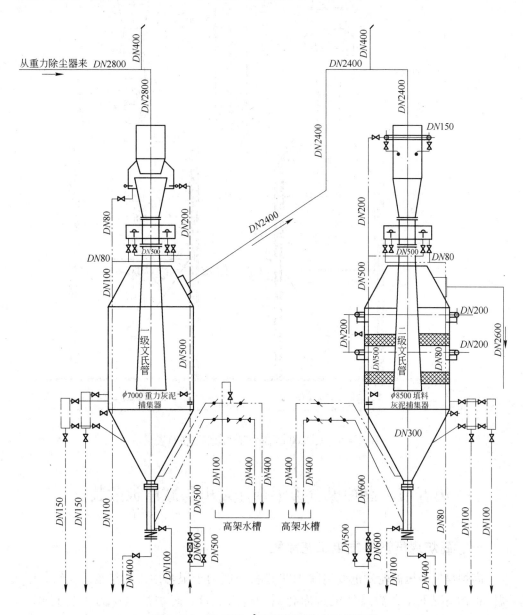

图 2-4-4 某 2200m³ 高炉湿法除尘工艺流程

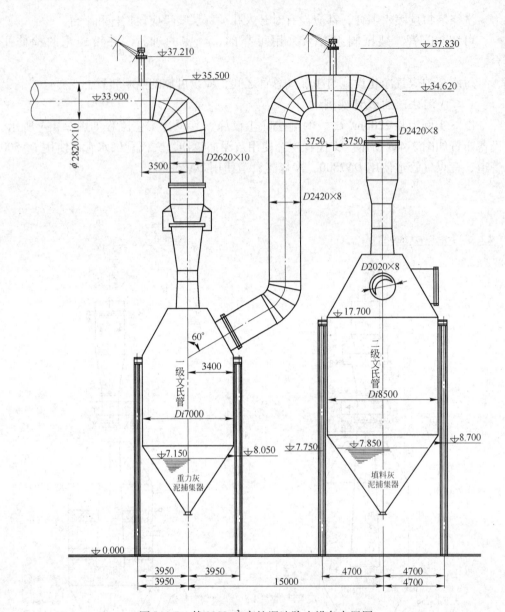

图 2-4-5 某 2200m³ 高炉湿法除尘设备布置图

第五节 高炉煤气透平余压发电与减压放散装置

一、高炉煤气透平发电工艺流程

高炉煤气余压涡轮发电设施即 TRT 设备一般为干湿两用,其与减压阀组并联设置。正常情况下,高炉煤气经过净化后,进入 TRT。高炉炉顶压力可达到 0.2 ~ 0.3MPa,设置 TRT 使煤气的压力能变为电能,并进入电网使用。TRT 工艺流程如图

2-5-1 所示。

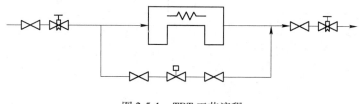

图 2-5-1　TRT 工艺流程

高炉煤气经过重力除尘和干法除尘或湿法除尘后，煤气经过入口蝶阀、入口插板阀、快速切断阀后，进入透平，通过导流器使气体转成轴向进入叶栅，气体在静叶栅和动叶栅组成的流道中不断地膨胀做功，压力和温度逐级降低，并转化为动能作用于工作轮使之旋转，工作轮通过联轴器带动发电机一起转动而发电。叶栅出口的气体经过扩压器进行扩压，以提高其背压，达一定值后经排气蜗壳排出透平机。低压煤气从透平出来后，经过出口插板阀、出口电动蝶阀到净煤气主管网，与原煤气系统中的减压阀组并联，在高炉低压运行或 TRT 故障时，可以安全方便地切换到减压阀组调压方式。

二、涡轮发电机输出功率

涡轮机功率计算可参考式（2-5-1）。

$$L = \frac{G\Delta H_1 \eta_r \eta_G}{3600} \tag{2-5-1}$$

式中　L——涡轮发电机组发电段输出功率，kW；

　　　G——高炉煤气质量流量，kg/h；

　　ΔH_1——绝热焓降，kJ/kg，参见式（2-5-2）；

　　　η_r——涡轮机效率，%；

　　　η_G——发电机效率，%。

$$\Delta H_1 = c_p T_1 \Big[1 - \Big(\frac{p_2}{p_1}\Big)^{\frac{\kappa-1}{\kappa}} \Big] \tag{2-5-2}$$

式中　c_p——煤气质量定压比热容，kJ/（kg·K）；

　　　T_1——煤气入口温度，K；

　p_1，p_2——煤气入口、出口压力，MPa；

　　　κ——等熵指数。

某厂 1800m³ 和 1000m³ 高炉配套 TRT 工程见表 2-5-1。

表 2-5-1　某厂 1800m³ 和 1000m³ 高炉配套 TRT 工程

序　号	项　目	1 号 TRT	2 号 TRT
1	高炉容积/m³	1800	1000
2	发电机额定功率/kW	6000	4500

序　号	项　目	1 号 TRT	2 号 TRT
3	设计炉顶压力/kPa	150	150
4	透平入口煤气流量/m³·h⁻¹	305000	180000
5	透平入口煤气温度/℃	45	45
6	透平入口煤气压力/kPa	105	105
7	透平入口煤气含尘量/g·m⁻³	≤10	≤10
8	透平入口煤气机械含水量/g·m⁻³	≤20	≤20
9	透平出口煤气压力/kPa	10	10
10	透平发电机组功率/kW	5180	2840
11	年工作小时/h	8000	8000

三、涡轮机热平衡计算方法

使用热平衡法来计算 TRT 煤气出口温度，但是计算所得的出口温度往往低于实际的气体温度。计算步骤如下：

（1）计算涡轮机功率 L。

（2）计算煤气入口的含湿量 d_1、煤气质量焓 H_1 和煤气密度 γ_1。

（3）假设出口温度 t_2。

（4）计算煤气出口的含湿量 d_2、煤气质量焓 H_2 和煤气密度 γ_2。

（5）使用热平衡方程进行比较。

（6）如果比价成功，则假设温度正确；否则重新做步骤（3）～（6）。

热平衡方程参考式（2-5-3）：

$$H_1 = H_2 + L \tag{2-5-3}$$

式中　H_1，H_2——煤气入口、出口状态下的质量焓，kJ；

　　　　L——涡轮发电机组发电段输出功率，kW。

$$H_1 = G(c_1 t_1 + d_1 h_1) \tag{2-5-4}$$

$$H_2 = G(c_2 t_2 + d_2 h_2) \tag{2-5-5}$$

式中　c_1，c_2——煤气入口、出口状态下的质量比热容，kJ/(kg·K)；

　　　　t_1，t_2——煤气入口、出口状态下的温度，℃；

　　　　d_1，d_2——煤气入口、出口状态下的含湿量，kg/kg。

四、TRT 工艺计算实例

某钢厂新建 TRT 设施的基本参数见表 2-5-2。

计算煤气的绝热熵降为 80.93kJ/kg。计算涡轮发电机组发电输出端输出功率为 17167kW。

表 2-5-2　某钢厂新建 TRT 设施基本参数

参　数	单　位	数　值	参　数	单　位	数　值
煤气处理量	kg/h	887100	煤气质量热熔	kJ/(kg·℃)	1.05
入口煤气温度	℃	55	等熵指数		1.38
入口煤气绝对压力	MPa	0.321	涡轮机效率	%	约 0.92
出口煤气绝对压力	MPa	0.118	发电机效率	%	约 0.93

假设高炉煤气出口温度为 25℃，则计算出口煤气含湿量和入口煤气含湿量分别为 0.0426kg/m³ 和 0.0275kg/m³。折算煤气密度后，折合质量含水量为 0.0321kg/kg 和 0.0208kg/kg。

则计算方程为：

$$887100 \times [1.05 \times 55 + 0.0321 \times (2500 + 1.86 \times 55)] - 17167 \times 3600 = 63531685$$

$$887100 \times [1.05 \times 25 + 0.0208 \times (2500 + 1.86 \times 25)] = 70273578$$

假设温度为 25℃，结果偏差较大，因此需要重新假设温度。

假设高炉煤气出口温度为 25.7℃，则计算出口煤气含湿量和入口煤气含湿量分别为 0.0426kg/m³ 和 0.0231kg/m³。折算煤气密度后，折合质量含水量为 0.0321kg/kg 和 0.0175kg/kg。

则计算方程：

$$887100 \times [1.05 \times 55 + 0.0321 \times (2500 + 1.86 \times 55)] - 17167 \times 3600 = 63531685$$

$$887100 \times [1.05 \times 25.7 + 0.0175 \times (2500 + 1.86 \times 25.7)] = 63491108$$

重新假设后的温度为 25.7℃，结果偏差不大，可以作为煤气出口温度使用。

五、TRT 工艺布置原则

(一) 基本原则

余压透平进出口煤气管道上应设有可靠的隔断装置。入口管道上还应设有紧急切断阀，当需紧急停机时，能在 1s 内使煤气切断，透平自动停车。

余压透平应设有可靠的、严密的轴封装置。

余压透平发电装置应设有可靠的并网和电气保护装置，以及调节、监测、自动控制仪表和必要的联络信号。

余压透平的启动、停机装置除在控制室内和机旁设有外，还可根据需要增设。

(二) TRT 设备区域布置实例

TRT 设备区域布置需要严格遵守 TRT 工艺布置原则。图 2-5-2 ~ 图 2-5-4 所示为某钢厂 2200m³ 高炉配套使用的 TRT 设备。

六、减压阀组

减压阀组除作为高压高炉煤气清洗系统中的减压装置，以保证高炉炉顶和净煤气

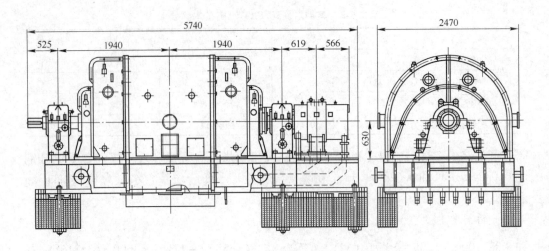

图 2-5-2 某钢厂 2200m³ 高炉 TRT 设备

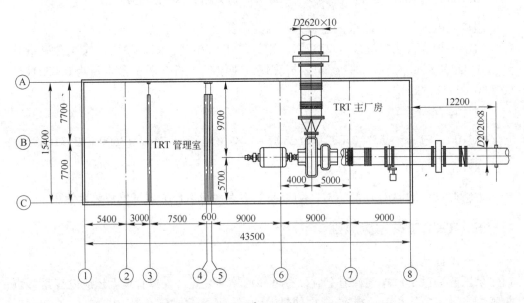

图 2-5-3 某钢厂 2200m³ 高炉 TRT 车间平面布置图

总管压力为规定值外，同时有降温除尘的作用。降温的机理：（1）绝热状态下的节流降温，但由于节流压差较小，所产生的温降不大，故可忽略不计；（2）煤气在绝热状态下，经减压后，体积膨胀而增湿。煤气增湿降温是主要的，它是属于等焓过程。

TRT 设备需要与减压阀组设备并联保证在 TRT 设备故障检修或煤气量过大时，煤气可以通过减压阀组进行降压回收。减压阀组前后设置有效的隔断装置，并配备检修人孔，基本布置如图 2-5-5 所示。

减压阀组的结构主要由多个蝶阀组成，其中有一个直径较小（$D_g = 300 \sim 500mm$）的蝶阀自动调节，其余 3 ~ 4 个直径较大的蝶阀（$D_g = 600 \sim 700mm$）为电

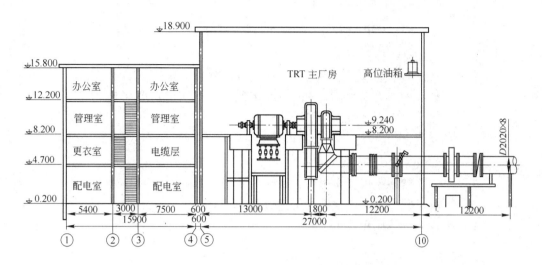

图 2-5-4 某钢厂 2200m³ 高炉 TRT 车间立面图

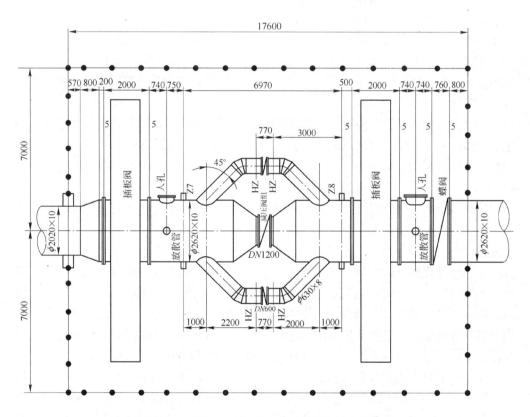

图 2-5-5 某钢厂 2200m³ 高炉减压阀组平台布置图

动蝶阀，均在高炉炉前操作室操作。减压阀组的压力降主要是由于气体流经蝶阀和蝶阀前后管道的缩小与扩大，以及对煤气的喷水等原因所产生。压力降可按式（2-5-6）计算：

$$\Delta p = (\xi_1 + \xi_s m_1 + \xi_2) \frac{(\gamma + d_c) v_0^2}{2} k_v \qquad (2\text{-}5\text{-}6)$$

式中　Δp——压力降，Pa；

ξ_1——减压阀前后管道缩小与扩大的阻力系数，参考附录 H；

ξ_2——蝶阀的阻力系数，全开时可取 0.2，开启 10°时可取 0.5；

ξ_s——喷水的阻力系数，一般可取 0.7；

m_1——水气比，kg/m^3，一般可取 $0.4kg/m^3$；

γ——煤气密度，kg/m^3；

d_c——工作状态下煤气含湿量，kg/m^3；

v_0——标准状态下煤气在蝶阀中的流速，m/s；

k_v——饱和气体体积校正系数。

七、高炉煤气放散塔

（一）剩余煤气放散装置的配置

剩余煤气放散装置一般设置一根，并应从净煤气总管接出。对仅有半净煤气的小型高炉也可从半净煤气总管接出。放散装置宜设置点火装置，以减少对空气的污染。

放散管的布置应使净煤气总管的压力差不宜过大，一般不超过 1000Pa。高炉较多的企业，单根放散管宜布置在净煤气总管的中部。有两根剩余煤气放散装置时，宜布置在净煤气总管的两端。

剩余煤气放散装置的高度和相邻建筑物的水平距离应根据建厂地区的地形和周围建筑物的高度以及煤气放散量的大小合理确定，其高度应不小于 30m，与周围建筑物的水平净距离不小于 15m。

（二）剩余煤气放散装置设计

燃烧器有单口燃烧器与多口燃烧器两种形式。燃烧器的能力主要由燃烧口的断面积及煤气出口速度所决定。煤气出口速度应大于火焰传播速度，否则将引起回火。由于设置了蒸汽灭火装置，当煤气出口速度低于燃烧速度时，即使用蒸汽灭火，停止燃烧。故选择燃烧器时，煤气的最小流速可不受限制。燃烧器出口的煤气最大速度受燃烧点火的限制，煤气速度过高，点火燃烧有困难。此外，出口速度与燃烧器本身结构、点火方式（焦炉煤气或火把）和煤气总管压力等有关。一般，大、中型高炉的剩余煤气放散装置，燃烧器煤气出口速度采用 35~40m/s；小型高炉的剩余煤气放散装置，燃烧器煤气出口速度（无焦炉煤气点火）多采用 20m/s 左右。

大、中型高炉的剩余煤气放散装置，一般应设置自动压力调节蝶阀，以稳定净煤气总管压力。小型高炉的剩余煤气放散装置的调节蝶阀也可以手动操作。剩余煤气放散装置一般均应设置流量孔板，流量计引至煤气管理室。流量孔板及压力调节蝶阀应按气流方向依次安于闸阀后面，以便检修。流量孔板及蝶阀的压力降一般宜采用较大的数值，以适应流量大幅度的波动。不可恢复的压力降可按如下数值选用：流量孔板为 500Pa；蝶阀最大开度时为 800~1400Pa。

某钢厂 $2200m^3$ 高炉煤气放散装置如图 2-5-6 所示，其放散装置阀组平面布置如

图 2-5-7 所示。放散塔的最大容量应为事故状态下高炉煤气的最大发生量，放散塔的最小容量为从零开始的任何数值，所以煤气量的波动很大，设计成三管自立式，可以在放散量较小时调节性能好。

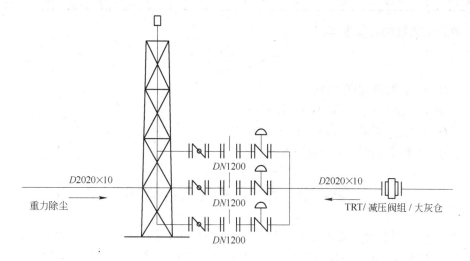

图 2-5-6　某钢厂 2200m³ 高炉煤气放散装置

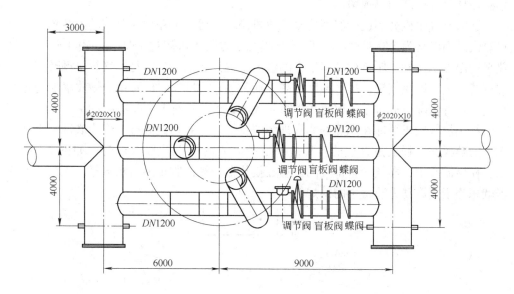

图 2-5-7　某钢厂 2200m³ 高炉煤气放散装置阀组平面布置

（三）放散塔高度计算

放散塔的高度主要与人体耐受热辐射程度、火焰总发热量、火焰辐射率有关。其中，放散塔的高度在很大程度上与人体耐受情况有关（表 2-5-3），在确定放散塔高度时，首先要选择合适的人体耐受时间，一般应在 20min 以上，只有在特殊情况下才可以小于 20min。

表 2-5-3　人体耐受时间与辐射强度的关系

耐受时间/min	5	10	20	30	40	50	60	70	80
辐射强度 /kJ·(m²·h)⁻¹	33.44 × 10³	21.74 × 10³	15.05 × 10³	10.45 × 10³	8.36 × 10³	7.52 × 10³	6.69 × 10³	6.27 × 10³	6.06 × 10³

放散塔高度的计算参考式（2-5-7）：

$$H = \sqrt{\frac{\varepsilon Q}{4\pi q}} + 2 \tag{2-5-7}$$

式中　H——放散塔高度，m；

　　　ε——热辐射率，高炉煤气取 0.1；

　　　Q——燃气流量，m^3/h；

　　　q——辐射强度，$kJ/(m^2 \cdot h)$。

第六节　燃气-蒸汽联合循环

　　燃气-蒸汽联合循环发电技术是近年来针对高炉煤气处理工艺的一大革新，利用燃气轮机和蒸汽轮机联合发电来代替 TRT 系统，是钢铁企业内部新技术引进的一大突破。燃气-蒸汽联合循环本质上是将燃气轮机循环置于蒸汽动力循环之上，比各自单独循环具有更高的热效率。

　　通常燃气轮机循环运行温度比蒸汽轮机循环高得多。对现代蒸汽动力装置透平进口蒸汽最高温度为 570～600℃，但是对燃气动力装置可超过 1300℃。由于较高的供热平均温度就使燃气轮机循环有很大的潜力来提高热效率。但是燃气轮机循环有一个固有的缺陷，即燃气轮机排气温度过高，通常超过 500℃，它消除了热效率上的潜在得益。这种情况可通过采用回热稍微得到改善，但是这种改善是有限的。

　　利用燃气轮机循环在高温的非常理想的特性，并利用高温排气作为底部蒸汽动力循环的热源在工程上是合理的。其结果是产生了燃气-蒸汽联合循环，如图 2-6-1 所示。在该循环中，燃气轮机排气的能量在换热器中被回收传递给水蒸气，于是该换热器就相当于蒸汽动力装置中的锅炉。

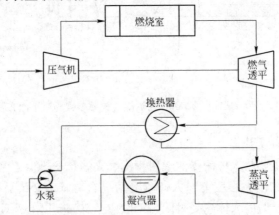

图 2-6-1　燃气-蒸汽联合循环流程

第三章 转炉煤气

转炉煤气是转炉炼钢的副产品，转炉炼钢中的炉气经过汽化冷却烟道、除尘系统等设施最终形成转炉煤气。受转炉炼钢周期的影响，转炉煤气的流量波动较大，转炉煤气成分也会有所变动，但是随着干法除尘工艺、在线检测设备性能的提高，钢厂对转炉煤气的回收控制也越加有力。

第一节 转炉煤气的基本性质

转炉煤气主要由大中型氧气转炉产生。转炉进行吹炼过程中，铁水中的碳元素会被氧化，呈气态从转炉顶部排出。烟气经过余热回收和除尘降温后，形成转炉煤气输送给用户。转炉煤气的主要成分参考表 3-1-1。

表 3-1-1 转炉煤气的主要成分 （%）

序　号	煤气成分	比　例	平均比例
1	CO_2	56 ~ 66	61
2	CO	16 ~ 20	18
3	O_2	12 ~ 28	20
4	N_2	约 0.5	0.5
5	H_2	约 0.5	0.5

转炉煤气中含有较多的惰性气体，因此其热值为 6280 ~ 8370kJ/m^3。但是，在转炉冶炼过程中，转炉煤气产生的成分变化较大，特别是在氧枪吹氧过程中，煤气中的含氧量会产生一个较大的波动，其热值的波动可以达到 2000kJ/m^3。

转炉煤气产量可以参考式（3-1-1）计算。但是需要注意的是，转炉煤气是转炉产生炉气经过降温除尘后所形成的，所以不能直接等同于炉气，转炉煤气温度一般在 60℃ 左右，而炉气温度一般在 1600℃。转炉煤气相对于炉气而言，由于温度下降，流量已经大大减小，而其经水冷塔冷却后，含水量增加。

$$S = \frac{G_g B}{\tau} \tag{3-1-1}$$

式中　S——转炉煤气小时产量，m^3；

　　　G_g——转炉年产钢量，t；

　　　B——转炉煤气实际单位回收量，m^3/t 钢；

　　　τ——转炉年工作小时数，h。

转炉煤气会在余热回收、除尘、冷却和输送过程中产生损失，其损失率一般为

3% ~5%，具体参见表 3-1-2。

表 3-1-2 转炉煤气损失率 （%）

序 号	损失项目	小时损失率	年损失率
1	大中型转炉、煤气处理	3.5	5.5
2	小型转炉、煤气处理	4.5	7.5
3	大中型转炉输送	0.5	1
4	小型转炉输送	1	2

第二节 转炉煤气处理工艺

一、工艺概述

转炉装入铁水后开始吹氧进行脱碳，开始约 2min 脱碳速度缓慢，以后即逐渐达到最大脱碳速度直到吹炼后期脱碳速度减慢，约 2min 后吹炼停止，在这整个吹炼期中都有炉气产生，但其含量和成分均有很大的变化，炉气离开转炉炉口时温度为 1450 ~1500℃，经过烟罩时会混入一部分空气，混入的空气中的氧气与炉气中的一氧化碳燃烧生成二氧化碳，空气中的氮气也进入炉气中，形成转炉烟气，烟气量和成分在冶炼过程中也是变化的。烟气先经过烟罩和汽化冷却余热锅炉回收余热后温度为 950 ~1000℃，然后进入烟气净化系统，净化后的烟气由抽风机加压进入三通阀，根据烟气的成分是否符合回收标准与要求，则选择将煤气送入煤气储罐还是放散。转炉煤气的回收标准：一氧化碳含量为 30% ~40%，同时氧气含量小于 1%。

在转炉煤气形成过程中，根据净化装置的选择不同，将整个转炉煤气回收过程分为湿法除尘和干法除尘两种类型。在干法除尘技术中，主要使用静电除尘器来代替文氏管除尘器，使得整个除尘净化过程节约了水资源的消耗，降低了转炉煤气回收过程中的整体能耗，提高了转炉煤气的质量。

转炉煤气湿法除尘过程中使用的净化设备为文氏管，其作用主要是降温和除尘，湿法除尘工艺流程如图 3-2-1 所示。干法除尘过程中，采用蒸发冷却器进行一次降温，对转炉烟气进行直接冷却，将煤气温度控制在 150 ~200℃ 的范围内，进入静电除尘器，经过除尘后的烟气需要通过煤气冷却器进行二次冷却，将温度降低至 70℃

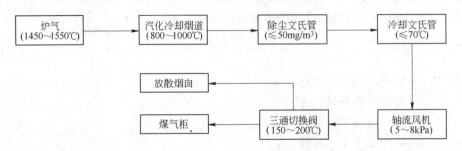

图 3-2-1 转炉煤气湿法除尘工艺流程

以下，符合煤气回收过程中对煤气温度的要求才可以进入煤气柜。干法除尘工艺流程如图3-2-2所示。

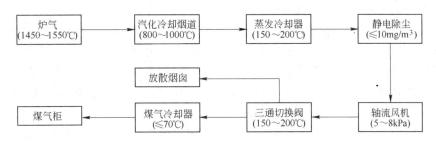

图 3-2-2　转炉煤气干法除尘工艺流程

本章将分章节依次介绍转炉煤气由发生到最终净化、回收的整个过程。

二、转炉煤气回收与净化区域布置与设备结构

（一）区域布置

转炉煤气回收净化系统的设备、机房、煤气柜以及有可能泄漏煤气的其他构件，应布置在主场房常年最小频率风向的上风侧。各单体设备之间以及设备与墙壁之间的净距不小于1m。煤气抽气机室可设在主厂房内，但是需要与主厂房建筑隔断，废气应排送至主厂房外。

转炉煤气回收净化区域应设消防通道。

（二）设备结构

转炉煤气活动烟罩或固定烟罩应采用水冷却，罩口内外压差保持稳定的微正压。烟罩上的加料孔、氧枪、副枪插入孔和料仓等应密封充氮，保持正压。转炉煤气回收设施应设充氮装置及微氧量和一氧化碳含量的连续测定装置，当煤气含氧量超过2%或煤气柜高度达到上限时应停止回收。每座转炉的煤气管道与煤气总管之间应设可靠的隔断装置。转炉煤气抽气机应一炉一机，放散管应一炉一个，并应间断充氮，转炉煤气不回收时应点燃放散。

使用湿法净化装置时，文氏管或文氏塔的供水系统应保持畅通，确保喷水能熄灭高温气流的火焰和炙热尘粒。脱水器应设泄爆膜。使用转炉煤气电除尘时，电除尘入口、出口管道应设置可靠的隔断装置；当氧含量达到1%时，有能自动切断电除尘器电源的装置；电除尘器应设有放散管及泄爆装置。煤气回收净化系统应采用两路电源供电。活动烟罩的升高和降低应与转炉的转动连锁，并设置有断电时的事故提升装置。

第三节　汽化冷却烟道

近年来，由于钢铁工业迅猛发展，大型转炉不断涌现，相应的转炉的罩裙的型式、分段的数量、除尘工艺的改变、强制循环的普及等方面均有了较大的变动。转炉

系统大型化已经成为大势所趋，对于大型冶炼企业，如何合理地利用和节省能源已刻不容缓，对转炉汽化冷却系统从寿命到运行安全都提出了更高的要求。120~300t 转炉汽化冷却系统的应用已经成为现今冶金工业中的主要研究对象。

以氧气炼钢转炉排放的炉气的显热和其中小部分可燃气体产生的热量为热源的锅炉，称为氧气转炉余热锅炉。随着炼钢工艺的革新和国家新能源政策的不断出台，小型转炉逐渐被淘汰，因此不再会建设小型氧气转炉余热锅炉。所以，本节只介绍大中型氧气转炉余热锅炉计算，并提出使用新的计算方法来进行余热锅炉系统的模拟分析。

氧气转炉余热锅炉是氧气转炉汽化冷却系统的核心设备。大中型氧气转炉余热锅炉主要由活动烟罩、炉口段烟道、各段烟道组成，还包括锅筒、引出管、下降管等，如图 3-3-1 所示。而通过大中型氧气转炉余热锅炉的相关计算，主要需要直接得到的

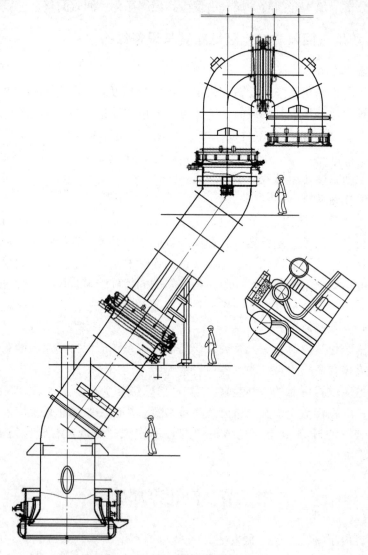

图 3-3-1　氧气转炉余热锅炉结构

结果有以下几项：各段烟道的炉气出口温度、各段烟道的热回收量、烟气流速。各段烟道的炉气出口温度是一个非常重要的安全生产指标，因为当炉气温度低于610℃时，需要对烟道进行防爆处理。各段烟道的热回收量的总和关系到余热锅炉的工作效率与蒸汽产出，主要用于衡量余热锅炉的经济价值。对烟气流速进行校核性的计算，主要为确保余热锅炉的结构安全，并为炉气的排放与传输提供参考。

在整个转炉汽化冷却系统中，还包括蒸汽汽包、蓄热器、除氧器和水泵等。这些设备同样影响着整个系统的安全和稳定运行。对这些设备进行准确地计算并给出比较合适的裕量是保证余热锅炉正常运行的基础。

一、转炉余热锅炉系统设备组成

氧气转炉汽化冷却系统可以简要地分为两种基本的形式，即自然循环形式和强制循环形式；而根据循环的温度和压力的不同、循环组合形式的区别及安全考虑等因素，又可以分为自然循环、低压强制循环＋自然循环、中压强制循环＋自然循环、中/低压强制循环＋自然循环、复合循环等。各类循环系统对设备的要求和基本的计算参数选取都不同，这都直接影响设备的使用寿命和能源回收的效果。而结合生产实践中总结的经验，复合冷却方式具有既能回收蒸汽，又安全可靠、使用寿命长等优点。以下的计算和系统分析主要围绕复合冷却方式来介绍。

大型汽化冷却烟道一般包括受热面、联箱、连接件、上升下降管路接口、加强箍、支座、吊箍及保温结构。由于转炉修炉方式为上修炉，转炉烟道受热面分为活动烟罩、炉口固定段、可移动段、中Ⅰ段、中Ⅱ段、中Ⅲ段、末段等七部分。烟道截面为圆形，为防止积渣，烟道拐点角度为55°，烟气流速为 19～20m/s。

由于活动烟罩的热强度大，在冶炼过程中需要经常升降，同时为活动烟罩密封采用氮封提供结构上的条件，设计采用将活动烟罩与除氧器通过热水循环泵相连接组成的低压强制循环系统，这样冷却构件的柔性连接容易处理，升降方便，可以延长活动烟罩的寿命；同时，既达到冷却的目的，又可将回收的这部分热量作为热力除氧器热源的一部分。转炉活动烟罩由 20～30 根 DN40～65 密排环管所组成，一般要根据活动烟罩的具体直径来确定，管与管之间焊圆钢；并设总的进、出水联箱各一个，为使每根受热管流量分配均匀，在每根受热管入口处装节流装置；活动烟罩上设有氮封环管；为配合活动烟罩的提升，活动烟罩上设有提升梁及滑轮；为防止溅渣，活动烟罩受热面侧采用超声速镍铬合金金属喷涂，喷涂厚度不小于 0.5mm。

为实现转炉上修炉和机械化修炉，同时考虑到炉口固定段和可移动段所处的环境较差、易损坏，另由于结构的特殊性，为保证其安全可靠、寿命长，采用将炉口固定段和可移动段与汽包通过热水循环泵相连接组成的高压强制循环系统。与自然循环相比，可以减少上升管和下降管数量，易于实现可移动段的开出。另外，可以避免由于热强度较高引起的局部冷却不均现象，从而提高设备的使用寿命。可移动段和中段之间设带制动装置的非金属补偿器用以吸收烟道的热膨胀及便于可移动段的开出。可移动段上设置一个氧枪口、一个副枪口、两个下料口。氧枪口、副枪口、下料口由于热负荷小、寿命短，因此采用水冷却方式，更换方便。

炉口固定段一般由 60~90 根 DN25~40 的无缝钢管弯制形成，一般要根据烟道直径来确定，受热管之间焊以扁钢及圆钢；设进水环联箱和出水环联箱各一个。为使每根受热管流量分配均匀，在每根受热管入口处装节流装置；炉口固定段和可移动段之间密封采用砂封；炉口固定段上设有烟道支撑梁及油压千斤顶。为防止溅渣，炉口固定段受热面侧采用超声速镍铬合金金属喷涂，喷涂厚度不小于 0.5mm。

可移动段由一般由 150~220 根 DN25~40 的无缝钢管加扁钢焊制而成，一般要根据烟道直径来确定；并设进水环联箱和出水环联箱各一个。为使每根受热管流量分配均匀，在每根受热管入口处装节流装置。

中段和末段由于其工作环境相对好些，同时烟道结构也具备采用自然循环汽化冷却的条件，为节约电能，采用自然循环的汽化冷却方式。为了便于中段的加工和吊装及更换，一般将中段分为三段，即中Ⅰ段、中Ⅱ段及中Ⅲ段。为了便于烟道内故障的检修，在与末段相邻的中Ⅲ段上设有检修人孔。中段和末段一般由 150~220 根 DN40~65 的无缝钢管加扁钢焊制而成；中段和末段的各段设进水环联箱和出水环联箱各一个。烟道末段与除尘系统的一级文氏管相接，烟道的泄爆在一级文氏管水封槽处考虑。转炉汽化冷却系统汽包工作压力一般为 2.45MPa，蒸汽温度为 225℃。

汽化冷却烟道主要通过回收转炉烟气中的显热来产生蒸汽，其循环如图 3-3-2 所示。汽化冷却烟道活动烟罩处产生的蒸汽分两部分进入蒸汽回收系统：一部分进入直接汽包，另一部进入低压蒸汽回收管网。进入低压蒸汽管网的蒸汽同时为除氧器提供喷射蒸汽。路口段、中间段及末端回收的蒸汽将全部进入汽包，在蒸汽回收高峰时，蓄热器会通过高压蒸汽回收管网同时回收部分蒸汽，来提高蒸汽利用效率和热回收效率。

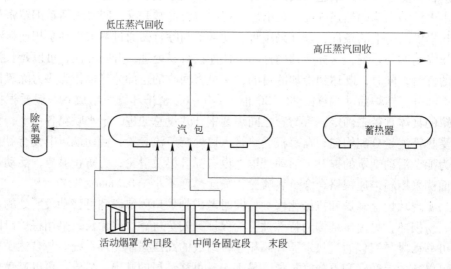

图 3-3-2 蒸汽循环系统

汽化冷却烟道中的水循环如图 3-3-3 所示。在水循环中，外部供水系统会通过给水泵提供软水。软水先经过除氧器除去其中的溶解氧和二氧化碳，然后再进入除氧水给水泵提供给活动烟罩、汽包和蓄热器；除氧水通过汽包再进入转炉汽化冷却烟道炉口段、中间各固定段和末端进行自然循环，而由于活动烟罩处的热负荷较大，采用强制循环。由蓄热器产生的热水会被二次回收利用。

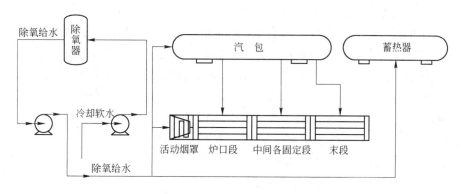

图 3-3-3　水循环系统

烟气在整个过程中温度的变化最为显著，随着温度的变化，烟气的体积和流速变化迅速，在烟道转弯或变向过程中，烟气流速甚至可以达到 40m/s，对整个烟道设备都会造成严重的影响。因此，如何得到较为准确的烟气计算结果，是整个汽化冷却系统分析的核心问题。

汽化冷却烟道计算内容主要包括燃烧计算、烟气物性参数计算和传热单元热力计算。燃烧计算主要包括炉气量、理论燃烧温度及烟气组分计算；烟气物性参数计算主要包括烟气焓值计算；传热单元热力计算主要包括传热单元几何结构、辐射传热量和对流传热量计算。在传热单元热力计算过程中可以采用简易计算方法和复杂计算方法，这两种计算方法分别针对不同类型的转炉。简易计算方法只针对中小型转炉，一般在 60t 以下转炉可以采用简易计算方法来进行计算，其计算的结果与实际运行情况接近，匹配度较好。而复杂计算方法主要应用于大中型转炉，特别是 100t 以上的转炉。100t 以上的转炉如果使用简易计算方法来计算，相对误差比较大。

简易计算方法首先简化了受热单元面积的计算，并且大部分数据依靠图表来进行查询后计算。而复杂计算方法首先要较精确地计算受热单元面积，同时在使用热力学经验公式计算对流传热量和辐射传热量时计算机理基本与简易计算方法相类似，但是一般都会通过更精确的经验公式来计算相关的参数。

二、燃烧计算

炉气量是用来描述炉气的最基本的参数，炉气量大小不仅与式（3-3-1）中的参数有关，还与转炉设备的状况有关。转炉在长期使用过程中炉容会因为腐蚀而慢慢扩大，所以在计算时应按照转炉最大铁水装入量来计算炉气量。

$$V_1 = \frac{22.4 \times 10^3 \times 1.4 \times \Delta C \times G \times 60}{12 \times n \times T_{cl}} \quad\quad (3\text{-}3\text{-}1)$$

式中　V_1——炉气量，m^3/h；

　　　ΔC——吹炼期铁水总降碳量，一般取 4%；

G——转炉最大铁水装入量，t；

n——CO 和 CO_2 在烟气中的含量，%；

T_{cl}——吹炼时间，min。

炉气中的成分在很大程度上与空气过剩系数有关，空气过剩系数主要表明了不再燃烧的空气比例。空气过剩系数过大是不经济的，根据国内外的经验的积累，未燃法设计的风机能力按 0.3 设计时对于炉气量是最适宜的，经济运行时可以按 0.15 来调节风机运行。除了以上气体外，炉气中还会还有烟尘，其中炉气中的烟尘直径与空气过剩系数有关；当空气过剩系数不大于 0.15 时，则烟尘直径一般取 5.5μm；而当空气过剩系数在 0.15 ~ 0.75 之间时，则烟尘直径一般取 3μm；当空气过剩系数大于 0.75 时，一般认为烟尘直径为 1μm。

理论空气消耗量计算参考式（3-3-2）：

$$L_0 = \frac{1}{0.42}n_{CO} \tag{3-3-2}$$

式中　L_0——标准状态下，理论空气消耗量，m^3/m^3；

n_{CO}——原始炉气中一氧化碳的含量，%。

实际空气消耗量计算参考式（3-3-3）：

$$L_0 = \alpha L_n \tag{3-3-3}$$

式中　α——空气过剩系数；

L_n——标准状态下，实际空气消耗量，m^3/m^3。

未混入空气时，烟气中一氧化碳、二氧化碳、氮气和水的组分计算参考式（3-3-4）~式(3-3-7)。

$$V_{CO_2} = n_{CO_2} + \alpha n_{CO} \tag{3-3-4}$$

式中　V_{CO_2}——标准状态下，原始炉气中二氧化碳的体积，m^3/m^3；

n_{CO_2}——原始炉气中二氧化碳的含量，%。

$$V_{CO} = (1 - \alpha)n_{CO} \tag{3-3-5}$$

$$V_{N_2} = 0.79L_0 + n_{N_2} \tag{3-3-6}$$

式中　V_{N_2}——标准状态下，原始炉气中氮气的体积，m^3/m^3；

n_{N_2}——原始炉气中氮气的含量，%。

$$V_{H_2O} = 0.00124gL_n \tag{3-3-7}$$

式中　V_{H_2O}——标准状态下，原始炉气中水的体积，m^3/m^3；

g——标准状态下，空气含湿量，g/m^3。

计算混入空气燃烧后烟气在炉气中的含量，参考式(3-3-8) ~ 式(3-3-12)。

$$V_y = (V_{CO_2} + V_{CO} + V_{N_2} + V_{H_2O})V_1 \tag{3-3-8}$$

式中　V_y——标准状态下，生成烟气流量，m^3/h。

$$N_{CO_2} = \left(\frac{V_{CO_2}}{V_y} \right) V_1 \tag{3-3-9}$$

式中　N_{CO_2}——烟气中的二氧化碳含量,%。

$$N_{CO} = \left(\frac{V_{CO}}{V_y} \right) V_1 \tag{3-3-10}$$

式中　N_{CO}——烟气中的一氧化碳含量,%。

$$N_{N_2} = \left(\frac{V_{N_2}}{V_y} \right) V_1 \tag{3-3-11}$$

式中　N_{N_2}——烟气中的氮气含量,%。

$$N_{H_2O} = \left(\frac{V_{H_2O}}{V_y} \right) V_1 \tag{3-3-12}$$

式中　N_{H_2O}——烟气中的水含量,%。

三、物性参数计算

烟气的物性参数主要需要确定汽化冷却入口烟温和焓值。而炉气的燃烧产物,进入烟罩时,所携带的热量主要包括炉气的物理热、一氧化碳等可燃物通过燃烧所放出的化学热,以及空气带入的热量。其中,空气带入的热量主要包括从烟罩入口的空气和汽化器高温段漏入的空气,漏入空气温度一般可按30℃考虑。进入烟罩的热量,除去烟气带入的热量外,还包含灼热的炉衬和熔池内的金属向罩内的辐射传热,根据国内外经验这部分热量应占烟气总能量的4%左右。

同时,在烟气中的二氧化碳和水蒸气会发生热分解,热分解需要吸热,降低了烟气的焓值。因此,对烟气的焓值(标态)计算可参考式(3-3-13):

$$I = 1.04(I_1 + I_r + I_k) - I_F \tag{3-3-13}$$

式中　I——炉气的焓值,kJ/m^3;

$\quad I_1$——炉气的物理热,kJ/m^3;

$\quad I_r$——炉气中的可燃物燃烧放热,kJ/m^3;

$\quad I_k$——空气带入热,kJ/m^3;

$\quad I_F$——炉气中二氧化碳与水的分解热,kJ/m^3。

计算炉气的物理热比较复杂,需要考虑二氧化碳、一氧化碳、水蒸气、氮气、干空气和炉尘的焓值,标准状态下,计算参考式(3-3-14):

$$I_1 = \sum_{i=1}^{n} N_i I_i + I_h \tag{3-3-14}$$

式中　N_i——燃烧后各组分气体的百分数,%;

$\quad I_i$——燃烧后各组分气体的焓值,kJ/m^3;

$\quad I_h$——燃烧后炉尘的焓值,kJ/m^3。

燃烧后炉尘的焓值计算（标态），参考式(3-3-15)~式(3-3-17)：

$$I_h = \mu_y I_c \qquad (3-3-15)$$

式中 μ_y——烟气中烟尘的浓度，kg/m^3。

$$\mu_y = \mu_1 \frac{V_1}{V_y} \qquad (3-3-16)$$

式中 μ_y——炉气中烟尘的浓度，kg/m^3。

$$\mu_1 = \frac{C_{ash}(N_{CO} + N_{CO_2}) \times 100}{1.8660 \Delta C \tau} \qquad (3-3-17)$$

式中 C_{ash}——熔尘损失，一般取0.8；

ΔC——总降碳量，%；

τ——铁水比，一般取94%。

在计算炉气的物理热时，各组分的焓值可参见表3-3-1。炉尘计算时如果没有确切的数据，则对于中小型转炉炉尘密度可取0.174kg/m^3，对于大型转炉炉尘密度可取0.2kg/m^3，进行估算。

表3-3-1 气体和炉尘焓值数据

温度 /℃	CO_2 /kJ·m^{-3}	CO /kJ·m^{-3}	H_2O /kJ·m^{-3}	N_2 /kJ·m^{-3}	空气 /kJ·m^{-3}	炉尘 /kJ·kg^{-1}
100	170.0	130.2	150.7	129.8	130.2	62.8
200	357.6	261.7	304.4	260.0	261.3	125.6
300	558.9	395.2	462.6	391.9	394.8	188.4
400	772.0	531.7	626.3	526.7	531.7	251.2
500	996.5	672.0	794.7	664.0	671.6	314.0
600	1222.5	816.4	967.2	803.9	812.2	376.8
700	1461.2	963.0	1147.2	946.2	958.8	439.6
800	1704.0	1109.5	1335.6	1092.8	1109.5	502.4
900	1951.0	1260.2	1524.0	1243.5	1256.0	565.2
1000	2202.3	1415.1	1725.0	1394.2	1411.0	628.0
1100	2457.7	1574.2	1925.9	1544.9	1565.9	690.8
1200	2717.2	1725.0	2131.1	1695.7	1720.8	753.6
1300	2976.8	1879.9	2344.6	1850.6	1875.7	816.4
1400	3240.6	2039.0	2558.1	2009.7	2034.8	879.2
1500	3504.4	2198.1	2780.0	2164.6	2193.9	942.0
1600	3768.1	2361.4	3001.9	2323.7	2353.0	1004.8
1700	4036.1	2520.5	3228.0	2482.8	2512.1	1067.6
1800	4304.0	2683.7	3458.3	2641.9	2675.4	1130.4
1900	4572.0	2847.0	3688.6	2805.2	2838.7	1193.2

温度 /℃	CO_2 /kJ·m^{-3}	CO /kJ·m^{-3}	H_2O /kJ·m^{-3}	N_2 /kJ·m^{-3}	空气 /kJ·m^{-3}	炉尘 /kJ·kg^{-1}
2000	4844.1	3010.3	3927.2	2964.3	3001.9	1256.0
2100	5116.3	3173.6	4161.7	3127.5	3165.2	1318.8
2200	5388.4	3336.9	4400.3	3290.8	3328.5	1381.6
2300	5656.4	3500.2	4639.0	3454.1	3496.0	1444.4
2400	5932.7	3667.6	4881.8	3617.4	3659.3	1465.4
2500	6204.8	3830.9	5133.0	3780.7	3826.7	1570.1

炉气中的一氧化碳进行燃烧进一步放热，计算可参考式（3-3-18）：

$$I_r = 12635.76 N_{CO} \alpha \qquad (3\text{-}3\text{-}18)$$

由于在扣罩处和汽化冷却烟道高温段及末段处存在漏风问题，因此由空气带入的热量计算可参考式（3-3-19）。

$$I_r = L_n t_{lk} C_{sk} \qquad (3\text{-}3\text{-}19)$$

式中　t_{lk}——当地环境温度，一般取 30℃；

　　　C_{sk}——标准状态下湿空气的定压比热容，kJ/(m^3·℃)。

二氧化碳和水蒸气分解所需的分解热，二氧化碳和水蒸气分解度参见表 3-3-2，分解热计算参考式（3-3-20）。

$$I_F = 12600 f_{CO_2} V_{CO_2} + 10800 f_{H_2O} V_{H_2O} \qquad (3\text{-}3\text{-}20)$$

式中　f_{CO_2}——二氧化碳分解度；

　　　f_{H_2O}——水蒸气分解度。

表 3-3-2　二氧化碳和水蒸气分解度

温度/℃	f_{CO_2}	f_{H_2O}	温度/℃	f_{CO_2}	f_{H_2O}
800	8.83×10^{-7}	9.62×10^{-7}	2000	5.49×10^{-2}	1.83×10^{-2}
1000	2.43×10^{-5}	1.78×10^{-5}	2200	—	3.72×10^{-2}
1200	2.69×10^{-4}	1.51×10^{-4}	2400	—	6.73×10^{-2}
1400	1.67×10^{-3}	7.70×10^{-4}	2500	2.75×10^{-1}	—
1600	6.94×10^{-3}	2.87×10^{-3}	2600	—	1.12×10^{-1}
1800	2.19×10^{-2}	7.86×10^{-3}			

在计算炉气的焓值的过程中，一般会先假定烟罩入口炉气温度，然后根据假定温度进行计算。一般来讲，烟罩入口炉气温度与空气过剩系数有关，经过多年的生产实践，结合国内外的经验，并通过半经验公式计算后，得出了炉气温度与空气过剩系数的关系，见表 3-3-3。表 3-3-3 主要是为工程研究和设计人员提供炉气出口温度参考使用。其中，T_M 代表理论燃烧温度，T_L 是经过修正后的计算燃烧温度，一般采用计算燃烧温度作为不同空气过剩系数下的烟罩入口炉气温度估算值。

表 3-3-3 炉气温度与空气过剩系数的关系

α	T_M	T_L	α	T_M	T_L
0.04	1667.2	1771.95	0.65	2273.25	2302.18
0.06	1732.68	1822.13	0.7	2285.94	2314.31
0.08	1781.89	1866.88	0.75	2298.34	2324.96
0.1	1826.12	1909.05	0.8	2309.37	2334.31
0.15	1920.97	1993.52	0.85	2319.14	2342.54
0.2	1994.53	2057.7	0.9	2327.83	2349.78
0.25	2052.78	2105.1	0.95	2335.55	2356.15
0.3	2094.88	2147.51	1	2342.41	2361.75
0.35	2134.82	2181.16	1.05	2312.2	2332.66
0.4	2166.79	2209.45	1.1	2280.66	2301.72
0.45	2194.04	2233.62	1.15	2248.48	2274.16
0.5	2217.59	2254.4	1.2	2216.63	2234.83
0.55	2238.11	2270.52	1.25	2184.84	2206.01
0.6	2253.3	2291.16	1.3	2153.43	2174.45

四、烟道结构计算方法

（一）烟罩结构计算

烟罩结构主要需要计算出的结果包括烟罩辐射层厚度、烟罩围挡面积和对流传热面积。烟罩结构如图 3-3-4 所示。

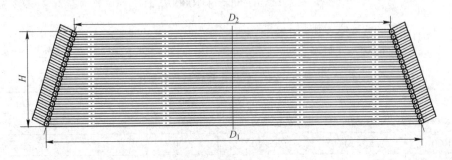

图 3-3-4 烟罩结构

进行烟罩结构计算时需要确定烟罩的冷却管数量、外径及管间距，如图 3-3-5 所示。

冷却管数量可以通过计算得出；往往其并不是正数，但是根据结构的需要，可以调整其中一根或几根水冷壁管道的间距来吻合结构设计。在计算中这样的调整会被忽略掉，其并不会影响最终的计算结果，所产生的误差是完全可以接受的。

水冷壁管道数量计算参考式（3-3-21）：

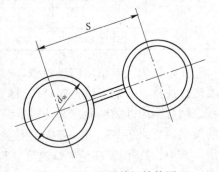

图 3-3-5 烟罩管间结构图

$$n = \frac{\sqrt{\left(\dfrac{D_1 - D_2}{2}\right)^2 + H^2}}{d_w}$$

(3-3-21)

式中　n——烟罩处水冷管数量，一般在 20 ~ 30 之间；

　　　D_1——烟罩下直径，m；

　　　D_2——烟罩上直径，m；

　　　H——烟罩高度，m；

　　　d_w——水冷管道外直径，m。

计算实际的烟罩的母线长度，参考式（3-3-22）：

$$l_m = n d_w$$

(3-3-22)

式中　l_m——实际烟罩的母线长度，m。

计算实际的烟罩的高度，参考式（3-3-23）：

$$H_1 = \sqrt{l_m^2 - \frac{(D_1 - D_2)^2}{4}}$$

(3-3-23)

式中　H_1——实际烟罩的高度，m。

计算烟罩的围挡面积，参考式（3-3-24）：

$$F_{1wd} = \frac{\pi(D_1 + D_2)}{2}\sqrt{H_1^2 + \frac{(D_1 - D_2)^2}{4}}$$

(3-3-24)

式中　F_{1wd}——烟罩的围挡面积，m^2。

计算烟罩的有效容积，参考式（3-3-25）：

$$V = \frac{\pi H_1(D_1^2 + D_1 D_2 + D_2^2)}{12} - \frac{\pi d_w^2}{8}\left[n D_1 - \frac{(D_1 - D_2)(n - 1)}{2}\right]$$

(3-3-25)

式中　V——烟罩的有效容积，m^3。

计算烟罩的辐射层厚度，参考式（3-3-26）：

$$\chi_1 = \frac{3.6V}{F_{1wd}}$$

(3-3-26)

式中　χ_1——烟罩的辐射层厚度，m。

（二）下料孔、氧枪孔、副枪孔和检修孔结构计算

在结构计算过程中，需要处理烟道结构上的开孔，主要包括下料孔、氧枪孔、副枪孔和检修孔结构。其中，下料孔、氧枪孔、副枪孔比较类似，开孔分三种：迸管式、挤管式和联箱式。迸管式和挤管式应用相对比较广泛，而联箱式结构比较复杂，可以近似地参考挤管式结构来计算。迸管式和挤管式结构如图 3-3-6 和图 3-3-7 所示。

在烟道末段或特殊位置往往需要加设检修人孔，如图 3-3-8 所示。

下料孔、氧枪孔、副枪孔的迸管式和挤管式结构计算参考式（3-3-27）和式（3-3-28）。人孔结构计算参考式（3-3-29）。

$$F_{s1} = k_3 k_2 + \frac{(k_1 - k_3)k_2}{2}$$

(3-3-27)

式中　F_{s1}——迭管式结构面积，m^2。

$$F_{s2} = \pi ab \tag{3-3-28}$$

式中　F_{s2}——挤管式或联箱式结构面积，m^2。

$$F_{s3} = \pi \frac{D^2}{4} \tag{3-3-29}$$

式中　F_{s3}——人孔结构面积，m^2。

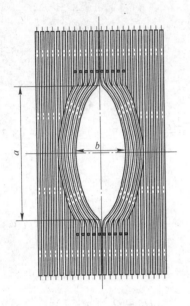

图 3-3-6　迭管式结构

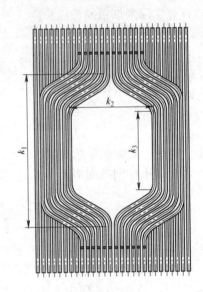

图 3-3-7　挤管式结构

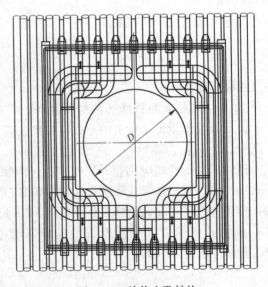

图 3-3-8　检修人孔结构

（三）直段结构计算

直段结构计算内容主要包括直段辐射层厚度、直段围挡面积和对流传热面积。计算时需要给出水冷管外径。直段结构主要有以下形式，如图 3-3-9 ~ 图 3-3-12 所示。直段结构计算时需要综合烟道中心线长度。

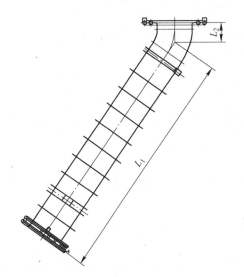

图 3-3-9　烟道结构（一）

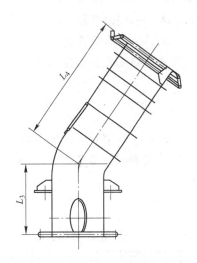

图 3-3-10　烟道结构（二）

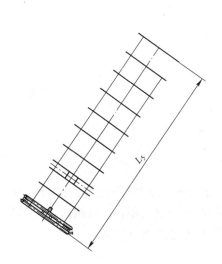

图 3-3-11　烟道结构（三）

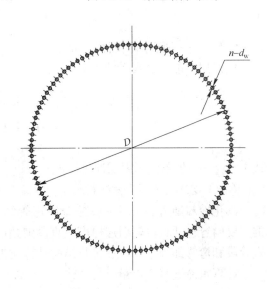

图 3-3-12　烟罩管间结构

烟道长度计算参考式（3-3-30）：

$$l_2 = \begin{cases} L_1 + L_2 \\ L_3 + L_4 \\ L_5 \end{cases} \qquad (3\text{-}3\text{-}30)$$

式中 l_2——烟道长度计算长度，m。

水冷壁管道数量计算参考式（3-3-31）：

$$n_2 = \frac{\pi D_3}{S_2} \qquad (3\text{-}3\text{-}31)$$

式中 n_2——烟道水冷壁管道数量；

D_3——烟道直径，m；

S_2——水冷壁管道间距，m。

对流传热面积计算参考式（3-3-32）：

$$F_2 = \frac{\pi S_2 n_2}{2} l_2 + \left(\frac{\pi}{2} - 1\right) n_2 d_w l_2 \qquad (3\text{-}3\text{-}32)$$

式中 F_2——烟道对流传热面积，m^2。

计算截面积，参考式（3-3-33）：

$$F_{2y} = \frac{\pi}{4}\left(D_3^2 - \frac{n_2 d_w^2}{2}\right) \qquad (3\text{-}3\text{-}33)$$

式中 F_{2y}——烟道截面积，m^2。

围挡面积计算参考式（3-3-34）：

$$F_{2wd} = \frac{\pi S_2 n_2}{2} l_2 \qquad (3\text{-}3\text{-}34)$$

式中 F_{2wd}——烟道围挡面积，m^2。

辐射层厚度计算参考式（3-3-35）：

$$\chi_2 = \frac{3.6 F_{2y} l_2}{F_2 + 2 \times \frac{\pi}{4} D_3^2} \qquad (3\text{-}3\text{-}35)$$

式中 χ_2——烟罩的辐射层厚度，m。

（四）末段 180°弯管结构计算

汽化冷却烟道的末段一般是 180°弯管结构，如图 3-3-13 所示。这部分结构计算的主要内容包括直段辐射层厚度、直段围挡面积和对流传热面积。末段结构包括部分直管段和弯管部分，所以在进行结构计算时需要同时考虑两部分结构。

计算水冷壁管道数量，参考式（3-3-36）：

$$n_3 = \frac{\pi D_4}{S_3} \qquad (3\text{-}3\text{-}36)$$

式中 n_3——末段水冷壁管道数量；

D_4——末段烟道直径，m；

S_3——水冷壁管道间距，m。

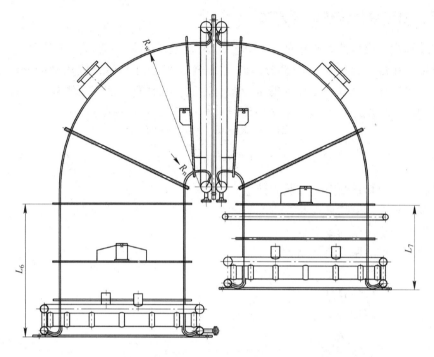

图 3-3-13 末段烟道结构

计算对流传热面积，参考式（3-3-37）：

$$F_3 = \frac{\pi S_3 n_3}{2}(L_6 + L_7) + \frac{\pi d_w}{2L_b + \pi d_w} \times \frac{\pi^2(R_w^2 - R_n^2)}{2}$$ （3-3-37）

式中　F_3——末段对流传热面积，m^2；

　　　R_w——弯管外径，m；

　　　R_n——弯管内径，m；

　　　L_b——鳍片宽度，m。

计算截面积，参考式（3-3-38）：

$$F_{3y} = \frac{\pi}{4}\left(D_4^2 - \frac{n_3 d_w^2}{2}\right)$$ （3-3-38）

式中　F_{3y}——烟道截面积，m^2。

计算围挡面积，参考式（3-3-39）：

$$F_{3wd} = F_3 - \left(\frac{\pi}{2} - 1\right)n_3 d_w \times \left(L_6 + L_7 + \pi\frac{R_w + R_n}{2}\right)$$ （3-3-39）

式中　F_{3wd}——烟道围挡面积，m^2。

计算辐射层厚度，参考式（3-3-40）：

$$\chi_3 = \frac{3.6F_{3y} \times \left(L_6 + L_7 + \pi\dfrac{R_w + R_n}{2}\right)}{F_3 + 2 \times \dfrac{\pi}{4}D_4^2}$$ （3-3-40）

式中　χ_3——烟罩的辐射层厚度，m。

五、烟道辐射传热计算方法

水冷却烟道是传热计算中的主要部分，所占的传热量一般占总传热量的70%以上，特别是在烟罩处和炉口段部分，辐射传热基本上会占到总传热量的90%以上。根据大型锅炉标准计算中所使用的水冷壁管道的传热计算方法来编制算法，并根据汽化冷却烟道的特点进行改造。辐射传热量计算参考式（3-3-41）：

$$Q_f = \frac{20.5153 \times 10^{-8} M a_{dl} \Psi T'' T'^3 F_{wd}}{V_1 \sqrt[3]{\frac{1}{M^2}\left(\frac{T'}{T''} - 1\right)^2}} \qquad (3\text{-}3\text{-}41)$$

式中　Q_f——冷却室受热面积吸收热量（标态），kJ/m^3；

　　　　M——水冷壁特性参数；

　　　　a_{dl}——水冷壁当量黑度；

　　　　Ψ——水冷壁热有效系数；

　　　　T'——入口计算烟温，K；

　　　　T''——出口计算烟温，K。

水冷壁当量黑度计算参考式（3-3-42）：

$$a_{dl} = \frac{a}{a + (1 - a)\Psi} \qquad (3\text{-}3\text{-}42)$$

式中　a——烟气黑度。

烟尘黑度计算参考式（3-3-43）：

$$a = a_j + a_{ht} - a_j a_{ht} \qquad (3\text{-}3\text{-}43)$$

式中　a_j——净烟气黑度。

净烟气黑度计算参考式（3-3-44）。烟气中各组分黑度查询需要依靠各组分分压与辐射层厚度的乘积来确定查询系数曲线。

$$a_j = a_{CO_2} + a_{CO} + a_{H_2O} \qquad (3\text{-}3\text{-}44)$$

式中　a_{CO_2}——二氧化碳的黑度，参考图3-3-14；

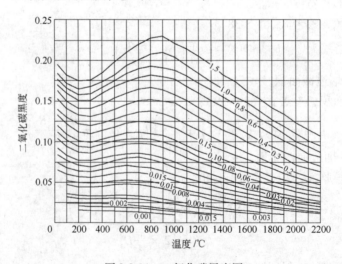

图 3-3-14　二氧化碳黑度图

a_{CO}——一氧化碳的黑度，参考图 3-3-15；

a_{H_2O}——水蒸气的黑度，参考图 3-3-16。

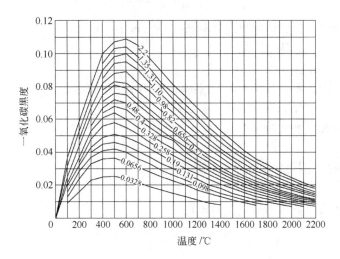

图 3-3-15　一氧化碳黑度图

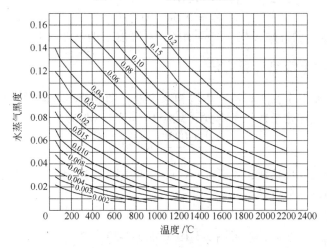

图 3-3-16　水蒸气黑度图

烟尘黑度计算参考式（3-3-45）：

$$a_{ht} = 1 - e^{-K_{ht}p\chi} \tag{3-3-45}$$

式中　K_{ht}——烟尘辐射减弱系数；

$\quad\quad p$——烟气的绝对压力，一般取 $1 \times 10^5 \, Pa$；

$\quad\quad \chi$——辐射层厚度，m。

烟尘辐射减弱系数计算参考式（3-3-46）和式（3-3-47）：

$$K_{ht} = K_h + K_t \tag{3-3-46}$$

式中　K_h——烟尘辐射减弱系数，炉口段和烟罩处取 0.05，炉口段以上辐射段取 0.01。

$$K_{t} = \frac{1280\mu_{j}}{\dfrac{V_{y}}{V_{l}} \sqrt[3]{T^{2}d_{cj}^{2}}}$$ (3-3-47)

式中　μ_{j}——烟尘中炉尘计算浓度（标态），kg/m^{3}；

　　　T——烟尘平均温度，K；

　　　d_{cj}——尘粒计算直径，μm。

尘粒直径可以根据空气过剩系数来确定。当 $\alpha < 0.15$ 时，$d_{cj} = 5.5$；当 $0.15 \leqslant \alpha < 0.75$ 时，$d_{cj} = 3$；当 $\alpha \geqslant 0.75$ 时，$d_{cj} = 3$。

水冷壁热有效系数计算参考式（3-3-48）：

$$\Psi = \zeta X$$ (3-3-48)

式中　ζ——水冷壁假想污染系数，可取 0.65；

　　　X——水冷壁角系数。

水冷壁角系数计算参考式（3-3-49）：

$$X = 1 - \frac{4\sqrt{L_{b}^{2} + 2d_{w} + 2L_{b}d_{w}} - \pi d_{w}}{4(L_{b} + 2d_{w})}$$ (3-3-49)

水冷壁特性参数计算参考式（3-3-50）：

$$M = 0.54 - 0.2H_{xd}$$ (3-3-50)

式中　H_{xd}——水冷壁特性参数，最高烟区相对高度，烟罩处取 1，炉口段处取 0.6。

六、烟道对流传热计算方法

对流传热主要发生在炉口段、中段和末段处，烟罩处不考虑对流传热。对流传热计算主要确定对流传热系数，参考式（3-3-51）~式（3-3-57）。

$$a_{d} = \frac{0.023\lambda_{y}}{D_{d}}Re^{0.8}Pr^{0.4}$$ (3-3-51)

式中　λ_{y}——烟气导热系数，$W/(m \cdot \text{℃})$，参考图 3-3-17 和图 3-3-18；

　　　D_{d}——烟道当量直径，m；

　　　Re——雷诺数；

　　　Pr——普朗特准数，参考图 3-3-19 和图 3-3-20。

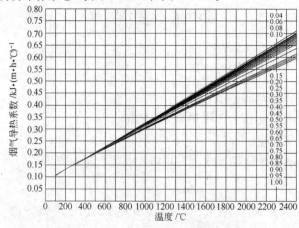

图 3-3-17　中型转炉烟气导热系数图

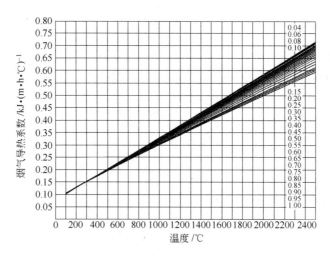

图 3-3-18　大型转炉烟气导热系数图

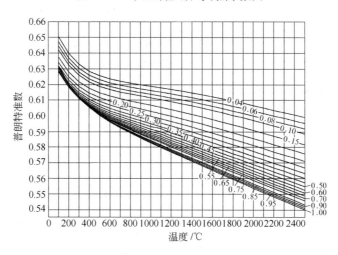

图 3-3-19　中型转炉烟气普朗特准数图

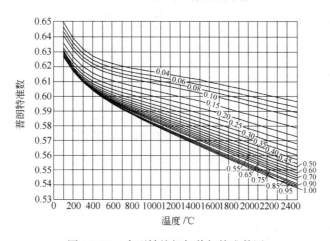

图 3-3-20　大型转炉烟气普朗特准数图

$$Re = \frac{\omega_y D_d}{\nu_y} \tag{3-3-52}$$

式中 ω_y——烟气流速，m/s；

ν_y——烟气的运动黏度，m^2/s，参考图 3-3-21 和图 3-3-22。

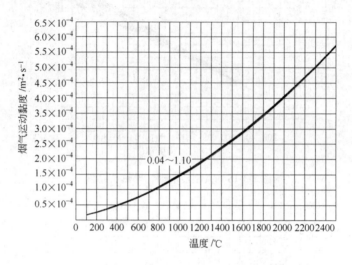

图 3-3-21 中型转炉烟气运动黏度图

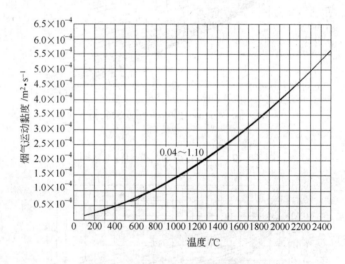

图 3-3-22 大型转炉烟气运动黏度图

图 3-3-17 ~ 图 3-3-22 中分别表示了不同空气过剩系数（0.04 ~ 1.0）下，大中型转炉烟气导热系数、普朗特准数和运动黏度值。

$$D_d = \frac{4F_y}{U} \tag{3-3-53}$$

式中 F_y——烟道对流传热面积，m^2；

U——烟道截面周长，m。

$$\omega_y = \frac{V_y}{3600F_y} \times \frac{T_{avg}}{273.15} \tag{3-3-54}$$

式中 T_{avg}——烟道平均温度，K。

$$T_{avg} = \Delta t + T \tag{3-3-55}$$

式中 Δt——烟道温压，K；

T——管内汽水介质温度，一般可取462.15K。

$$\Delta t = \frac{T'' - T'}{\ln \dfrac{T' - T}{T'' - T}} \tag{3-3-56}$$

计算对流传热量参考式（3-3-57）：

$$Q_d = C_l \frac{3.6a_d \Delta t F_y}{V_y} \tag{3-3-57}$$

式中 C_l——长度修正系数。

七、传热分析计算

对流传热与辐射传热的和便是总传热量，参考式（3-3-58）。当计算焓差与总传热量相等时，便可以认为温度假设成立，对比计算成立，判断条件参考式（3-3-59）。

$$Q = Q_d + Q_f \tag{3-3-58}$$

式中 Q——总传热量（标态），kJ/m^3。

$$Q = \varphi(I_1 - I_2) \tag{3-3-59}$$

式中 φ——保温系数，可取0.96~0.985；

I_1——烟气进口焓值（标态），kJ/m^3；

I_2——烟气出口焓值（标态），kJ/m^3。

氧气转炉汽化冷却系统计算的核心问题就是计算汽化冷却烟道，其计算过程中需要针对各段烟气的出口温度进行假设，并且反复验证假设温度是否正确，计算流程如图3-3-23所示，首先，进行烟罩部分的计算，根据空气过剩系数来确定炉气的理论燃烧温度并作为烟气最初的入口温度，同时假设烟罩的出口温度。假设出口温度后，根据炉气进出口温度下，炉气各个组分的焓，估计出辐射传热过程中的传热量，同时计算辐射传热量，比较估计值与计算值，如果差值小于预想（一般差值为1%），则认为对出口温度的假设基本正确，否则需要重新假设出口温度。最终得到的出口温度作为下一段计算时的入口温度。

烟罩段计算结束后，得到炉口段的入口温度，此时需要假设炉口段的出口温度，根据炉气进出口温度下，炉气各个组分的焓，估计出辐射传热和对流传热过程中的传热量之和，同时计算辐射传热量和对流传热量之和，比较估计值与计算值，如果差值

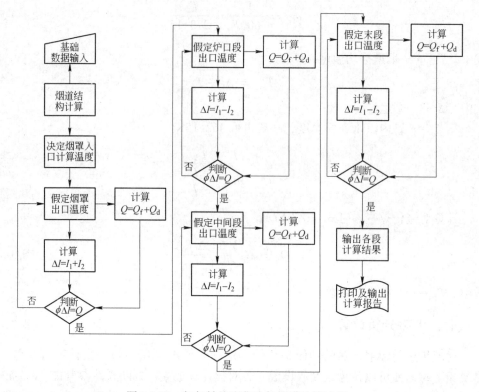

图 3-3-23 氧气转炉汽化冷却烟道计算流程

小于预想（一般差值为 1%），则认为对出口温度的假设基本正确，否则需要重新假设出口温度。最终得到的出口温度作为下一段计算时的入口温度。其余段位依据以上方法依次计算。

对计算精度的调整进行过程分析，首先假定烟罩段的结构尺寸数据，见表 3-3-4。

表 3-3-4 烟罩段结构尺寸数据

序 号	名 称	单 位	数 值
1	D_1	m	4.2
2	D_2	m	3.1
3	H	m	1.5
4	s	mm	60
5	d_w	mm	57
6	L_b	mm	10

分别将烟罩分为 1~5 段进行计算，计算过程中温度降将会随着烟罩分段数量的增加而增大，同时传热量也增大，计算结果如图 3-3-24 所示。烟罩计算数据见表 3-3-5。

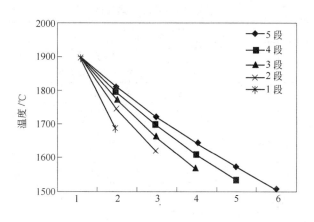

图 3-3-24 烟罩计算结果分析

表 3-3-5 烟罩计算数据

序　号	分段数量	入口温度/℃	出口温度/℃	温差/℃	传热量/kJ	计算误差估计/%
1	5	1909	1509	28	709.7	5.1
2	4	1909	1537	34	658.3	4.1
3	3	1909	1571	43	596.6	3
4	2	1909	1614	66	515.4	2
5	1	1909	1680		400.6	1

　　由计算结果可知，如果仅将烟罩结构作为单一结构进行分析时，其出口温度为1680℃，而如果细化烟罩结构，将烟罩结构按照 5 段来进行考虑，则其出口温度为1509℃。计算结果的不同，主要是因为在选取物性参数时，一般都是按照进出口温度的平均值来进行选择，因此，如果仅将烟罩结构作为一段进行考虑，则所选取的物性参数相当粗糙，所计算的结果也会有较大的差异。随着分段的增加，每次计算结果之间的温差逐渐减小，表明所选取的物性参数逐渐平滑，更符合实际情况。仅从数学角度来对试差计算进行分析。每次计算过程中，都会首先假定出口温度，然后进行分析计算，计算合格标准在于对比假设温度差下烟气的显热变化与传热量总和相近似。需要对近似度进行规定，一般来说使用计算机计算，可以使计算数值相差度达到 1%。那么如果将烟罩分为 n 段计算，则可以估计其产生的数学计算误差为 $(1.01^n - 1) \times 100\%$。因此，对于计算过程不宜将段数划分过多，否则所产生的数学计算误差会很大。而如果不对烟罩进行分段，则会在物性参数选取过程中产生较大的误差，而在参数选取过程中所产生的误差应尽量降低，但同时要考虑到数学计算的误差。

　　对于氧气转炉汽化冷却烟道过程中的换热过程包括辐射传热与对流传热，根据某厂的氧气转炉汽化冷却烟道结构计算出其相关的结构数据，见表 3-3-6。

表 3-3-6 烟道计算数据

烟气性质参数

名 称	单 位	数 值	名 称	单 位	数 值
总降碳量	%	4.15	空气过剩系数		0.1
最大铁水量	t	80	空气含湿量（标态）	g/m^3	33.6
吹炼时间	min	16	熔尘损失	%	0.8
CO 含量	%	90	铁水比	%	94
CO_2 含量	%	90	环境温度	℃	30
N_2 含量	%	0	空气定压比热容（标态）	$kJ/(m^3 \cdot ℃)$	1.005

结 构 尺 寸

名 称	单 位	数 值	名 称	单 位	数 值
D_1	m	4.0	S_3	mm	60
D_2	m	3.2	d_{w3}	mm	57
H	m	1.5	D_5	m	2.289
S_1	mm	45	L_6	m	1.74
d_{w1}	mm	42	L_7	m	1.62
D_3	m	2.585	S_4	mm	60
L_3	m	3.5	d_{w4}	mm	57
L_4	m	5.9	R_w	m	2.589
S_2	mm	45	R_n	m	0.3
d_{w2}	mm	42	L_b	mm	10
D_4	m	2.289	I 段开孔 a_1	m	1.15
L_1	m	7.5	b_1	m	0.46
L_2	m	0.9			

　　根据上表所提供的结构计算数据，计算出相关的辐射传热量与对流传热量，并进行对比，见表 3-3-7 和表 3-3-8。

表 3-3-7 烟道对流传热计算数据

位 置	水冷壁管道数量	对流传热面积 /m^2	烟道截面积 /m^2	辐射围挡面积 /m^2	辐射层厚度 /m	挤管开孔面积 /m^2
扣 罩	36			17.6	3.13	0
I	180	160.6	5.2	120	1.02	1.68
II	119	127.7	4	94.9	0.89	0
末 段	119	67.4	4	36.6	1.5	0

表 3-3-8 烟道辐射传热计算数据

位 置	对流传热量/kJ	辐射传热量/kJ	总传热量/kJ	对流传热率/%	辐射传热率/%
扣 罩	0	1032.5	1032.5	0	100
I	133.4	465.9	599.3	22.3	77.7
II	49.9	229.3	279.2	17.9	82.1
末 段	10.9	136.9	147.8	7.4	92.6

计算后温度变化如图 3-3-25 所示。分析计算过程中的传热量计算数据可知：对流传热除扣罩外，其余段位辐射传热属于主要传热形式，占总传热量的 75%～95%，而对流传热量比率只有 5%～25%。同时，随着温度不断降低，总传热量也在不断降低。

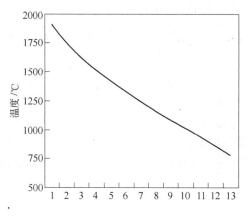

图 3-3-25　计算后的烟道温度变化

八、汽化冷却烟道附属设备计算

（一）蒸汽汽包

汽包是转炉汽化冷却装置中的一项重要设备。其作用主要是用来分离汽化冷却烟道中经过上升管进入汽包的汽水混合物中的蒸汽，保证送出蒸汽的品质符合要求；同时储存一定的水量，当给水因事故中断时，用来保证转炉吹炼顺利结束和安全停炉。

汽包内部装置是由汽水分离装置、给水管、排污管、加药管等组成。其中，汽包容积的确定是核心问题。汽包容积主要包括有效水容积、蒸汽空间、闲置水容积、水位波动容积，这些容积之和便是最终的汽包总容积。汽包需设置安全阀和放散装置，防止汽包内压力过高。

汽包容积分四部分，即：

$$V = V_1 + V_2 + V_3 + V_4 \tag{3-3-60}$$

式中　V——汽包容积，m^3；

　　　V_1——有效水容积，m^3；

　　　V_2——蒸汽空间，m^3；

　　　V_3——闲置水容积，m^3；

　　　V_4——水位波动空间，m^3。

$$V_2' = \frac{D_{max} v''}{R} \tag{3-3-61}$$

式中　V_2'——蒸汽空间初算容积，$m^3/(m^3 \cdot h)$；

　　　D_{max}——汽化冷却器瞬时最大蒸汽量，kg/h；

v''——汽包在正常压力下的饱和蒸汽比热容，m^3/kg；

R——蒸汽空间负荷强度，$m^3/(m^3 \cdot h)$。

在 2.5MPa 压力下，蒸汽空间负荷强度一般可取 $500 \sim 700m^3/(m^3 \cdot h)$。计算出蒸汽空间的初算容积后，一般会让这部分空间同时上下移动 $50 \sim 100mm$。所以需要添加富余量重新核算容积，见式（3-3-62）：

$$V_2 = L\left[\frac{\pi}{2}r^2 - (r - h)\sqrt{2rh - h^2} - r^2\sin^{-1}\left(1 - \frac{h}{r}\right)\right] + 1.58h^2\left(r - \frac{h}{30}\right)$$

$$(3-3-62)$$

式中　r——汽包半径，m；

　　　h——汽包蒸汽空间高，m；

　　　L——汽包直筒部分长度，m。

闲置水容积 V_3，一般水层深取 200mm 以上，假设水层深度为 200mm，则计算闲置水容积参考式（3-3-63）：

$$V_3 = L\left[\frac{\pi}{2}r^2 - 0.2(r - 0.2)\sqrt{10r - 1} - r^2\sin^{-1}\left(1 - \frac{0.2}{r}\right)\right] + 0.0632(r - 0.0067)$$

$$(3-3-63)$$

水位波动层空间 V_4，与水位的波动位置有关。当水位围绕汽包中心线波动时，假设水层波动范围为 $\pm 300mm$ 时，参考式（3-3-64）；当水位在汽包中心线以上或以下波动时，假设水层波动范围为 $\pm 300mm$ 时，参考式（3-3-65）。

$$V_4 = L\left(0.6\sqrt{r^2 - 0.09} - 2r^2\sin^{-1}\frac{0.3}{r}\right) + 2r(0.3605r - 0.0205) \quad (3-3-64)$$

$$V_4 = L\left(h'\sqrt{r^2 - h'^2} + r^2\sin^{-1}\frac{h'}{r}\right) + 0.0527(57h'r^2 - 27h'^2r + h'^3) \quad (3-3-65)$$

式中　h'——汽包中心线到高水位之间的距离，m。

汽包有效水容积 V_1，与水位的波动位置有关。当水位围绕汽包中心线波动时，则计算时参考式（3-3-66）；当水位在汽包中心线以上或以下波动时，则计算时参考式（3-3-67）。

$$V_1 = V_2 - V_3 \quad\quad\quad\quad (3-3-66)$$

$$V_1 = r^2\left(\frac{\pi}{2}L + 1.5273r\right) - V_3 - V_4 \quad\quad (3-3-67)$$

通过以上计算，可以得到经验计算表 3-3-9。

表 3-3-9　每米汽包相关数据

汽包内径/mm	有效水容积 V_1/m^3	蒸汽空间容积 V_2/m^3	闲置水容积 V_3/m^3	水位波动容积 V_4/m^3
1200	0.2990	0.4220	0.1230	0.2864
1300	0.3794	0.5082	0.1288	0.3102
1400	0.4687	0.6024	0.1337	0.3338

汽包内径/mm	有效水容积 V_1/m^3	蒸汽空间容积 V_2/m^3	闲置水容积 V_3/m^3	水位波动容积 V_4/m^3
1500	0.5651	0.7042	0.1391	0.3578
1600	0.6700	0.8138	0.1438	0.3820
1800	0.9050	1.0566	0.1516	0.4302
2000	1.1693	1.3304	0.1611	0.4792
2200	1.4691	1.6365	0.1674	0.5264
2400	1.7971	1.9728	0.1757	0.5760
2600	2.1637	2.3420	0.1783	0.6226
2800	2.5538	2.7417	0.1879	0.6710

安全阀是汽包上的重要安全配件，其主要防止汽包压力过高，一般直接安装在汽包上的安全阀不少于 2 个。阀体内径可参考式（3-3-68）。

$$d_n = \frac{D_{max}A}{(P+1)nh}$$ （3-3-68）

式中　P——汽包蒸气压力，kg/cm^2；

　　　n——安全阀数量，台；

　　　h——安全阀提升高度，cm；

　　　A——系数，微启式安全阀，$A = 0.0075$；全启式安全阀，$A = 0.015$。

汽包上安装放散阀门，放散点直通室外。阀体内径可参考式（3-3-69）。

$$d_n = 594.5 \sqrt{\frac{D_{max}v''}{w}}$$ （3-3-69）

式中　w——蒸汽流速，一般为 80m/s。

（二）蓄热器

转炉汽化冷却产生的蒸汽是间断性的，并且波动较大。在整个冶炼周期中一般只有吹氧时才能有蒸汽产生，而在整个吹氧过程中，蒸发量往往是忽高忽低的，有着相对剧烈的波动变化。设置蓄热器后，当出现蒸发量峰值时，可以使用蓄热器来存储多余的蒸汽。

蓄热器主要通过蓄热器内存储的水来冷却蒸汽，蒸汽放热后会凝结成水使蓄热器中的水位上升。而蓄热器就是利用蒸汽来加热冷水得到热水来存储和利用峰值时产生的多余蒸汽的热量。

蓄热器需设置安全阀和放散装置，防止汽包内压力过高。

蓄热器计算内容主要包括蓄热器的蓄热能力、蓄热器压力、蓄热器单位蓄热能力、充热状态下的水体积、蓄热器容积和放热后的水体积。

蓄热能力一般使用简易积分曲线法来确定，首先根据气化冷却蒸发量绘出蓄热器的蒸汽负荷曲线或转炉车间综合产汽曲线，此部分曲线一般由热力学计算提供。然后在其上绘制一条冶炼期间的平均蒸汽负荷线。利用负荷曲线和综合产汽曲线与平均产汽间计算面积的变化差值，做出简易积分曲线，曲线上最高点和最低点之差即为蓄热能力。

确定管网压力和汽包设计压力，根据压力查询对应饱和水的焓、饱和蒸汽的焓和饱和水密度。根据焓值来计算蓄热器单位蓄热能力，参考式（3-3-70）：

$$g_0 = \frac{i_1 - i_2}{\frac{i_3 - i_4}{2} - i_2}\gamma \tag{3-3-70}$$

式中　g_0——蓄热器单位蓄热能力，kg/m^3；

　　　γ——汽包设计压力下的饱和水密度，kg/m^3；

　　　i_1——汽包设计压力下的饱和水焓，MJ/kg；

　　　i_2——管网压力下的饱和水焓，MJ/kg；

　　　i_3——汽包设计压力下的饱和蒸汽焓，MJ/kg；

　　　i_4——管网压力下的饱和蒸汽焓，MJ/kg。

确定蓄热器单位蓄热能力后，计算充热状态下的水体积，参考式（3-3-71）：

$$V_1 = \frac{G_x}{g_0} \tag{3-3-71}$$

式中　V_1——充热状态下的水体积，m^3；

　　　G_x——蓄热能力，kg。

计算蓄热器容积，参考式（3-3-72）：

$$V = \frac{V_1}{\eta\varphi} \tag{3-3-72}$$

式中　V——蓄热器体积，m^3；

　　　η——蓄热器效率，一般取 0.99；

　　　φ——蓄热器充水系数，一般取 0.8。

计算放热后的水体积，参考式（3-3-73）：

$$V_2 = \frac{V_1\gamma_1 - V_1 g_0}{\gamma_2} \tag{3-3-73}$$

式中　V_2——放热后的水体积，m^3；

　　　γ_1——汽包设计压力下的饱和水密度，kg/m^3；

　　　γ_2——管网压力下的饱和水密度，kg/m^3。

（三）除氧器

除氧器的主要目的在于除去溶解气体中的氧气，防止腐蚀。在冷却水系统中，溶解氧如果能去除到 0.3mg/L 左右，腐蚀作用就几乎可以忽略，但是在 70℃ 的热水系统中，必须去除到 0.1mg/L。除氧器一般还会配备除氧水箱，用于存储除氧水。

使用的除氧器为真空式除氧器。其工作原理是在水的大气压沸点 100℃ 以下的温度中进行除氧。真空式除氧器利用单级蒸汽喷射器或真空泵，使压力减到 53.33 ～ 93.33kPa，用原水一面向下流、一面吸引向上，使水中溶解气体扩散，这样溶解氧和二氧化碳可以被同时除去。

进行除氧时，首先用上述物理方法去除大部分溶解氧和二氧化碳；然后根据需要，可以投加亚硫酸钠和联氨之类的还原剂，用化学方法完全除去剩余氧。

除氧器计算内容主要包括除氧器有效工作面积、除气量、所需填料的工作面积、总抽气量。有效工作面积计算参考式（3-3-74）：

$$f = \frac{Q}{q} \qquad (3-3-74)$$

式中 f——有效工作面积，m^2；

Q——处理水量，m^3/h；

q——喷淋密度，$m^3/(m^2 \cdot h)$。

除气量计算参考式（3-3-75）：

$$G_o = \frac{Q(c_1 - c_2)}{1000} \qquad (3-3-75)$$

式中 G_o——除气量，kg/h；

c_1——进水含氧量，mg/L，参考表3-3-10；

c_2——出水含氧量，mg/L。

表 3-3-10 水中含氧量 （mg/L）

水面空气压力/MPa	温度/℃										
	0	10	20	30	40	50	60	70	80	90	100
0.1	14.5	11.3	9.1	7.5	6.5	5.6	4.8	3.9	2.9	1.6	0
0.08	11.0	8.5	7.0	5.7	5.0	4.2	3.4	2.6	1.6	0.5	0
0.06	8.3	6.4	5.3	4.3	3.7	3.0	2.3	1.7	0.8	0	0
0.04	5.7	1.2	3.5	2.7	2.2	1.7	1.1	0.1	0	0	0
0.02	2.8	2.0	1.6	1.1	1.2	1.0	0.4	0	0	0	0
0.01	1.2	0.9	0.8	0.5	0.2	0	0	0	0	0	0

计算填料的工作面积参考式（3-3-76）：

$$F = \frac{G}{Kc} \qquad (3-3-76)$$

式中 F——填料的工作面积，m^2；

K——解吸系数，m/h，参考图3-3-26；

c——解吸平均推动力，kg/m^3，参考图3-3-27。

计算抽气量参考式（3-3-77）：

$$W = \frac{G(273.15 + t)}{377p} \qquad (3-3-77)$$

式中 W——抽氧量，m^3/h；

t——进水温度，℃；

p——出水中允许残留的含氧量所对应的水面上空气中的分压，MPa。

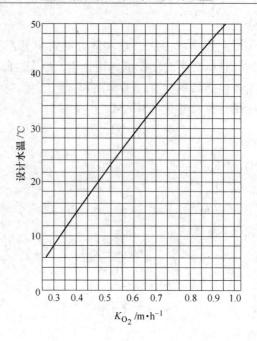

图 3-3-26 解吸系数曲线

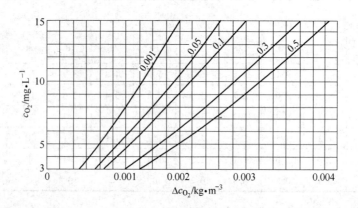

图 3-3-27 解吸平均动力曲线

计算水面上空气中的分压参考式（3-3-78）：

$$p = \frac{C}{\beta} \tag{3-3-78}$$

式中 β——氧在水中的溶解度，查表 3-3-11，mg/L。

表 3-3-11 氧在水中的溶解度

溶解度 /mg·L^{-1}	温度/℃								
	0	10	20	30	40	50	60	80	100
β	69.5	53.7	43.4	35.9	30.8	26.6	22.8	13.8	0

九、汽化冷却烟道布置实例

本实例表示某汽化冷却烟道组，其中包含三套汽化冷却设施，分别配制在三台100t转炉上。转炉车间，高跨每跨长为18m，辅助跨长为12m，顶部平台高为44.7m，汽包平台高度设置为51m，除氧器平台设置为25.7m。汽化冷却系统布置如图3-3-28所示。

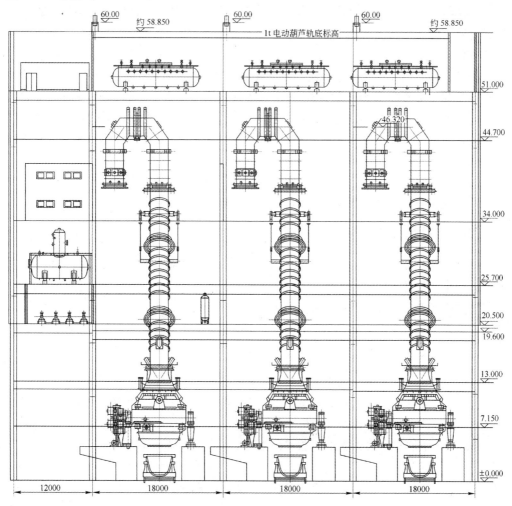

图 3-3-28　汽化冷却系统布置图

第四节　蒸发冷却器

一、蒸发冷却器工作原理

蒸发冷却器属于喷雾式直接冷却设备，通过向高温烟气中直接喷水，用水雾的蒸发吸热，从而使转炉热烟气的温度由800~1000℃降低到150~200℃范围内，再进入电除尘设备。蒸发冷却器设备简单、投资省、水和动力消耗不大，同时可以改善烟尘的比电阻；但是其会增加烟气量、含湿量、腐蚀性和烟气的黏结性。

蒸发冷却器在喷淋冷却塔内直接向流经塔内的高温烟气喷出水滴，依靠水升温时的显热和蒸发时的潜热吸收烟气的热量，使烟气降温。利用水的汽化潜热，降温效果好，用水量不多，水的蒸发而使烟气体积增加也很少，但是直接冷却方法不适宜烟气初始温度小于150℃的情况，同时降温的温度不能低于烟气的饱和温度（露点温度），以免出现结露而产生设备腐蚀、堵塞管道等不良影响。因此，烟气通过蒸发冷却器降温后的温度要保持在150℃以上，一般会高于此温度20～30℃，所以烟气的出口温度应在170℃左右。

蒸发冷却器内的热烟气断面流速一般不宜大于1.5～2.0m/s，主要原因在于保证水滴所需要的蒸发时间小于烟气在蒸发冷却器内的停留时间，使烟气得到充分的冷却。因此，蒸发冷却器必须有一定的高度，此高度取决于蒸发冷却器内水滴的完全蒸发时间，而蒸发时间又与水滴的大小和烟气的进出口温度有关，因此，要求的水压较高，达到4～6MPa。

因此，在进行蒸发冷却器的设计及选型时，需要进行热平衡计算来确定水量和烟气量的匹配关系，利用热平衡计算结果来最终确定设备的结构尺寸。

二、热平衡计算方法

热平衡计算的任务主要是根据烟气进出口温度和喷雾效果计算出所需水量和水蒸发以后的水蒸气体积。

喷雾塔的有效容积计算参考式（3-4-1）：

$$V = \frac{Q}{S\Delta t_m} \tag{3-4-1}$$

式中　Q——高温烟气放出的热量，kJ/h，参考式（3-4-2）；

S——喷雾冷却塔的热容量系数，kJ/（m³·h·K），一般取值为600～800kJ/（m³·h·K）；

Δt_m——水滴和高温烟气的对数平均温差，K，参考式（3-4-3）。

$$Q = \frac{Q_g}{22.4}(c_{pm1}t_{g1} - c_{pm2}t_{g2}) \tag{3-4-2}$$

式中　Q_g——高温烟气量，m³/h；

c_{pm1}，c_{pm2}——高温烟气在0～t_{g1}和0～t_{g2}时的平均比热容，kJ/（kmol·K）；

t_{g1}，t_{g2}——高温烟气冷却前后温度，K。

$$\Delta t_m = \frac{\Delta t_1 - \Delta t_2}{\ln \dfrac{\Delta t_1}{\Delta t_2}} \tag{3-4-3}$$

式中　Δt_1——水滴和高温烟气的入口温差，K；

Δt_2——水滴和高温烟气的出口温差，K。

喷雾冷却塔的喷水量计算方法参考式（3-4-4）：

$$G_w = \frac{Q}{\rho + c_w(100 - t_w) + c_v(t_v - 100)}$$　　　　（3-4-4）

式中　G_w——水的质量流量，kg/h；

Q——烟气放热量，kJ/h；

c_w——水的质量比热容，kJ/(kg·℃)，一般取值为 4.19kJ/(kg·℃)；

c_v——烟气的质量比热容，kJ/(kg·℃)，一般取值为 2.14kJ/(kg·℃)；

t_w——水的喷雾温度，℃；

t_v——烟气出口温度，℃；

ρ——水的汽化潜热，kJ/kg，一般取值为 2257kJ/kg。

水蒸气增加体积计算参考式（3-4-5）：

$$V'_W = G_w V$$　　　　（3-4-5）

式中　V'_W——水蒸气增加体积，m³/h；

V——水蒸气质量体积，m³/kg。

出口水蒸气体积计算参考式（3-4-6）：

$$V_w = \frac{V'_W(273.15 + t_v)}{273.15}$$　　　　（3-4-6）

三、设备结构计算方法

设备结构计算主要需要确定冷却塔的截面积和有效高度。

蒸发冷却器截面积计算参考式（3-4-7）：

$$A = \frac{Q_g}{3600v}$$　　　　（3-4-7）

式中　A——蒸发冷却器截面积，m²；

v——烟气流速，一般取 1～2m/s。

蒸发冷却器直径计算参考式（3-4-8）：

$$D = \sqrt{\frac{4A}{\pi}}$$　　　　（3-4-8）

式中　D——蒸发冷却器直径，m。

蒸发冷却器有效高度计算参考式（3-4-9）：

$$H = \sqrt{\frac{V}{A}}$$　　　　（3-4-9）

式中　H——蒸发冷却器有效高度，m。

水滴停留在塔内的时间计算参考式（3-4-10）：

$$\tau = \frac{H}{v}$$　　　　（3-4-10）

式中 τ——水滴停留时间，s。

四、计算实例

某 80t 氧气转炉烟气量（标态）为 65000m³/h，温度为 1000℃，平均摩尔比热容为 34.5kJ/(kmol·K)，通过蒸发冷却器降温，出口温度为 170℃；喷雾水温为 30℃，水滴出口温度为 80℃，平均摩尔比热容为 32.02kJ/(kmol·K)；喷嘴的喷雾效果良好，$S = 800$kJ/(m³·h·K)。根据以上数据进行蒸发冷却器的热平衡计算和结构计算。

（1）根据式（3-4-2），计算蒸发冷却器内的烟气所放出的热量：

$$Q = \frac{65000}{22.4} \times (34.5 \times 1000 - 32.02 \times 170) = 84.32 \times 10^6 \text{kJ/h}$$

（2）根据式（3-4-3），计算蒸发冷却器内的平均温差的热量：

$$\Delta t_1 = 1000 - 80 = 920℃$$

$$\Delta t_2 = 170 - 30 = 140℃$$

$$\Delta t_m = \frac{920 - 140}{\ln \frac{920}{140}} = 414.3℃$$

（3）根据式（3-4-1），计算蒸发冷却器内的有效容积：

$$V = \frac{84.32 \times 10^6}{800 \times 414.3} = 254.4 \text{m}^3$$

（4）计算蒸发冷却器内的烟气实际流量：

$$Q_g = 65000 \times \frac{\frac{1000 + 170}{2} + 273}{273} = 204285.7 \text{m}^3/\text{h}$$

（5）取烟气在蒸发冷却器内的流速为 1.5m/s，则根据式（3-4-7），计算截面积：

$$A = \frac{204285.7}{3600 \times 1.5} = 37.83 \text{m}^2$$

（6）根据式（3-4-8），计算蒸发冷却器直径：

$$D = \sqrt{\frac{4 \times 37.83}{3.14}} = 6.94 \text{m} \approx 7 \text{m}$$

（7）根据式（3-4-9），计算蒸发冷却器有效高度：

$$H = \frac{254.4}{37.83} = 6.72 \approx 7 \text{m}$$

（8）根据式（3-4-10），计算水滴在塔内的停留时间：

$$\tau = \frac{7}{1.5} = 4.67 \text{s}$$

（9）计算停留时间为 4.67s，当水滴的直径在 150μm 时，在 414.3℃时，水滴完全蒸发的时间仅需不到 1s 的时间，则水滴完全可以蒸发。根据式（3-4-4），进行喷

雾量计算:

$$G_w = \frac{84.32 \times 10^6}{2257 + 4.19 \times (100 - 30) + 2.14 \times (170 - 100)} = 31228.5 \text{kg/h} \approx 3.12 t/h$$

(10) 根据一般经验可知,$1 m^3$ 烟气降低 $1℃$ 所需要的水量大致为 $0.5 g$,计算得:

$$G_w = 65000 \times (1000 - 170) \times 0.0005 = 26975 \text{kg/h} \approx 2.70 t/h$$

(11) 计算值与估算值接近,可以作为设计参考值使用。则根据式(3-4-5)计算喷雾所增加的水体积:

$$V'_w = \frac{31228.5}{0.804} \times \frac{273 + 170}{273} = 63028.4 m^3/h$$

(12) 根据式(3-4-6),计算湿烟气的工况体积为:

$$V_w = 65000 \times \frac{273 + 170}{273} + 63028.4 = 168504.6 m^3/h$$

第五节 电除尘器

一、工作原理

电除尘是利用静电作用的原理捕集粉尘的设备。其特点是除尘效率高,可以达到 99% 以上;设备阻力小,一般可以控制在 $200 \sim 300 Pa$;适用范围广,可以捕集粒径小于 $1 \mu m$ 的粒子,烟气温度可以在 $300 \sim 400℃$ 之间,但是要求烟气的含氧量不能过高,否则会发生安全事故;可以处理大风量,目前单台电除尘器最大处理风量可以超过 $200 \times 10^4 m^3/h$。

影响电除尘的因素主要包括粉尘的比电阻、烟气的湿度、烟气的温度、烟气的成分、烟气的压力、粉尘浓度、粉尘的粒径分布、粉尘密度和黏附力、设备状况、操作条件。

适用于电除尘的比电阻为 $10^{11} \sim 10^{14} \Omega \cdot cm$。比电阻低于 $10^{11} \Omega \cdot cm$ 的粉尘,其导电性能强,在电除尘器电场内被收集时,到达沉降极板表面后会快速释放其电荷,而变为与沉淀极同性,然后又相互排斥,重新返回气流,可能在往返跳跃过程中被气流带出,所以除尘效果差;相反,比电阻高于 $10^{14} \Omega \cdot cm$ 的粉尘,在到达沉降极以后不易释放其电荷,使粉尘层与极板之间可能形成电场,产生反电晕放电。对于高比电阻粉尘,可以通过特殊方法进行电除尘器除尘,以达到气体净化的目的。这些方法包括气体调质、采用脉冲供电、改变电除尘器本体结构、拉宽电极间距并结合变更电气条件。

烟气的湿度能改变粉尘的比电阻,在同样的温度下,烟气中所含水分越大、其电阻比越小。粉尘颗粒吸附了水分子,粉尘的导电性能增大,由于湿度增大,击穿电压上涨,这就允许在更高的电场电压下运行。击穿电压与空气含湿量有关,随着空气中含湿量的上升,电场击穿电压相应提高,火花放电较难出现,这种作用对电除尘器来讲，是有实用价值的，可以使除尘器在提高电压的情况下稳定运行。

气体的温度也可以改变粉尘的比电阻，而改变的方向却有几种可能：表面比电阻随温度上升而增加，属于过渡区，过渡期间表面和体积比电阻共同作用。但是，温度会影响比电阻，同时也会对粉尘的驱动速度产生影响，温度越高，粉尘的驱动速度越小，这会导致除尘效率降低。因此，通常低温运行会收到更好的除尘效果。

烟气成分对负电晕放电特性影响很大，烟气成分不同，在电晕放电中电荷载体的迁移不同。在电场中，电子与中性气体分子相撞而形成负离子的概率在很大程度上取决于烟气成分。

在烟气温度一定的情况下，烟气的压力直接影响着烟气的密度。烟气的密度对除尘器的放电特性和除尘性能都有一定的影响，如果只考虑烟气压力的影响，则放电电压与气体压力保持正比关系。在其他条件相同的情况下，净化高压煤气时电除尘的压力比净化常压煤气时要高，电压高，其除尘效率也高。

电除尘器对所净化气体的含尘浓度有一定的适应范围，如果超过一定范围，除尘效果会降低，甚至终止除尘过程。因为在电除尘器正常运行时，电晕电流是由气体离子和荷电尘粒两部分组成的，但前者的驱进速度约为后者的数百倍。一般尘粒离子形成的电晕电流仅占总电晕电流的 $1\% \sim 2\%$，粉尘的质量比气体相对分子质量大得多，而离子流作用在荷电尘粒上所产生的运动速度远不如作用在气体离子上所产生的运动速度高。烟气粉尘浓度越大、尘粒离子也越多，然而单位体积中的总空间电荷不变，所以粉尘离子越多，气体离子所形成的空间电荷相应减少，于是电场内驱进速度降低，电晕闭塞，除尘效率下降，所以电除尘器净化烟气时，通过电场的电流趋近于零，发生电晕闭塞。因此，电除尘器净化烟气时，其气体含尘浓度应有一定的允许界限。

带电粉尘向沉淀极移动的速度与粉尘颗粒半径成正比，粒径越大，除尘效率越高；尺寸增至 $20 \sim 25 \mu m$ 时，可能出现效率最大值；再增大粒径，其除尘效率下降，原因是大粒径的非均匀性具有较好的导电性，容易发生二次扬尘和外携。

粉尘的黏附力是由于粉尘与粉尘之间，或粉尘颗粒与极板表面之间接触时的机械作用力、电气作用力等综合作用的结果。黏附力大的粉尘不易振打清除，而黏附力小的粉尘又容易产生二次扬尘；机械附着力小、电阻低、电气附着力也小的粉尘容易发生反复跳跃，影响电除尘器的一次除尘效率。

二、电场及设备计算

电除尘沉淀极板面积计算，根据粉尘进入除尘器的初始浓度及允许排出的浓度计算出电除尘的除尘效率和比表面积，参考式（3-5-1）和式（3-5-2）。

$$S = \frac{-\ln(1-\eta)}{w} \tag{3-5-1}$$

式中　S——比表面积，m^2；

　　　η——除尘效率，%；

　　　w——有效驱进速度，m/s，参考附录 C。

$$S_A = KQS \tag{3-5-2}$$

式中 S_A——除尘总表面积，m^2；

  K——保险系数，$1 \sim 1.5$；

  Q——烟气实际处理风量，m^3/s。

计算电除尘的电场风速及有效断面积，参考式（3-5-3）。

$$F = \frac{Q}{v} \tag{3-5-3}$$

式中 F——电场有效截面积，m^2；

  Q——烟气量，m^3/s；

  v——电场风速，m/s，参考表附录 C。

对于卧式电除尘器，电场截面积确定后，按照长宽比来决定电场长度和宽度，长宽比为 $1 \sim 1.3$。对于立式除尘器，可以直接计算其半径。

常规电除尘器通道宽度为 $250 \sim 350mm$。宽交流电除尘器，通道宽度可以大于 $400mm$，通常认为 $400 \sim 600mm$ 比较合理。

卧式电除尘器通道数及电场长度计算参考式（3-5-4）和式（3-5-5）：

$$Z = \frac{B}{2b - e} \tag{3-5-4}$$

式中 Z——卧式电除尘器通道数；

  B——电场有效宽度，m；

  b——极线与极板的中心距，m；

  e——阻流宽度，m。

$$L = \frac{S_A}{ZnH} \tag{3-5-5}$$

式中 H——电除尘器有效高度，m；

  n——电场数，参考表 3-5-1。

表 3-5-1 电场数

有效驱进速度 w	$-v\ln(1 - \eta)$		
	<4	$4 \sim 7$	>7
>5	3	4	5
$>5 \sim 9$	2	3	4
$<9 \sim 13$		2	3

第六节 风机的选择

一、风机能力换算

烟气经过净化系统后产生了很大的压力损失，无论把烟气排入大气放散，还是送入煤气回收系统都需要经过风机升压处理。

风机的选型主要包括风机处理风量的校核、风机全压校核和功率校核等。风机在非标准状态下还需要进行二次性能换算，参考表 3-6-1。附录 D 罗列了多种类型风机技术参数，可用于烟气通风机选型参考。

表 3-6-1　通风机性能换算

改变密度、转速	改变转速、大气压力、气体温度
$\dfrac{Q_1}{Q_2} = \dfrac{n_1}{n_2}$	$\dfrac{Q_1}{Q_2} = \dfrac{n_1}{n_2}$
$\dfrac{p_1}{p_2} = \left(\dfrac{n_1}{n_2}\right)^2 \dfrac{\rho_1}{\rho_2}$	$\dfrac{p_1}{p_2} = \left(\dfrac{n_1}{n_2}\right)^2 \left(\dfrac{B_1}{B_2}\right)\left(\dfrac{273.15 + t_2}{273.15 + t_1}\right)$
$\dfrac{N_1}{N_2} = \left(\dfrac{n_1}{n_2}\right)^3 \dfrac{\rho_1}{\rho_2}$	$\dfrac{N_1}{N_2} = \left(\dfrac{n_1}{n_2}\right)^3 \left(\dfrac{B_1}{B_2}\right)\left(\dfrac{273.15 + t_2}{273.15 + t_1}\right)$

风机流量校核：

$$Q_1 = k_1 k_2 Q_s \tag{3-6-1}$$

式中　Q_1——实际风量，m；

$\quad\quad Q_s$——实际风量，m；

$\quad\quad k_1$——管道漏风系数，一般取 $10\% \sim 15\%$；

$\quad\quad k_2$——设备漏风系数，一般取 $5\% \sim 10\%$。

压力损失校核：

$$p_1 = (pa_1 + p_s)a_2 \tag{3-6-2}$$

式中　p_1——压力损失，Pa；

$\quad\quad p$——管网压力损失，Pa；

$\quad\quad p_s$——设备压力损失，Pa；

$\quad\quad a_1$——管网压力损失附加系数，一般取 $115\% \sim 120\%$；

$\quad\quad a_2$——全压负差系数，一般取 1.05。

电动机功率：

$$N = \frac{Q_f p_1 K}{1000 \times \eta_1 \times \eta_2 \times 3600} \tag{3-6-3}$$

式中　K——容量安全系数，参见表 3-6-2；

$\quad\quad \eta_1$——通风机效率；

$\quad\quad \eta_2$——机械传动效率，参见表 3-6-3。

表 3-6-2　电机容量与安全系数

序　号	电动机功率/kW	通风机安全系数	引风机安全系数
1	0.5 以下	1.5	—
2	0.5 ~ 1.0	1.4	—

序　号	电动机功率/kW	通风机安全系数	引风机安全系数
3	1.0 ~ 2.0	1.3	—
4	2.0 ~ 5.0	1.2	1.3
5	5.0 以上	1.15	1.3

表 3-6-3　传动方式与机械效率

序　号	机械效率	传动方式	序　号	机械效率	传动方式
1	1.0	电动机直联	3	0.95	减速器传动
2	0.98	电动机直联传动	4	0.92	V 带传动

二、风机实际处理风量计算

高炉鼓风站系统主要需要确定鼓风机的进口风量和风压。其中，进口风量的修正计算参考式(3-6-4)~式(3-6-8)。

$$Q_h = \frac{Q}{K} \qquad (3\text{-}6\text{-}4)$$

式中　Q_h——实际风量，m^3/min；

　　　Q——标况下风量，m^3/min；

　　　K——修正系数。

$$K = k_1 k_2 k_3 \qquad (3\text{-}6\text{-}5)$$

式中　k_1——压力修正系数；

　　　k_2——温度修正系数；

　　　k_3——湿度修正系数。

$$k_1 = \frac{p_a - \Delta p}{101.325} \qquad (3\text{-}6\text{-}6)$$

式中　p_a——工况绝对空气压力，kPa；

　　　Δp——出口空气压力损失，kPa，一般取 2 ~ 2.5kPa。

$$k_2 = \frac{273.15}{T_a} \qquad (3\text{-}6\text{-}7)$$

式中　T_a——工况空气温度，℃。

$$k_3 = 1 - \frac{p_z}{p_a} \qquad (3\text{-}6\text{-}8)$$

式中　p_z——水蒸气分压，kPa，参考附录 L。

三、风机出口压力的计算

所需鼓风机的压力包括从风机出口起的送风阻力和实际的大气压力，参考式

（3-6-9）和式（3-6-10）。

$$p_h = p_a + p_c \tag{3-6-9}$$

式中　p_h——风机出口压力，kPa；

　　　p_a——当地大气压力，kPa；

　　　p_c——所需鼓风压力，kPa。

$$\varepsilon_h = \frac{p_a + p_c}{p_x} \tag{3-6-10}$$

式中　p_x——风机入口压力，kPa。

第七节　煤气冷却器

间接水冷装置是高温烟气通过水冷壁管将热量传出，由冷却器或夹层中流动的冷却水带走的一种冷却装置。常用的煤气冷却设备有水冷套管、水冷式热交换器和密排管式冷却器。

一、水冷套计算方法

水冷套计算主要需要确定水冷装置的传热面积和传热系数。而传热系数需要考虑的因素比较多，一般很难确定。根据工程实践和试验方法证实，烟气水冷套的一般传热系数在 $30 \sim 60 \mathrm{W/(cm^2 \cdot K)}$。传热面积计算参考式（3-7-1）：

$$F = \frac{Q}{K\Delta t_m} \tag{3-7-1}$$

式中　F——传热面积，$\mathrm{m^2}$；

　　　Q——烟气在冷却器内放出的热量，$\mathrm{kJ/h}$；

　　　K——传热系数，$\mathrm{W/(cm^2 \cdot K)}$ 或 $\mathrm{kJ/(m^2 \cdot h \cdot K)}$，一般取 $30 \sim 60\mathrm{W/(cm^2 \cdot K)}$ 或 $108 \sim 216\mathrm{kJ/(m^2 \cdot h \cdot K)}$；

　　　Δt_m——平均温差，参考式（3-4-3）。

例1　某厂设煤气冷却器装置一套，水冷套管进口热量为 $33.6 \times 10^6 \mathrm{kJ/h}$，出口热量为 $23 \times 10^6 \mathrm{kJ/h}$，传热系数为 $58\mathrm{W/(m^2 \cdot K)}$，烟气进口温度为 $840℃$，烟气出口温度为 $600℃$，冷却水进口温度为 $32℃$，冷却水出口温度为 $47℃$，烟气量为 $27000\mathrm{m^3/h}$，烟气流速为 $30\mathrm{m/s}$。

（1）计算传热面积：

$$F = \frac{33.6 \times 10^6 - 23 \times 10^6}{\dfrac{58 \times 4.2}{1.163} \times \dfrac{(840 - 47) + (600 - 32)}{2}} = 70\mathrm{m^2}$$

（2）水冷套管直径为：

$$D = \sqrt{\frac{4Q_g}{\pi v 3600}} = \sqrt{\frac{4 \times 27000 \times \dfrac{273.15 + \dfrac{840 + 600}{2}}{273.15}}{3.142 \times 30 \times 3600}} = 1.1\mathrm{m}$$

（3）每米长度冷却面积为：

$$f = \pi Dl = 3.142 \times 1.1 \times 1 = 3.46 m^2$$

（4）水冷套所需长度为：

$$L = \frac{70}{3.46} = 20m$$

（5）冷却水量：

$$G = \frac{Q}{4.18\Delta t} = \frac{10 \times 10^6}{4.18 \times 15 \times 1000} = 160 m^3/h$$

二、水冷式热交换器

水冷式热交换器的设计方法与原理与水冷套基本一致，但是需要核算烟气的比热容。其计算参考式（3-7-2）。

$$Q_g(c_1 t_1 - c_2 t_2) = KF\Delta t_m \tag{3-7-2}$$

式中　Q_g——烟气量，m^3/h；

c_1，c_2——进出口平均比热容，$kJ/(kmol \cdot ℃)$，参考式（3-7-3）；

t_1，t_2——进出口烟气温度，℃；

K——传热系数，$W/(cm^2 \cdot K)$ 或 $kJ/(m^2 \cdot h \cdot K)$，一般取 $30 \sim 60 W/(cm^2 \cdot K)$ 或 $108 \sim 216 kJ/(m^2 \cdot h \cdot K)$；

Δt_m——平均温差，参考式（3-4-3）。

$$c_p = \sum_{i=1}^{n} Y_i c_{pi} \tag{3-7-3}$$

式中　c_p——平均摩尔比热容，$kJ/(kmol \cdot ℃)$；

Y_i——混合气体中某一成分所占的体积分数，%；

c_{pi}——混合气体中某一成分的定压比热容，$kJ/(kmol \cdot ℃)$，参考附录 M。

例2　高温烟气量为 $10000 m^3/h$，烟气温度为 250℃，出口温降为 120℃。冷却水供水温度为 30℃，出水温度为 40℃，水管外径为 60mm、内径为 54mm，烟气流速为 10m/s。

（1）计算比热容：

$0 \sim 250℃$，烟气平均比热容为 $31.2 kJ/(kmol \cdot ℃)$；

$0 \sim 120℃$，烟气平均比热容为 $30.6 kJ/(kmol \cdot ℃)$。

（2）烟气放热量为：

$$Q = \frac{10000}{22.4} \times (31.2 \times 250 - 30.6 \times 120) = 1.84 \times 10^6 kJ/h$$

取传热系数 K 值为 $108 kJ/(m^2 \cdot h \cdot ℃)$。

（3）在热交换过程中，汽水逆向流动，计算对数平均温度差：

$$\Delta t_a = 250 - 40 = 210℃$$

$$\Delta t_b = 120 - 30 = 90℃$$

$$\Delta t_m = \frac{230 - 90}{2.3 \lg \frac{230}{90}} = 142℃$$

（4）所需传热面积：

$$F = \frac{1.84 \times 10^6}{108 \times 142} = 120 \mathrm{m}^2$$

（5）烟气所需的流通面积：

$$f = \frac{10000}{3600 \times 10} = 0.278 \mathrm{m}^2$$

（6）每根水管的流通面积：

$$f' = \frac{\pi}{4} \times (0.054)^2 = 2.3 \times 10^{-3} \mathrm{m}^2$$

（7）所需水管数：

$$n = \frac{f}{f'} \approx 120$$

（8）每根管长度：

$$l = \frac{F}{3.142 dn} \approx 6.4 \mathrm{m}$$

第八节　湿法除尘

一、工艺设备概述

转炉煤气湿法除尘一般采用双文氏管降温除尘，通常使用定径文氏管加溢流水封，如图 3-8-1 所示。溢流文氏管的主要作用就是降温除尘，可使温度在 800～1000℃ 的烟气到达文氏管喉口处时很快冷却到 70～80℃。文氏管喉口速度一般为 50～60m/s，阻力损失为 2000～2600Pa，除尘效率可以达到 95% 左右。调径文氏管一般用于除尘系统的第二级除尘，其主要作用是进一步净化烟气中力度较细小的烟尘，也可以起到一定的降温作用。调径文氏管喉口速度一般为 100～120m/s，压力损失为 10000～15700Pa，除尘效率可以达到 99%～99.9%。

文氏管的几何尺寸如喉口直径 D_T、喉口长度 L_T、收缩角 α_1、扩散角 α_2，以及喉口气速 v_T 和水气比 L 以及相应的干阻力、湿阻力都是文氏管设计过程中的主要参数，参见表 3-8-1。

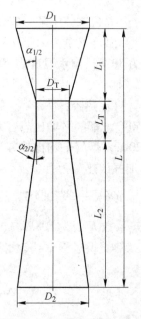

图 3-8-1　转炉湿法除尘文氏管基本结构图

表 3-8-1　文氏管的基本设计参数

基本设计参数	降温文氏管	除尘文氏管
收缩角 $\alpha_1/(°)$	$23 \sim 25$	圆形调径：$23 \sim 30$ 矩形调径：$23 \sim 25$ 对滑块式：$23 \sim 40$
扩散角 $\alpha_2/(°)$	$6 \sim 7$	定径：$6 \sim 7$ 调径：$6 \sim 7$ 矩形滑块：$6 \sim 12$
喉口长度 L_T/mm	$D_T < 250$，$L_T = 250$ $D_T > 250$，$L_T = D_T$	定径：$D_T < 250$，$L_T = 250$ $500 > D_T > 250$，$L_T = D_T$ $D_T > 500$，$L_T = 0.75 \sim 0.7 D_T$ 调径：$L_T = 0.75 D_T$
进出口流速/$\text{m} \cdot \text{s}^{-1}$	15	15
喉口气速 $v_T/\text{m} \cdot \text{s}^{-1}$	$40 \sim 60$	圆形定径：$80 \sim 100$ 矩形调径：$100 \sim 120$
水气比 $L/\text{L} \cdot \text{m}^{-3}$	$1 \sim 1.5$	1
溢流水量 $q_T/\text{kg} \cdot (\text{m} \cdot \text{h})^{-1}$	$500 \sim 1000$	$5000 \sim 6000$

二、降温文氏管的热平衡计算

降温文氏管的热平衡计算需要考虑烟气带入的热量、水带入的热量、烟气排出的热量、水蒸气排出的热量和水排出的热量。计算参考式（3-8-1）：

$$Vc_{p1}t_{yj} + q_{m1}c_s t_{sj} = V(c_{p2}t_{yp} + d_{m1}I_w) + q_{m2}c_s t_{sp} \tag{3-8-1}$$

式中　V——烟气体积流量（标态），m^3/h；

c_{p1}，c_{p2}——进、排烟气的定压比热容（标态），$\text{kJ}/(\text{m}^3 \cdot ℃)$；

c_s——水的定压比热容（标态），$\text{kJ}/(\text{m}^3 \cdot ℃)$；

t_{yj}，t_{yp}——进、排烟气的温度，℃；

t_{sj}，t_{sp}——进、排水的温度，℃；

q_{m1}，q_{m2}——进、排水量，t/h；

d_{m1}——烟气含湿量限度，kg/m^3，参考附录 L；

I_w——水蒸气热焓，$I_w = (2490.67 + 1.92556 \times t) \times 4.184$。

降温文氏管的烟气进口温度一般可选取 $800 \sim 1000℃$，或根据转炉汽化冷却烟道的出口温度来选取。排烟温度一般可取 $70 \sim 80℃$，水气比可参考表 3-8-2 选取，一般可以取 $1 \sim 1.5 \text{L}/\text{m}^3$。进水温度一般可选取 $30 \sim 50℃$，出口水温一般需要比烟气温度低 5℃。

表 3-8-2　不同进出口温度下的气体 L 值

气体进口温度/℃	$L/\text{L} \cdot \text{m}^{-3}$	气体出口温度/℃	$L/\text{L} \cdot \text{m}^{-3}$
1000	0.5 ~ 0.74	600	0.645 ~ 0.97
900	0.55 ~ 0.815	500	0.67 ~ 1.0
800	0.58 ~ 0.875	400	0.695 ~ 1.045
700	0.60 ~ 0.90	300	0.77 ~ 1.16

计算过程中需要首先确定烟气的进出口温度、水的进出口温度，计算耗水量。

三、除尘文氏管的热平衡计算

除尘文氏管的热平衡计算过程中需要考虑烟气进口带入热量、水蒸气进口带入热量、补充新水带入热量、一级文氏管的水所带入热量、烟气出口带出热量、水蒸气出口带出热量、排水带出热量。热平衡方程参见式（3-8-2）：

$$V(c_{p1}t_{yj} + d_1 I_1) + q_{m1}c_s t_{sj} + q'_{m1}c_s t'_{sj} = V(c_{p2}t_{yp} + d_2 I_2) + q_{m2}c_s t_{sp} \tag{3-8-2}$$

式中　V——烟气体积流量（标态），m^3/h；

　c_{p1}，c_{p2}——进、排烟气的定压比热容（标态），$\text{kJ}/(\text{m}^3 \cdot \text{℃})$；

　　　c_s——水的定压比热容（标态），$\text{kJ}/(\text{m}^3 \cdot \text{℃})$；

　t_{yj}，t_{yp}——进、排烟气的温度，℃；

　t_{sj}，t_{sp}——进、排水的温度，℃；

　q_{m1}，q_{m2}——进、排水量，t/h；

　d_1，d_2——烟气含湿量限度，kg/m^3，参考附表 L。

　I_1，I_2——水蒸气热焓，$I = (2490.67 + 1.92556 \times t) \times 4.184$。

降温文氏管的烟气进口温度一般可选取降温文氏管的水出口温度，排烟温度一般可取 40 ~ 70℃，烟气含湿量一般可取 1 ~ 1.5kg/m³。新水进水温度一般可取 30 ~ 50℃，来自降温文氏管的进水温度一般取降温文氏管的水出口温度，出口水温一般需要比烟气温度低 3℃。

计算过程中需要首先确定烟气的进出口温度、水的进出口温度和降温文氏管带入水量，计算补充水量。

四、文氏管结构计算

进行文氏管结构计算时，需要分别计算出文氏管各个位置的主要尺寸，包括进口直径、出口直径、喉口直径、收缩段长度、扩张段长度和喉口长度等相关的主要技术参数。

进、出口和喉口直径计算参考式（3-8-3）：

$$D = \sqrt{\frac{4kq_v}{\pi v}} \tag{3-8-3}$$

式中　D——进、出口和喉口直径，mm；

k——体积修正系数；

q_v——烟气流量（标态），m^3/h；

v——烟气流速，m/s。

收缩段长度计算参考式（3-8-4）：

$$L_1 = \frac{D_1 - D_T}{2 \times \tan\left(\dfrac{\alpha_1}{2}\right)} \tag{3-8-4}$$

式中 D_1——进口直径，mm；

D_T——喉口直径，mm；

α_1——减缩角，（°）。

扩张段长度计算参考式（3-8-5）：

$$L_2 = \frac{D_2 - D_T}{2 \times \tan\left(\dfrac{\alpha_2}{2}\right)} \tag{3-8-5}$$

式中 D_2——出口直径，mm；

D_T——喉口直径，mm；

α_2——扩张角，（°）。

五、文氏管热平衡及结构计算实例

某厂采用湿法除尘用于转炉烟气除尘，为120t氧气转炉设置降温文氏管和除尘文氏管。已知烟气经过汽化冷却烟道后，空气过剩系数为0.1，烟气体积（标态）为45000m^3/h，进入降温文氏管的进口温度为950℃，降温文氏管欲将烟气温度降至75℃，烟气最终出口温度为60℃。降温文氏管的冷却水进水温度为30℃、出水温度为70℃，除尘文氏管的新水补水温度为30℃、出水温度为57℃。950℃烟气的定压比热容（标态）为0.38kJ/（m^3·℃），75℃烟气的定压比热容（标态）为0.32kJ/（m^3·℃），60℃烟气的定压比热容（标态）为0.31kJ/（m^3·℃）；30℃水的定压比热容（标态）为4.174kJ/（kg·℃），57℃水的定压比热容为4.177kJ/（kg·℃），70℃水的定压比热容为4.187kJ/（kg·℃）；75℃烟气的含湿量为0.498kg/m^3，含热量为1411.94kJ/m^3；60℃烟气的含湿量为0.1975kg/m^3，含热量为594.83kJ/m^3。

（1）计算降温文氏管耗水量：

$$45000 \times 0.38 \times 950 + q_{m1} \times 4.174 \times 30$$
$$= 45000 \times (0.32 \times 75 + 1411.94) + q_{m2} \times 4.187 \times 70$$

因 $q_{m1} = q_{m2}$，则所需水量 $q_{m1} = 289t/h$。

（2）计算除尘文氏管耗水量：

$$45000 \times (0.32 \times 75 + 1411.94) + 288824 \times 4.187 \times 70 + q_m \times 4.174 \times 30$$
$$= 45000 \times (0.31 \times 60 + 594.83) + (288824 + q_m) \times 4.177 \times 50$$

则所需新水量 $q_m = 734t/h$。

表 3-8-3 与表 3-8-4 列举了常用文氏管的性能参数推荐值。

表 3-8-3　降温文氏管的性能参数推荐值

序号	参数	转炉吨位/t				
		15	30	50	120	150
1	D_T/mm	340	400	660	840	960
2	$v_T/m \cdot s^{-1}$	60	50	57	60	90
3	D_1/mm	800	1220	1960	2000	2260
4	D_2/mm	630	820	1008	1408	1670
5	$v_1/m \cdot s^{-1}$	20	18	14	24.7	25
6	$v_2/m \cdot s^{-1}$	19	21	25	20	20
7	$\alpha_1/(°)$		23	23	23	23
8	$\alpha_2/(°)$		7	6	7	7
9	L_T/mm	340	390	400	500	670
10	L/mm	5390	6100	6940	10000	9600
11	$\Delta H/mmH_2O$	350	350	300	242	300
12	$L/kg \cdot m^{-2}$	1.16	2.46	1.29	1.335	1.03
13	$t_{yj}/℃$	610	950	900	1000	1000
14	$t_{yp}/℃$	51	70	72	74	75
15	$t_{sj}/℃$	20	40	38	40	35
16	$t_{sp}/℃$			66	67	65
17	$q_m/t \cdot h^{-1}$	57	65	90	100	165

注：$1mmH_2O = 9.8Pa$。

表 3-8-4　除尘文氏管的性能参数推荐值

序号	参数	转炉吨位/t				
		15	30	50	120	150
1	D_T/mm	300	370	1200×180	860	185
2	$v_T/m \cdot s^{-1}$	100	100	82~100	60	100
3	D_1/mm	630	820	1200×970	1408	370
4	D_2/mm	630	820	1200×1000	1402	400
5	$v_1/m \cdot s^{-1}$			16.5		
6	$v_2/m \cdot s^{-1}$			12.5		
7	$\alpha_1/(°)$			40	30	
8	$\alpha_2/(°)$			12	7	7
9	L_T/mm	300	370	0	400	185
10	L/mm	4650	5800	6410	6900	2400

序 号	参 数	转炉吨位/t				
		15	30	50	120	150
11	$\Delta H/\mathrm{mmH_2O}$	1000	1000	730~1000	800~1000	500
12	$L/\mathrm{kg \cdot m^{-2}}$	1.11	0.68	1.11	0.91	1
13	$t_{yj}/℃$	51	70	72	74	75
14	$t_{yp}/℃$	43	63	68	70	80
15	$t_{sj}/℃$	20	40	40	35	35
16	$t_{sp}/℃$	42		63	63	.55
17	$q_m/\mathrm{t \cdot h^{-1}}$	25	25	70	105	142
备 注		圆形可调	圆形可调	矩形可调	圆形可调	文氏管组

注：$1\mathrm{mmH_2O} = 9.8\mathrm{Pa}$。

通过对以上实例的分析可知，当转炉规模不断扩大，所产生的烟气量不断增大时，使用湿法除尘就不可避免地会消耗大量的水。因此，文氏管湿法除尘技术已经逐渐被干法电除尘技术所替代。

第四章 焦炉煤气

焦炉煤气是钢铁企业在生产焦炭过程中所获得的主要副产品之一，其特点是产量大、热值高、成分复杂。本章将围绕焦炉煤气的生产过程，简要介绍焦炉煤气冷却和净化处理方法，详细的冷却和净化方法需要参考焦化行业的相关设计资料。同时，本章将立足于焦炉煤气的深度净化和加工利用来分析和诠释焦炉煤气在钢铁行业中的应用。

第一节 焦炉煤气的基本性质

焦炉煤气主要是炼焦过程中所产生的副产品，其特点是热值高、杂质多。焦炉煤气中含有较多的 H_2，因此可以用于制氢。

焦炉煤气成分见表 4-1-1。

表 4-1-1　焦炉煤气成分　（%）

序 号	煤气成分	比 例	序 号	煤气成分	比 例
1	H_2	53～59	5	CO_2	2～3
2	CH_4	22～30	6	N_2	2～5
3	C_nH_m	3～5	7	O_2	0.1～0.5
4	CO	6～9			

由于焦炉煤气中氢含量较高，惰性气体含量较少，因此其热值相对较高，一般在 $17160～18840kJ/m^3$ 之间。焦炉煤气中的杂质较多，这就需要通过净化手段来降低其中的硫、萘、苯等有害物质的含量。这些物质不仅会对人体产生严重的不良影响，而且会在焦炉煤气管道运输过程中，由于温度降低或混合配比过程中凝结，阻塞管道，造成巨大损失。经净化后的焦炉煤气理想成分见表 4-1-2。

表 4-1-2　经净化后的焦炉煤气理想成分　（g/m^3）

序 号	煤气成分	含 量	序 号	煤气成分	含 量
1	焦 油	0.05	6	有机硫	0.2
2	萘	0.2	7	HCN	0.15
3	轻油分	2	8	NH_3	0.10
4	吸收油雾	0.2～0.3	9	酚	少 量
5	H_2S	0.2			

第二节　焦炉煤气处理工艺介绍

一、焦炉煤气的组成

煤在焦炉炭化室内进行干馏时，在高温作用下，发生了一系列的物理化学变化。在结焦过程产生的气体和液体产物的蒸汽，统称为气态产物。

煤在200℃以下蒸出表面水分，并析出吸附在煤中的CO_2、CH_4等气体，这是物理变化过程。250～300℃煤开始分解，一直到大于600℃，这期间是化学变化过程。在该过程中，600℃以前直接由煤热分解产生的气、液体产物统称为一次热分解产物，主要有CO_2、CH_4、CO、化合水及初级焦油，而氢的含量很低。这些气态产物在炭化室内沿两个途径流动到炭化室顶部空间：有75%～90%的气态产物是通过半焦层和炽热的焦炭层与约1000℃的炭化室墙之间的缝隙流动，在到达炭化室顶部空间之前，已经过了有氢气析出和烷烃芳构化过程，到炭化室顶部空间不再起变化；有10%～25%的是通过两侧塑性层之间约400℃的干煤层向上流动，到达炭化室顶部空间才完成芳构化过程。总之，气态产物在流到炭化室顶部空间过程中，受高温作用生成了二次热裂解产物。发生的二次热裂解反应主要有：烷烃裂解生成CH_4、H_2和游离碳；环烷烃等脱氢生成苯和氢；芳烃与烯烃聚合、缩合生成萘等多环芳烃和氢；甲苯等脱烷基生成苯和CH_4。二次热分解后产生的气体从炭化室顶部空间经上升管排出，这些气态产物成为粗煤气。

粗煤气就组成而言就是干煤气、水蒸气和一系列化学产品和少量杂质组成的复杂混合物。干煤气是热分解生成的含有H_2、CH_4、CO、C_mH_n等可燃气体及含有N_2、CO_2、O_2等非可燃气的混合物；水蒸气指的是热分解生成的化合水和煤表面水；化学品一般指可回收利用的苯族烃、萘、焦油、氨、氰化氢、无机硫和有机硫等；杂质指少量粉尘、炭黑物、NO和凝析油等。

经回收化学品及脱出杂质处理的粗煤气称为净煤气。

二、焦炉煤气净化流程

焦炉煤气净化各工艺单元可按不同要求组合安排成不同系统。目前，新建厂在脱硫脱氰方面采用了氨水法、萘醌二磺酸法、苦味酸法及乙醇胺法等；在氨回收方面采用了酸洗塔法、间接制硫酸铵和弗萨姆法等；初冷器大多采用冷却效率较高又可以兼除煤气中的萘的两段横管式。这些煤气净化工艺技术生产的净煤气基本上作为钢铁企业内部的气体燃料，如果作为制氢或其他用途还需要进一步进行精净化。

焦炉煤气的主要净化流程如图4-2-1所示。

三、焦炉煤气的初级冷却与输送

（一）焦炉煤气初冷

焦炉煤气出炭化室约650℃，进入集气管被初冷工段送来的70～75℃的循环氨水

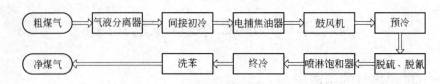

图 4-2-1 焦炉煤气净化流程

喷洒冷却，部分氨水吸收大量显热（为煤气放出显热的 75% ~ 80%）而迅速蒸发，煤气被冷却，温度急骤地下降至 82 ~ 83℃。蒸发的氨水进入煤气中，增大了其水汽分压而基本上被饱和。随着煤气的冷却，煤气中 50% ~ 60% 的煤焦油被冷凝下来，其中一小部分与煤气中的煤和焦微粒混合成为焦油渣。冷却后的煤气与氨水、煤焦油等液体及焦油渣等物在气液分离器中分离。煤气流向初冷器，氨水、焦油和焦油渣则进入机械化氨水澄清槽，根据密度不用进行分离。

煤气在集气管内冷却是快速地进行传热和传质的过程。前者取决于煤气与氨水的温度差；后者的推动力是循环氨水液面上水汽分压与煤气中水汽分压之差。

初冷器的热负荷取决于进入初冷器的粗煤气露点温度，如 80℃露点升高 1℃，煤气总热焓将增加 9% ~ 10%。对该露点影响最大的是装炉燃料含水量，一般水分降低 1%，露点温度可降低 0.6 ~ 0.7℃。故应控制降低配煤水分。长期生产实践证实，初冷后煤气温度在 20 ~ 25℃ 范围内，初冷器、鼓风机等运转最正常。

（二）焦炉煤气输送

焦炉煤气输送可以使用罗茨鼓风机或离心式煤气鼓风机。

1. 罗茨鼓风机

理论上罗茨鼓风机电动机功率和转速一定时，输气量与静压头无关。但实际上随着煤气系统阻力增加，因静压头增高，出口侧煤气通过其内部结构间隙泄漏到入口侧，导致输气量下降，轴功率相应增加。在进出口管路上要设"小循环管"调节煤气量并方便启动。在出口管上设置安全阀来防止超压。罗茨鼓风机输气量按式 (4-2-1) 计算，轴功率按式 (4-2-2) 计算。

$$V = \eta_V \frac{\pi D^2}{4} Bn \qquad (4\text{-}2\text{-}1)$$

式中　V——鼓风机输气量，m^3/min；

　　　η_V——容积效率系数，一般为 0.75 ~ 0.85；

　　　D——转子直径，m；

　　　B——转子宽度，m；

　　　n——转子转速，r/min。

$$N = \frac{VH}{60\eta_T} \qquad (4\text{-}2\text{-}2)$$

式中　N——罗茨鼓风机轴功率，kW；

　　　H——总压头，kPa；

　　　η_T——总效率系数，一般为 0.7 ~ 0.8。

2. 离心式煤气鼓风机

离心式煤气鼓风机又称涡轮机式鼓风机，由固定的机壳和壳内高速旋转的转子组成，驱动装置是电动机或汽轮机。当风机转速在 5000r/min 以上用电动机驱动时，需设增速器以提高转速。

离心式鼓风机主要按照输送能力、总压头和轴功率选型，并作绝热压缩过程温度计算。

输送能力按焦炉煤气产量确定，同时考虑最短结焦周期以及装炉的不均衡系数，并将煤气量换算为鼓风机工作状态下的煤气实际体积。

总压头要大于煤气系统阻力和送往用户所需的剩余压头之和。

轴功率一般由输送煤气量和压力来估算，可参考式（4-2-3）：

$$N = 0.00103 p_1 V_1 \left[\left(\frac{p_2}{p_1} \right)^{0.27} - 1 \right] \tag{4-2-3}$$

式中　N——离心鼓风机轴功率，kW；

p_1，p_2——鼓风机进、出口煤气绝对压力，kPa；

V_1——鼓风机进口煤气实际体积，m^3/h。

当用电动机驱动时，实际配用功率要比轴功率大 20%～30%。

煤气被离心式鼓风机压缩的过程，可近似地认为是绝热压缩过程，其压缩后煤气最终温度 T_2 计算可参考式（4-2-4）：

$$T_2 = T_1 \left(\frac{p_2}{p_1} \right)^{0.27} \tag{4-2-4}$$

式中　T_1——鼓风机进口煤气温度，K；

T_2——鼓风机出口煤气温度，K。

实际上要损失一部分热量，T_2 比实际值高。通常煤气经离心式鼓风机压缩后温升为 10～20℃。

四、焦炉煤气的除焦油与脱萘

（一）焦炉煤气除焦油

初冷后的焦炉煤气含焦油量 1～5g/m^3，这将不利于煤气净化后续单元，电捕焦油器是效率最高、应用广泛的清除设备，可设置与煤气鼓风机之前或后，当前设计的焦化厂一般将其设置在煤气鼓风机前，可以有效地保护煤气鼓风机。

电捕焦油器是利用高压直流电场的作用，来分离煤气中焦油雾滴的。电捕焦油器的主要部件是圆形导线构成的电晕极和圆管、蜂窝管等构成的沉淀极以及高压直流电引入和绝缘装置。沉淀极形式有管式、蜂窝式及同心圆式三种，当前采用蜂窝式居多。高压直流电源是由机械整流、晶闸管整流或新型恒流高压直流电源产生的。

电捕焦油器绝缘箱温度一般控制在 105～110℃ 之间，偏低会使煤气中的焦油、萘、水等介质凝结在绝缘子上，降低了绝缘性，易被击穿。因此，绝缘箱必须采取蒸汽夹套或电阻丝加热保温，并在箱内实施氮气密封。同时，当煤气温度与含氧量超过规定值时，需要及时切断电源。

电晕极与沉淀极电位差按式（4-2-5）计算：

$$V = E(R_2 - R_1) \tag{4-2-5}$$

式中　V——电位差，V；

　　　R_1——电晕极半径，cm；

　　　R_2——沉淀极半径，cm；

　　　E——电压梯度，一般为 4000V/cm。

当前焦化厂采用的电捕焦油器工作电压为 50～60kV，煤气在沉淀极内流速不大于 1.5m/s，停留时间不少于 2.33s。

（二）焦炉煤气脱萘

粗煤气中含萘为 8～12g/m³，呈气态，其中绝大部分萘能在集气管和初冷器中冷凝下来并溶于焦油中。如果煤气经初冷器被冷却到 30℃，煤气中萘的露点含量为 0.9g/m³，但是煤气实际含萘量却是 1.99g/m³，这是因为一部分萘呈微小结晶促使煤气含萘处于过饱和状态所致。由于不同的煤气初冷工艺，导致煤气被冷却后温度有差异，故初冷后煤气含萘一般波动在 1～2.5g/m³ 之间，为不影响后续生产，必须将煤气中含萘量降至 0.5g/m³ 以下。

脱萘途径之一就是利用初冷工艺，也是较普遍采用的脱萘方法，使煤气在初冷的同时还进行脱萘。当采用横管或立管初冷器间接初冷工艺时，在走煤气的壳程中喷洒含有焦油的氨水，可使初冷后煤气含萘降低到煤气出口温度的饱和含萘量以下。同时，在横管或立管初冷器内分两段冷却煤气，使初冷后煤气温度降至 20～23℃，煤气含萘量则可降至 0.5g/m³ 以下。这种工艺有良好的脱萘效果，省掉了专门脱除煤气中萘的脱萘装置。

第三节　焦炉煤气精净化

冶金企业焦炉煤气净化主要需要将焦炉产生的煤气中的焦油、萘、苯和硫等有害物质脱除，尽可能地降低这些物质对管道和设备的腐蚀，为提高清洁生产水平创造条件。本小节仅简要介绍"焦炉煤气塔式全干法净化"工艺，在脱除焦炉煤气中萘的同时除去焦油、萘、苯、硫化氢、HCN 等杂质，得到杂质更少的精净化煤气。装置分三个工序：脱油、脱萘工序；脱苯工序；精脱硫工序。

一、焦炉煤气粗净化

粗煤气进入正处于吸附状态的脱油、脱萘器，粗煤气中的焦油、萘、部分硫、苯等组分被装填吸附剂的发达孔系所吸附，从而使煤气得以初步净化。工序由多台脱油脱萘器组成，通过装置的阀门切换实现在线再生和切换脱油、脱萘器的操作。

用 450℃ 过热蒸汽对脱油、脱萘器进行直接升温冲洗再生，将脱油、脱萘器中的焦油、萘等杂质脱附出来，再生蒸汽经冷却塔冷却后进污水池，冷却水经污水泵再抽入冷却塔循环使用，这样可减少废液排放，工艺流程参考图 4-3-1。

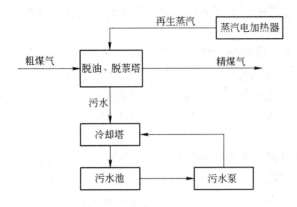

图 4-3-1　粗煤气净化工艺流程

二、焦炉煤气精脱苯

脱油脱萘后煤气进入正处于吸附状态的精脱苯器，焦炉煤气中的苯等组分被装填吸附剂的发达孔系所吸附，从而使煤气得以进一步净化。精脱苯工艺由多台精脱苯器组成，通过装置的阀门切换实现在线再生和切换精脱苯器的操作。

再生方法：用氮气经饱和蒸汽加热至约 150℃，再经过电加热器加热到约 260℃后在精脱苯器中进行直接升温冲洗再生，将精脱苯器中的苯等杂质脱附出来，再生氮气经冷却后去煤气总管网。焦炉煤气精脱苯工艺流程参考图 4-3-2。

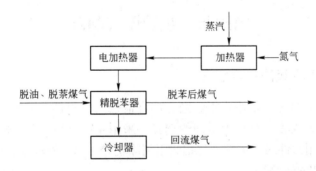

图 4-3-2　焦炉煤气精脱苯工艺流程

三、焦炉煤气脱硫

当煤气通过床层时，煤气中的硫化氢与脱硫剂接触反应生成硫化铁：

$$Fe_2O_3 \cdot H_2O + 3H_2S \Longrightarrow Fe_2S_3 \cdot H_2O + 3H_2O$$

当煤气中有氧气存在的条件下，生成的硫化铁又与氧气反应生成氧化铁并析出硫黄，反应为：

$$Fe_2S_3 \cdot H_2O + 3/2O_2 \Longrightarrow Fe_2O_3 \cdot H_2O + 3S$$

当煤气中的 $O_2/H_2S \geqslant 3$ 时，这一脱硫-再生过程将不断进行，直到脱硫剂空隙被堵塞而失效。在此过程中，具有活性的氧化铁水合物固体脱硫剂实际上相当于催化剂的作用。

氧化铁与硫化氢反应的微观过程是：

（1）扩散过程，硫化氢通过气固界面扩散到氧化铁水合物表面。

（2）溶解过程，硫化氢溶解于氧化铁表面水膜中，并水解成 HS^-、S^{2-}。

（3）置换过程，HS^-、S^{2-} 与氧化铁晶格中的 HO^-、O_2 发生置换反应生成 $Fe_2S_3 \cdot H_2O$。

（4）晶格重排过程，水合氧化铁的针型晶体转化为水合硫化铁的单斜晶体。

（5）扩散反应过程，表面硫化铁与内层氧化铁进行界面反应，硫向内扩散。

（6）重新吸收过程，表面的氧化铁继续吸收硫化氢。

同时，由于气体中的 O_2 和 H_2S 会同时被吸附剂的表面所吸附，形成可以作为催化活性中心的表面氧化物，导致发生氧化反应：

$$2H_2S + O_2 \Longrightarrow 2H_2O + 2S$$

H_2S 被脱除并生成单质 S 堆积于吸附剂的空隙内。同时，由于焦炉煤气中还含有少量 NH_3 和水蒸气，这时吸附剂的表面会凝结一层呈碱性的水膜，将更有利于吸附呈酸性的 H_2S 分子，加快脱硫的速度。此时的副反应主要有：

$$4NH_3 + 2H_2S + 3O_2 \Longrightarrow 2(NH_4)_2SO_3$$

$$2NH_3 + H_2S + 2O_2 \Longrightarrow (NH_4)_2SO_4$$

第四节 焦炉煤气制氢

一、PSA 变压吸附制氢设备

由于多种吸附剂对氢以外的非氢组分都有很强的吸附性，因而 PSA 从混合气体中分离回收氢最为成功。对于吸附剂的选择，采用 4A、5A、13X 分子筛作为 CO 和 CH_4 的吸附剂，用活性炭和活性氧化铝吸附清除烷烃、CO_2 和水分。各种吸附剂可以分为装填，也可以混合装填。

每一 PSA 循环由吸附、均压、顺向降压、逆向冲洗、增压等步骤组成，通常采用三塔或四塔流程，规模大时可采用多塔流程，在产品纯度为 99.9% ~99.99% 时，三塔或四塔流程的氢回收率为 70% ~75%，多塔流程为 80% ~85%。提高氢气纯度则回收率下降。变压吸附的工作压力一般为 0.8~1.6MPa，在冶金工厂焦炉煤气是 PSA 制氢的首选气源。

焦炉煤气中的组分有 20 多种，这些组分的相对分子质量为 2~128.16，沸点为 −252.77~217.96℃，所以变压吸附的工艺较为复杂。由于吸附剂对高沸点、相对分子质量大的组分的吸附能力相当强，以致难以解析，即使含量甚微，也会在含吸附剂的空气中积累，导致吸附剂的性能下降，因此在预处理器中应先清除。

原料焦炉煤气加压到 $0.8 \sim 1.6MPa$ 后进入到预处理装置，首先用除油器除去夹带的油和水，再采用预吸附器除去 C_5 以上烃类及苯烃和其他高沸点的杂质组分，达到预净化焦炉煤气的目的。经过预净化后的焦炉煤气主要成分是 H_2，其余为 CO、O_2、CO_2、N_2、CH_4 和 $C_2 \sim C_4$ 烃类，然后进入变压吸附装置，吸附掉 N_2、O_2 及其余组分，而沸点低、挥发度高的 H_2 基本不被吸附，以 99.5% 以上的纯度（体积分数）离开吸附塔，而达到氢和杂质分离的目的。变压吸附的顺序是 $H_2O > CO_2 > C_nH_m >$ $CO > N_2 > O_2$。

从变压吸附装置出来的 99.5% 以上的氢，主要杂质是氧气。若要取得高纯度的氢，可在经过填充有效催化剂的除氧器中除去氧。除氧反应为 $2H_2 + O_2 = 2H_2O$。反应后生成的水分通过干燥器除去，使氢纯度达到 $99.0\% \sim 99.999\%$ 以上，露点低于 $-60℃$。焦炉煤气变压吸附制氢的物料消耗一般为：

焦炉煤气：$2.5m^3/m^3$

蒸汽：$0.3kg/m^3$

电：$0.45kW \cdot h/m^3$

循环水：$0.045t/m^3$

二、PSA 制氢对比

与水电解、膜分离和甲醇裂解与变压吸附制氢比较，焦炉煤气 PSA 制氢是钢铁行业中从经济性、可靠性、灵活性、产品质量等方面综合对比，最有优势的一种制氢手段。几种制氢方法的比较见表 4-4-1。

表 4-4-1　几种制氢方法的比较

指　标	水电解	PSA	膜分离	甲醇裂解与变压吸附制氢
最高氢气纯度/%	99.999	99.999	99.9	99.999
适宜的氢气产量	中	大	小	中
流量调节范围/%	25 ~ 100	30 ~ 100	20 ~ 100	50 ~ 100
操作压力/MPa	0.005 ~ 3.0	0.8 ~ 1.4	3 ~ 15	0.8 ~ 1.2
预处理要求	除盐水	简　单	简　单	简　单
原料气最小氢气含量/%	—	50	15	—
氢回收率	—	60% ~ 78%	98%	0.6kg 甲醇/m³
压力损失/kPa	—	< 100	2000 ~ 3000	< 100
产品能耗	高	低	高	低
占地面积	较大	中	小	中
相对投资	中	较小	较小	较小

第五章　低压煤气的存储与排送

高炉煤气、转炉煤气和焦炉煤气是钢铁企业生产中最主要的副产品，也是钢铁企业所需要回收的重要能源，对节能减排工作具有重要的意义。

而高炉煤气、转炉煤气和焦炉煤气无论是用于车间烘烤、切割设备还是厂内自备发电装置，一般都需要缓冲装置用于稳定管道内的压力，而煤气的产量又非常大，因此所需要的缓冲装置体积也就相对较大，而且根据煤气的性质和成分及含尘量，煤气柜的密封形式也不尽相同。本章主要介绍各种形式的煤气柜。

当煤气进入煤气柜后，需要为不同的用户输送煤气，但是由于存在用户之间有着距离远近、压力要求不一、工作制度不相同等问题，就需要设置加压装置来进行煤气输送满足不同用户对煤气的需求。同时，部分用户会对煤气的热值提出特殊要求，这就需要混合不同种类的煤气满足用户需求。本章即介绍煤气的加压和混合方式。

焦炉煤气柜与高炉煤气柜类似，煤气柜的结构形式与运行要求都十分相似，仅在柜容计算时有些许差异，而且较高炉煤气柜计算简单，一般都会按照高炉煤气柜柜容计算方法来进行计算，本手册不再重复介绍，仅介绍高炉煤气柜和转炉煤气柜。

实际工程中使用煤气柜的基础设计参数可参考附录 N。

第一节　煤　气　柜

一、高炉煤气柜

（一）高炉煤气柜种类

高炉煤气柜一般可采用曼型湿式煤气柜或可隆型干式煤气柜。螺旋式湿式煤气柜由于技术落后、耗水量大、操作复杂、密封性差、容量小等原因已经逐渐被淘汰，除一些小型钢铁厂还在延续使用此类煤气柜外，大部分钢铁企业都使用干式煤气柜用于煤气存储。

湿式煤气柜主要由水槽和钟罩组成。钟罩是可以上下移动的储气空间。煤气进入钟罩时，煤气压力使钟罩上升；排气时，钟罩下降。水槽中的水是保持钟罩储气的密封介质。储气容积小于 $1000m^3$，一般为一节（即钟罩）。较大容积的储气柜增加节数，顶节为钟罩，其他各塔节为圆形。节间有水封环，随着气量的增加，逐次一次升降。水封在钟罩或塔节与塔节间起密封作用，塔节上升时，上一节塔节挂起下一节塔节时水封合封，塔节下降时为脱封过程。水封的最大水封水位在设计时应考虑到满足煤气柜的最大工作压力、煤气柜倾斜量、风对水封的影响、水封水蒸发量和安全量。水封内侧应设有溢水口以防止水封合封时提水过多而溢出，并设置补水管道和在寒冷地区使用时的防冻蒸汽管道。螺旋式湿式煤气柜结构如图 5-1-1 所示，其基本设计参数见表 5-1-1。

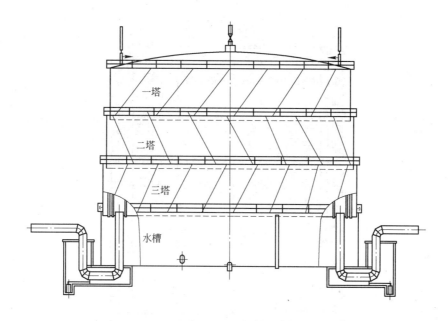

一塔

二塔

三塔

水槽

图 5-1-1 螺旋式湿式煤气柜结构

表 5-1-1 螺旋式湿式煤气柜参数

名 称	公称容积/m³	储气压力/Pa	几何容积/m³	节数	全高/m	水槽直径/m	钢耗量/t
	10000	2754	12870	3	30.67	30	265.6
	30000	2158	29200	3	34.45	42	508.48
低压螺旋式煤气柜	50000	2528	53570	4	42.57	50	699
	100000	2332	105000	4	48.8	65	1201
	150000	2754	166500	5	57.85	72.5	1668.5
	10000	2097	9900	2	29.58	27.928	258.63
低压直立式煤气柜	30000	2108	29190	3	42	42	592.88
	100000	2442	101200	4	60	60	1435

随着钢铁冶金工业的发展，高炉生产能力提高，高炉煤气产量增大，使得生产对高炉煤气柜容积要求越来越大，稀油密封的干式煤气柜已经成为各大钢厂的首选。干式煤气柜主要分为曼型干式煤气柜和可隆型干式煤气柜。曼型干式煤气柜滑动部分的间隙充满油液，同时从上补充，通过间隙流失的油液是循环使用的，称为循环密封干式煤气柜。可隆型干式煤气柜活塞周边装橡胶及纺织品组成的密封圈，从活塞上压紧密封圈并向密封圈注入润滑油脂以保证密封，称为干油脂密封干式煤气柜。高炉煤

气回收一般采用曼型干式煤气柜。

曼型干式煤气柜如图 5-1-2 所示，其基本技术参数见表 5-1-2。

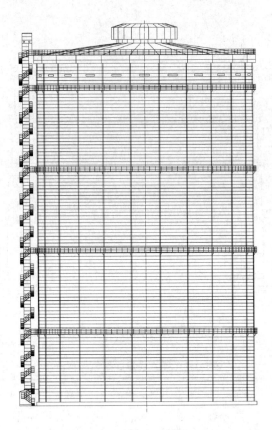

图 5-1-2　曼型干式煤气柜

表 5-1-2　曼型干式煤气柜基本技术参数

名　称	单位	技 术 参 数						
公称容积	m³	20000	30000	50000	75000	80000	100000	150000
几何容积	m³	19751	32550	53747	74330	80757	99400	157300
储气压力	kPa	2.3～4	2.3～4	3.9～4	4	2.4～4.5	3.9	2.3～4
外圆直径	mm	26514	30242	37715	45201.6	45201.6	45201.6	53629
内圆直径	mm	25850	29661	37251	44815	44815	44815	53170
边　数		14	16	20	24	24	24	24
侧壁高	mm	43740	44360	56909	56790	60840	72990	86200
全　高	mm	50740	60413	64011	64497	67917	80067	94046
活塞行程	mm	37000	46500	48400	46860	50910	63060	70439
侧壁边长	mm	5900	5900	5900	5900	5900	5900	7000
导轨间距	mm	2903	4500	3525	5660	5660	5660	5196
走道数		3	4	4	4	4	5	5

名　称	单位	技 术 参 数						
底面积	m²	533.8	700	1099	1586.5	1586.5	1586.5	2233.15
高径比		1.684	1.8	1.509	1.26	1.36	1.63	1.607
钢材耗量	t	523	731.6	1016	1251	1278	1463	2109.8
供油装置		3	3	3	4	4	4	4

（二）高炉煤气柜柜容

一般来讲，如果过剩的高炉煤气用于发电，则高炉煤气柜的柜容往往比不配套高炉煤气发电状况下的柜容要大。

高炉煤气柜主要采用干式稀油密封储气柜。煤气柜的容量计算一般包括如下几部分：

（1）高炉突然休风的安全容量。

（2）高炉煤气的发生量及用户使用波动。

（3）因突发事故而使煤气增多的安全容量。

（4）煤气柜活塞不允许升高到最高点和最低点的上限保安容积和下限保安容积。

（5）核算活塞运行速度。

例1 标准状态下，某钢厂某高炉煤气发生量为 636000m³/h，热风炉自用量为 146900m³/h。高炉煤气正常状态下温度约为 30℃，事故状态下温度约为 72℃，压力为 8kPa，厂区压力为 100kPa。

计算事故状态与正常状态下的气体修正系数，分别为 1.734 和 1.086。事故状态下，放散管的放散时间为 1.5min。高炉休风过程中煤气柜需向热风炉供应煤气 5min。煤气柜安全上下限容量为 5%。高炉煤气产生及使用波动参考表 5-1-3。

表 5-1-3　某钢厂的高炉煤气用量（标态）　　　（m³/h）

名　称	煤气发生	焦炉使用	热风炉使用	一轧使用	热轧使用	冷轧使用	无缝使用
平均值	636000	154300	146900	146900	2500	12050	10150
波动值	8500	4500	7000	1500	1500	2650	650

计算过程：

（1）高炉突然休风煤气量：

$$5 \times 146900 \times 1.086/60 = 13295 \text{m}^3$$

（2）高炉煤气的发生量及用户使用波动：计算波动值时，调解能力一般会取 2～3 倍的修正。

$$1.086 \times \sqrt{8500^2 + 4500^2 + 7000^2 + 1500^2 + 1500^2 + 2650^2 + 650^2} = 13453 \text{m}^3$$

（3）事故而使煤气增多的安全容量：

$$636000 \times (1.734 - 1.086) \times 1.5/60 = 10303 \text{m}^3$$

（4）安全容积上下限总合为 10%，则计算得：

$$(13295 + 3 \times 13453 + 10303)/0.9 - (13295 + 3 \times 13453 + 10303) = 7106m^3$$

（5）综合以上容积之和为：

$$13295 + 3 \times 13453 + 10303 + 7106 = 71063m^3$$

则选择 $80000m^3$ 干式稀油柜。查得此煤气柜的底面积为 $1586.5m^2$。

（6）计算正常状态下活塞运行状况：

$$\frac{80000}{2 \times 1586.5 \times 60} = 0.420m/min$$

（7）计算事故状态下的活塞运行状况：

$$\frac{1.734}{1.086} \times \frac{80000}{2 \times 1586.5 \times 60} = 0.671m/min$$

如果项目中存在配套发电，则需要发电所需高炉煤气的相关调度和使用参数，如果本实例中配套发电，如发电用煤气量为 $512700m^3/h$，每日可变化 15 次，每次增量速度为 $40000m^3/$次，减量速度为 $18000m^3/min$，减量时需提前 30min 通知，增量时需提前 15min 通知。事故发生时，2min 以后发电厂才能得到通知，在 2min 以后才可以减量，开始减量的 10min 内可以按照 $22500m^3/(h \cdot min)$ 的速度减量，以后按照 $15000m^3/(h \cdot min)$ 的速度减量，直到规定值或者零。

标准状态下，当煤气发生量减少 $636000m^3/h$，热风炉自缺损 $146900m^3/h$，其余高炉煤气用户均不使用高炉煤气，则还缺少 $489100m^3/h$。

（1）开始 4min，发电厂应消耗煤气量为：

$$489100 \times 4/60 = 32607m^3$$

（2）经过 10min 减量过程，减量速度为 $22500m^3/(h \cdot min)$，则减量后的煤气流量为：

$$489100 - 22500 \times 10 = 264100m^3/h$$

此区间所需高炉煤气量为：

$$(264100 + 489100)/2 \times 10/60 = 62767m^3$$

（3）再进行减量为零的过程，减量速度为 $15000m^3/(h \cdot min)$，则减量所需时间为：

$$264100/15000 = 17.6min$$

此区间所需高炉煤气量为：

$$264100/2 \times 17.6/60 = 38735m^3$$

（4）综合以上容积，可知：

$$32607 + 62767 + 38735 = 134109m^3$$

（5）经修正计算得：

$$134109 \times 1.086 = 145642m^3$$

因此，配套高炉煤气发电设施后，至少需要在原基础上增加煤气柜柜容约为

146000m³。

（三）高炉煤气柜柜区

高炉煤气柜区内的主体设备是高炉煤气柜，其次是管道及切断装置，同时还可能包含加压站和混合系统等装置设备，但是首先应遵照国家相关的标准与规范来确定煤气柜与各建筑物、道路等的安全防火间距，满足相关安全防火规范的要求。

煤气柜区布置时首先考虑与道路和铁路之间的防火间距，参见表5-1-4。

表5-1-4　煤气柜与道路、铁路间防火间距　　（m）

序号	线路类型	防火间距	序号	线路类型	防火间距
1	厂外铁路线中心线	25	4	厂内主要道路路边	10
2	厂内铁路线中心线	20	5	厂内次要道路路边	5
3	厂外道路路边	15			

煤气柜区布置，还应考虑与其他建筑物之间的防火间距，参见表5-1-5。

表5-1-5　煤气柜与主要建筑间防火间距　　（m）

序　号	线　路　类　型	煤气柜容量/m³	
		$10000 \leqslant V < 50000$	$50000 \leqslant V < 100000$
1	甲类物品仓库	30	35
2	明火或散发火花的地点	30	35
3	甲、乙、丙类液体储罐	30	35
4	可燃材料堆场	30	35
5	室外变、配电站	30	35
6	民用建筑	25	30
7	耐火等级一、二级建筑	20	25
8	耐火等级三级建筑	25	30
9	耐火等级四级建筑	30	35

由于煤气柜的发展，大型煤气柜技术已经被广泛推广，已经有300000m³以上的煤气柜出现，因此在针对更大型的煤气柜时，防火间距虽然还没有比较明确的规定，但至少应比表5-1-5中所罗列的防火间距大，才能保证安全生产。

（四）高炉煤气柜基本结构

1. 活塞密封机构

活塞周围设有密封油槽，内充密封油，保持必要高度的油封，密封油槽中装有密封橡胶条、橡胶块、木块、夹紧构件、活塞环梁固定块等，如图5-1-3所示。帆布一端与活塞环梁连接，另一端夹在密封橡胶块和橡胶条之间，中间由夹紧机构连接，密封橡胶条紧贴在气柜侧板内壁上。

密封橡胶条在杠杆重锤机构（固定在活塞环梁上）作用下，保证其能够在较大范围内适应气柜筒体的变形，从而进一步减少密封装置的漏油量。密封橡胶条与侧板之间保持一层油膜缓慢流下至柜底部集油槽，整个密封机构随活塞一起升降。

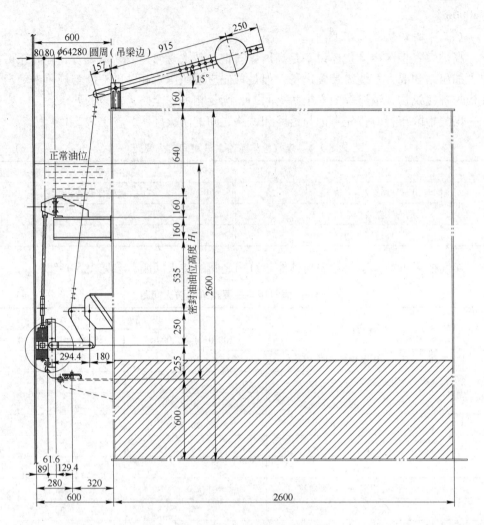

图 5-1-3　高炉煤气柜活塞密封机构剖面图

　　密封橡胶条共分两组，中间由木块隔开，其中上面一组为两条宽度为 25mm 的橡胶条，下面一组为三条宽度为 25mm 的橡胶条，中间的木块可以防止橡胶条在活塞上下运动过程中发生卷曲变形。活塞油槽内设置电加热器装置，自动控温，保证冬季活塞油沟内的油温控制在 5 ~ 7℃。

　　密封橡胶块布置如图 5-1-4 所示。密封橡胶块的布置方法有多种，主要根据煤气柜的压力、运行强度等来决定，一般会采用上下三层橡胶块进行密封，也可以适当地减少橡胶块的数量，但至少要保证下层有两层密封橡胶块，否则会发生漏油。

　　密封油的高度根据实际运行过程中煤气柜的压力来确定，当煤气柜压力达到 10kPa 时，密封油高度为 1600mm。密封油高度要适中，不宜过低，过低会导致煤气泄漏，起不到密封柜体的作用；不宜过高，过高的油位不仅浪费油料，而且在运行过程中的泄漏量也会增大，同时增加了柜体负担。

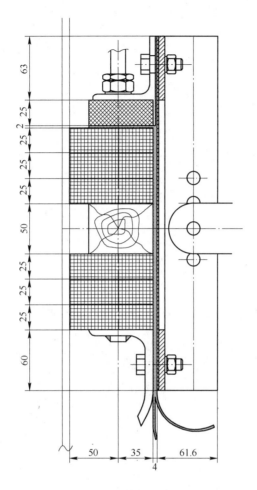

图 5-1-4　密封橡胶块结构剖面图

2. 密封油供应系统

密封油的供油系统是高炉煤气柜的重要部分，保证了高炉煤气柜的安全运行。密封油的循环过程：供油泵→主供油管→柜侧壁上部组合油箱→油管→布油槽→柜壁内侧→活塞密封油槽→柜壁内侧→柜底部油槽→油管→油水分离器→供油泵。

3. 供油装置

煤气柜共布置多座油泵房，油泵房内安装结构紧凑的油水分离器。油水分离器主要由水室、分离室、油室、浮子室和泵室组成。分离室中设油位调节器，它既能保证煤气中冷凝水进入密封油中良好分离，又能自动保证活塞密封机构的可靠油位。

油泵站由油水分离器和油泵、电机、泵室配管、阀门等组成，如图 5-1-5 所示。油水分离器内部由油流入室、水室、分离室、油室、浮子室和泵室组成完整的循环分离、净化和供油过程。分离室设有油位调节器，其主要功能是保持活塞油沟的油位达到设计所需要的高度；调节器下调，则底部油槽的密封油通过油泵站的油室，流入浮子室，浮子室油位达到一定高度，浮子开关自动打开，启动电机，通过油泵向活塞油

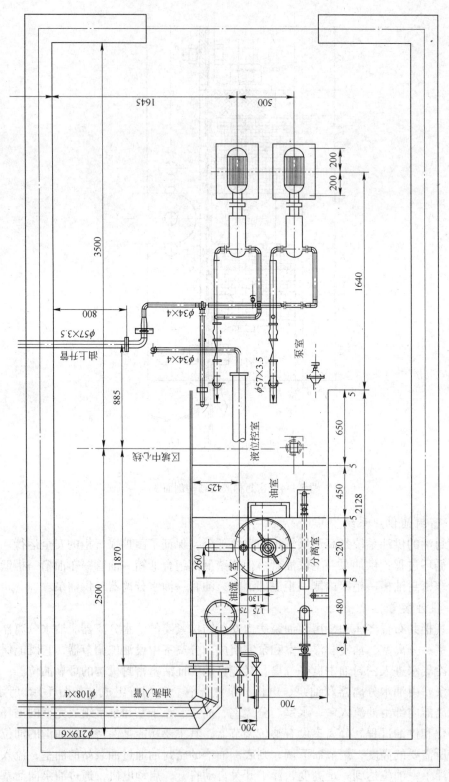

图 5-1-5　稀油泵站平面布置图

沟供油，使活塞油沟油位升高，调节器上调则可减少供油量，循环往复，使活塞油沟油位保持在设计范围内。

每套油水分离器供油应设有两台油泵，其中一台因故不能启动或漏油量大时，另一台自动投入工作，供油泵可人工和自动启动，间断运行，一般 0.5 ~ 2h 运行一次，每次运行 5 ~ 6min。其原理是根据浮子室油位高低限，通过防爆液位浮球开关作用，能自动启闭电机，达到自动供油和停止供油的目的。正常情况下，一台油泵供油就能满足油沟密封的泄漏补偿；如密封泄漏量大或低位油泵坏了，则备用泵会自动投入运行供油，使活塞油沟油位同底部油沟油位均在设计要求范围之内。如备用泵运行频繁，说明密封泄漏严重，有事故隐患，应检查处理。

干式煤气柜密封油的技术条件见表 5-1-6。

表 5-1-6 干式煤气柜密封油的技术条件

项 目		指 标
黏度（50℃）		45 ~ 50mm²/s
黏度指数		80 ~ 100
凝点（不高于）		−40℃
密度（15/4℃）		0.89 ~ 0.93
抗乳化性（40-37-3mL）		在 54℃ 下，<45min
机械杂质		<0.05%
氧化安定性（酸值达到 0.2mg KOH/g）		>1000h
闪 点	开 口	180℃ 以上
	闭 口	180℃ 以上
灰 分		0.01% 以下
全酸值		0.5mg KOH/g 以下
油水分离性		采用 70cm³ 密封油试样，再取煤气冷凝水 50cm³，共同放入容量为 200cm³ 计量瓶中，经 2min 手提计量瓶使之充分振荡混合。静置 1h 后，能分离出的冷凝水水量不低于 45cm³ 为合格

注：如有特殊要求，需要单独调整密封油的特性。

当稀油泵站需要进行检修或者出现事故状态时，设在柜体上部侧板外壁的组合油箱，可人工操作阀门向柜内供油，可使气柜运行约 10h。组合油箱由溢流油箱和储备油箱组成，储备油箱始终贮满油。

为了便于油水分离，增加密封可靠性。在底部集油槽中设置了蛇型加热管，用热水加热底部集油槽中的密封油，使油温保持在 5 ~ 25℃ 左右，如图 5-1-6 所示。

为观测底部油沟的油水高度，在煤气柜底部一般设 1 ~ 4 个窥视镜。底部油沟包含油水位检测装置，信号远传至 PLC。

为保持油温，在活塞油槽中设置电加热保温装置。

活塞油沟电加热器数量根据柜体规模来确定，数量与柜体柱的数量有关，一般每两个柱中间放置两个电加热器与一个测温铂电阻。每个上部油箱都要配置一组加热器

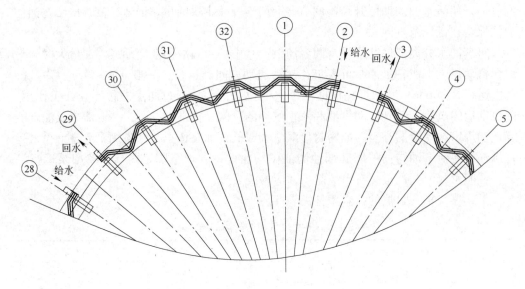

图 5-1-6　柜底油槽加热管平面布置图

和相应的测温铂电阻。活塞油沟密封油温度能够保持在 5～7℃。冬天当油温低于 5℃时，电加热器开始加热；当油温高于 7℃时，电加热器停止加热，根据油温连锁控制对应的电加热器。电加热器的运行采用自动控制方式，且加热器控制自成体系。

在活塞油沟上设有活塞油沟油位检测设备，检测得到的活塞油位远传送至控制室指示，并设有高、低限报警，随时监控活塞密封的安全性；通过油位测量参数还可了解活塞运行的倾斜度。

但是，在热带、亚热带地区的很多工厂中，如果当地气温最低气温常年不低于 15℃时，不再设置保温加热装置。

4. 防止活塞倾斜及水平旋转装置

在干式新型煤气柜上一般会对称安装防回转装置 2～4 套，结构如图 5-1-7 所示。防回转装置前端装有两块铜滑块紧贴于立柱表面，两侧台阶同立柱侧面有 2mm 单面间隙，后端有压紧杠杆配重块。由于活塞运行时有产生倾斜的可能及立柱安装和导轮安装时的垂直度误差，使活塞运行时产生不同程度的水平回转，这种回转严重时可以把密封装置的橡胶密封件同侧板拉开某段距离，甚至拉坏密封装置和导轮走到侧板上去，造成严重后果。而设置该装置后，可防止产生上述严重后果。根据铜滑块工作面同立柱的间隙情况，及时调整导轮垂直度，或采取相应措施，使活塞水平回转控制在设定范围内。

5. 提升装置

(1) 外部电梯。为了便于气柜维护操作过程中运送人员、工具、物料。自地面至柜顶除设置楼梯外，于气柜外部设置了一部自动电梯。选用防爆电梯，其载重量为 500kg，提升速度为 0.5m/s，在柜体每层平台设停靠站。

外部防爆电梯采用双速防爆电梯（电梯井筒为方形），电梯井进行满焊，电梯门采用有效的防尘措施。

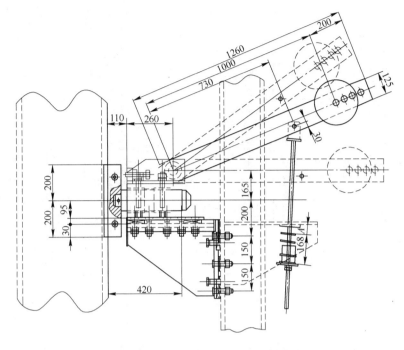

图 5-1-7　水平防回转装置结构图

（2）内部吊笼。为了对干式煤气柜活塞进行保养和检查，将人员与工具送至活塞平台上，设内部吊笼，防爆等级 dⅡBT4，操作方式为吊笼内、外人工操作，乘载能力为 250kg，提升速度为 0.3m/s。可采用自动和手动操作，可自动跟踪活塞，有防止过升、过载和过运的自锁装置，吊笼规格为直径 $\phi1000mm$、高 1900mm。

（3）手摇紧急救助提升装置。为了防止内部吊笼因故障或发生停电等非常事故，此时需要把正在活塞平台上的工作人员迅速提升到柜顶，因此柜顶另设一套紧急救助装置，此装置为一台手摇卷扬装置，其承载力为 100kg，两个人操作卷扬机，一人进行联络，卷扬机具有双向制动装置，轿箱为帆布制圆筒形，直径 $\phi700mm$。

6. 活塞导轮

活塞导轮分固定导轮和弹簧导轮两种，在活塞上下运行时起到导向作用，使活塞运行平稳和防止活塞过度倾斜。固定导轮安装于气柜的阴面，如图 5-1-8 和图 5-1-9 所示；弹簧导轮安装于气柜的阳面，如图 5-1-10 和图 5-1-11 所示。每根立柱相对应活塞架上下端面均安装有一组导轮，便于减少运行时的摩擦阻力，弹簧导轮内设十二片（六组）蝶形弹簧，用于分解气柜壳体制造误差和由于外界气候温度的变化而引起的热胀冷缩作用。

7. 机械式柜容指示计

在煤气柜外部低处回廊上安装。柜容指示器带旋转编码器，以便指示活塞升降速度。表盘尺寸约为 4m×4m，工业电视全程全天 24h 监视。

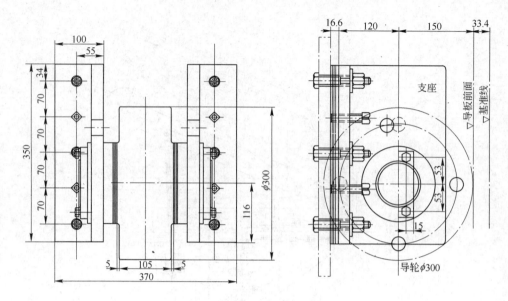

图 5-1-8　ϕ300mm 固定导轮结构图

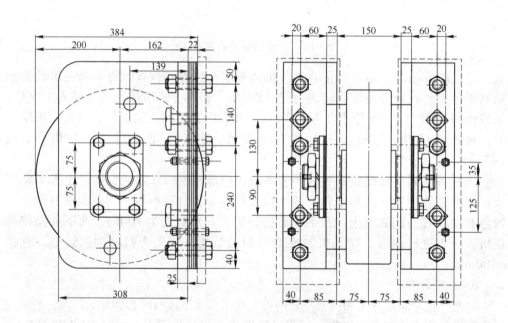

图 5-1-9　ϕ400mm 固定导轮结构图

8. 煤气柜安全生产所采取的措施

为了保护煤气柜安全可靠地运行，设计上考虑了如下措施：

（1）活塞运行上下限设置了预警点及警戒点。当活塞运行达到预警点时，发出声光信号，使操作人员了解活塞已到达预警位置，以便及时关闭进出气阀门。

（2）煤气柜生产用电为两路供电，同时设置第三路保安电源。

（3）供油泵可自动或手动启动操作，手动启动在操作室中配电盘上操作。

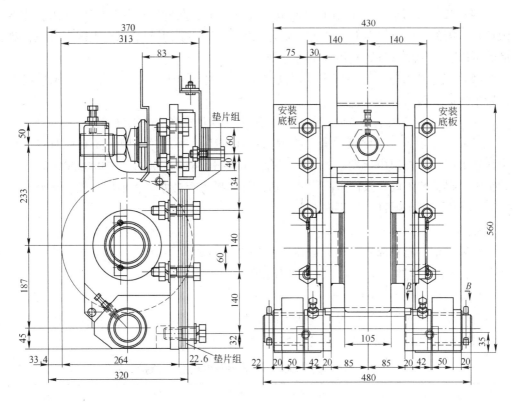

图 5-1-10 ϕ300mm 弹簧导轮结构图

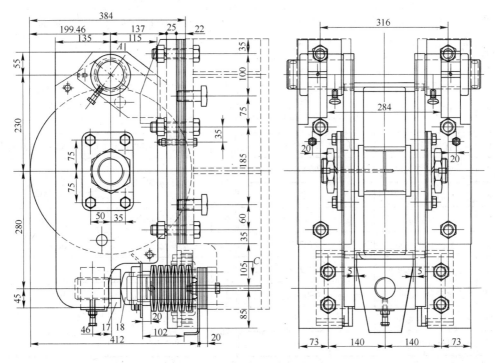

图 5-1-11 ϕ400mm 弹簧导轮结构图

（4）安全放散管。在气柜上部侧板上设置安全放散管。当气柜活塞到达上部极限位置，因故仍继续上升时，或者受阳光照射，煤气膨胀引起活塞超极限上升时，放散管可以安全排放煤气，使活塞不再上升。

（5）紧急放散管。设在气柜进出气管道上，主要用于事故放散或活塞到达极限位置紧急放散时用。

（6）在气柜侧板上设置吹扫放散管，用于投产及检修前的煤气置换。

（7）气柜设置一氧化碳报警，检测探头在气柜活塞密封油槽上面对称布置，其中活塞上四点、柜顶内部两点，当一氧化碳的含量超过 0.0025% ~ 0.0030% 时，自动报警，报警装置设在操作室内，并传送到计算机主控画面。当柜内一氧化碳超标报警时，操作人员不得进入气柜内。

9. 平台

在煤气柜侧板外部进出活塞处的人孔位置设置检修平台（平台、走梯采用网格镂空板），平台爬梯为斜爬梯，并且平台和爬梯要考虑防滑措施。

（五）高炉煤气柜的运行

高炉煤气柜的主要运行参数包括运行压力、活塞运动速度、气柜内温度等一系列关于煤气柜安全运行的参数，参见表 5-1-7 和表 5-1-8。

表 5-1-7　某厂 100000m³ 高炉煤气柜主要参数

序号	名　称	主要参数	序号	名　称	主要参数
1	存储介质	高炉煤气	15	气柜基础底板标高/m	+0.394
2	存储温度/℃	≤50	16	柜区地坪标高/m	−0.706
3	煤气柜容量上限/m³	80000	17	活塞油槽油位高度/mm	700 ~ 750
4	煤气柜容量下限/m³	8000	18	活塞的倾斜量/mm	正常时：54　日照时：108
5	存储压力/Pa	5000（实际运行压力 3500 ~ 3700）	19	活塞有效行程/m	50
6	有效容积/m³	95000	20	活塞上升高度/m	63.641（极限冲顶高度）
7	实际容积/m³	90000	21	活塞运行极限高度/m	上极限高度：58　下极限高度：4
8	边　数	20			
9	边长/m	7	22	活塞正常运行/m	10 ~ 56
10	最大直径/mm	44747.2	23	活塞总配重/t	802.011
11	最小直径/mm	44712.2	24	活塞增量/t	7.339
12	底座面积/m²	1546.85	25	活塞密封油/m³	109.8
13	柜体总高度/m	81.35	26	活塞运行速度/m·min⁻¹	≤1
14	侧板总高度/m	73.99			

注：不同钢厂的 100000m³ 高炉煤气柜的运行参数不同，但是运行和维护过程中的监测项目基本一致。

表 5-1-8　某厂 150000m³ 高炉煤气柜主要运行参数

序号	名　称	主要参数	序号	名　称	主要参数
1	存储介质	高炉煤气	14	侧板总高度/m	82.957
2	存储温度/℃	≤50	15	活塞油槽油位高度/mm	700~750
3	煤气柜容量上限/m³	158000	16	活塞的倾斜量/mm	正常时：54 日照时：108
4	煤气柜容量下限/m³	8000			
5	存储压力/Pa	6300 （实际运行压力5900）	17	活塞有效行程/m	66
			18	活塞上升高度/m	82.957（极限冲顶高度）
6	有效容积/m³	150000	19	活塞运行极限高度/m	上极限高度：70 下极限高度：4
7	实际容积/m³	165245			
8	边　数	24	20	活塞正常运行/m	4~70
9	边长/m	7	21	活塞总配重/t	802.011
10	最大直径/mm	53625	22	活塞增量/t	7.339
11	最小直径/mm	53170	23	活塞密封油/m³	135.8
12	底座面积/m²	2233	24	活塞运行速度/m·min⁻¹	≤1
13	柜体总高度/m	90.787			

注：不同钢厂的 150000m³ 高炉煤气柜的运行参数不同，但是运行和维护过程中的监测项目基本一致。

（六）高炉煤气柜设备安装及验收要求

高炉煤气柜的安装过程中的导辊、防回转装置是保证活塞安全平稳运行的关键。

1. 固定式导辊的安装

固定导轮整体组装后，导辊与轴应转动灵活，导辊座的支承座应保持垂直，必要时进行调整，导辊整体安装在导辊座的支座上，导辊必须与柱板在直角和垂直方向贴近，对导辊的各部间隙调整定位后，紧固导辊座与支座连接螺栓。装配上导辊时，加油孔安装在轴承左边；装配下导辊时，加油孔安装在轴承右边。

2. 弹簧式导辊的安装

弹簧导轮整体组装后，导辊与轴应转动灵活，导辊座的支承座应保持垂直，必要时进行调整，导辊整体安装在导辊座的支座上，导辊必须与柱板在直角和垂直方向贴近，对导辊的各部间隙调整定位后，紧固导辊座与支座连接螺栓。

导辊座背面到导辊中心的距离为 123mm；导辊标尺板到立柱内壁的距离为 323mm；导辊角基准线与普通立柱内壁之间的距离为 29.5mm，与加强立柱内壁之间的距离为 35.5mm。

蝶形弹簧压至额定值时，定位螺栓锁死，装配弹簧导辊时，上、下导辊的润滑油孔方向应一致。弹簧额定调整值参见表 5-1-9。

导辊部分使用厚度 $\sigma = 1$、2、3、4、5mm 五种规格的扇形垫片调整，但导辊簧机构使用 $\sigma = 2$、3、5mm 三种规格的普通垫片调整，使弹簧顶面刚好碰到调整螺栓为止，保证导辊必须与柱板在垂直和直角方向贴近。

表 5-1-9　弹簧额定调整值

序　号	温差/℃	调整值/mm	序　号	温差/℃	调整值/mm
1	30	76	5	−10	90
2	20	80	6	−20	94
3	10	84	7	−30	98
4	0	87			

注：表中温差表示调整时的大气温度与柜区平均温度之差。

3. 活塞防回转装置的安装

活塞防回转装置组装后，杠杆应运动灵活，顶轴与轴套进出应灵活，防回转装置整体安装在钢结构上。防回转装置的间隙进行调整后，将与钢结构连接螺栓校紧，并将各调整螺栓的背帽锁死。

活塞防回转装置导向夹板与立柱侧面的间隙，即左间隙与右间隙之和，合计为 4mm；装置压紧杠杆最大行程为 50mm；装置顶丝与导向夹板之间的间隙为 5~6mm；装置基准线与立柱之间的距离为 39.5mm。

4. 其他设备的安装

帆布压紧机构角部弹簧机构各压紧弹簧由调整螺栓调整到 127mm，调整完毕后将调整螺母锁死。

滑板与侧板之间的间隙应不大于 0.2mm。

二、转炉煤气柜

（一）转炉煤气柜种类

转炉煤气柜一般采用威金斯型干式煤气柜进行存储，其结构如图 5-1-12 所示。

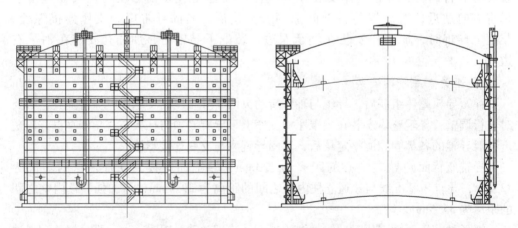

图 5-1-12　威金斯型干式煤气柜结构图

威金斯型干式煤气柜在筒体的下端与活塞边缘贴有柔性橡胶，并能随活塞升降自行卷起或张开，称为柔膜密封干式煤气柜。威金斯型干式煤气柜技术参数参见表 5-1-10。

表 5-1-10　威金斯型干式煤气柜技术参数

名　称	单　位	技　术　参　数				
公称容积	m³	10000	20000	30000	50000	80000
直　径	mm	29000	34377	34377	46573	58000
侧壁高	mm	25500	28500	41500	38100	39070
总　高	mm		33900	46263	48100	49550
底面积	m²	660.51	928.17	928.17	1650	2642
活塞行程	mm	16320	22500	33800	32000	31554
钢材耗量	t	364	560	635	1126.9	1450
储气压力	kPa	3~6	3~10	3~10	3~6	3~6

（二）转炉煤气柜柜容

转炉煤气柜主要采用威金斯型煤气柜，即干式橡胶膜密封储气柜。煤气柜的容量计算包括如下几部分：

（1）调节煤气发生和使用不平衡所需的变动调节容量。

（2）外供加压机突然故障，转炉煤气突然大量过剩的剩余安全量。

（3）转炉停产，转炉煤气发生量突然大量减少的安全容量。

（4）煤气柜活塞不允许升高到最高点和最低点的上限保安容积和下限保安容积。

（5）核算活塞运行速度。

例 2　标准状态下，某钢厂转炉煤气发生量为 320000m³/h，冶炼周期为 36min，吹氧时间为 16min，煤气回收时间为 10min，转炉作业率为 0.82。转炉煤气使用量为 88000m³/h。转炉煤气温度为 67℃，压力为 4kPa，计算校核系数为 1.645。事故状态下，放散要延迟 1min 后打开。

（1）转炉煤气发生过程中的不平衡量为：

转炉发生煤气过程：（320000 − 88000）× 10/60 = 38667m³

转炉不发生煤气过程：88000 × 26/60 = 38133m³

选定 38667m³ 为不平衡量，修正后的体积为 63607m³。

（2）事故状态下剩余煤气量为：320000 × 1/60 = 5333m³；修正后的体积为 8773m³。转炉停产情况下一般不再考虑此期间的煤气不平衡状态。

（3）煤气柜安全容量取上下限之和 10%：（63607 + 8773）/0.9 − （63607 + 8773）= 8042m³。

总容积之和为：63607 + 8773 + 8042 = 80422m³

选择 80000m³ 威金斯煤气柜，查得煤气柜底面积为 2642m²，则煤气回收期煤气柜活塞运行速度为：

$$\frac{320000 - 88000}{2642 \times 60} = 1.474 \text{m/min}$$

煤气不回收期，活塞运行下降速度为：

$$\frac{88000}{2642 \times 60} = 0.559 \text{m/min}$$

事故状态下，活塞运行速度为：

$$\frac{320000}{2642 \times 60} = 2.03 \text{m/min}$$

转炉煤气的柜容也可以按照转炉产气能力来进行计算，参考式（5-1-1）。

$$V = kGV_g\left(1 - \frac{t_1}{t_2}\right)\frac{1}{K}n_1 n_2 \qquad (5\text{-}1\text{-}1)$$

式中　V——煤气柜容积，m^3；

k——煤气修正系数；

G——每炉的最大钢产量，t；

V_g——回收煤气量，m^3/t，一般可取 $100\text{m}^3/\text{t}$；

t_1——每炉钢的回收时间，min；

t_2——每炉钢的冶炼时间，min；

K——不平衡系数，一般可取 $0.6 \sim 0.8$；

n_1——转炉车间同时吹炼的炉座数；

n_2——转炉煤气柜的容积系数，一般可取 $1.1 \sim 1.2$。

在最终确定转炉煤气柜柜容时，一般需要通过以上两种方法来计算转炉煤气柜的柜容，然后取较大值。

（三）转炉煤气柜柜区

对转炉煤气柜柜区的要求与高炉煤气柜柜区一致。

（四）转炉煤气柜基本结构

1. 侧板

侧板是组成气柜外壳的主要部分，侧板全高 1/3 的下半部与煤气直接接触，要求气密，所余 2/3 的上半部及柜顶不要求气密，仅作通风罩使用，在侧板上备有加强环，留有为了活塞上部空间换气的大量换气孔，而且还有几个为出入活塞上部空间的门洞。

2. 底板

柜底板部分用钢板叠缝焊接拼制而成，做成圆拱形，紧贴基础面，目的使煤气中的冷凝水容易排至设在柜外的排水坑中。

3. 柜顶

柜顶能遮风避雨并保护活塞和密封橡胶，柜顶中央部分设有换气用的通风口，此外周围部分还设有通风口，同时兼作采光用的柜顶人孔。

4. 活塞

活塞板做成和底板相同的拱顶形，是最适宜于承受内部气压的形状，同时也可减少储存煤气部分的死区。在活塞外周备有连接并保护内侧橡胶密封帘而用型钢和钢板做成的活塞挡板，如图 5-1-13 所示。煤气压力的调整可用增减活塞上的混凝土配重来进行。

5. T 形挡板

T 形挡板（又称升降保护板）在活塞的外侧和侧板之间，由钢板和型钢制成，如图 5-1-14 所示。T 形挡板形状类似上述活塞挡板，均为环状构架。其作用是支撑密封橡胶，并在升降过程中使密封橡胶紧贴钢板面，具有保护密封橡胶的作用。在 T 形挡板的内外有两圈密封橡胶，外圈的密封橡胶连接于侧板和 T 形挡板之间，内圈的密封橡胶连接于 T 形挡板和活塞之间。为了容纳外圈密封橡胶在卷上或卷下时产生的褶纹，故在 T 形挡板环状构架外侧敷以波形板。

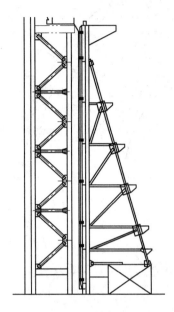

图 5-1-13　活塞挡板结构示意图

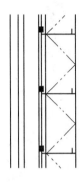

图 5-1-14　T 形挡板结构示意图

T 形挡板的顶面构成一个环形走台，操作人员通过侧板上开设的门洞即可进到 T 形挡板的顶部走台上进行维修和检查。

6. 调平装置

调平装置系统经常自动根据煤气量的增减而升降活塞，改变活塞的水平位置。此装置沿圆周设有数个，每套装置都是由从活塞经向两点引出的钢丝绳、滑轮和配重所组成。当活塞倾斜时，受拉的一段钢绳会反方向地对活塞倾斜自动校正，每套调平装置仅能调整活塞在一个方向上的水平度。调平装置布置如图 5-1-15 所示。

7. 密封装置

气柜密封装置的作用是密闭气体，因此可以说它是储气柜的心脏。转炉煤气柜是依靠橡胶膜达到密封目的，为此对密封橡胶应具备以下条件：

（1）对腐蚀及老化应具备耐久性。

（2）对储存的气体应具有不透气性。

（3）对动作中所引起的应力应具有足够的强度。

（4）应具有较好的弹性，防止由于动作中变形所引起的损伤。

（5）应尽量使之具有广泛的使用温度范围（适用气体温度范围：$-40 \sim +70℃$，最高为 $80℃$）。

转炉煤气柜密封装置采用的是十分坚固的合成橡胶制的薄膜密封材料，其厚度为

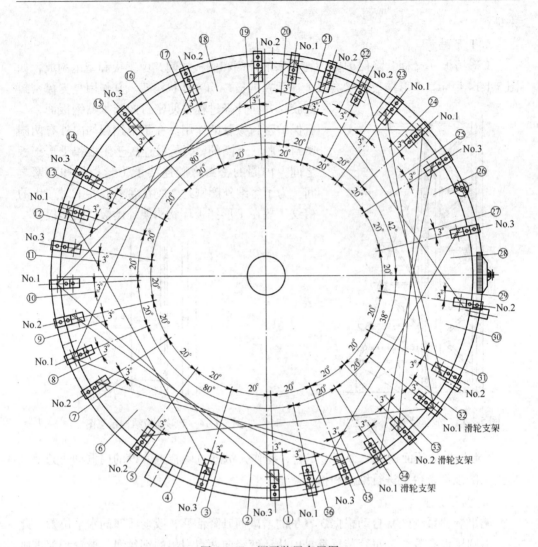

图 5-1-15　调平装置布置图

3mm，橡胶内夹有两层帆布：与空气接触的一面采用氯丁橡胶，具有耐候性、耐日照、耐风吹、不易老化；与煤气接触的一面采用氰基丁二烯橡胶，具有耐油性、耐煤气腐蚀。

8. 煤气柜安全生产所采取的措施

为了保护煤气柜安全可靠地运行，设计上考虑了如下措施：

（1）活塞运行上、下限设置了预警点及警戒点。当活塞运行达预警戒点时，发出声光信号，使操作人员了解活塞已到达预警位置，以便及时关闭进出气阀门。

（2）煤气自动放散管（兼作煤气吹扫用）。当活塞达到上限位置，而且煤气继续送入情况下，装置在煤气柜上部的放散管自动开启，放散煤气。当煤气柜内进行空气吹扫和煤气吹扫时，也使用该放散管。

（3）圆周阶梯。沿煤气柜的侧壁装有可以从地面一直达到柜顶进行检查用的阶梯。

（4）容量现场指示计。本指示计是现场指示柜内煤气量。由活塞引出钢丝绳通过指示盘指示气柜容量，指示盘安装在侧板上的中间平台处。

（5）活塞上部空间一氧化碳浓度检测。当活塞上部空间一氧化碳浓度超过0.0025%~0.0030%时，安装在操作室内的一氧化碳自动报警仪会自动报警。柜内一氧化碳超标报警时，操作人员不得进入气柜内。

（五）转炉煤气柜的运行

转炉煤气柜的主要运行参数包括运行压力、活塞运动速度、气柜内温度。某厂80000m³转炉煤气柜主要运行参数见表5-1-11。

表 5-1-11 某厂 80000m³ 转炉煤气柜主要运行参数

序号	名　称	主要参数	序号	名　称	主要参数
1	公称容积/m³	80000	11	活塞行程/m	31.554
2	储气压力/kPa	一段：2.5 二段：3.0	12	活塞调平组数	6
			13	挡板与侧挡板间隙/mm	370±120
3	存储介质	转炉煤气	14	活塞上部一氧化碳含量/%	<0.0024
4	储气温度/℃	≤70	15	柜内泄漏率/%	<2
5	侧板内径/m	58	16	气柜入口含尘量/mg·m⁻³	100~150
6	侧板高度/m	39	17	气柜入口含氧量/%	<2
7	气柜全高/m	49	18	回廊层数	3
8	柜位/m	4.5~27	19	立柱根数	30
9	活塞速度/m·min⁻¹	≤3.5	20	密封段数	2
10	活塞倾斜/mm	±30	21	安全放散管根数	DN800×4 根

注：不同钢厂内的 80000m³ 转炉煤气柜的运行参数不同，但是运行和维护过程中的监测项目基本一致。

（六）转炉煤气柜设备安装及验收要求

1. 检修验收标准

（1）活塞的水平度：±30mm。

（2）密封间隙：外部密封±120mm，内部密封±120mm。

（3）密封橡胶膜的外观检查：无破损及划痕。

（4）活塞上升或下降有无异常震动和响声。

（5）活塞升降速度可达到5m/min。

（6）活塞板变形情况：无明显变形。

2. 煤气柜构件安装精度要求

煤气柜的构件安装精度参考表5-1-12。

表 5-1-12　转炉煤气柜构件安装精度　　　　　　（mm）

序号	测定项目	测定点及测定方法	质量标准允许值
1	底板	环形板对接焊缝（带垫板）的根部间隙	+4，−0
2	活塞板	焊缝检查	Ⅱ级咬边 不大于0.5
3	柜顶梁	主梁之间距离 主梁圆顶顶部高度	±20 +80，−20
4	T形挡板	（1）下部T形挡板： 　圆周方向 　半径方向 　垂直度 　水平度 （2）上下部T形挡板： 　圆周方向 　半径方向 　垂直度 　水平度 （3）侧板和顶梁外周间的尺寸： 　圆周方向 　半径方向 　垂直度 　水平度	+10 +30 −0 ±15 +10 +30 −0 ±15 +20 +20 ±20 ±45
5	活塞挡板	（1）活塞支架的垂直度： 　圆周方向 　半径方向 （2）T形挡板内侧密封安装角钢和梁外周的尺寸： 　圆周方向 　半径方向	+10 ±10 +10 ±45
6	活塞及T形挡板 的升降	（1）倾斜 （2）密封间隙： 　外部密封 　内部密封	±30 ±120 ±145

注：根据现场实际情况，需要对质量标准允许值进行调整。

三、煤气柜区布置实例

某煤气柜区设有两台煤气柜，分别为150000m³ 干式转炉煤气柜和120000m³ 干式焦炉煤气柜，其平面布置图如图5-1-16所示。根据规范要求，柜区内部设有专门的消防通道和远程监控设施。煤气柜周围设有围栏，防止非工作人员随意进入而发生人身伤害事故。

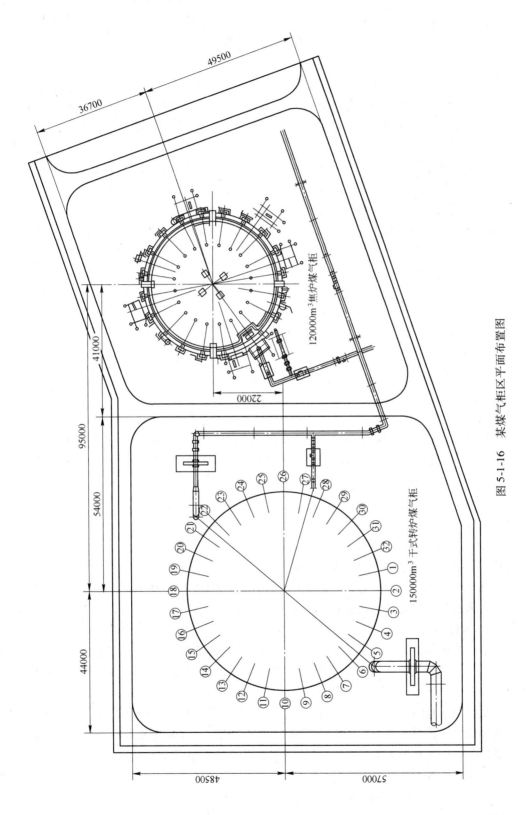

120000m³焦炉煤气柜

150000m³干式转炉煤气柜

图 5-1-16 某煤气柜区平面布置图

第二节 煤气加压站

钢铁企业内的煤气加压站主要是对高炉煤气、焦炉煤气和转炉煤气在完成混合、输送过程中进行加压。煤气加压站主要设置在煤气柜出气侧，通过对煤气柜中存储的煤气进行抽取加压实现煤气输送及混合的目的。工厂内的煤气加压站主要分为工艺类煤气加压站与公用工程类煤气加压站。

工艺类的煤气加压站将作为重点介绍。工艺类的煤气加压站主要负责将钢铁企业内部的煤气输送给各个用户点，其中会根据具体的用户的压力需求进行加压分配。一般的工艺类煤气加压站会将煤气升压范围控制在 5~20kPa，此类煤气进出气过程中特性变化不大，绝对压力变化幅度相对较小，使用的加压机类型和种类接近，一般使用油冷却或水冷却，对油量和水量的控制要求不高，而且一般相关的缓冲设备。有一些特殊的工艺类加压站，如须将焦炉煤气升压至 0.6MPa 以上满足其他用途时，则需要特定的加压机及附属管道设备，与一般的工艺类加压站有较大区别。煤气的高压压缩过程，一般需要配套外置水冷设备及多级缓冲气缸。

本章主要介绍工艺类一般类型的煤气加压站，特殊类型的煤气加压站可参考第六章天然气的加压过程。

一、煤气加压站的主要设备

（一）设备用途

钢铁企业的煤气用户，除极少数的用户点以外，绝大多数用户对煤气压力要求都低于 30kPa，如炼钢车间的中间包烘烤用煤气、工业炉的烘烤用煤气等，因此使用的煤气加压机绝大多数为离心式煤气鼓风机。

加压站的煤气流量，如果是单个用户的加压站，则比较简单，用户的平均用量和最大流量就是加压站的平均用量和最大流量。如果是区域性的加压站，其平均用量为各用户平均用量之和，其最大量应等于一个或几个用户的最大量与其余各用户平均量之和，一般不超过平均用量的 1.3 倍。

加压机单台容量的配置，要根据用户使用煤气的特点、企业建设分期规模的大小等因素来选择容量适宜的机组；一般不宜选择太多的台数，也不宜选用单台运行，以 2~3 台运行为宜。

加压机所需的升压能力，要考虑用户使用压力的要求，同时考虑进入煤气加压站的煤气压力、煤气加压站自身的阻力损失以及由加压站送至用户的煤气管道的阻力损失。

选用加压机时，要使工作点在加压机最稳定和最佳效率值的范围内，要考虑加压机性能的允许误差、加压机的并车系数，总之要综合、全面地考虑。加压机要考虑整机备用，一般工作台数 1~3 台，备用 1 台；4~6 台，备用 2 台。

（二）离心式煤气压缩机

图 5-2-1 所示为离心式煤气压缩机的压缩部分简图。气体由吸气室吸入，通过高

速旋转的叶轮对气体做功,使气体压力、速度、温度提高。然后流入扩压器,使速度降低,压力提高。弯道和回流器主要起导向作用,使气体流入下一级继续压缩。由末级出来的高压气体经蜗室和出气管排出压缩机。

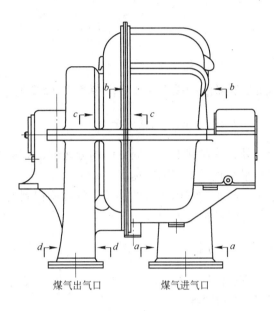

煤气出气口　　　　　　煤气进气口

图 5-2-1　离心式煤气压缩机的压缩部分简图

由于气体在压缩机压缩过程中温度升高,为了减少压缩功耗,应对压力较高的离心式压缩机,在压缩过程中采用中间冷却,压缩气体经蜗室和出气管,引到外面的中间冷却器进行冷却,冷却后的低温气体,再经吸气室进入下一级压缩。

单级离心压缩机的升压为进口压力的 1.3 ~ 2 倍。为了获得所需压力,一般采用多级压缩。所谓"级"是由一个叶轮及其配套的固定元件组成。随固定元件的不同,级的结构可分为中间级与末级两种。气体从中间级流出后,将进入下一级继续压缩。而末级是由叶轮、扩压器及蜗壳组成,也就是蜗壳取代了弯道和回流;有的还取代了级中扩压器,从末级排出的气体进入排气管。

1. 级内气体温度

对于级中任意截面 i 的气流温度为 T_i。级中任意截面的气流温差 $\Delta T_i = T_i - T_j$,其中 T_j 为级进口温度。根据能量平衡方程可求得气流温差 ΔT_i,参考式(5-2-1)。

$$\Delta T_i = \frac{h}{\dfrac{\kappa}{\kappa - 1}R} - \frac{c_i^2 - c_j^2}{\dfrac{2\kappa}{\kappa - 1}R} \qquad (5\text{-}2\text{-}1)$$

式中　c_i,c_j——i、j 截面进、出口截面气体流速,m/s;

　　　　h——级的实际耗功,kJ/kg;

　　　　κ——等熵指数;

　　　　R——气体常数,J/(kg·K)。

在工作叶轮以前的各个截面温度，因工作叶轮尚未对气体做功，所以级的实际耗功 $h = 0$，则参考式（5-2-2）。

$$\Delta T_i = \frac{c_i^2 - c_j^2}{\dfrac{2\kappa}{\kappa - 1}R} \tag{5-2-2}$$

2. 级内叶片功

叶片对 1kg 气体质量所做的功成为叶片功，参考式（5-2-3）。

$$\omega = c_{2u}(u_2 - u_1) \tag{5-2-3}$$

式中　c_{2u}——叶轮出口处，绝对速度在圆周方向的分速度，m/s；

　　u_1，u_2——进、出口平均直径上的圆周速度，m/s。

依据能量守恒定律，叶轮对气体所做的功等于气体所得到的能量。用 h 表示 1kg 气体所获得的能量，称为能量头，则参考式（5-2-4）。

$$\omega = h = c_{2u}u_2 - c_{1u}u_1 \tag{5-2-4}$$

离心压缩机通常叶轮进口气流的绝对速度与圆周速度的夹角约为 $90°$，故 $c_{1u} = 0$，则式（5-2-4）简化参考式（5-2-5）。

$$h = c_{2u}u_2 \tag{5-2-5}$$

3. 级的实际功耗和效率

叶轮除了通过叶片对气体做功 h，还存在着叶轮的轮盘、轮盖的外侧面及轮缘与周围气体的摩擦产生的轮阻损失 h_1；并存在着叶轮出口高压气体通过轮盖气封漏回到叶轮的进口低压端的漏气损失 h_2。所以，外界输入的功要大于叶片功。实际级的功耗可参考式（5-2-6）。

$$H = h + h_1 + h_2 = h(1 + \beta_1 + \beta_2) \tag{5-2-6}$$

式中　β_1——轮阻损失系数，一般为 $0.02 \sim 0.13$；

　　β_2——漏气损失系数，一般为 $0.005 \sim 0.05$。

叶片功也不能全部用来提高气体的压力，它包括三部分。首先用于多边压缩过程气体的压力由叶片的进口 p_1 上升到出口压力 p_2，这部分有效功称为多变功，用 h_3 表示，参考式（5-2-7）。

$$h_3 = \frac{n}{n-1}RT_1\left[\left(\frac{p_2}{p_1}\right)^{\frac{n-1}{n}} - 1\right] \tag{5-2-7}$$

式中　n——多变指数；

　　T_1——级的进口温度，K；

　p_1，p_2——级的进、出口压力，MPa；

R——气体常数，$J/(kg \cdot K)$。

第二部分为气流在级中叶片流道中的流动损失。第三部分为气体进入叶轮后在离心力作用下流速增加，即级出口处的动能增加，参考式（5-2-8）。

$$h_4 = \frac{c_i^2 - c_j^2}{2} \tag{5-2-8}$$

式中　c_i，c_j——级的进、出口气流速度，m/s。

4. 压缩机的轴功率

压缩机的内功率是各级实耗功率之和。

内功率只是压缩机转子的功率，而轴功率中包括轴承和传动部分的摩擦损失的功率。

$$W_{轴} = W_{内} + W_{损} = \frac{W_{内}}{\eta_{机械}} \tag{5-2-9}$$

式中　$\eta_{机械}$——压缩机的机械效率，%；$W_{内} > 2000kW$ 时，$\eta_{机械} \geqslant 97\% \sim 98\%$；$W_{内} = 1000 \sim 2000kW$ 时，$\eta_{机械} = 96\% \sim 97\%$；$W_{内} < 1000kW$ 时，$\eta_{机械} < 6\%$。

电动机通过传动设备将动力传到离心压缩机转子，传动效率为 $\eta_{传动}$。

$$\eta_{传动} = \frac{W_{轴}}{W_{电}} \tag{5-2-10}$$

式中　$\eta_{传动}$——压缩机的传动效率，%，当齿轮传动时，$\eta_{传动} = 0.98$；当直接传动时，$\eta_{传动} = 1.0$。

5. 喘振

在压缩机转速一定，流量减小到一定值时，出现严重的旋转脱离，流动情况大大恶化。这时叶轮虽仍在旋转，对气体做功，但却不能提高气体的压力，于是压缩机出口压力显著下降。由于压缩机总是和管网系统联合工作的，这时管网的压力比并不马上降低，于是可能出现管网中的压力大于压缩机出口处压力的情况，管网中的气体就向压缩机倒流，一直到管网中的压力下降至低于压缩机出口压力倒流才停止。气流又在叶片作用下正向流动，压缩机又开始向管网供气，经过压缩机的流量又增大，压缩机恢复正常工作。但当管网中的压力不断回升，又恢复到原有水平时，压缩机正常排气又受到阻碍，流量又下降，系统中的气体又产生倒流。如此周而复始，在整个系统中发生了周期性的轴向低频大振幅的气流振荡现象，这种现象称为压缩机的喘振。

喘振所造成的后果常常是很严重的，气流出现脉动，产生强烈噪声；它会使压缩机转子和定子经受交变应力而断裂；使级间压力失常而引起强烈振动，导致密封及推力轴承的损坏；使运动元件和静止元件相碰，造成严重事故。

喘振的发生首先是由于变工况时压缩机叶栅中的气动参数和几何参数不协调，形成旋转脱离，造成严重失速的结果。但是并不是旋转失速都一定导致喘振的发生，喘振还和管网系统有关。所以说喘振现象的发生包含着两方面的因素：从内部来讲，它取决于压缩机在一定条件下流动大大恶化，出现了强烈的突变失速；从外部来讲，又与管网的容量及特性曲线有关。前者是内因，后者是外界条件。内因只有在外界条件具备的情况下，才促使喘振的发生。

为了防止压缩机在运行时发生喘振，在设计时要尽可能使压缩机有较宽的稳定工作区域。为了保证运行时避免喘振的发生，还可采用防喘振放空、防喘回流等措施增加压缩机的进气量，以保证压缩机在稳定工作区运行。例如，在压缩机的出口管上安装放空阀，当管网需要的流量减小，或其他原因，使压缩机的流量减小到接近喘振流量时，通过自动控制，打开放空阀，这时压缩机出口的压力随之下降，压缩机的进气量即增大，从而避免了喘振；又如使一部分气体通过回流管回到压缩机的进口，使压缩机的进气量增大而避免了喘振；还可采用如进口导叶、转动扩压器叶片及改变转速等方法防止喘振。

6. 压缩机调节方法

在用户管网特性变化时，为了保证用户提出的工况线，就要求对压缩机进行相应的调节，改变压缩机对管网的供给特性曲线，常见的几种方法如下：

（1）变转速调节法。采用变转速调节方法可以使工况变动时，效率的变化不大，并且机器的机构不要求具有可变动部件。因此它具有运行经济、制造简便、构造简单的优点。但是采用变转速调节时，压缩机的工作区域受机器最大转速及喘振区的限制，而且由于这种调节方法需要用可变速的原动机，因此这种调节方法还未被普遍采用。

（2）转动叶片的调节。转动叶片的调节包括进口导流器、叶片扩压器及工作叶片可转动的调节。采用转动叶片调节大大地扩大了压缩机的工作范围，并且在运行经济性上可以与变转速调节相接近，而它的喘振区域要比转速调节时小，也就是说在流量小的时候用这种调节方法可以比转速调节时得到更高的能量头。采用这种调节构造的不断改进与简化，将广泛地用于压缩机调节。

（3）进气节流调节。采用进气节流调节时，在压缩机进气端安装一个节流阀门。对应节流的一个位置就可得一条压缩机的特性线。从运转经济性来看，它比转速调节和叶片转动调节要低。但是采用这种调节方法，可以在不需要变速，也不需要转动压缩机叶片的情况下，满足工况变动时的要求。由于构造简单、成本低、调节简单，而且在吸气调节时比上述两种调节方法具有较小的喘振区，也就是说，在小流量时具有较高的能量头，因此在一般在电动机拖动的压缩机中应用得很广。

（4）排气端节流调节。这种调节方法实际上只是相当于改变管网的性能曲线，而对压缩机供给性能曲线没有影响。出气节流所带来的损失将使整个装置的效率大大降低，因此这种调节方法最不经济。而且喘振界限仍然为压缩机原来的喘振点，故一般都不用它作为压缩机的正常调节。

（5）放气调节。离心压缩机所用的放气调节多为排气管旁通管路调节。如果用户要求输气量在较大范围内变动，而压力变动较小，而且所需气量小于机器本身喘振时的流量时，用变转速或进气节流调节显然是不合适的。这时为了满足工况要求，可采用在压缩机的排气端开启旁通阀，使多余一部分气体排至大气或回到吸气管的方法进行调节。采用这种调节方法，可使用户获得对应于旁路阀全闭时的从某一最大流量起到流量为零时止的这个范围内的任何一个流量。采用旁路气流调节的唯一好处就是它的调节区域比任何其他调节方法都大；但由于其经济性太差，不能作为压缩机正常调节方法，而一般只是在防止喘振发生时才采用这种调节。

二、煤气加压站设计流程与站内布置

（一）煤气加压站流程

钢铁企业内部煤气加压站的加压介质主要包含高炉煤气、焦炉煤气和转炉煤气。加压站一般会与煤气柜设置在同一区域，使得离心加压机在从煤气柜抽取煤气过程中沿程阻力可以维持在较低水平，同时保证煤气柜向加压站供气的稳定性。

高炉煤气、转炉煤气、焦炉煤气及混合煤气的加压方式基本相同，煤气进入输送管道，分别进入几台加压机，经加压后送入输出管道。煤气升压一般在 5 ~ 30kPa，一般选用离心加压机。煤气加压流程可参考图 5-2-2。

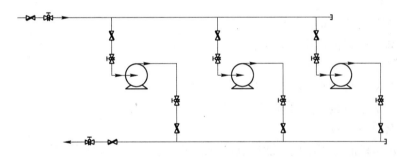

图 5-2-2　煤气加压流程

（二）煤气加压机的选型计算

选择加压机主要需要确定煤气流量、升压能力、电机功率和进口煤气性质等。在进行煤气加压机选型前，需要对进口煤气进行修正，然后再校核所选用加压机的能力，进行比较后选择适当的加压机。修正后的气体将被平均分配给每台加压机，一般情况下都会留存一台或两台加压机备用。某系列加压机的参数见表 5-2-1。

表 5-2-1　某系列加压机参数

序号	型　号	流量 /m³·min⁻¹	升压能力 /Pa	电机功率 /kW	进口煤气性质		
					温度/℃	压力/kPa	密度/kg·m⁻³
1	M300-1.1/0.98	300	11758	110	30	96.1	0.97
2	M350-1.14/0.98	350	15691	160	30	96.1	0.97

序号	型　号	流量 /m³·min⁻¹	升压能力 /Pa	电机功率 /kW	进口煤气性质		
					温度/℃	压力/kPa	密度/kg·m⁻³
3	M400-1.16/1.03	400	13043	132	45	100.8	1.37
4	M500-1.04/0.98	500	5884	132	35	98	0.46
5	M700-1.04/0.98	700	5884	132	35	98	0.46
6	M700-1.21/0.95	700	25498	500	50	93.17	1.04
7	M500-1.075	500	7355	185	35	98.07	0.95
8	M300-1.28	300	28000	350	35	106.07	1.43
9	M500-1.14	500	14000	220	35	100.57	1.368
10	M500-1.15	500	15000	220	35	100.07	1.36
11	M700-1.2	700	18000	355	35	98.57	0.92
12	M1400-1.2	1400	18000	630	40	98.57	1.02

　　煤气加压流程所选用的加压机数量需要通过流量计算和经济性分析，计算流程如下：

　　（1）煤气管道流量进口修正；

　　（2）煤气管道流量出口修正；

　　（3）确定加压站方案；

　　（4）针对不同方案选择加压机参数和数量；

　　（5）计算加压机站经济投入；

　　（6）经济性比较。

　　煤气加压机的选型不仅与加压机本身的能力有关，还与经济性有关，可参考以下计算实例。

　　某厂现有某种煤气压力为 4kPa，所需煤气压力为 12kPa，加压站设计计算见表 5-2-2。

表 5-2-2　加压机选用

名　称		单　位	数　值
初始设计数据	当地大气压力	kPa	88.6
	煤气温度	℃	60
	煤气进气含水量	kg/m³	0.27
	煤气出气含水量	kg/m³	0.25
	饱和蒸汽分压	kPa	19.89
	煤气进气压力	kPa	4
	煤气出气压力	kPa	12
	煤气供应流量（标态）	m³/h	24000

续表 5-2-2

名　称		单 位	数　值
校正后数据	煤气进口流量	m³/h	42926
	煤气出口流量	m³/h	38518
	煤气进口管道		DN1200
	煤气出口管道		DN1200
方案一 加压机数据	单台处理气量	m³/h	25251
	工作台数	台	2
	备用台数	台	1
	加压机并联效率		0.85
	加压机价格	万元	60
	阀门等配套价格	万元	24.5
	总价格	万元	204.5
方案二 加压机数据	单台处理气量	m³/h	16834
	工作台数	台	3
	备用台数	台	1
	加压机并联效率		0.85
	加压机价格	万元	45
	阀门等配套价格	万元	36.5
	总价格	万元	216.5

通过对以上两种方案的比较可知：虽然方案一与方案二都可以满足设计所需达到的条件，但是方案二的投资相对方案一大，而且由于加压机数量多，因此相关的土建工程量和占地面积也一定比方案一大。但是，方案一的主体设备利用率明显要比方案二低，其实际利用率为 67%，而方案二的主体设备利用率为 75%，根据现场经验，设备在同等质量的情况下，多台并联设备利用率高，则故障率就会相对较小，而且方案二中的加压机配置方法更有利于工厂的日常维护和调配。因此，加压站的最终方案确定一定要权衡多方面的因素，将经济、技术与运维相结合，综合考虑技术方案。

三、煤气加压站设计实例

在实际的加压站设计过程中，最常见的形式为单层加压站，加压机一般需要配置润滑油站，因此在煤气管道合理布置的前提下，需要考虑油管路的布置。单层加压站平面布置图如图 5-2-3 所示，加压机立面图如图 5-2-4 所示。

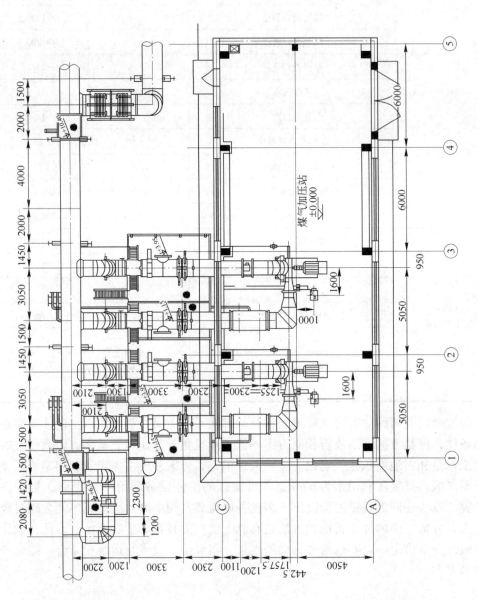

图 5-2-3　单层加压站平面布置图

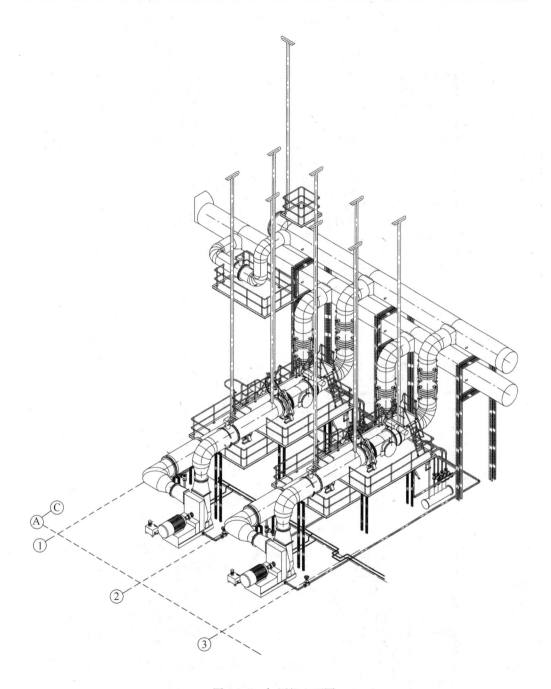

图 5-2-4　加压机立面图

　　但是，当有大型加压站时，会有双层加压站布置，这主要与加压机的进出气形式有关。当煤气的进出气口在下层时，就需要双层布置。同时，加压机需要水冷却和油冷却时，需要同时考虑油管路和水管路的布置。双层加压站平面布置图如图 5-2-5 所示，透视图如图 5-2-6 和图 5-2-7 所示。

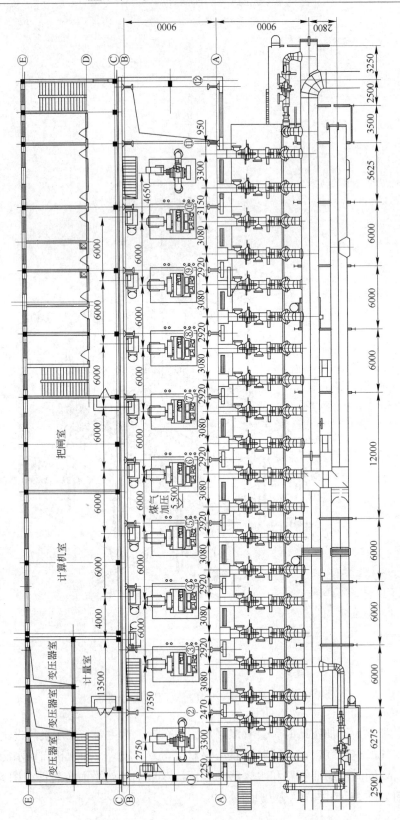

图 5-2-5 双层加压站平面布置图

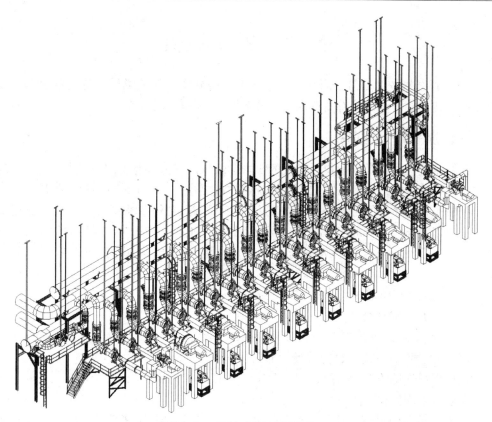

图 5-2-6 双层加压站透视图（一）

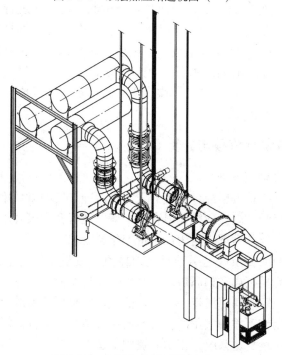

图 5-2-7 双层加压站透视图（二）

第三节　煤　气　混　合

煤气混合指依靠热值不同的煤气进行混合得到所需热值的混合煤气的过程。煤气混合所使用的煤气种类有高炉煤气、转炉煤气和焦炉煤气。

一、煤气混合的方式

钢铁企业中，各煤气用户对煤气的压力、煤气的热值都有不同的要求，为满足用户在煤气压力和热值方面的需求，钢铁企业内需要建立若干个煤气混合及加压站。

钢铁企业各类煤气主管网的工作压力不高，一般在 5～20kPa 之间，经过管网输送的损失以及煤气混合的压力损失，混合后的煤气压力一般很难满足用户的需要，因此一般情况下，有煤气混合就会有煤气加压，混合与加压的配置可以有以下几种方式：

（1）先混合后加压；

（2）先加压后混合；

（3）单独加压方式；

（4）单独混合方式（此方式使用非常少）。

应根据煤气源的压力情况、用户对煤气压力及热值的要求以及全厂煤气管网布置情况来确定采用何种方法。

尽量使用高炉煤气和焦炉煤气进行混合。使用焦炉煤气进行混合，则需要对焦炉煤气和混合设备进行保温加热，即使是夏季情况下也最好进行管道伴热处理。在实践生产过程中，焦炉煤气用户混合过程中，往往会在混合点凝结大量的萘和焦油等，造成管道连接处和混合部位堵塞。但是焦炉煤气的热值相对比较稳定，有利于煤气混合的操作与控制。因此，使用焦炉煤气进行混合时，尽量采用经净化、除焦油、脱萘后的焦炉煤气。转炉煤气的热值相对不稳定，而且成分变化大，因此在混合过程中控制相对比较困难。

二、煤气混合设计流程与计算

（一）流量配比调节系统

流量配比调节系统是根据混合煤气的压力和两种煤气的流量比例进行自动调节的系统，其方法是保持两种煤气的体积混合比不变以及混合后煤气压力恒定，从而保证在混合煤气热值不变的前提下满足用户用量变化的需求。

采用这种方法的前提条件是两种煤气的热值一般是比较稳定的。在此前提条件下，体积比与热值比呈正比。如高炉煤气和焦炉煤气相混合，它们的热值一般比较稳定，实际生产中过一定时间再测定一下它们的热值，根据热值的变化再调整一下体积比，这种方法还是比较可靠和实用的。典型的混合站控制流程如图 5-3-1 所示。

简单的二蝶阀流量配比系统，正常时蝶阀 1 及 2 开度一定，两种煤气按一定的比例混合成混合煤气并以一定的量供给用户。当用户的用量增加时，现有系统满足不了

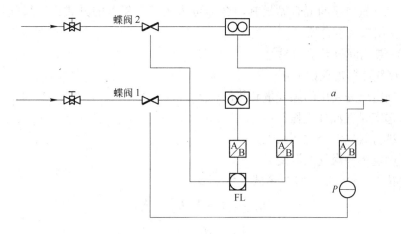

图 5-3-1 典型的混合站控制流程

需求，这时混合后的 a 点压力会降低，发出信号开大蝶阀 1，一种煤气用量增大；与此同时，因流量比例平衡被打破，向蝶阀 2 发出信号开大，另一种煤气用量增大；最后使得 a 点压力保持稳定，两种煤气的流量比仍保持一定，调节系统完成调节工作。

在此基础上还有三蝶阀式流量配比系统，在煤气管道上增加一个蝶阀，多一个调节手段可以使压力及流量比例更容易达到稳定。

（二）热值指数调节系统

热值指数调节系统是根据混合煤气热值指数进行自动调节的系统，其方法是当混合煤气发热量发生变化时，通过热值指数自动调节装置的作用，保持其发热值不变。

如前所述，如果两种煤气的热值经常变化，这时体积比不变不能保证热值比不变。这时要在混合煤气管道上增加一个在线的热值计，测定混合煤气的变化。当混合煤气热值发生变化时，发送信号给流量比调节器，改变它的流量比例设定值，然后通过调节蝶阀 2 使煤气热值保持一定。这种调节方法不适用于焦炉煤气，因为在线热值计容易受到焦油、灰尘的堵塞，加上测定及调节上的滞后，所以测定值不稳定。

三、煤气混合站计算与设计方法

（一）工艺设计要点

（1）煤气混合站的流量孔板和调节蝶阀的设计尺寸，一般按照正常生产条件下煤气的小时最大流量和最小流量确定。

（2）混合站的压力降不宜取得过大，应选用压力降较小的调节系统，一般不超过 1kPa。

（3）混合站两根混合前管道的长度，要考虑热工测量和调节装置所要求的安装长度，一般孔板流量计前后应有 $(10 \sim 5)d$ 的直管段，蝶阀前、后也应有 $(5 \sim 8)d$ 的直管段（d 表示管道内径）。

（4）两根混合管道，一般都应采用并排布置的方式，其净空距离不小于 800mm。

（5）混合站的管道要考虑方便排水，热胀冷缩的补偿，生产、取样、检修等的方便。

（6）煤气量较小的混合站，其混合器可采用两管斜差的方式，当煤气量较大时需要单独使用煤气混合器。

（二）煤气混合计算方法

混合煤气计算过程如下：

（1）确定所需使用的煤气量和热值；

（2）选定煤气混合流程；

（3）进行煤气混合比例调配；

（4）确定单种煤气的调配量。

两种混合体积分数计算参考式（5-3-1）：

$$\begin{cases} XH_C + (1 - X)H_B = H_M \\[2mm] X = \dfrac{H_M - H_B}{H_C - H_B} \times 100\% \\[2mm] 1 - X = \dfrac{H_C - H_M}{H_C - H_B} \times 100\% \end{cases} \qquad (5\text{-}3\text{-}1)$$

式中　X——一种煤气的体积分数，%；

　　　H_M——标准状态下，混合煤气的热值，kJ/m^3；

　　　H_C——标准状态下，一种煤气的热值，kJ/m^3；

　　　H_B——标准状态下，另一种煤气的热值，kJ/m^3。

两种混合热值百分率计算参考式（5-3-2）：

$$\begin{cases} y = \left(\dfrac{H_M - H_B}{H_C - H_B} \right) \dfrac{H_C}{H_M} \times 100\% \\[3mm] 1 - y = \left(\dfrac{H_C - H_M}{H_C - H_B} \right) \dfrac{H_B}{H_M} \times 100\% \end{cases} \qquad (5\text{-}3\text{-}2)$$

式中　y——一种煤气的热量百分率，%。

三种煤气混合过程中需要先将两种煤气混合到一定的发热量，然后再与第三种煤气混合或采用固定一种煤气的流量来计算另外两种煤气的比例。

四、煤气混合计算与设计实例

（一）煤气混合计算实例

标准状态下，某厂所需某种混合煤气热值为 $6.5MJ/m^3$，流量为 $160000m^3/h$。本厂有转炉煤气、高炉煤气和焦炉煤气，热值分别为 $8.37MJ/m^3$、$3.18MJ/m^3$ 和 $16.8MJ/m^3$。选择转炉煤气和高炉煤气进行混合。确定高炉混合比例 n 计算方法为：

$$3.18n + 8.37(1 - n) = 6.5$$

则计算出，高炉煤气占混合气体的比例为 36.03%，转炉煤气占混合气体的比例为 64.97%。则高炉煤气的混合流量为 $57648m^3/h$，转炉煤气的混合流量为 $102352m^3/h$。

（二）煤气混合站设计实例

煤气混合为某厂大型煤气混合站，混合气源主要利用高炉煤气、焦炉煤气为全厂各用户提供不同热值的混合煤气。

各用户流量参考热值及流量要求，参见表5-3-1。根据表中内容进行流程设计。混合站各层布置如图5-3-2所示，流程设计如图5-3-3所示。高炉煤气热值采用3.18MJ/m³，焦炉煤气热值采用16.80MJ/m³。

表5-3-1 某厂煤气用户流量参考热值及流量要求

序 号	用户名	用户热值/MJ·m⁻³	高炉煤气配比率/%	焦炉煤气配比率/%
1	无缝一厂	13.19	26.5	73.5
2	无缝二厂	11.67	37.7	62.3
3	热轧H型钢车间	11.03	42.4	57.6
4	4号连铸车间	11.22	41.0	59.0
5	5号连铸车间	11.03	42.4	57.6
6	6号连铸车间	9.99	50.0	50.0
7	轨梁一厂	11.90	36.0	64.0
8	轨梁二厂	12.61	30.8	69.2

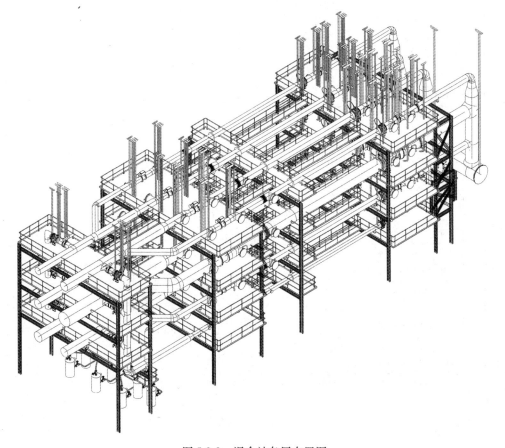

图5-3-2 混合站各层布置图

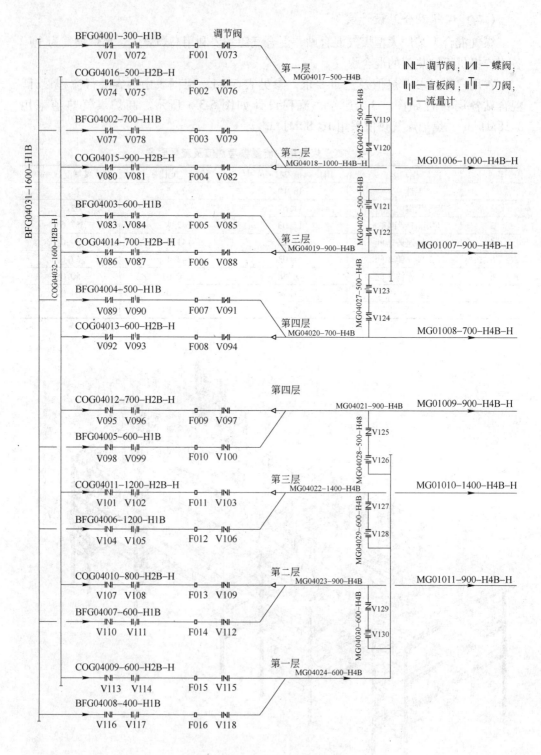

图 5-3-3　混合站流程设计图

第六章 天 然 气

本章主要介绍天然气的应用方法，主要包括压缩天然气直接利用和液化天然气间接利用。天然气在钢铁企业主要用于切割和重要设备烘烤，是最佳的燃料气源，不仅热值高且燃烧后产物基本上只有水和二氧化碳，有毒、有害物质少，而且清洁。但是由于天然气价格较贵，而且钢铁企业在使用天然气的同时就要减少高炉煤气、转炉煤气和焦炉煤气的应用，这大大降低了钢铁企业内部能源的利用效率，因此天然气还是作为备用气源或重要设备使用的保障性气源。本章将集中介绍天然气的工厂设计方法。

第一节 天然气的性质

一、天然气的来源

纯天然气在底层中呈均一气相，开采时即为气相天然气，一般含甲烷90%以上，还含有少量的乙烷、丙烷、丁烷及其他气体，以我国新疆塔里木、青海涩北、四川南气矿等为代表气田。

凝析气田天然气，由井口采出的天然气经减压膨胀降温后分离出气、液两相，液相通称为凝析液，气相即为天然气，该气除含有甲烷外，还有乙烷、丙烷、丁烷等，以我国东海平湖、华北苏桥等为代表气田。

油田气伴随原油共生，采原油时，同时采出天然气，因此又称为石油伴生气，其特点是乙烷及乙烷以上的烃类含量比纯天然气含量高，甲烷含量相对较少一些，所以燃气热值较高。以我国大庆、大港、中原等油田为代表气田。

二、天然气的等级

天然气按性质将等级分为三级，参见表6-1-1。三个等级之外的天然气，供需双方可用合同或协议等方式来确定具体要求。次分类方法适用于气田、油田采出经预处理后通过管道输送的商品天然气。

表6-1-1　天然气等级

项　目	质 量 指 标			试验方法
	一级	二级	三级	
高位发热量/MJ·m^{-3}	>31.4			GB/T 11062—1998
总硫(以硫计)/mg·m^{-3}	≤120	121~200	201~480	GB/T 11061—1997

项　目	质量指标			试验方法
	一级	二级	三级	
硫化氢/mg·m^{-3}	≤6.0	6.1~20.0	—	GB/T 11060.1—2010
二氧化碳/%	≤3.0		—	GB/T 13610—2003
水	无游离水			SY/T 7507—1997

三、天然气的基本性质

（一）压缩天然气的基本性质

1. 压缩天然气的密度

计算天然气的实际密度可参考式（6-1-1）：

$$\rho = \rho_0 \frac{2694 \times p}{Z} \times \frac{1}{273 + t} \qquad (6-1-1)$$

式中　ρ——天然气实际密度，kg/m^3；

ρ_0——天然气标准状态（101.325kPa，0℃）下的密度，kg/m^3；

Z——压缩因子，参见表6-1-2；

t——气体温度，℃。

表 6-1-2　天然气压缩因子

温度 t/℃	绝对压力 p/MPa						
	0.1	1	5	10	15	20	25
−20	0.9967	0.9672	0.8314	0.6842	0.6482	0.6952	0.7724
0	0.9974	0.9744	0.8728	0.7674	0.7278	0.7517	0.8086
20	0.998	0.9797	0.9017	0.8244	0.7914	0.8047	0.8476
50	0.9985	0.9853	0.9313	0.8814	0.8603	0.8692	0.9007

2. 压缩天然气的水露点及含水量

压缩天然气的水露点是压缩天然气的一个重要指标。天然气中的饱和水蒸气含量与温度和压力有关，根据资料查得的常温及各压力下天然气饱和含水量见表6-1-3。

表 6-1-3　天然气饱和水蒸气含量　　　　　　　　（g/m^3）

温度 t/℃	绝对压力 p/MPa						
	0.1	1	5	10	15	20	25
50	95	10.5	2.2	1.4	1.05	0.92	0.81
20	18	2.0	0.47	0.29	0.23	0.2	0.18
0	4.7	0.55	0.26	0.09	0.07	0.065	0.050
−20	1.0	0.12	0.034	0.022	0.020	0.018	0.016
−40	0.16	0.022	0.0048	0.0040	0.0035	0.0028	0.0020
−60	0.10	0.0017	0.0006	0.0004	0.0003	0.0002	0.0002

注：基准状态为15.6℃、101.325kPa。

3. 压缩天然气的焓

在压缩天然气生产过程中，常有阀体节流情况，近似于绝热节流过程，可按照焓值不变，通过查表得出天然气节流后的温度，可参考表 6-1-4。

表 6-1-4　天然气焓值　（kJ/kg）

温度 t/℃	绝对压力 p/MPa						
	0.1	1	5	10	15	20	25
50	682	676	657	620	557	516	487
20	617	609	576	528	463	422	392
0	570	562	521	456	391	350	322
−20	528	516	465	375	310	272	245
−40	487	473	407	285	225	190	167
−60	450	431	321	192	142	115	97

注：基准状态为温度 0K、压强 0kPa。

天然气绝热节流温度降可用式（6-1-2）计算：

$$T_e = \frac{T_s}{1 + \dfrac{RT_s}{c_p T_c}\left[\dfrac{A}{p_c}(p_s - p_e) + C\ln\dfrac{p_s}{p_e}\right]} \tag{6-1-2}$$

式中　p_e，T_e——绝热节流后甲烷的压力（MPa）、温度（K）；

　　　p_s，T_s——绝热节流前甲烷的压力（MPa）、温度（K）；

　　　p_c，T_c——甲烷的临界状态下的压力（MPa）、温度（K）；

　　　　R——甲烷的气体常数，kJ/(kg·K)；

　　　　c_p——甲烷的定压比热容，kJ/(kg·K)；

　　　A，C——甲烷压缩因子，参见表 6-1-5。

表 6-1-5　表达式系数

对比压力 p_r 范围	对比温度 T_r 范围	A_i	C_i
0.2~1.2	1.0~1.2	1.6643	−0.3647
0.2~1.2	1.2[+]~1.4	0.5222	−0.0364
0.2~1.2	1.4[+]~2.0	0.1391	−0.0007
0.2~1.2	2.0[+]~3.0	0.0295	−0.0009
1.2[+]~2.8	1.0~1.2	−1.3570	4.6315
1.2[+]~2.8	1.2[+]~1.4	0.1717	−0.5869
1.2[+]~2.8	1.4[+]~2.0	0.0984	−0.0621
1.2[+]~2.8	2.0[+]~3.0	0.0211	−0.0127
2.8[+]~2.8	1.0~1.2	−0.3278	1.8223
2.8[+]~2.8	1.2[+]~1.4	−0.2521	1.6087
2.8[+]~2.8	1.4[+]~2.0	−0.0284	0.4714
2.8[+]~2.8	2.0[+]~3.0	0.0041	−0.0607

注："+"表示对应数据不在范围内。

（二）液化天然气的基本性质

液化天然气是以甲烷为主要组分的烃类混合物，通常还包含少量的乙烷、丙烷、氮等其他组分，其成分见表6-1-6。气化后天然气的爆炸极限体积浓度为5%～15%。

表6-1-6　液化天然气成分

成　　分	中原油田	新疆广汇	福建 LNG	广东 LNG
$C_1/mol \cdot \%$	95.857	82.3	96.299	91.46
$C_2/mol \cdot \%$	2.936	11.2	2.585	4.74
$C_3/mol \cdot \%$	0.733	4.6	0.489	2.59
$iC_4/mol \cdot \%$	0.201	—	0.100	0.57
$nC_4/mol \cdot \%$	0.105	—	0.118	0.54
$iC_5/mol \cdot \%$	0.037	—	0.003	0.01
$nC_5/mol \cdot \%$	0.031	—	0.003	—
其他碳烃化合物	0.015	1.1	0.003	—
$N_2/mol \cdot \%$	0.085	0.8	0.400	0.09
华白指数/$MJ \cdot m^{-3}$	54.43	56.70	51.06	55.71
低热值/$MJ \cdot m^{-3}$	37.48	42.40	34.94	39.67
相对摩尔质量/$kg \cdot kmol^{-1}$	16.85	19.44	16.69	17.92
气化温度/℃	-162.3	-162.0	-160.2	-160.4
液相密度/$kg \cdot m^{-3}$	460.0	486.3	440.1	456.5
气相密度/$kg \cdot m^{-3}$	0.754	0.872	0.706	0.802

一般情况下，液化天然气中甲烷的含量高于75%，氮的含量低于5%。

液化天然气的密度取决于其组分，通常在430～470kg/m³之间，但是某些情况下可高达520kg/m³。密度还是液体温度的函数，其变化梯度约为$1.35kg/(m^3 \cdot ℃)$。液化天然气的沸腾温度也取决于其组分，在大气压力下通常在-166～-157℃之间。沸腾温度随蒸汽压力的变化梯度约为$1.25 \times 10^{-4}℃/Pa$。

第二节　液化天然气的储存与气化

一、液化天然气储罐及保温材料

（一）保温材料的种类

液化天然气储罐使用的保温材料主要包括真空粉末和纤维。因粉末与纤维中的传热相当复杂，精确计算这类材料的导热系数或传热量相当困难，一般只能用实验方法直接测定，因此通常采用有效导热系数来表征。保温材料的性能可参见表6-2-1和表6-2-2。

表 6-2-1　绝热材料在不同压力下的导热系数

材料名称	密度/kg·m⁻³	粒度/mm（目）	温度/K	有效导热系数(×10⁻³)/W·(m·K)⁻¹					
				1.33×10⁵Pa	1.33×10⁴Pa	1.33×10³Pa	1.33×10²Pa	1.33×10¹Pa	1.33Pa
膨胀珍珠岩	73~77	0.42~0.84(20~40)	310~77	27.9	27.0	22.2	17.1	1.78	1.72
	130	0.177~0.42(40~80)		29.5	26.5	4.11	1.60	1.21	1.02
碳酸镁	210		310~77	33.7	30.2	20.1	4.95	3.39	
气凝胶	290	0.125~0.177(80~120)	310~77	30.0	6.54	1.27	1.16	1.14	1.10
常压气凝胶	120	粉状	310~77	26.7	6.77	2.58	1.71	1.64	1.43
	170			26.7	12.56	1.67	1.53	1.23	1.21
高压气凝胶	104	0.177~0.42(40~80)	310~77	15.11	8.56	3.09	2.33	1.53	1.49
	124			15.35	9.88	3.63	2.09	1.32	1.31
硅胶		<0.84	298~77	61.7	32.55	15.64	5.85	4.92	
		0.177~0.42(40~80)	308~77	59.8	18.99	7.14	4.15	3.58	3.49
		>0.149（100）	298~77	9.23	2.80	2.59	2.56	2.24	2.19
		>0.149（100）	298~77	10.62	2.33	2.11	2.08		1.55
蛭石	290	0.177~0.42(40~80)	310~77	54.5	41.5	4.25	1.59	1.58	1.51
	300	0.125~0.177(80~120)	310~77	53.4	31.6	9.16	1.21	1.26	1.08
脲醛泡沫塑料	25		284~77	21.55	15.25	18.48	11.46	6.68	5.53
	40		285~77	21.50	19.76	18.25	13.66	4.86	4.23
	63		283~77	21.22	19.70	17.09	10.90	8.02	6.27
	23		308~90	37.47	25.70	24.49	15.86	6.93	6.93

表 6-2-2　几种常用的低温绝热材料性能

绝热材料	密度/kg·m⁻³	真空度/Pa	温度区间/K	有效导热系数/W·(m·K)⁻¹
珠光砂（>0.177mm，80目）	140	<0.13	300~76	1.06×10⁻³
珠光砂（0.177~0.59mm，30~80目）	135	<0.13	300~76	1.26×10⁻³
珠光砂（<0.59mm，目）	106	<0.13	300~76	1.83×10⁻³
珠光砂	80~96	<0.13	300~20.5	0.7×10⁻³
	80~96	充氮气	300~20.5	0.1004
	80~96	充氮气	300~20.5	0.032
硅气凝胶	80	<0.13	300~76	2.72×10⁻³
硅气凝胶（掺铝粉15%~45%）	96	<0.13	300~76	0.61×10⁻³
玻璃纤维	118	0.26	422	0.57×10⁻³
玻璃纤维毡	63	1.30	257	1.44×10⁻³
	128	0.13	297	1.00×10⁻³
	128	1.46	297~77	0.71×10⁻³

绝热材料	密度/kg·m^{-3}	真空度/Pa	温度区间/K	有效导热系数/W·(m·K)$^{-1}$
聚苯乙烯泡沫	32	常压	300~76	0.027
	72	常压	283	0.040
泡沫玻璃	128~160	常压	200	0.057
硅藻土	320	<0.13	278~20.5	1.11×10^{-3}
聚氨酯泡沫	26	常压	297	0.021
	96	常压	297	0.038
	80	常压	297	0.035

（二）立式液化天然气储罐

液化天然气储罐数据参见表 6-2-3。其中，立式液化天然气主要用于小型液化天然气场站。几种不同规格的天然气储罐结构图如图 6-2-1~图 6-2-7 所示，其技术特性见表 6-2-4~表 6-2-9。

表 6-2-3 液化天然气储罐数据

公称容积/m^3	全容积/m^3	最大充装系数	外壳直径/mm	内容器直径/mm	总高（总长）/mm	报警高度/mm				形式
						高报	低报	高高报	低低报	
50	52.60	0.95	2500	2000	12725	9890	1200	10455	725	立式
50	52.60	0.95	2500	2000	12680	2110	380	2250	240	卧式
100	105.30	0.95	3500	3000	16983	13690	1660	14440	960	立式
100	111.12	0.90	3500	3000	16985	2530	490	2700	300	卧式
150	157.90	0.95	4000	3500	22185	17990	2130	18923	1200	立式
200	210.60	0.95	4000	3500	24530	20040	2370	21080	1320	立式

表 6-2-4 0.6MPa、50m^3 立式液化天然气储罐技术特性

名　称	内容器	外壳	名　称	内容器	外壳
工作压力/MPa	≤0.60	真空	爆破片爆破压力/MPa	0.68	—
设计压力/MPa	0.66	-0.1	容器类别	三类	
气压试验压力/MPa	0.76	—	物料名称	液化天然气	膨胀珍珠岩
工作温度/℃	-162	环境温度	物料密度/kg·m^{-3}	0.426×10^3	50~60
设计温度/℃	-196	50	质量/kg	空重	22367 ±3%
全容积/m^3	52.6	31（夹层）		充满后总重	43667
主要受压元件材料	06Cr19Ni10	Q345R	充装系数	≤0.95	—
腐蚀裕度/mm	0	1	封堵真空度/Pa	≤3	
焊接接头系数 A 类	1.0	0.85	绝热材料	膨胀珍珠岩	
焊接接头系数 B 类	1.0	0.85	涂敷与运输包装标准	JB/T 4711—2003	
安全阀开启压力/MPa	0.64	—			

部　件	材　料	标准号
内容器	06Cr19Ni10	GB 4237—2007
外　壳	Q345R	GB 6654—1996

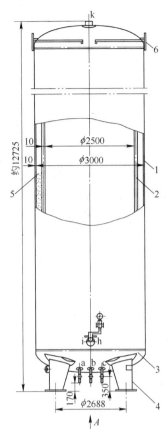
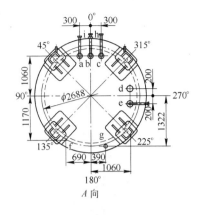

管口表				
符号	公称规格	用途或名称	管子尺寸	伸出长度
a	DN40	出液口	$\phi45\times3.0$	200
b	DN50	底部进液口	$\phi57\times3.5$	200
c	DN50	顶部进液口	$\phi57\times3.5$	200
d	DN15	溢流口	$\phi18\times2.0$	200
e	DN40	放气口	$\phi45\times3.0$	200
f	DN50	抽真空口	—	—
g	1/8″NPT	测真空口	—	—
h	DN10	液面计液相口	$\phi14\times2.0$	—
i	DN10	液面计气相口	$\phi14\times2.0$	—
k	$\phi127$	防爆口	—	—

图 6-2-1 50m³ 立式液化天然气储罐结构图

1—外壳；2—内容器；3—封头；4—支腿；5—珠光砂；6—吊耳

表 6-2-5 0.6MPa、100m³ 立式液化天然气储罐技术特性

名　称	内容器	外壳	名　称	内容器	外壳
工作压力/MPa	≤0.60	真空	爆破片爆破压力/MPa	0.68	—
设计压力/MPa	0.66	−0.1	容器类别	三类	
气压试验压力/MPa	0.8	—	物料名称	液化天然气	膨胀珍珠岩
工作温度/℃	−162	环境温度	物料密度/kg·m⁻³	0.426×10^3	50~60
设计温度/℃	−196	50	质量/kg 空　重	37380	
全容积/m³	105.3	46（夹层）	质量/kg 充满后总重	79980	
主要受压元件材料	06Cr19Ni10	Q345R	充装系数	≤0.95	
腐蚀裕度/mm	0	1.0	绝热材料	膨胀珍珠岩	
焊接接头系数 A 类	1.0	0.85	油漆、包装及运输标准	JB/T 4771—2002	
焊接接头系数 B 类	1.0	0.85	封堵真空度/Pa	≤5	
安全阀开启压力/MPa	0.64	—			

部　件	材　料	标准号
内容器	0Cr18Ni9	GB 4237—2007
外　壳	16MnR	GB 6654—1996

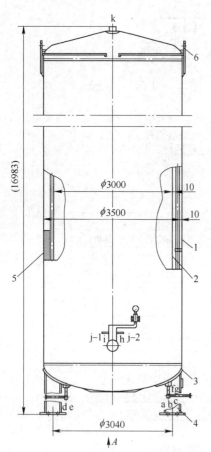

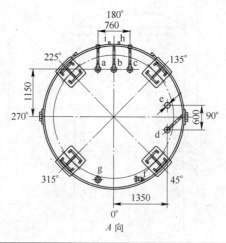

管口表				
符号	公称规格	用途或名称	管子尺寸	伸出长度
a	DN50	出液口	$\phi57\times3.5$	200
b	DN50	底部进液口	$\phi57\times3.5$	200
c	DN50	顶部进液口	$\phi57\times3.5$	200
d	DN40	气相口	$\phi45\times3$	200
e	DN15	溢流口	$\phi18\times2$	200
f	DN50	抽真空口	—	—
g	1/8″NPT	测真空口	—	—
h	DN10	液位计液相口	$\phi14\times2$	—
i	DN10	液位计气相口	$\phi14\times2$	—
k	$\phi127$	防爆口	—	—

图 6-2-2 $100m^3$ 立式液化天然气储罐结构图
1—外壳；2—内容器；3—封头；4—支腿；5—珠光砂；6—吊耳

表 6-2-6 0.6MPa、$150m^3$ 立式液化天然气储罐技术特性

名　称		内容器	外壳	名　称		内容器	外壳
工作压力/MPa		≤0.60	真空	爆破片爆破压力/MPa		0.68	—
设计压力/MPa		0.66	-0.1	容器类别		三类	
气压试验压力/MPa		0.76	—	物料名称		液化天然气	膨胀珍珠岩
工作温度/℃		-162	环境温度	标态下液体密度/kg·m⁻³		0.426×10^3	50~60
设计温度/℃		-196	50	质量/kg	空重	53950±3%	
全容积/m³		157.9	65.3		充满后总重	117850	
主要受压元件材料		06Cr19Ni10	Q345R	充装系数		≤0.95	—
腐蚀裕度/mm		0	1.0	封堵真空度/Pa		≤8	
焊接接头系数	A类	1.0	0.85	绝热材料		膨胀珍珠岩	
	B类	1.0	0.85	涂敷与运输包装标准		JB/T 4711—2003	
安全阀开启压力/MPa		0.64	—				

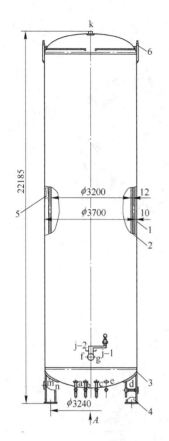

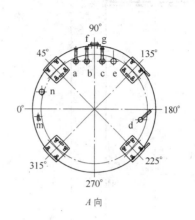

A 向

管口表				
符号	公称规格	用途或名称	管子尺寸	伸出长度
a	DN50	底部进液口	φ57×3.5	200
b	DN50	顶部进液口	φ57×3.5	200
c	DN50	出液口	φ57×3.5	200
d	DN50	气相口	φ57×3.5	200
e	DN15	溢流口	φ18×2	200
f	DN10	液位计气相口	φ14×2	—
g	DN10	液位计气相口	φ14×2	—
k	φ127	防爆口	—	—
m	DN50	抽真空口	—	—
n	1/8″NPT	测真空口	—	—

图 6-2-3　150m³ 立式液化天然气储罐结构图

1—外壳；2—内容器；3—封头；4—支腿；5—珠光砂；6—吊耳

表 6-2-7　0.45MPa、200m³ 立式液化天然气储罐技术特性

名　称		内容器	外壳	名　称		内容器	外壳
工作压力/MPa		0.45	真空	安全阀开启压力/MPa		0.47	—
设计压力/MPa		0.50	-0.1	容器类别		三类	
气压试验压力/MPa		0.58	—	物料名称		液化天然气	膨胀珍珠岩
工作温度/℃		-162.6	环境温度	标态下液体密度/kg·m⁻³		0.426×10³	50~60
设计温度/℃		-196	50	质量/kg	空　重	66800±3%	
全容积/m³		210.6	78.8（夹层）		充满后总重	152000	
主要受压元件材料		0Cr18Ni9	16MnR	充装系数		≤0.95	—
腐蚀裕度/mm		0	1.0	封堵真空度/Pa		≤8	
焊接接头系数	A 类	1.0	0.85	绝热材料		膨胀珍珠岩	
	B 类	1.0	0.85	涂敷与运输包装标准		JB/T 4711—2003	
部件		材料			标准号		
内容器		06Cr19Ni10			GB 4237—2007		
外壳		Q345R			GB 6654—1996		

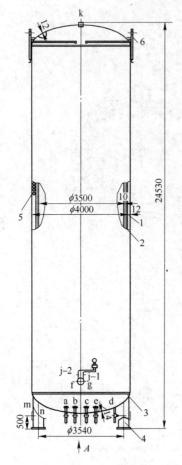
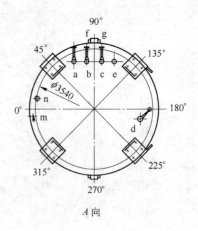

A 向

管口表			
符号	公称规格	用途或名称	管子尺寸
a	DN65	底部进液口	$\phi 76 \times 4.0$
b	DN65	顶部进液口	$\phi 76 \times 4.0$
c	DN65	出液口	$\phi 76 \times 4.0$
d	DN50	气相口	$\phi 57 \times 3.5$
e	DN15	溢流口	$\phi 18 \times 2$
f	DN10	液位计气相口	$\phi 14 \times 2$
g	DN10	液位计液相口	$\phi 14 \times 2$
k	$\phi 127$	防爆口	—
m	DN50	抽真空口	—
n	1/8″NPT	测真空口	—

图 6-2-4 200m³ 立式液化天然气储罐结构图
1—外壳；2—内容器；3—封头；4—支腿；5—珠光砂；6—吊耳

表 6-2-8 0.6MPa、50m³ 卧式液化天然气储罐技术特性

名　称		内容器	外壳	名　称		内容器	外壳
工作压力/MPa		0.6	真空	爆破片爆破压力/MPa		0.75	—
设计压力/MPa		0.66	−0.1	容器类别		三类	
计算压力/MPa		0.76	−0.1	物料名称		液化天然气	膨胀珍珠岩
气压试验压力/MPa		0.76	—	物料密度/kg·m⁻³		460	50~60
工作温度/℃		−162	环境温度	质量/kg	空　重	21622	
设计温度/℃		−196	50		充满后总重	44622	
全容积/m³		52.6	34.2(夹层)	主要受压元件材料		06Cr19Ni10	
腐蚀裕度/mm		0	1	充装系数		0.95	
焊接接头系数	A 类	1.0	0.85	绝热材料		膨胀珍珠岩	
	B 类	1.0	0.85	油漆标准		JB 2536—1980	
安全阀开启压力/MPa		0.65	—				

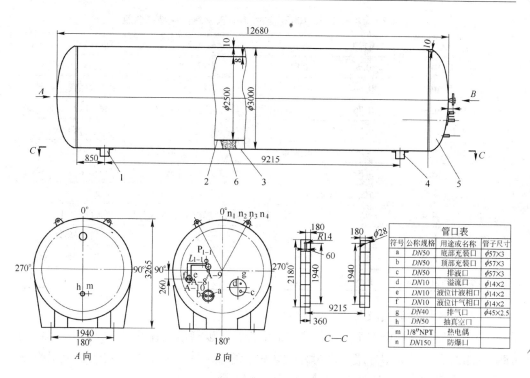

图 6-2-5　50m³ 卧式液化天然气储罐结构图

1—活动鞍座；2—内容器；3—外壳；4—固定鞍座；5—封头；6—绝热材料

管口表（图 6-2-5）

符号	公称规格	用途或名称	管子尺寸
a	DN50	底部充装口	φ57×3
b	DN50	顶部充装口	φ57×3
c	DN50	排液口	φ57×3
d	DN10	溢流口	φ14×2
e	DN10	液位计液相口	φ14×2
f	DN10	液位计气相口	φ14×2
g	DN40	排气口	φ45×2.5
h	DN50	抽真空口	
m	1/8″NPT	热电偶	
n	DN150	防爆口	

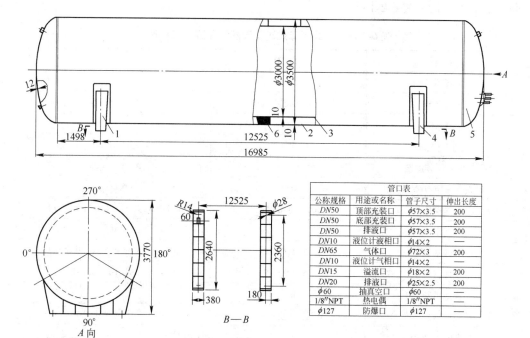

管口表（图 6-2-6）

公称规格	用途或名称	管子尺寸	伸出长度
DN50	顶部充装口	φ57×3.5	200
DN50	底部充装口	φ57×3.5	200
DN50	排液口	φ57×3.5	200
DN10	液位计液相口	φ14×2	—
DN65	气体口	φ72×3	200
DN10	液位计气相口	φ14×2	—
DN15	溢流口	φ18×2	200
DN20	排液口	φ25×2.5	200
φ60	抽真空口	φ60	—
1/8″NPT	热电偶	1/8″NPT	—
φ127	防爆口	φ127	—

图 6-2-6　100m³ 卧式液化天然气储罐结构图

1—活动鞍座；2—内容器；3—外壳；4—固定鞍座；5—封头；6—珠光砂

表 6-2-9　0.6MPa、100m³ 卧式液化天然气储罐技术特性

名　称	内容器	外壳	名　称		内容器	外壳
工作压力/MPa	0.6	真空	容器类别		三类	—
设计压力/MPa	0.66	−0.1	物料名称		液化天然气	珍珠岩
计算压力/MPa	0.76	−0.1	物料密度/kg·m⁻³		0.447×10³	50~60
气压试验压力/MPa	0.76	—	质量/kg	空　重	38350	
工作温度/℃	−162	环境温度		充满后总重	83050	
设计温度/℃	−196	50	主要受压元件材料		06Cr19Ni10	Q345R
全容积/m³	112.12	47（夹层）	充装系数		0.9	
腐蚀裕度/mm	0	0	爆破片爆破压力/MPa		0.68	
焊接接头系数	A 类　1.0	0.85	绝热材料		膨胀珍珠岩	
	B 类　1.0	0.85	油漆标准		JB 2536—1980	
安全阀开启压力/MPa	0.63					

（三）立式子母式液化天然气储罐

子母式储罐是指由多个子罐并联组成的内罐，以满足大容量储液的要求，多只子罐并列组装在一个大型外罐（即母罐）之中。绝热方式为粉末（珠光砂）堆积绝热。子罐的数量通常为 3~7 只，一般最多不超过 12 个。

几种不同规格的子母式液化天然气储罐结构图如图 6-2-7~图 6-2-9 所示，其技术特性见表 6-2-10~表 6-2-13。

表 6-2-10　立式子母式液化天然气储罐技术特性

名　称	内　罐	外　罐
压力容器类别	三　类	
充装介质	液化天然气	氮气、珠光砂
有效容积/m³	620	
几何容积/m³	689	夹层 1550
最高（低）工作温度/℃	55（−162）	55（−162）
最大工作压力/MPa	0.2	0.003
射线探伤	100% Ⅱ级合格	100% Ⅱ级合格（不锈钢部分）
腐蚀裕度/mm	0	0
焊缝系数	1.0	罐底及底圈壁板 1.0；其余 0.9
主体材质	06Cr19Ni10	06Cr19Ni10 + Q345R
场地类别	Ⅱ类	Ⅱ类
抗震设防烈度	7 度（近震）	7 度（近震）
基本风压/MPa	4×10⁻⁴	
气压试验/MPa	0.621	
气密性试验/MPa	3.75	

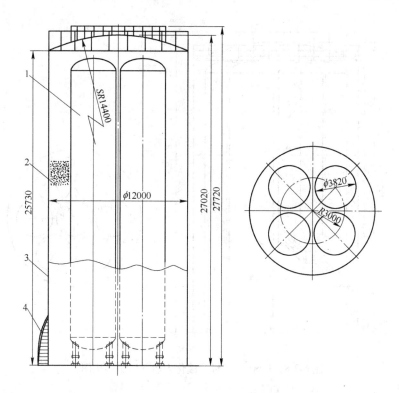

图 6-2-7　1000m³ 液化子母式天然气储罐结构图
1—内罐；2—珠光砂；3—外壳；4—盘梯

表 6-2-11　1000m³ 子母式液化天然气储罐技术特性

制造所遵循的规范及检验数据			设计参数	内罐	外壳
《钢制压力容器》（GB 150—2011）			容器类别	三	常压
《压力容器安全技术监察规程》			设计压力/MPa	0.63	1.2kPa
《钢制焊接常压容器》（JB/T 4735—1997）			计算压力/MPa	0.6	1.0kPa
《粉末普通绝热贮槽》（JB/T 9077—1999）			设计温度/℃	−196	−19
《承压设备无损检测》（JB/T 4730—2005）			工作温度/℃	−162	≥ −19
《低温液体贮运设备使用安全规则》（JB 6898—1997）			物料名称	液化天然气	珠光砂 + N₂（夹层）
《低温液体贮运设备性能试验方法》（JB/T 3356.1）			腐蚀裕度/mm	0	1
设计参数	内罐	外壳	焊缝系数	1	0.8
气压试验压力/MPa	0.725		焊缝探伤要求（JB 4730—2005）	100% RT$_{\mathbb{II}}$	10% RT$_{\mathbb{III}}$
气密性试验压力	0.63MPa	1.5kPa	主要受压元件材料	06Cr19Ni10	Q345R
罐底焊缝致密性(真空度)/kPa		27	全容积/m³	263.2 ×7	1980（夹层）
设计风速/m·s⁻¹		29	充装系数	0.95	
安全阀启跳压力/MPa	0.63		设备净重/t	约 358	
地震烈度	7		充满液后总质量/t	约 828（密度按 0.47t/m³）	

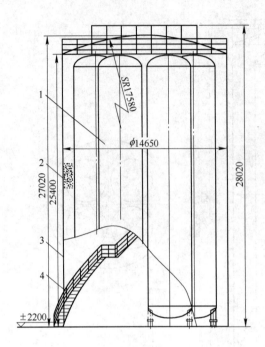
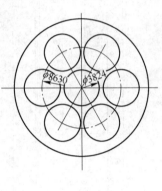

图 6-2-8 1750m³ 子母式液化天然气储罐结构图

1—内罐；2—珠光砂；3—外壳；4—盘梯

表 6-2-12 1750m³ 子母式液化天然气储罐技术特性

制造所遵循的规范及检验数据			设计参数	内罐	外壳
《钢制压力容器》（GB 150—2011）			容器类别	三	常压
《压力容器安全技术监察规程》			设计压力/MPa	0.66	1.2kPa
《钢制焊接常压容器》（JB/T 4735—1997）			计算压力/MPa	0.6	1.0kPa
《粉末普通绝热贮槽》（JB/T 9077—1999）			设计温度/℃	−196	−19
《承压设备无损检测》（JB/T 4730—2005）			工作温度/℃	−162	≥ −19
《低温液体贮运设备使用安全规则》（JB 6898—1997）			物料名称	液化天然气	珠光砂 + N₂（夹层）
《低温液体贮运设备性能试验方法》（JB/T 3356.1—1999）			腐蚀裕度/mm	0	1
设计参数	内罐	外壳	焊缝系数	1	0.8
气压试验压力/MPa	0.76		焊缝探伤要求（JB 4730—2005）	100% RT_Ⅱ	10% RT_Ⅲ
气密性试验压力	0.66MPa	1.5kPa	主要受压元件材料	06Cr19Ni10	Q345R
罐底焊缝致密性(真空度)/kPa		27	全容积/m³	263.2 ×7	2515（夹层）
设计风速/m·s⁻¹		33	充装系数	0.95	
安全阀启跳压力/MPa	0.63		设备净重/t	约543	
地震烈度	7		充满液后总质量/t	约1366（密度按0.47t/m³）	

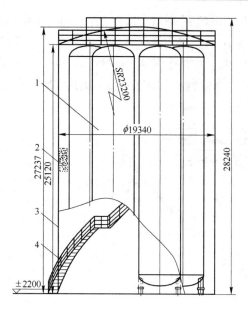
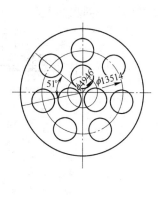

图 6-2-9 2000m³ 子母式液化天然气储罐结构图

1—内罐；2—珠光砂；3—外壳；4—盘梯

表 6-2-13 2000m³ 子母式液化天然气储罐技术特性

制造所遵循的规范及检验数据			设计参数	内罐	外壳
《钢制压力容器》(GB 150—2011)			容器类别	三	常压
《压力容器安全技术监察规程》			设计压力/MPa	0.66	1.2kPa
《钢制焊接常压容器》(JB/T 4735—1997)			计算压力/MPa	0.6	1.0kPa
《粉末普通绝热贮槽》(JB/T 9077—1999)			设计温度/℃	-196	-19
《承压设备无损检测》(JB/T 4730—2005)			工作温度/℃	-162	≥ -19
《低温液体贮运设备使用安全规则》(JB 6898—1997)			物料名称	液化天然气	珠光砂 + N₂ (夹层)
《低温液体贮运设备性能试验方法》(JB/T 3356.1—1999)			腐蚀裕度/mm	0	1
设计参数	内罐	外壳	焊缝系数	1	0.85
气压试验压力/MPa	0.76		焊缝探伤要求 (JB 4730—2005)	100% RT_Ⅱ	10% RT_Ⅲ
气密性试验压力	0.66MPa	1.5kPa	主要受压元件材料	06Cr19Ni10	Q345R
罐底焊缝致密性(真空度)/kPa		27	全容积/m³	263.2 ×7	5040 (夹层)
设计风速/m·s⁻¹		33	充装系数	0.95	
安全阀启跳压力/MPa		0.63	设备净重/t	约917	
地震烈度	7		充满液后总质量/t	约2132(密度按0.486t/m³)	

(四) 大中型液化天然气常压储罐

大中型液化天然气常压储罐通常是指立式平底拱盖双金属圆筒结构的内外罐。内罐采用常压来存储液化天然气，材质为奥氏体耐低温不锈钢；外罐则为常压容器，材质为优质低合金钢；顶盖采用径向带肋拱顶结构。整个设备坐落在水泥支撑平台上，平台底部应通风、隔潮。设备四周及顶部夹层空间填充隔热性能良好的珠光砂绝热，同时加以填充干燥氮气保护。设备底部绝热层采用高强度、绝热性能优良的泡沫玻璃砖进行隔热，同时铺设高强度、耐低温的负荷分配板，将整个内筒的重量均匀分配到基础平台上。

几种不同规格的液化天然气常压储罐结构图如图 6-2-10 和图 6-2-11 所示，其技术特性见表 6-2-14 和表 6-2-15。

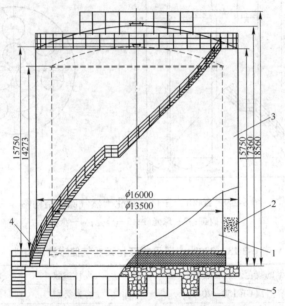

图 6-2-10　2000m³ 液化天然气常压储罐结构图

1—内罐；2—珠光砂；3—外壳；4—盘梯；5—支撑

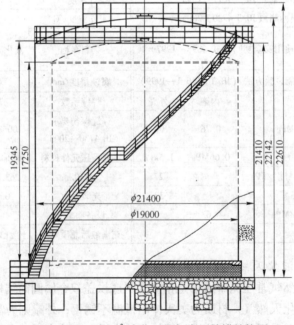

图 6-2-11　4500m³ 液化天然气常压储罐结构图

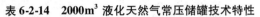

表 6-2-14　2000m³ 液化天然气常压储罐技术特性

制造所遵循的规范及检验数据		设计参数	内槽	外槽
《钢制焊接常压容器》（JB/T 4735—1997）		设计压力/MPa	15	1.0
《粉末普通绝热贮槽》（JB/T 9077—1999）		工作压力/MPa	≤10	0.5
《承压设备无损检测》（JB/T 4730—2005）		设计温度/℃	−196～50	50
《低温液体贮运设备使用安全规则》（JB 6898—1997）				
《低温液体贮运设备性能试验方法》（JB/T 3356.1—1999）		工作温度/℃	>−196	环境温度
参照《大型焊接低压贮槽设计及建造》（API 620—2009）		物料名称	液化天然气	
内槽强度试验	13980mmH₂O+18kPa 持压 1h 无渗透、无异常变形	腐蚀裕度/mm	0	1
内槽气密性试验	13980mmH₂O+15kPa 持压 24h 无渗透、无异常变形	焊接接头系数	0.9	0.85
内罐底焊缝致密性（真空度）/kPa	27	焊缝检测技术	100% RT$_{II}$	100% PT$_{I}$
设计液体/mm	13980	主要受压元件材料	06Cr19Ni10	Q345R
设计风速/m·s⁻¹	33	全容积/m³	2150	1220（夹层）
设计雪压/Pa	450	有效容积/m³	2000	
地震烈度	8	绝热层厚度/mm	1250	
内槽呼吸阀呼气压力/kPa	12	设备净重/t	350	

注：1mmH₂O=9.8Pa。

表 6-2-15　4500m³ 液化天然气常压储罐技术特性

制造所遵循的规范及检验数据		设计参数	内　槽	外　槽
《钢制焊接常压容器》（JB/T 4735—1997）		设计压力（内/外）/kPa	20/−0.8	1.0/−0.5
《粉末普通绝热贮槽》（JB/T 9077—1999）		工作压力/MPa	≤15	0.5
《承压设备无损检测》（JB/T 4730—2005）		设计温度/℃	−196	50
《低温液体贮运设备使用安全规则》（JB 6898—1997）				
《低温液体贮运设备性能试验方法》（JB/T 3356.1—1999）		工作温度/℃	>−162	环境温度
参照《大型焊接低压贮槽设计及建造》（API 620—2009）		物料名称	液化天然气	珠光砂+氮气
内槽强度试验	15870mmH₂O+25kPa 持压 1h 无渗透、无异常变形	腐蚀裕度/mm	0	1.5
内槽气密性试验	15870mmH₂O+20kPa 持压 24h 无渗透、无异常变形	焊接接头系数	0.9	0.85
内罐底焊缝致密性（真空度）/kPa	50	焊缝检测要术（JB/T 4730—2005）	100% RT$_{II}$	100% PT$_{I}$

续表 6-2-15

制造所遵循的规范及检验数据		设计参数	内 槽	外 槽
设计液体/mm	15870	主要受压元件材料	SA-240 304	Q345R；SA-240 304
设计风速/m·s⁻¹	30	全容积/m³	4890（不含顶盖）	2005（夹层）
地震烈度	6	有效容积/m³	4500	
内槽呼吸阀呼气压力/kPa	18	绝热层厚度/mm	1192	
		设备净重/t	约 600	

注：1mmH₂O = 9.8Pa。

二、液化天然气气化

液化天然气气化设备主要分为空温气化器、水浴气化器和电加热器三类。液化天然气气化设备主要作为一级气化设备，作为液化天然气的主要气化设备使用，其特点是加热能力大、升温慢、热输出功率易受周围环境影响。水浴气化器的主要目的是将冷冻状态下的气态天然气升温至 15℃ 左右，其特点是加热能力一般、需要有稳定的热媒、热功率输出稳定。电加热器用于加热经储罐排液、管道排液和其他设备排液的液态天然气，其特点是加热能力小、升温快、热功率输出稳定。液化天然气经气化后调压，压力降至 0.4MPa 左右供给用户使用。

液化天然气气化流程参考图 6-2-12。随着储罐液化天然气的流出，罐内压力不断降低，液化天然气出罐速度逐渐变慢甚至停止。因此，正常供气操作中必须不断向出罐补充气体，将罐内压力维持在一定范围内，才能使液化天然气气化过程持续。出罐的增压是利用自动增压调节阀和自增压空温式气化器实现。当储罐内压力低于自动增压阀设定开启值时，自动增压阀打开，储罐内液化天然气依靠液位差流入自增压空温式气化器，在自增压空温式气化器中液化天然气经与空气换热气化成气态天然气，然后气态天然气流入储罐内，将储罐内压力升至所需的工作压力，利用该压力将储罐内液化天然气送至空温式气化器气化，然后对气化后的天然气进行调压。在夏季，空温式气化器的天然气出口温度一般可以达到 15℃，可以直接送入管网使用；但是，在

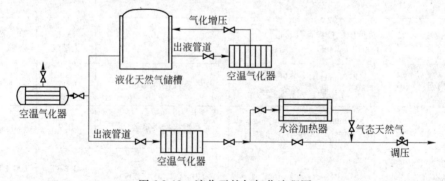

图 6-2-12　液化天然气气化流程图

冬季或雨季，此温度会降低，甚至远低于0℃。为防止因低温，天然气密度过大，通常使用水浴式加热器或电加热器提升天然气温度。可以在储罐排液出口处增加低温液体泵，增强排液强度。

气化器种类及样式可参考附录E。

气化过程中需要检测的项目参见表6-2-16。

表6-2-16　气化站工艺检测和控制项目

名　称		检测控制要求														
		就　地					集　中					报　警				连锁
		指示	记录	调节	累计	控制	指示	记录	调节	累计	遥控	上上限	上限	下限	下下限	
储罐区	液体	√					√					√	√	√	√	√
	压力	√					√						√	√	√	√
	低温检测						√							√		
	紧急切断阀					√					√					√
储罐增压器	升温调节阀前压力	√														
	升温调节阀后压力	√														
卸车区	气相压力	√														
	液相压力	√														
气化区	NG温度	√					√							√		√
	NG压力	√					√									
	低温检测						√							√		√
	紧急切断阀					√					√					√
烃泵区	泵前压力	√					√									
	泵后压力	√					√									
灌装区	气相压力	√					√									
	液相压力	√			√		√									
出站计量										√						
可燃气体														√		
ESD						√					√					

三、液化天然气场站布置

（一）相关标注与规范

液化天然气站场主要包括气化设备、存储设备及液化天然气的输送通道等。液化天然气气化站的布置需遵循《城镇燃气设计规范》，参见表6-2-17和表6-2-18。

表6-2-17 液化天然气气化站的液化天然气储罐、天然气放散总管与
站外建、构筑物的防火间距 （m）

建、构筑物名称		储罐总容积/m³							放散总管
		≤10	10~30	30~500	50~200	200~500	500~1000	1000~2000	
居住区、村镇和影剧院、体育馆、学校等重要公共建筑（最外侧建、构筑物外墙）		30	35	45	50	70	90	110	
工业企业（最外侧建、构筑物外墙）		22	25	27	30	35	40	50	20
明火、散发火花地点和室外变、配电站		30	35	45	50	55	60	70	30
民用建筑，甲、乙类液体储罐，甲、乙类生产厂房，甲乙类物品仓库，稻草等易燃材料堆场		27	32	40	45	50	55	65	25
丙类液体储罐，可燃气体储罐，丙、丁类生产厂房，丙、丁类物品仓库		25	27	32	35	40	45	55	20
铁路（中心线）	国家线	40	50	60	70		80		40
	企业专用线		25		30		35		30
公路、道路（路边）	高速，Ⅰ级、Ⅱ级，城市快速		20			25			15
	其他		15			20			10
架空电力线（中心线）			1.5倍杆高					1.5倍杆高，但35V以上架空电力线不应小于40m	2.0倍杆高
架空通信线（中心线）	Ⅰ级、Ⅱ级	1.5倍杆高		30			40		1.5倍杆高
	其他				1.5倍杆高				

表6-2-18 液化天然气气化站的液化天然气储罐、天然气放散
总管与站内建、构筑物的防火间距 （m）

建、构筑物名称	储罐总容积/m³							放散总管
	≤10	10~30	30~500	50~200	200~500	500~1000	1000~2000	
明火、散发火花地点	30	35	45	50	55	60	70	30
办公、生活建筑	18	20	25	30	35	40	50	25
变配电室、仪表间、值班室、汽车槽车库、汽车衡及其计量室、空压机室汽车槽车装卸台柱（装卸口）、钢瓶灌装台		15		18	20	22	25	30	25
汽车库、机修间、燃气热水炉间		25			30		35	40	25
天然气（气态）储罐	20	24	26	28	30	31	32	20

续表 6-2-18

建、构筑物名称		储罐总容积/m³							放散总管
		≤10	10～30	30～500	50～200	200～500	500～1000	1000～2000	
液化石油气全压力式储罐		24	28	32	34	36	38	40	25
消防泵房、消防水池取水口		30			40			50	20
站内道路（路边）	主要	10			15				2
	次要	5			10				
围墙		15			20			25	2
集中放散装置的天然气放散总管		25							—

（二）储罐区布置

（1）储罐宜选择立式储罐以减少占地面积；当地质条件不良或当地规划部门有特殊要求时应选择卧式储罐。

（2）储罐组四周必须设置周边密封的不燃烧实体防护墙。防护墙的设计应保证在接触液化天然气时不应被破坏，高度一般为 1m。防护墙内的有效容积指的是防护墙内的容积减去积雪、墙内储罐和设备容积等占有的容积加上一部分余量。其有效容积应符合下列规定：

1）对因低温或因防护墙内一储罐泄漏着火而可能引起防火墙内其他储罐泄漏，当储罐采取了防止措施时，有效容积不应小于防护墙内最大储罐的容积；当储罐未采取防止措施时，有效容积不应小于防护墙内储罐的总容积。

2）防护墙内禁止设置液化天然气钢瓶罐装口。

（3）储罐之间的净距不应小于相邻储罐直径之和的 1/4，且不应小于 1.5m。当储罐组的储罐不多于 6 台时，宜根据站场面积成单排排列；超过 6 台时，储罐宜分排布置，但是储罐组内的储罐不应超过两排。地上卧式储罐之间的净距不应小于相邻较大罐的直径，且不宜小于 3m。防护墙内不应设置其他可燃液体储罐。

（4）防护墙内储罐超过 2 台时，至少应设置 2 个过梯，且应分开布置。过梯应设置为斜梯，角度不宜大于 45°。过梯可以采用钢结构，可采用砌砖或混凝土结构，宽度一般为 0.7m，并应设置扶手和护栏。

（5）储罐增压器宜选用空温式，空温式增压器宜布置在罐区内，且应尽量使入口管线最短。

（6）为确保安全和便于排水，储罐区防护墙内宜铺砌不发火花的混凝土地面。

（7）液化天然气低温泵宜露天放置在罐区内，应使泵吸入管段长度最短，管道附件最少，以增加泵前有效汽蚀余量。

（8）储罐区内宜设置集液池和导流槽。集液池四周应设置必要的护栏，在储罐区防护墙外应设置固定式抽水泵，以便于及时抽取雨水。如果采用自流排水，应采用有效措施防止液化天然气通过排水系统外流。集液池最小容积应等于任一事故泄漏源在 10min 内可能排放到池内的最大液体体积。

四、液化天然气气化场站

某液化天然气罐区布置如图 6-2-13 所示；主要设备包括液体储罐 8 台、两台空温式气化器、两台低温液体泵（一用一备）、两台增压器；主要构筑物有实体防火墙、导油槽和集液池等设施。

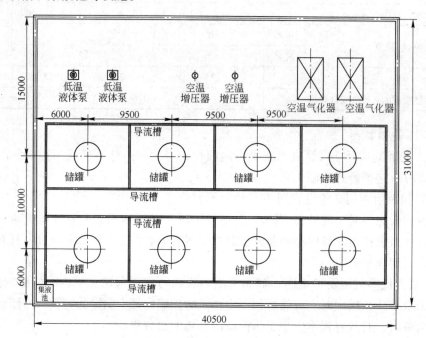

图 6-2-13　某液化天然气罐区布置图

第三节　天然气的调节与排送

一、低压天然气的压缩

（一）钢铁企业用天然气

钢铁企业的天然气供应，应保证一定的可靠性和必要的使用年限，一般应由几个气井联合供气；为了防止管道内产生水化物的堵塞，以及在寒冷地区冷凝水的冻结，输气前应在井场进行天然气的深度脱水，输气条件下天然气的露点，应比管道埋设深度的地温低 5℃；为了减少管道和设备的腐蚀，延长使用寿命，输气前应在井场进行脱硫处理，天然气中硫化氢的含量不应大于 20mg/m³；含有凝析油的天然气，输气前应在井场进行油气分离处理；要求供气压力稳定，进厂天然气压力一般不应低于 0.4MPa；要求供气单位提供天然气的化学成分、发热量以及接点天然气压力等必要的设计基础资料。

（二）天然气压缩基本工艺流程

低压天然气一般指 20kPa 以下的天然气，此类天然气一般需要进行高压压缩后才能进入燃气管网输送。此类加压由于气体体积变化较大，中间生成热量较大，因此需要中间冷却，中间冷却方法一般采用水冷方式。低压天然气经压缩后，压力可达到0.1~0.6MPa，可以满足一般工业用户需求。主要设备采用多级压缩机，在每一级压缩过程中都配套相关的缓冲设备和冷却设备。低压天然气压缩工艺流程如图6-3-1所示。

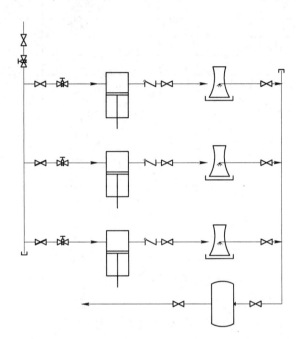

图 6-3-1　低压天然气压缩工艺流程

二、天然气的排送

（一）管线设计基本方法

天然气管道应避免穿过城镇、居民区和工矿企业；管道力求短直，并应避开树林、竹林、水塘、陡坡以及滑坡地带；管道不应妨碍城市建设和地区发展规划；主要穿越点（如铁路和较大河流）应取得有关部门的同意并签订协议，以保证整个线路方案的稳定；选线时应考虑施工电源、运输条件和管道维护检修的方便；企业的总调压站（或总计量站）至干线的区域配气站之间的通讯线路，应尽量利用协作条件。

管线布置还应遵循表6-3-1中的相关内容。

表 6-3-1　天然气管道与建、构筑物及管道之间最小水平净距　　　　（m）

建、构筑物或管道名称	管道计算压力			
	≤0.05MPa	>0.05~3MPa	>3~6MPa	>6~12MPa
房屋（至基础边缘）	2	4	7	10
铁路（至中心线）	3.8	4.8	7.8	10.8

建、构筑物或管道名称	管道计算压力			
	≤0.05MPa	>0.05～3MPa	>3～6MPa	>6～12MPa
上水管道（至管壁）	1	1	1.5	2
下水管道或排水沟（至沟外壁）	1	1.5	2	5
热力网（至沟外壁）	2	2	2	4
35kV 以下的电力电缆	1	1	1	2
煤气热力管道支架（至基础边缘）	1	3	3	3
铠装电讯电缆	1	1	1	1
装在套管内的电讯电缆架空输电线（至电杆基础边缘）	1	1.5	2	3
≤1kV	1	1	1	1
>1～35kV	5	5	5	5
>35kV	10	10	10	10
树干	1.5	1.5	1.5	1.5

注：位于城市远郊区、农村、山区的厂外管道或计算压力超过 1.2MPa 时，应按输气干线标准设计。

（二）天然气管道水力学计算

（1）天然气管径计算：

$$Q_0 = 1.507 d^{8/3} \sqrt{\frac{p_1^2 - p_2^2}{\rho KTL}}$$

$$d = 0.33 Q_0^{0.375} \left(\frac{\rho KTL}{p_1^2 - p_2^2} \right)^{0.1875} \tag{6-3-1}$$

式中　Q_0——天然气流量，m^3/h；

d——天然气管道内径，mm；

ρ——天然气实际密度，kg/m^3；

K——天然气压缩系数；

T——天然气温度，K；

L——管道长度，m；

p_1——天然气始点压力，MPa；

p_2——天然气终点压力，MPa。

天然气的压缩系数 K 的计算方法参考式（6-3-2），脱去凝析油的石油伴生气的压缩系数计算参考式（6-3-3）。

$$K = \frac{100}{100 + 0.12 p_p^{1.15}} \tag{6-3-2}$$

$$K = \frac{100}{100 + 0.12 p_p^{1.25}} \tag{6-3-3}$$

式中　p_p——天然气平均压力，MPa，参考式（6-3-4）：

$$p_p = \frac{2}{3} \left(p_1 + \frac{p_2^2}{p_1 + p_2} \right) \tag{6-3-4}$$

（2）管道压力计算。管道终点的压力与沿途任一点的压力计算参考式（6-3-5）和式（6-3-6）。

$$p_2 = \sqrt{p_1^2 - \frac{2.731 \times 10^{-3} Q_0^2 \rho KTL}{d^{16/3}}} \tag{6-3-5}$$

$$p_x = \sqrt{p_1^2 - (p_1^2 - p_0^2)\frac{S_1}{L}} \tag{6-3-6}$$

式中　S_1——计算点与管道开始点的距离，km。

三、天然气压缩站设计实例

某天然气压缩站需处理天然气 $60\text{m}^3/\text{min}$，天然气进气压力为 3kPa，排气压力为 0.2MPa，选用主要设备参见表 6-3-2。

表 6-3-2　某天然气压缩站主要设备选型

设备名称	设 备 性 能	设备数量	备 注
压缩机	处理气量 $33\text{m}^3/\text{min}$；进气压力为 3kPa，出气压力为 0.2MPa；电机功率 90kW，380V/50Hz	3	两用一备
水冷塔	用水量 3.2t/h	3	
储气罐	设计压力 0.6MPa；有效容积 5m^3	3	

压缩站设计工艺流程如图 6-3-2 所示，平面布置图和立面布置图分别如图 6-3-3 和图 6-3-4 所示。

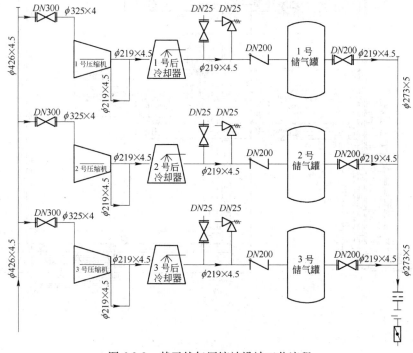

图 6-3-2　某天然气压缩站设计工艺流程

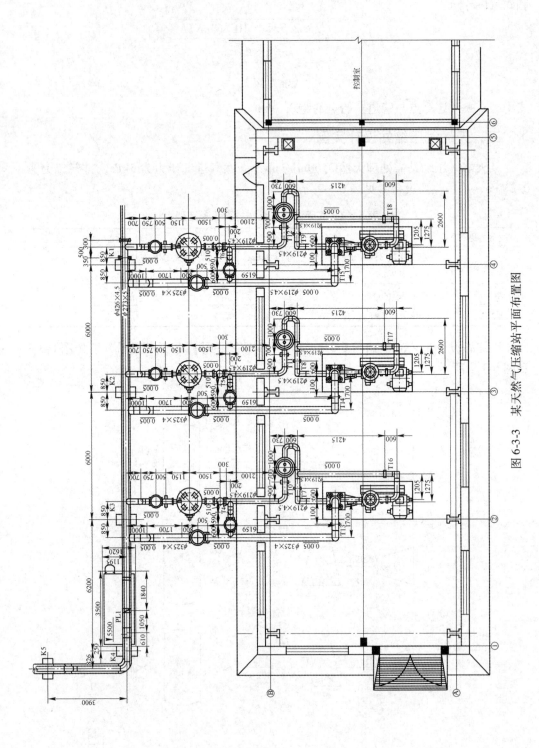

图 6-3-3　某天然气压缩站平面布置图

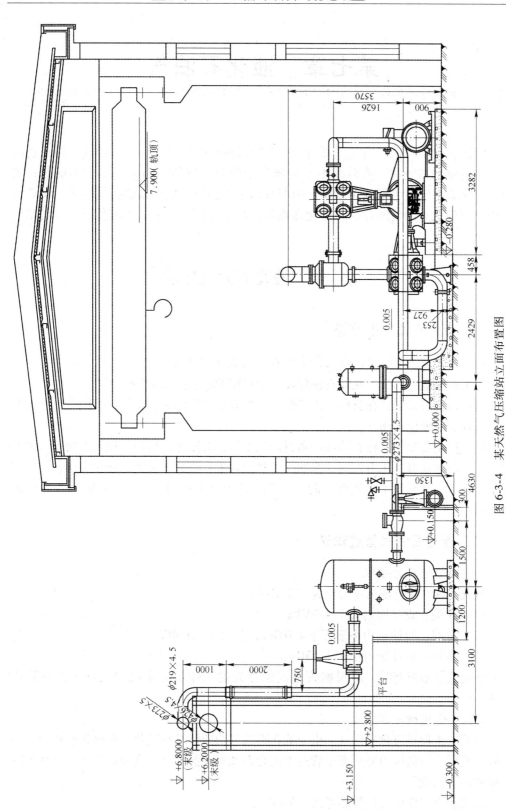

图 6-3-4　某天然气压缩站立面布置图

第七章　液化石油气

钢铁企业用液化石油气主要用于一些特殊用途的切割，液化石油气在切割过程中产生很强的热效应，同时基本不生成多余的有害气体，属于较清洁的能源；同时，液化石油气还可以为钢铁企业内部及周边生活服务配套设施提供燃料。本章将集中介绍液化石油气的存储、气化和输送，简要介绍钢铁企业内液化石油气场站的布置。

第一节　液化石油气性质

一、液化石油气的来源

油田液化石油气：是由油气伴生出来的天然气中含有丙烷和 C_4 以上烃类，采用分离、吸收分馏等方法，从该石油伴生气中取得5%左右的液化石油气。

气田液化石油气：在凝析气田天然气中含有较多的丙烷、丁烷，采用分离法提取的数量较少的液化石油气。

炼厂液化石油气：在石油炼厂和石油化工厂，对原油进行加工过程中获得石油产品外，同时还获得液化石油气，炼油厂中蒸馏装置、热裂解装置、催化裂化装置、催化重整装置等装置均不同程度地附产得到一部分液化石油气，平均占原油加工量的4%左右。

二、液化石油气管道输送

（一）管道压力分级

液化石油气管道根据压力分为三个等级：

（1）Ⅰ级：设计压力大于4.0MPa。

（2）Ⅱ级：设计压力小于等于4.0MPa，且大于1.6MPa。

（3）Ⅲ级：设计压力小于1.6MPa。

在确定管道级别时，应根据管道起始点处的工作压力来确定设计压力和管道级别。

（二）管道输送工艺

使用管道输送液化石油气，由于液化石油气为液体且易气化，在输送过程中，要求管道任意一点的压力必须高于管道中液化石油所处温度下的饱和蒸气压，否则容易形成管道"气塞"。

管道起点工作压力计算参考式（7-1-1）：

$$p_q = H\rho g \times 10^{-6} + p_s \tag{7-1-1}$$

式中　p_q——管道起始段工作压力，MPa；

　　　H——所需泵的扬程，m；

　　　ρ——平均输送温度下的液态液化石油器密度，kg/m³；

　　　p_s——起始点储罐最高工作温度下液化石油气的饱和蒸气压，MPa。

液化石油气管道摩擦阻力损失计算可参考式（7-1-2）和式（7-1-3）：

$$\Delta p = \lambda \frac{Lv^2\rho}{2d} \times 10^{-3} \tag{7-1-2}$$

$$\lambda = 0.11\left(\frac{\Delta}{d} + \frac{68}{Re}\right)^{0.25} \times 10^{-3} \tag{7-1-3}$$

式中　Δp——管道摩擦阻力损失，MPa；

　　　λ——管道的摩擦阻力系数，可取为 0.022 ~ 0.025；

　　　L——管道计算长度，m；

　　　v——液化石油气在管道中的平均流速，m/s；

　　　ρ——平均输送温度下的液态液化石油气密度，kg/m³；

　　　d——管道内径，mm；

　　　Re——雷诺数；

　　　Δ——管道内表面当量绝对粗糙度，可取为 0.0001 ~ 0.0005m。

管道内径计算参考式（7-1-4）：

$$d = \sqrt{\frac{4Q}{3600\pi\rho v}} \tag{7-1-4}$$

式中　Q——液化石油气流量，kg/h。

（三）管道经济流速

液化石油气管道内平均流速一般在 0.9 ~ 1.7m/s 的经济流速范围内，为防止静电产生，最大允许的流速不能超过 3m/s。

在确定液化石油气输送管道管径的过程中，首先需要确定管道的经济流速，根据国外相关资料，可参考式（7-1-5）来计算。

$$v_{op} = \left[\left(\frac{p_d\sqrt{Q}}{[\sigma]} + 53.2\beta\sqrt{v_{op}}\right) \times \frac{\eta\rho_m\varepsilon_t \times CRF_t}{34.5\lambda\rho\left(\varepsilon_p c_N \times CRF_p + \frac{\tau}{1.5}\right)}\right]^{0.2857} \tag{7-1-5}$$

式中　v_{op}——液化石油气输送管道经济流速，m/s；

　　　p_d——液化石油气输送管道设计压力，MPa；

　　　Q——管道内流量，m³/h；

　　　$[\sigma]$——管道许用应力，MPa；

　　　β——综合因子，$\beta = \delta_0 + \dfrac{r_{et}}{1.06\rho_m}\dfrac{CRF_c}{CRF_t}$；

　　　η——泵的总效率；

λ——摩擦系数；

ρ_m——管道材料密度，kg/m^3；

ρ——液化石油气密度，kg/m^3；

ε_t——管道相对单价指标，$\varepsilon_t = \dfrac{c_t}{e_0}$；

e_0——电价，元$/(kW \cdot h)$；

c_t——管道工程单位造价指标，万元$/t$；

ε_p——泵设备相对单价指标，$\varepsilon_p = \dfrac{c_p}{e_0}$；

c_p——泵站工程单位造价指标，万元$/kW$，$c_p = \dfrac{\text{装机容量}}{\text{运行功率}}$；

c_N——泵安装功率的系数；

r_{ct}——管道防腐工程造价指标与管道工程单位造价指标的比值，$r_{ct} = \dfrac{c_c}{c_t}$；

c_c——管道防腐工程造价指标，万元$/m^2$；

CRF_s——资本回收因子，下标 s 分别为 t、c、p，$CRF_s = \dfrac{(1+i)^{n_s} \times i}{(1+i)^{n_s} - 1}$；

CRF_t——管道建设费资本回收因子；

CRF_c——泵设备建造费资本回收因子；

CRF_p——管道防腐费资本回收因子；

i——贴现率；

n_s——折旧年限，下标 s 分别为 t、c、p；

τ——一年内泵运行小时数，h/a；

δ_0——管道壁厚附加值，m。

根据上述公式进行计算，可以得到表 7-1-1，其流速为近似流速，可以满足工程需求。

表 7-1-1　液化石油气管道内经济流速

ε_t	$G_d/t \cdot d^{-1}$	1.0	2.0	3.0	4.0	5.0	5.5
50	v_{op}	0.91	1.06	1.14	1.19	1.23	1.25
50	d	46	43	41	40	40	40
100	v_{op}	0.97	1.13	1.22	1.27	1.31	1.33
100	d	63	59	57	55	54	54
200	v_{op}	1.05	1.22	1.31	1.37	1.41	1.43
200	d	86	80	77	76	74	74
300	v_{op}	1.10	1.27	1.37	1.43	1.48	1.50
300	d	103	96	93	90	89	89
500	v_{op}	1.17	1.36	1.46	1.52	1.57	1.59
500	d	128	120	116	113	112	111

续表7-1-1

$G_d/t \cdot d^{-1}$ ε_t		1.0	2.0	3.0	4.0	5.0	5.5
800	v_{op}	1.24	1.44	1.55	1.62	1.67	1.69
	d	158	147	142	139	137	136
900	v_{op}	1.26	1.46	1.57	1.64	1.69	1.71
	d	166	155	150	146	144	143
1000	v_{op}	1.28	1.48	1.59	1.66	1.71	1.73
	d	174	162	157	153	151	150

注：表中计算采用数值为 $\rho_m = 7.8t/m^3$，$p_d = 4MPa$，$[\sigma] = 114MPa$，$\delta_0 = 0.002m$，$\tau = 5000h/a$，$\rho = 550kg/m^3$，$r_c = 0.006$，$\varepsilon_p = 0.5\varepsilon_t$，$c_N = 2$。$d$ 表示管道内径，G_d 表示液化石油气日耗量。

（四）管道强度

液化石油气的输送一般采用钢制管道，可按照式（7-1-6）计算：

$$\delta = \frac{pD}{2\sigma_s \varphi F} \tag{7-1-6}$$

式中　δ——钢管计算壁厚，mm；

p——管道设计压力，MPa；

D——钢管外径，mm；

σ_s——钢管的最低屈服强度，MPa；

φ——焊缝系数，一般可取 1.0；

F——强度设计系数，参见表 7-1-2 和表 7-1-3。

表 7-1-2　强度设计系数

地 区 等 级	强度设计系数 F	地 区 等 级	强度设计系数 F
一级地区	0.72	三级地区	0.30
二级地区	0.60	四级地区	0.40

表 7-1-3　特定地点强度设计系数

管 道 及 管 段	地 区 等 级			
	一级地区	二级地区	三级地区	四级地区
	强度设计系数 F			
有套管穿越Ⅲ、Ⅳ公路的道路	0.72	0.6	0.4	0.3
无套管穿越Ⅲ、Ⅳ公路的道路	0.6	0.5		
有套管穿越Ⅰ、Ⅱ公路、高速公路、铁路的道路	0.6	0.6		
门站、储配站、调压站内管道及其上、下游各200m管道，截断阀室管道及其上、下游各50m管道（其距离从站和阀室边界算起）	0.5	0.5		
人员聚集场所的管道	0.4	0.4		

地区等级分化如下：

（1）一级地区：有 12 个或以下供人居住的独立建筑。

（2）二级地区：有 12 个以上、80 个以下供人居住的独立建筑。

（3）三级地区：介于二级和四级之间的中间地区。有 80 个或以上供人居住的独立建筑物但不够四级地区条件的地区、工业区或距人员聚集的室外场所 90m 内铺设管道的区域。

（4）四级地区：地上 4 层或以上建筑物（不计地下室层数）普遍且占多数、交通频繁、地下设施多的城市中心城区（或镇的中心区域等）。

液化石油气管道所用的钢管、管道附件材料的选择，应根据管道的使用条件（设计压力、温度、介质特性、使用地区等）、材料的焊接性能等因素，经技术经济比较后确定。液化石油气输送管道所采用的钢管和管道附件应选用的材料、使用温度及施工环境温度等因素，对材料提出冲击试验和落锤撕裂试验要求。当管道附件与管道采用焊接连接时，两者材料材质应相同或相近；管道附件不得采用螺旋焊缝钢管制作，严禁采用铸铁制作。

三、液化石油气设备

（一）液化石油气储罐容积计算

如果液化石油气按日进行管道输送使用，在日输送量确定后，要按液化石油气供给的变动情况来确定储罐的容量。

$$V = \max \left[\sum_{i=1}^{1} (V_{li} - V_i) , \sum_{i=1}^{2} (V_{li} - V_i) , \cdots , \sum_{i=1}^{24} (V_{li} - V_i) \right] -$$

$$\min \left[\sum_{i=1}^{1} (V_{li} - V_i) , \sum_{i=1}^{2} (V_{li} - V_i) , \cdots , \sum_{i=1}^{24} (V_{li} - V_i) \right] \qquad (7\text{-}1\text{-}7)$$

式中　V——储罐有效容积，m^3；

　　　V_{li}——供给端在第 i 小时的供给量，m^3；

　　　V_i——消耗端在第 i 小时的消耗量，m^3。

如果液化石油气直接进行面向消耗端供应，液化石油气储罐的作用主要是存储液化天然气，使用罐车进行补给，这时需要综合考虑日消耗量与罐车的补给周期来最终确定储罐的有效容积。

在计算得出储罐的有效容积后，需要根据其填充系数等相关因素加以修正后得到储罐的实际容积，一般填充系数在 0.9 左右。

（二）液化石油气泵计算

输送液化石油气的泵一般多选用多级离心泵，根据防液化石油气泄漏的方法分成两类：泵-电机分离的常规式双机械密封离心泵和泵-电机一体的两层防泄漏套无密封屏蔽式离心泵。

泵的扬程计算参考式（7-1-8）：

$$H = \frac{1000 \times (\Delta p_Z + \Delta p_Y)}{\rho g} + \Delta H \qquad (7\text{-}1\text{-}8)$$

式中　H——泵的扬程，m；

　　　Δp_Z——管段总阻力损失，可取 $1.05 \sim 1.10$ 倍管段摩擦阻力损失，MPa；

　　　Δp_Y——管道终点进罐余压，可取 $0.2 \sim 0.3$MPa；

　　　ΔH——管道起点、终点高程差，m。

　　泵的电动机效率可参考式（7-1-9）：

$$N = \frac{KQ_sH\rho}{102\eta} \tag{7-1-9}$$

式中　N——电动机效率，kW；

　　　K——电动机轴功率系数，一般取 $1.10 \sim 1.15$；

　　　Q_s——泵的排量，m^3/s；

　　　H——泵的扬程，m；

　　　ρ——液化石油气密度，kg/m^3；

　　　η——泵的效率。

第二节　液化石油气存储、气化及混气

一、液化石油气存储设备

（一）储罐的设计压力

液化石油气储罐的设计压力按不低于50℃时混合液化石油气组分的实际饱和蒸气压来确定；若无实际组分数据，其设计压力则不应低于表7-2-1中所规定的设计压力。

表7-2-1　液化石油气压力容器的设计压力

混合液化石油气50℃饱和蒸气压	设计压力	
	无保冷设施	有可靠保冷设施
小于等于异丁烷50℃饱和蒸气压	等于50℃异丁烷的饱和蒸气压	可能达到的最高工作温度下异丁烷的饱和蒸气压
大于异丁烷50℃饱和蒸气压，小于等于丙烷50℃饱和蒸气压	等于50℃丙烷的饱和蒸气压	可能达到的最高工作温度下丙烷的饱和蒸气压
大于丙烷50℃饱和蒸气压	等于50℃丙烯的饱和蒸气压	可能达到的最高工作温度下丙烯的饱和蒸气压

注：国内液化石油气常温压力储罐设计压力一般按丙烷50℃时的饱和蒸气压1.77MPa确定。

（二）储罐结构

钢铁企业内常用的液化石油气储罐主要选用公称容积在$120m^3$以下的卧式圆筒罐。卧式储罐的壳体由筒体和封头组成，在制造厂整体热处理后运到现场就位在混凝土支座上。储罐上设有液相管、气相管、液相回流管、排污管以及人孔、安全阀、压力表、液位计、温度计等装置。

卧式储罐的壳体由封头和筒体组成，在制造厂整体热处理后运到现场就位在混凝土支座上。储罐上设有液相罐、气相管、液相回流管、排污管以及人孔、安全阀、压力表、液位计、温度计等设备。

卧式储罐支承在两个鞍式支座上，一个为固定支座，另一个为活动支座。接管应集中设置在固定支座的一端，但排污管设置在活动支座的一端。考虑接管、操作和检修方便，罐底距地面的高度一般不小于 1.5m。罐底壁应坡向排污管，其坡度为 0.01 ~ 0.02。

$100m^3$ 液化石油气储罐结构图和结构立面图分别如图 7-2-1 和图 7-2-2 所示。

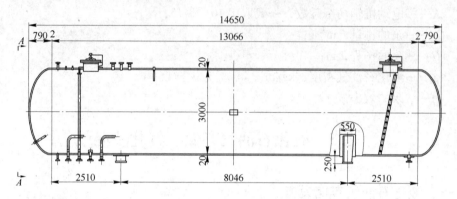

图 7-2-1　$100m^3$ 液化石油气储罐结构图

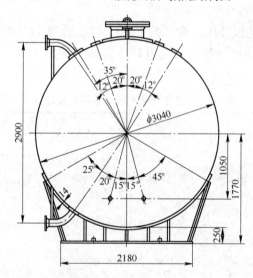

图 7-2-2　$100m^3$ 液化石油气储罐结构立面图

二、液化石油气气化设备

（一）气化器类别

气化器设备主要采用空温式、热水式和蒸汽式三种。基本技术参数可参考附录 F。

空温式气化器换热部件是宽幅翼翅片式耐低温铝合金不锈钢管，用超强梁式支架组合成为竖向列管阵，其整体分成蒸发段组合列管和过热段组合列管。液相在蒸发段并联沿数个列管竖向下进上出，并由液相调压器稳压控制液相的进口压力；气相离开蒸发段后串联通过数个组合列管继续换热，并由气相调压稳压器控制供气压力。为了安全，在末端过热段出口处设置安全阀。

小型无中间介质电热式气化器的特点是：电直接加热电效率高，可以达到98%；加热元件直接与液化石油气接触因而要求有可靠的防爆和耐腐蚀性能。

热水或蒸汽气化器主要分为蛇管式气化器和列管式气化器。蛇管式气化器一般从蛇管的上端进入，从下端排出。在壳程中的液态液化石油气与蛇管的外表面换热后蒸发，气态液化石油气便从气相出口引出。蛇管式气化器的结构简单，但是气化能力小。列管式气化器结构复杂，但是气化能力大，维修和清扫管束比较方便。

（二）气化器热负荷

LPG气化过程中，对LPG各组成来讲，单位质量LPG气化所需热量分别为丙烷和丁烷的气化和过热所需的热量。其热量包括丙烷和丁烷在进入沸腾时所需的热量（预热热量）、气化过程所需的热量、过热过程中所需的热量，这些热量之和为理论计算量，可参考式（7-2-1）计算。但是，气化器的热负荷除了考虑这些热量外，还应考虑经由气化器外壁面的散热损失。散热损失包括液体部分和气体部分，这两部分的散热损失传热系数不同，因此散失热量也存在差异。

$$Q_3 = (h_{C3} - h_{C3})g_3$$
$$Q_4 = (h_{C4} - h_{C4})g_4 \qquad (7-2-1)$$

式中　Q_3，Q_4——单位质量LPG中C_3^0、C_4^0的气化及过热所需热量；

h_{C3}，h_{C4}——C_3^0、C_4^0进入气化器的焓；

h_{C3}，h_{C4}——C_3^0、C_4^0离开气化器的焓；

g_3，g_4——C_3^0、C_4^0的质量分数。

$$g_3 = \frac{x_3\mu_3}{x_3\mu_3 + x_4\mu_4} \qquad (7-2-2)$$

$$g_4 = \frac{x_4\mu_4}{x_3\mu_3 + x_4\mu_4} \qquad (7-2-3)$$

式中　x_3，x_4——C_3^0、C_4^0的摩尔分数；

μ_3，μ_4——C_3^0、C_4^0的摩尔质量。

（三）气化器运行参数

1. 气化器的工作压力

气化器的工作压力取决于系统对气化器提出的压力要求，一般气化器的工作压力为0.4~0.6MPa，气化器的压力在所谓等压系统中则是储罐的存储压力。

2. 气化器的过热温度

为保证供出的气态液化石油气保持气态，应使其在气化器中有一定程度的过热。

其依据是，使液化石油气出口温度高于气化器压力条件下液化石油气的露点温度。过热温度的上限一般在 60℃ 以下。在 20 ~ 55℃ 范围内时，露点可以采用式（7-2-4）计算。

$$t_d = 45\left[\left(p \sum \frac{y_i}{a_i}\right)^{\frac{1}{2.2}} - 1\right] \tag{7-2-4}$$

式中　t_d——液化石油气露点，℃；

　　　p——气化器工作压力，MPa；

　　　y_i——第 i 组分摩尔分数，%；

　　　a_i——第 i 组分系数，参见表 7-2-2。

表 7-2-2　露点直接计算公式系数

组　分	乙　烷	丙　烯	丙　烷	异丁烷	丁　烷	丁烯-1
a_i	1.4908	0.4011	0.3409	0.1265	0.0909	0.1102
组　分	顺丁烯-2	反丁烯-2	异丁烯	异戊烷	戊　烷	
a_i	0.0807	0.0879	0.1103	0.0359	0.0274	

注：式（7-2-4）中乙烯以上的组分在公式中应折算为 $(1 - y_0)p$；当温度高于 35℃ 时，需将乙烷计入。

（四）无凝态分析

在进行液化石油气供气过程中，需要防止气态的液化石油气在管道输送过程中重新液化，即无凝结输送。

根据所属送的液化石油气组成，按照设计压力条件计算出露点，将其与管道的温度进行比较。这种计算属于静态计算，即液化石油的温度和压力参数是给定在一个状态上，但是实际过程中，压力、温度参数是变化的。一方面气态液化石油气沿管道流动时有水力损失，因此压力会逐渐降低，气体的露点也随之变化，同时由于燃气与管道之间的热交换，气态的液化石油气温度随着流动而发生改变。管道温度不仅是作为露点比较的对象，同时要被考虑成实际使气态液化石油气温度和压力发生变化的一种外部条件。对这种气态的液化石油气输送中温度和压力变化的过程和管道的传热影响，需结合综合因素进行动态分析，可参考式（7-2-5）~ 式（7-2-11）计算。

$$t = t_a + (t_{st} - t_a)e^{-Kx} \tag{7-2-5}$$

式中　t——液化石油气温度，℃；

　　　t_a——管道外侧环境温度，℃；

　　　t_{st}——气态液化石油气的起点温度，℃；

　　　x——输送距离，m。

$$p = \sqrt{p_{st}^2 - 2\phi\left[(t_a + 273)x + \frac{\Delta t}{K}(e^{-Kx} - 1)\right] \times 10^{-12}} \tag{7-2-6}$$

式中　p——液化石油气压力，MPa；

　　　p_{st}——起点压力，MPa。

$$t_d = 55 \times \left(\sqrt{\sqrt{P} \sum \frac{y_i}{a_i}} - 1 \right) \tag{7-2-7}$$

式中　t_d——液化石油气露点，℃。

$$\phi = \lambda \frac{8m^2 R}{D^5 \pi^2} \tag{7-2-8}$$

式中　ϕ——前置系数；

R——气体常数；

λ——摩阻系数；

m——质量流量，kg/s；

D——管道直径，m。

$$K = \frac{\pi D k}{mc} \tag{7-2-9}$$

式中　c——气态液化石油气定压比热容，J/(kg·K)；

k——通过管壁的传热系数，W/(m²·K)。

在进行无凝态计算过程中，沿整个管长都必须满足 $t > t_d$，一般需要绘制图谱来确定其是否有凝态状况或温差过小可能导致凝态状况。

三、液化石油气混气设备

（一）引射混合器设计与计算

引射器属于液化石油气混气设备中的低压系统，主要用于储罐至气化器加热后连接引射器，进入低压储气罐进行缓冲，然后由低压燃气管网输送，供气压力一般不高于30kPa。引射器的结构参考图7-2-3。

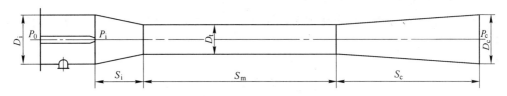

图 7-2-3　引射器结构图

引射器设计过程中需要给定喷射气量、喷射气压力、被引射气量、被引射气压力、两种气体的温度，最终确定引射器结构。

引射器结构计算参考式（7-2-10）~式（7-2-23）。

计算标准容积混合比：

$$u_{V_n} = \frac{q_{V_{ni}}}{q_{V_{nj}}} \tag{7-2-10}$$

式中　u_{V_n}——标准容积混合比；

$q_{V_{ni}}$——被引射气的容积流量，m³/h；

$q_{V_{nj}}$——喷射气的容积流量，m³/h。

计算质量混合比：

$$u = \frac{q_{V_{ni}} \rho_{ni}}{q_{V_{nj}} \rho_{nj}} = u_{V_n} \frac{\rho_{ni}}{\rho_{nj}} \qquad (7\text{-}2\text{-}11)$$

式中　u——质量混合比；

ρ_{ni}——被引射气的密度，kg/m^3；

ρ_{nj}——喷射气的密度，kg/m^3。

$$U = 1 + u \qquad (7\text{-}2\text{-}12)$$

$$U_V = (1 + u) \frac{\rho_j}{\rho_t} \qquad (7\text{-}2\text{-}13)$$

$$\rho_t = \frac{1 + u}{\dfrac{1}{\rho_j} + \dfrac{u}{\rho_i}} \qquad (7\text{-}2\text{-}14)$$

$$\rho_j = \rho_0 \left(\frac{p_i}{p_0} \right)^{\frac{1}{\kappa}} \qquad (7\text{-}2\text{-}15)$$

$$p_i = \psi p_a \qquad (7\text{-}2\text{-}16)$$

式中　ρ_j——喷射气喷嘴出口密度，kg/m^3；

ρ_i——引射器入口段密度，kg/m^3；

ρ_t——引射段段末密度，kg/m^3；

p_i——引射段空间压力，MPa；

p_0——喷射气压力，MPa；

p_a——被引射气压力，MPa；

κ——喷射气绝热指数；

ψ——被引射气经引射器入口的压降系数。

计算混合器的喷嘴结构要按被引射气压力与喷射气压力的比值 β 的情况分别进行处理。

$$\beta = \frac{p_i}{p_0} \qquad (7\text{-}2\text{-}17)$$

式中　β——喷射压力比；

p_i——引射段空间压力，Pa；

p_0——进入喷嘴前的喷射气压力，Pa。

$$p_i = \psi p_a \qquad (7\text{-}2\text{-}18)$$

式中　ψ——引射段压力系数，一般取 0.98~0.99，对于 $p_a > 0.1013$MPa 的情况，可取 1.0；

p_a——进入引射段以前被引射气的压力，Pa。

$$\beta_c = \left(\frac{2}{k + 1} \right)^{\frac{\kappa}{\kappa - 1}} \qquad (7\text{-}2\text{-}19)$$

式中　β_c——临界压力比；

κ——喷射气绝热指数。

当 $\beta \geqslant \beta_c$ 时，气体喷射为亚声速流动，采用渐缩喷嘴，喷嘴截面积计算参考式（7-2-20）。

$$f_j = \frac{m_j}{\varphi_j \sqrt{2 \dfrac{\kappa}{\kappa - 1} p_0 \rho_0 (\beta^{\frac{2}{\kappa}} - \beta^{\frac{\kappa+1}{\kappa}})}} \times 10^6 \qquad (7\text{-}2\text{-}20)$$

式中　f_j——喷嘴截面积，mm^2；

m_j——喷射气的质量流量，kg/s；

φ_j——喷嘴流速系数，一般取 0.85；

ρ_0——进入喷嘴前的喷射气密度，kg/m^3。

当 $\beta < \beta_c$ 时，气体喷射为超声速流动，采用渐缩喷嘴也可采用渐扩喷嘴。当采用渐缩喷嘴时，取 $\beta = \beta_c$，喷嘴截面积计算参考式（7-2-20）；当采用渐扩喷嘴时，喷嘴截面积计算参考式（7-2-21），喷嘴口面积依然按照式（7-2-20）计算。

$$f_j = \frac{m_j}{\sqrt{2 \dfrac{\kappa}{\kappa + 1} \left(\dfrac{2}{\kappa + 1}\right)^{\frac{2}{\kappa-1}} p_0 \rho_0}} \times 10^6 \qquad (7\text{-}2\text{-}21)$$

式中　f_j——喷嘴喉口面积，mm^2。

引射段末段喉口直径的计算按圆形断面的自由湍流射流，计算方法可参考式（7-2-22）。

$$\frac{D_t}{D_j} = 1.42 \omega_t \sqrt{UU_V} \qquad (7\text{-}2\text{-}22)$$

式中　D_t——喉管直径，mm；

D_j——喷嘴直径，mm；

ω_t——引射段空间修正系数。

$$S_i = \frac{D_j}{5.65a} \times (1.42 \omega_t \sqrt{UU_V} - 1) \qquad (7\text{-}2\text{-}23)$$

式中　S_i——喷嘴口断面到喉部断面的距离，mm；

a——喷嘴湍流结构系数，一般可取 0.078。

引射器其他位置尺寸相应为：引射段直径 $D_i = 2D_t$；混合段长度 $S_m = 6D_t$；扩压段出口断面直径 $D_e = 1.58D_t$；扩压段长度 $S_e = 3D_e$。

引射混合器的工况方程，参考式（7-2-24）~式（7-2-28）。

$$p_e = \psi p_a + \left[\frac{2}{F} - \frac{U_V}{F^2 \varepsilon}(2\varphi_m - UZ)\right]Y_j p_0 \qquad (7\text{-}2\text{-}24)$$

$$F = \left(\frac{D_t}{D_j}\right)^2 \qquad (7\text{-}2\text{-}25)$$

$$\varepsilon = \frac{p_e}{\psi p_a} \qquad (7\text{-}2\text{-}26)$$

$$Z = 1 - b - \zeta_m - \zeta_e \tag{7-2-27}$$

$$Y_j = \frac{\kappa}{\kappa - 1}(\beta^{\frac{1}{\kappa}} - \beta)\varphi_j^2 \tag{7-2-28}$$

式中　p_e——扩压段出口断面压力，kPa；

$\quad\quad F$——喉管断面与喷嘴出口断面的比值；

$\quad\quad \varepsilon$——压力比值，初值可取 1.28；

$\quad\quad \varphi_m$——混合段中动量平均流速与体积平均流速之比，可取 1.02；

$\quad\quad Z$——综合数；

$\quad\quad b$——混合段断面积与扩压段出口断面积之比的平方，可取 0.16；

$\quad\quad \zeta_m$——混合段的流动阻力系数，可取 0.15；

$\quad\quad \zeta_e$——扩压段的流动阻力系数，可取 0.05；

$\quad\quad Y_j$——综合参数。

在进行工程状态计算过程中，对扩压段出口断面压力计算需要进行反复迭代计算，首先假设压力比 ε，然后利用式（7-2-26）计算出 p_e，再利用式（7-2-24）计算 p_e，如果两个计算结果相近则认为压力比假设正确，可以直接计算出 p_e；否则，重新假设压力比 ε，继续计算 p_e，并进行比较。

实践表明，燃气引射器的供气压力不是从能量平衡角度所推测的那么高，对于被引射气为大气的情况，供气压力只能接近 30kPa。原因在于能量存在品质方面的高低不同。为此考虑理想的燃气引射混合器，即假设在喷嘴中、混合段中、扩压段中都没有能量损失。引射段的压力与被引射气的压力相同，即被引射气进引射段没有压力损失。设在扩压段出口断面与混合段进口断面内不存在能量损失，对于这样一种理想状态混合器可能达到的最大供出压力计算可参考式（7-2-29）。

$$p_e^* = p_a + \exp\left(\frac{1}{U^2 R_e T_{atm} \rho_j} Y_j \times p_0\right) \tag{7-2-29}$$

$$R_e = \frac{R_j + uR_i}{1 + u} \tag{7-2-30}$$

$$p_a = p_{atm} \tag{7-2-31}$$

式中　p_e^*——理想的混合器可能达到的最大供出压力，kPa；

$\quad\quad p_0$——喷射气压力，kPa；

$\quad\quad p_a$——被引射气压力，kPa；

$\quad\quad R_e$——混合气的气体常数，kJ/(kg·K)；

$\quad\quad p_{atm}$——环境压力，kPa；

$\quad\quad R_j$——喷射气的气体常数，kJ/(kg·K)；

$\quad\quad R_i$——被引射气的气体常数，kJ/(kg·K)；

$\quad\quad T_{atm}$——环境温度，K。

计算燃气引射混合器的理想烟效率：

$$\eta_{ex}^* = \frac{\dfrac{Y_j}{U \times T_{atm} \times \rho_i} + UR_e \ln \dfrac{p_a}{p_{atm}}}{R_j \times \ln \dfrac{p_0}{p_{atm}} + uR_i \ln \dfrac{p_0}{p_{atm}}} \qquad (7\text{-}2\text{-}32)$$

经计算，在不同标准体积比和液化石油气进气压力的情况下，工程压力计算结果可参考表 7-2-3。

表 7-2-3　引射器不同工况计算结果

p_0	5.0	5.2	5.4	5.6	5.8	6.0	6.2	6.4
p_e	1.234	1.234	1.24	1.243	1.251	1.256	1.26	1.296
U_{V_n}	1.0	0.995	0.99	0.985	0.98	0.976	0.972	0.968
p_0	6.6	6.8	7.0	7.2	7.4	7.6	7.8	8.0
p_e	1.273	1.277	1.282	1.286	1.29	1.294	1.298	1.307
U_{V_n}	0.964	0.96	0.956	0.952	0.949	0.946	0.942	0.939

注：压力单位为 10^5 kPa（绝对）。

（二）混合设备

比例混合阀的种类较多，主要分为比例混合阀、燃烧控制器、零阀和随动流量混气装置。

比例混合阀是指三个阀口具有燃气混合比例和混合调节的阀体形式的燃气混合装置。它具有燃气入口、空气入口和混合器出口。阀口大小的调节是通过套筒部件旋转和活塞部件上下移动来实现的。混合阀的供气能力在 $200 \sim 8000 \mathrm{m}^3/\mathrm{h}$，混气比在 $1 \sim 4.5$ 之间可调，出口压力在 $500 \sim 1000 \mathrm{Pa}$。

燃烧控制器主要用于小流量用户，工作原理与比例混合阀类似，最大的排气流量一般在 $300 \mathrm{m}^3/\mathrm{h}$ 左右，出口压力可以稳定在 $20 \mathrm{kPa}$ 左右。

零阀也普遍使用在小流量用户上，燃气设备上游的燃气管路可设背压式调压器即零阀，可以获得压力很低的混合器，一般与阻火器配套安装使用。零阀的入口压力在 $500 \sim 1000 \mathrm{Pa}$，出口压力为 $75 \sim 25 \mathrm{Pa}$。零阀可以加装在比例混合阀后的分流管道上使用。

随动流量装置属于整套阀门组设备，其主要是由一根 DN50 ~ DN1000 的不锈钢管道为主体，内置涡流发生器能起到大比表面积折流混合的作用，并配置液化石油气和压缩空气入口流量控制设备，可以生产高精度比例的混合气。

（三）混气系统缓冲罐

混气系统应具有一定的调节能力，一般会设置压力缓冲储气罐来平衡供需失衡。缓冲储气罐的储气容积可参考式（7-2-33）计算：

$$V = \frac{\dfrac{|q_{m,av} - q_{mu,av}|}{q_{m,av}} T_\rho \dfrac{q_{m,av}}{\rho}}{\dfrac{p_{max} - p_{min}}{ZR_{con}t_w} + \dfrac{2k}{c_p R}(T - T_a)} \times \frac{1}{3600} \qquad (7\text{-}2\text{-}33)$$

式中 V——储气罐容积，m^3；

$q_{m,av}$——平均供气质量流量，kg/h；

$q_{mu,av}$——平均用气质量流量，kg/h；

T_p，T，T_a——混合气、空气、环境温度，K；

Z——混合气体压缩因子；

R_{con}——混合气气体常数，$kJ/(kg \cdot K)$；

k——通过储气罐壁面的传热系数，$kJ/(m^2 \cdot s \cdot K)$；

c_p——混合气定压比热容，$kJ/(kg \cdot K)$；

R——储罐半径，m；

t_w——储气罐最低压力上升至最高压力的时间，h；

ρ——混合气密度，kg/m^3。

第三节 液化石油气站

一、液化石油气站设计标准与规范

在进行液化石油气站站场和管道设计过程中，包括气化设施、混气设施、存储设施等区域，均应满足对安全距离的相关要求，见表7-3-1～表7-3-8。

表7-3-1 液化石油气供应基地的全压力式储罐与基地外建、构筑物、堆场的防火间距 （m）

项 目		总容积/m³ ≤50	50～200	200～500	500～1000	1000～2500	2500～5000	＞5000
		单罐容积/m³ ≤20	≤50	≤100	≤200	≤400	≤1000	—
居住区、村镇和学校、影剧院、体育馆等重要公共建筑（最外侧建、构筑物外墙）		45	50	70	90	110	130	150
工业企业（最外侧建、构筑物外墙）		27	30	35	40	50	60	75
明火、散发火花地点和室外变、配电站		45	50	55	60	70	80	120
民用建筑，甲、乙类液体储罐，甲、乙类生产厂房，甲、乙类物品仓库，稻草等易燃材料堆场		40	45	50	55	65	75	100
丙类液体储罐，可燃气体储罐，丙、丁类生产厂房，丙、丁类物品仓库		32	35	40	45	55	65	80
助燃气体储罐、木材等可燃材料堆场		27	30	35	40	50	60	75
其他建筑	一、二级	18	20	22	25	30	40	50
	三级	22	25	27	30	40	50	60
耐火等级 四级		27	30	35	40	50	60	75

续表 7-3-1

项　目		总容积/m³ ≤50	50~200	200~500	500~1000	1000~2500	2500~5000	>5000
		单罐容积/m³ ≤20	≤50	≤100	≤200	≤400	≤1000	—
铁路（中心线）	国家线	60	70		80		100	
	企业专用线	25	30		35		40	
公路、道路（路边）	高速，Ⅰ、Ⅱ级，城市快速	20	25					30
	其　他	15	20					25
架空电力线（中心线）		1.5 倍杆高				1.5 倍杆高，但 35kV 以上架空电力线不应小于 40		
架空通信线（中心线）	Ⅰ、Ⅱ级	30			40			
	其　他	1.5 倍杆高						

表 7-3-2　液化石油气储配基地的全压力式储罐与基地内建、构筑物的防火间距　（m）

项　目		总容积/m³ ≤50	50~200	200~500	500~1000	1000~2500	2500~5000	>5000
		单罐容积/m³ ≤20	≤50	≤100	≤200	≤400	≤1000	—
明火、散发火花地点		45	50	55	60	70	80	120
办公、生活建筑		25	30	35	40	50	60	75
灌瓶间、瓶库、压缩机室、仪表间、值班室		18	20	22	25	30	35	40
汽车槽车库、汽车槽车装卸台柱（装卸）、汽车衡及其计量室、门卫		18	20	22	25	30		40
铁路槽车装卸线（中心线）		—			20			30
空压机室、变配电室、柴油发电机房、新瓶库、真空泵房、库房		18	20	22	25	30	35	40
汽车库、机修间		25	30	35		40		50
消防泵房、消防水池（罐）取水口		40				50		60
站内道路（路边）	主要	10	15					20
	次要	5	10					15
围墙		15	20					25

表 7-3-3　气化站和混气站的液化石油储罐与站外建、构筑物的防火间距　（m）

项　目	总容积/m³ ≤10	10~30	30~50
	单罐容积/m³ —	—	≤20
居民区、村镇和学校、影剧院、体育馆等重要公共建筑，一类高层民用建筑（最外侧建、构筑物外墙）	30	35	45
工业企业（最外侧建、构筑物外墙）	22	25	27

续表 7-3-3

项　目			总容积/m³	≤10	10~30	30~50
			单罐容积/m³	—	—	≤20
明火、散发火花地点和室外变配电站				30	35	45
民用建筑，甲、乙类液体储罐，甲、乙类生产厂产，甲、乙类物品库房，稻草等易燃料材堆场				27	32	40
丙类液体储罐，可燃气体储罐，丙、丁类生产厂房，丙、丁类物品库房				25	27	32
助燃气体储罐、木材等可燃材料堆场				22	25	27
其他建筑	耐火等级	一、二级		12	15	18
		三级		18	20	22
		四级		22	25	27
铁路（中心线）		国家线		40	50	60
		企业专用线		25		
公路、道路（路边）		高速，Ⅰ、Ⅱ级，城市快速		20		
		其　他		15		
架空电力线（中心线）				1.5 倍杆高		
架空通信线（中心线）				1.5 倍杆高		

表 7-3-4　气化站和混气站的液化石油气储罐与站内建、构筑物的防火间距　（m）

项　目		总容积/m³	≤10	10~30	30~50	50~200	200~500	500~1000	>1000
		单罐容积/m³	—	—	≤20	≤50	≤100	≤200	—
明火、散发火花地点			30	35	45	50	55	60	70
办公、生活建筑			18	20	25	30	35	40	50
气化间、混气间、压缩机室、仪表间、值班室			12	15	18	20	22	25	30
汽车槽车库、汽车槽车装卸台柱（装卸口）、汽车衡及其计量室、门卫			15		18	20	22	25	30
铁路槽车装卸线（中心线）			—				20		
燃气热水炉间、空压机室变配电室、柴油发电机房、库房			15		18	20	22	25	30
汽车库、机修间			25			30		35	40
消防泵房、消防水池（罐）取水口			30			40			50
站内道路（路边）	主要		10				15		
	次要		5				10		
围墙			15				20		

表 7-3-5　气化间、混气间与站内建、构筑物的防火间距　　　　（mm）

项　　目		防火间距
明火、散发火花地点		25
办公、生活建筑		18
铁路槽车装卸线（中心线）		20
汽车槽车库、汽车槽车装卸台柱（装卸口）、汽车衡及其计量室、门卫		15
压缩机室、仪表间、值班室		12
空压机室、燃气热水炉间、变配电室、柴油发电机房、库房		15
汽车库、机修间		20
消防泵房、消防水池（罐）取水口		25
站内道路（路边）	主要	10
	次要	5
围墙		10

表 7-3-6　低温常压储罐与基地外建、构筑物、堆场的防火距离　　　　（mm）

项　　目			间　距
明火、散发火花地点和室外变配电站			120
居住区、村镇和学校、影剧院、体育场等重要公共建筑（最外侧建、构筑物外墙）			150
工业企业（最外侧建、构筑物外墙）			75
甲、乙类液体储罐，甲、乙类生产厂房，甲、乙类物品仓库，稻草等易燃材料堆场			100
丙类液体储罐，可燃气体储罐，丙、丁类生产厂房，丙、丁类物品仓库			80
助燃气体储罐、可燃材料堆场			75
民用建筑			100
其他建筑	耐火等级	一级、二级	50
		三级	60
		四级	75
铁路（中心线）		国家线	100
		企业专用线	40
公路、道路（路边）		高速，Ⅰ、Ⅱ级，城市快速	30
		其　他	25
架空电力线（中心线）			1.5 倍杆高，但 35kV 以上架空电力线应大于40
架空通信线（中心线）		Ⅰ、Ⅱ级	40
		其　他	1.5 倍杆高

表 7-3-7　地下液态液化石油气管道与建、构筑物或相邻管道之间的水平净距　（m）

项　目	管道级别	Ⅰ级	Ⅱ级	Ⅲ级
特殊建、构筑物（军事设施、易燃易爆物品仓库、国家重点文物保护单位、飞机场、火车站和码头等）		100		
居民区、村镇、重要公共建筑		50	40	25
一级建、构筑物		25	15	10
给水管		1.5	1.5	1.5
污水、雨水排水管		2	2	2
热力管	直埋	2	2	2
	在管沟内（至外壁）	4	4	4
其他燃料管道		2	2	2
埋地电缆	电力线（中心线）	2	2	2
	通信线（中心线）	2	2	2
电杆（塔）的基础	≤35kV	2	2	2
	>35kV	5	5	5
通信照明电杆（至电杆中心）		2	2	2
公路、道路（路边）	高速，Ⅰ、Ⅱ级，城市快速	10	10	10
	其他	5	5	5
铁路（中心线）	国家线	25	25	25
	企业专用线	10	10	10
树木（至树中心）		2	2	2

表 7-3-8　地下液态液化石油气管道与构筑物或地下管道之间的垂直净距　（m）

项　目		地下液态液化石油气管道（当有套管时，以套管计）	项　目		地下液态液化石油气管道（当有套管时，以套管计）
给水管，污水、雨水排水管（沟）		0.20	通信线、电力线	在导管内	0.25
热力管、热力管的管沟管（或面）		0.20	铁路（轨底）		1.20
其他燃料管道		0.20	有轨电车（轨底）		1.00
通信线、电力线	直埋	0.20	公路、道路（路面）		0.90

二、液化石油气站设计实例

　　某液化石油气站场原有两台 50m³ 液化石油气储罐，现需要增加两台 100m³ 液化石油气储罐，并同时预留一台 50m³ 液化石油气储罐。其站场设备见表 7-3-9，工艺流程如图 7-3-1 所示，站场布置图如图 7-3-2 所示。

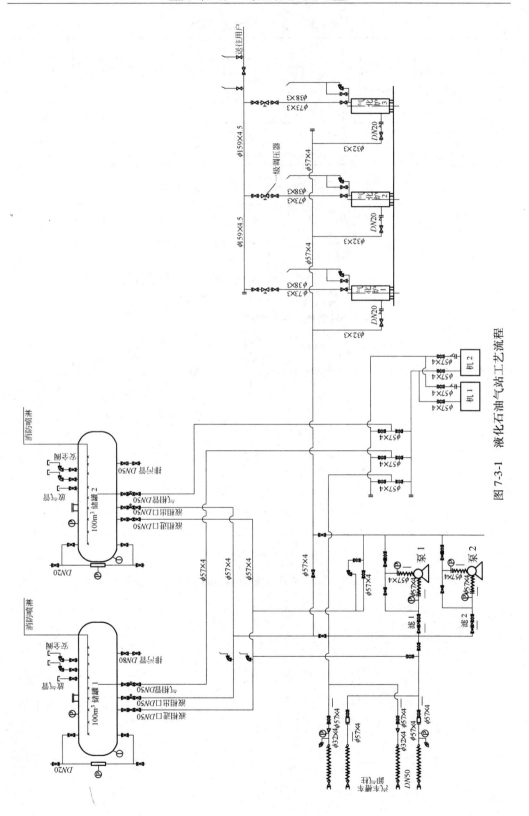

图 7-3-1　液化石油气站工艺流程

表 7-3-9　液化石油气站场设备

序 号	设 备 名 称	技 术 性 能	数 量
1	100m³ 液化石油气储罐	公称容积：100m³；设计压力：1.77MPa；设计温度：50℃	2
2	液化石油气气化炉		2
3	液化石油气泵	YQ15-5	2
4	压缩机		2
5	筒式过滤器	PN1.6MPa；DN80	2

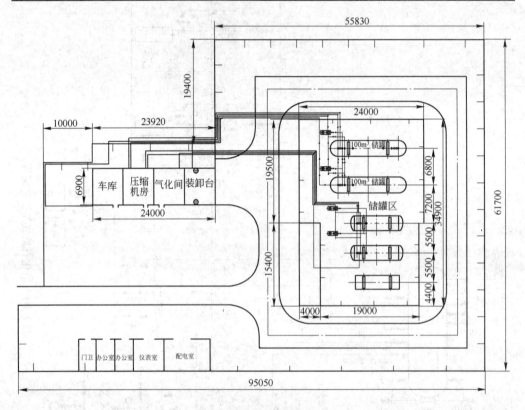

图 7-3-2　液化石油气站站场布置图

第八章　燃气安全、环境保护和能源评估

本章主要介绍冶金燃气系统设计过程中所要注意的安全、环保及节能等问题。环境保护内容主要介绍燃气系统回收过程中的烟尘控制、固体废物控制、废水回收及利用等问题。燃气安全将作为主要的内容进行介绍，包括压力容器、压力管道相关的安全设计方法及安全评价过程中所需要涉及的内容，特别针对压力容器和压力管道的相关设计标准及标准选用过程有较深入的介绍，同时针对燃气的防扩散控制等相关内容进行了介绍。能源评估作为燃气设计过程中所要提及的主要评价指标，主要介绍转炉煤气热回收效率的计算、转炉煤气能源回收效率及量的计算、高炉煤气热回收效率的计算、高炉煤气能源回收效率及量的计算、焦炉煤气热回收效率的计算、焦炉煤气能源回收效率及量的计算，以及与循环经济相关的内容，包括炉尘的回收、废气的利用等。

第一节　环境保护措施

一、消声与降噪

钢铁企业中，燃气加压、输送、放散等情况一般都会产生较强烈的噪声，特别是加压风机出口、高压燃气放散出口位置会产生较大的噪声。

选用消声器时首先应根据风机的噪声等级、工业企业噪声卫生标准、环境噪声标准及背景噪声确定所需的消声量。消声器应在较宽的频率范围内有较大的消声量。对于消除以中频为主的噪声，可选用扩张式消声器；对于消除以中、高频为主的噪声，可选用阻性消声器；对于消除宽频噪声，可选用阻抗复合式消声器等；当通过消声器的气流含水量或含尘量较多时，则不宜选用阻性消声器。消声器应在满足消声降噪的前提下，尽可能地做到体积小、结构简单、加工制作及维护方便、造价低、使用寿命长、气流通过时压力损失小；气流通过消声器的通道流速一般控制在 5 ~ 15m/s 的范围内，以避免产生再生噪声；选用的消声器额定风量应不小于风机的实际风量。

一般情况下，钢铁企业燃气管道用消声器主要为阻性卧式消声器，如图 8-1-1 所示。其主要用于风机出口消声，通过流量在 1000 ~ 700000m³/h，工作压力一般不高于 20kPa，尺寸数据参见表 8-1-1。其内部设有吸声材料制造的吸声片。当声波通过衬贴有多孔吸声材料的管道时，声波将激发材料中无数小孔内的空气分子震动，将一部分声能消耗于克服摩擦力

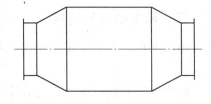

图 8-1-1　阻性卧式消声器结构图

和黏滞力，以达到消声的目的。消声器可由单节 1m 或 1.5m 组成，并自由组合出所需要的长度，合理安排消声量，单节消声量一般为 25～30dB。

表8-1-1 阻性卧式消声器工艺参数

| 序号 | 外形尺寸/mm | | 片数 | 通道面积/m² | 适用流量/m³·h⁻¹ | | | 质量/kg | |
	高	宽			流速3m/s	流速10m/s	流速25m/s	长1m	长1.5m
1	450	400	2	0.09	972	3240	8100	115	160
2	450	600	3	0.135	1458	4860	12150	160	230
3	450	600	3	0.108	1166	3888	9720	165	240
4	450	720	4	0.144	1555	5184	12960	195	275
5	450	720	3	0.162	1749	5832	14580	180	255
6	600	720	4	0.192	2073	6912	17280	225	325
7	600	720	3	0.216	2333	7776	19440	210	300
8	900	720	4	0.288	3110	10368	25920	280	400
9	900	720	3	0.324	3499	11664	29160	257	367
10	900	900	4	0.378	4082	13608	34020	410	570
11	900	900	3	0.405	4374	14580	36450	380	532
12	900	1200	5	0.54	5837	19440	48600	490	685
13	900	1200	4	0.54	5837	19440	48600	468	655
14	1200	1200	5	0.72	7776	25920	64800	580	830
15	1200	1200	4	0.72	7776	25920	64800	555	790
16	1350	1350	6	0.85	9180	30600	76500	692	985
17	1350	1350	5	0.81	8748	29160	72900	670	950
18	1350	1800	8	1.134	12247	40824	102060	860	1200
19	1350	1800	6	1.215	13122	43740	109350	800	1115
20	1800	1800	8	1.512	16329	54432	136080	1060	1500
21	1800	1800	6	1.62	17496	58320	145800	965	1370
22	1800	2250	8	1.89	20412	68040	170100	1395	1960
23	2250	2250	8	2.362	25515	85050	212625	1655	2315
24	2250	2700	9	3.037	32800	109332	273330	1830	2570
25	2700	3000	10	4.05	43740	145800	364500	2210	3110
26	2700	3600	12	4.86	52488	174960	437400	2530	3580

二、粉尘回收与利用

固体废物的产生主要发生在燃气除尘区域和上料、卸灰等工艺区域，以粉尘为主。

高炉煤气布袋回收工艺过程中产生的炉尘可以通过大灰仓进行卸载，可使用专用运灰车辆或专门的输灰系统收集产生的高炉炉尘，由于高炉炉尘中含有丰富的铁元素，往往可以被重新用于高炉炼铁原料。转炉干法电除尘系统与高炉煤气布袋除尘系统有着类似的粉尘回收方法，也可采用专门的输灰车辆或输灰装置来运载转炉炉尘，回收的转炉炉尘中也富含丰富的铁元素，也可以被重新用于高炉炼铁。

在炉尘回收、上料、卸灰过程中往往是产生粉尘污染的主要原因，此时会配套建设二次除尘系统。二次除尘系统就是回收以上工况中所产生的粉尘，主要在粉尘污染易形成的位置和区域设置大型引风机，造成局部的负压，使得粉尘随空气进入管道中，输送至除尘器，将粉尘分离出来，使空气中的粉尘浓度达到环境空气标准要求后释放。回收得到的粉尘灰集中处理，并根据其主要成分加以利用。

三、废水处理

燃气系统中的废水主要分为两类：第一类是使用湿法除尘技术对转炉煤气和高炉煤气进行除尘和降温，这时会有大量的含尘废水；第二类是燃气中本身含有的水蒸气，由于输送过程中温度的降低和压力的变化而析出的废水，这类废水往往夹杂着有毒有害气体和物质，属于比较难回收的一类。

针对第一类废水的产生，需要将此类废水进行沉淀、过滤后重新回归水循环系统，用于煤气的降温和除尘中。第一类废水的量非常大，而且在整个水循环过程中的损耗量也很大，通常补水量要占到整体水循环量的 10% 左右。由于水消耗量较大，而且沉淀、过滤装置和设备占地面积较大，时间较长，因此钢铁企业正逐步淘汰此类湿法除尘装置。

第二类废水一般积存于管道排水器、设备底部等位置，属于危害性较大且分散的废水，此类废水一般会进行集中收集和处理，防止发生人身伤害事件。

第二节　劳动与设计安全措施

一、安全通道设计

钢铁企业内部的燃气厂区或燃气用户周围的通道、消防通道、检修通道与安全疏散通道是保证钢铁企业内部生产过程中如果发生意外事故，相关的生产和管理人员可以安全和迅速地离开事故现场，确保操作人员人身安全的重要保障之一，因此对钢铁企业内部的燃气厂区及相关的消防、检修与安全疏散通道应加以规定，并严格管理。

（一）装置内的一般通道

装置内通道的设置应符合总体布置和总平面布置的要求，且应与竖向布置、铁路设置、道路规划、厂容和绿化相协调。装置布置应满足施工、检修、操作、消防和人行等的需要，并设置必要的通道和场地。装置内消防通道应与工厂通道衔接。装置内的消防通道和检修通道应合并设置。通道的净宽和净高应根据装置规模、通行机具的确定，参见表 8-2-1。

表 8-2-1　装置内通道的最小净宽和最小净高　　（m）

通 道 名 称	最 小 净 宽	最 小 净 高
消防通道	4	4.5
检修通道	4	4.5
管廊下泵区检修通道	2	3.2
操作通道	0.8	2.2

燃气存储或加工类装置应用道路将装置分隔成占地面积不大于10000m² 的设备、建筑物区域。当燃气存储或加工类装置的设备、建筑物区占地面积在 10000 ~ 20000m² 之间时，在设备、建筑物四周应设置环形道路，道路路面宽度不应小于6m，设备、建筑物区的宽度不应大于120m，相邻设备、建筑物区的防火间距不应小于15m，并应加强安全措施。

（二）消防与检修通道

装置内应设置贯通式道路，道路应有不少于两个出入口，且两个出入口宜位于不同方向。当装置外两侧消防通道间距不大于120m 时，装置内可不设贯通式通道。装置内的不贯通式通道应设有回车场地，回车场地的大小宜为 15m×15m。

道路的路面宽度不应小于4m，管架与路面边缘净距不应小于1m，路面内缘转弯半径不宜小于7m，路面上的净空高度不应小于4.5m。对于大型石油化工装置，道路路面宽度、净空高度及路面内缘转弯半径，可根据需要适当增加。

检修通道应满足检修机具对道路的宽度、转弯半径和承受荷载的要求，并能通向设备检修的吊装孔。操作通道应根据生产操作、巡回检查、小型检修等频繁程度和操作点的分布设置。

（三）安全疏散通道

钢铁企业煤气和可燃气体的储气设备平台、设备的构架平台或其他操作平台，应设置不少于2 个通往地面的梯子，作为安全疏散通道。相邻的构架、平台宜用走桥连通，与相邻平台连通的走桥可作为1 个安全疏散通道。相邻安全疏散通道之间的距离不应大于50m，且平台上任一点距疏散口的距离不应大于25m。

二、压力管道与设备事故位置高发区

压力管道与设备的常发事故位置可参见表 8-2-2。

表 8-2-2　压力管道与设备的常发事故位置

设备种类	事故名称	易发生事故位置
静设备	容器爆炸	(1) 封头、罐体、锥底焊缝质量低劣； (2) 水封处； (3) 因腐蚀严重设备壁减弱或穿孔； (4) 切割碳化
	加热炉爆炸	(1) 发生炉水冷壁或水冷套； (2) 炉体

设备种类	事故名称	易发生事故位置
静设备	加热炉损坏	(1) 烧嘴； (2) 加热管； (3) 炉内耐火绝缘材料
	换热器爆炸	(1) 自制设备焊接质量低劣处； (2) 设计、制造、材质缺陷处； (3) 列管疲劳老化
	严重泄漏	(1) 焊接接头处； (2) 封头与管板连接处； (3) 管束与管板连接处； (4) 法兰连接处
	管束失效	(1) 管子与管板接头； (2) 折流板； (3) 管子材料缺陷； (4) 管束外围的管子
	废热炉爆炸	(1) 锅炉焊接质量低劣； (2) 随意在壳体上开孔； (3) 炉膛、炉胆、炉筒
	炉管爆破变形	(1) 加热器炉管； (2) 管子与管板变形； (3) 炉管局部过热处； (4) 锅炉水冷管水冷壁管和省煤器管
	管道破裂	(1) 煤气发生炉的空气总管； (2) 长期处于埋地状态下的管道； (3) 弯头处； (4) 管子材质、焊接缺陷处； (5) 冲刷腐蚀严重处； (6) 循环机出入口放空管
动设备	因泄漏、疲劳、断裂 引起压缩机爆炸	(1) 入、出口阀和法兰泄漏处； (2) 气缸与气缸间连接螺栓疲劳断裂处； (3) 缸套材质低劣、疲劳断裂处； (4) 活塞杆与活塞螺纹疲劳断裂； (5) 活塞与气缸撞击处
	活塞杆断裂	(1) 活塞杆与十字头连接螺纹处； (2) 活塞杆与密封填料接触的光杆部分
	气缸开裂	(1) 低、中压的铸造缸体或高、中缸的缸套； (2) 缸体或缸套进排气阀的阀腔底、连接螺栓孔的周围
	曲轴断裂	(1) 曲拐或曲柄； (2) 红装咬蚀下低压侧主轴颈处； (3) 油孔轴面或油孔轴面的反面
	连杆断裂与变形	(1) 连杆小头应力集中处； (2) 连杆材质有缺陷处
	连杆螺栓断裂	(1) 连杆螺栓螺纹根部； (2) 杆身有裂纹缺陷处
	活塞卡死与开裂	(1) 活塞与气缸表面间； (2) 空心活塞、活塞端部

设备种类	事故名称	易发生事故位置
动设备	离心式压缩机、风机叶轮断裂	（1）叶片根部； （2）叶轮焊接缺陷处； （3）叶轮端部； （4）叶轮严重腐蚀变薄处
	泵烧坏断裂与严重泄漏	（1）泵轴； （2）轴承与轴瓦； （3）轴封处
	泵机械部件损伤	（1）靠北轮； （2）密封环； （3）机身； （4）叶片； （5）出口止回阀
	转鼓破裂	（1）钢制转鼓严重腐蚀变薄处； （2）转鼓材料、制造缺陷处
	操作失误	（1）转鼓与机壳的间隙处； （2）转鼓入、出料口处
原动机	电动机烧坏与着火	（1）短路击穿处； （2）电机绝缘严重老化处； （3）腐蚀性物质或火星溅入定子处； （4）同步电机转子与定子间失步
	汽轮机叶片、围带损坏	（1）动叶片的根部； （2）围带、拉筋和铆钉处； （3）调节级和末级叶片

三、安全设备设置

（一）平台、梯子和照明

对经常检查维修的地点，应设安全通道。在检查维修处，如有危及安全的运动物体，均需设置防护罩。人可能进入而又有坠落的危险的开口处，应设置盖板或安全护栏。

1. 平台、梯子

（1）在有需要检查、检修和人员通过的地方应设计平台、栏杆。

（2）通过平台宽度不应小于 700mm，竖向净空一般不应小于 1800mm；不妨碍正常走动。

（3）平台一些敞开的边缘均应设置安全防护栏，防护栏杆的高度应高于 1050mm；在高于 10m 的位置，栏杆高度应高于 1100mm。

（4）钢制直爬梯攀登高度超过 2m 时应设置防护笼，护笼上端应低于扶手 100mm。钢制直爬梯最佳宽度为 500mm，由于工作面所限，攀登高度在 5m 以下时，梯宽可适当缩小，但是不得小于 300mm，直爬梯踏棍之间的距离一般为 250 ～ 300mm。钢制直爬梯攀登高度一般不应超过 8m；超过 8m 时，必须设梯间平台，分段设梯，高度在 15m 内时，梯间平台间距一般为 5 ～ 8m，超过 15m 时，每 5m 设置一个梯间平台。

（5）斜梯的斜度在45°以下时，最大不超过60°。斜梯宽度应为700mm，最大不得大于1m，最小不得小于600mm，踏面间距为150～230mm。

（6）平台、梯子等的扶手高度一般为1150mm，扶手下部设置离开平台高50～100mm的挡脚板。

（7）平台、梯子的踏板应使用花纹钢板，或钢格板及钢板网。使甩普通钢板要经过防滑处理。踏板用花纹钢板，每个踏板上均应留两个落水孔，以防踏板积水、积尘。

2. 安全照明

大型设备内部应设置36V检修照明灯；大、中型设备和管道的平台、梯子、储灰仓等处应设置220V照明灯；照明灯的最低光照密度为10lx，适用光源为汞灯或钠灯。

（二）抗震加固

（1）大型燃气管道的支、吊架应紧固可靠，腐蚀严重时应及时更换。

（2）燃气管道穿过墙或楼板时，管道外径应与墙或楼板有一定间隙。管道穿过防爆厂房的墙板处应加设套管，并在套管间隙中填塞软质耐火材料。

（3）穿出屋面的管道，应给予固定；高出屋面3m时，要设有拉紧装置。

（4）动设备与电动机应安装在同一个基础上。通风机外壳底部或入口处要有支撑架。通风机置于减震基础上时，其减震基础与地坪要有固定连接设施。

（5）动设备进、出口为软连接时，进、出口管要有固定装置。除尘管道不得浮放于支架上，应设有固定管箍。

（6）设备不得浮放于地坪上，应设有固定措施。大、中型设备的基础设计应考虑风、雪荷载和地震荷载。

（7）管道阀门、设备上的执行机构要稳固。

（三）防雷及防静电

1. 防雷

室外大型设备、管道在非防雷保护范围内应设防雷装置，其防雷装置应与电控接地分别设计。

2. 防静电

（1）设备和金属结构的接地。设备和设备本体钢结构附属设施必须单独连接在接地母线线路上，不允许几个设备串联接地，以避免增加接地线路的电阻和防止检修设备时接地线路断裂。不带地脚螺栓的设备及钢结构可采用焊接接地线连接件，并接地；带有基础地脚螺栓的设备连接接地线。设备和钢结构件的接地件，应在对称的位置设置两处，并同时接地；接地件的高度应距设备底部500mm。

（2）管道的接地。金属管道每隔20～30m将管道连接在接地母线上。平行敷设的管道，管外壁之间距离小于100mm时，每隔20～30m安装跨接线。在管道法兰连接处，安装连接件。

（3）接地线的安装。接地导线采用ϕ6mm圆钢或25mm×4mm扁钢，接地母线采用 40mm×4mm 扁钢，应选择最短线路进行接地。接地导线的连接或接地导线与母线的连接按国家标准进行。车间或工段内部的接地系统的电阻不大于 10Ω。

（4）接地体的安装。接地体采用 ϕ57mm×3.5mm 无缝钢管或 50mm×4mm 等边角钢制作，按国际 D563 进行安装。接地体应沿建筑物的四周配置，对不设围墙的建筑物，接地体一般应距建筑物的墙 1.5~2.0m 配置；对设有围墙的建筑物，接地体应沿围墙周围配置，接地体不应配置在建筑物的进出口处。

（四）设备与管道的防爆

1. 防爆阀

防爆阀用于含有可燃气体或可燃物质的除尘系统中，可作为易爆管道或设备的泄压装置。防爆阀的膜片通常要根据除尘系统运行压力及可燃物质的含量进行计算，然后选择材质、厚度划痕，切不可因选择不当影响系统的正常运行。防爆阀结构简单，由钢制焊接筒体和防爆阀片组成；当系统压力大于 0.1MPa 或设定压力时，防爆阀片自行破裂，防止系统发生爆炸，以保证生产和人身安全。

2. 安全阀

安全阀的主要功能在于防范设备和管道内物理变化而产生的内压，易燃、易爆气体的泄压排放及安全防范。

3. 泄爆阀

泄爆阀用于设备和管道时，对承受压力的气体管道、容器设备及系统起到瞬间泄压的作用，以消除对管路、设备的破坏，杜绝爆炸事故的发生，保证生产安全运行。防爆阀一般都设有防爆门，防爆门的作用在于防止过量气体泄漏，在泄爆结束后会自动在重锤的作用下回归原位。

4. 爆破片

爆破片是由压力差驱动、非自动关闭的紧急泄压装置，主要用于管道或除尘设备，使它们避免因超压或真空而导致破坏。与安全阀相比，爆破片具有泄放面积大、动作灵敏、精度高、耐腐蚀和不易堵塞等优点。爆破片可单独使用，也可与安全阀组合使用。

爆破片装置由爆破片和夹持器两部分组成，夹持器由 Q235、16Mn 或 0Cr13 等材料制成，其作用是夹持和保护爆破片，以保证爆破片压力稳定。爆破片由铝、镍、不锈钢或石墨等材料组成，有不同形状：拱形爆破片的凹面朝向受压侧，爆破时发生拉伸或剪切破坏；反拱形爆破片的凸面朝向受压侧，爆破时因失稳突然翻转被刀刃割破或沿缝槽撕裂；平面形爆破片爆破时也发生拉伸或剪切破坏。

第三节　燃气能源评估

一、钢铁工业燃气资源综合利用

（一）基本概念

循环经济，物质闭环流动型经济的简称，其基本含义是指：自物质的循环再生利用基础上发展经济。循环经济是一种"资源—产品—再生资源—再生产品"的反馈式或闭环流动的经济形势。

钢铁工业资源综合利用的内容包括：对矿产资源进行综合开发利用，提高金属回收率。综合回收共、伴生矿中各种有用成分，开展尾矿、矿渣的综合利用；对钢铁企业生产过程中产生的再生资源，包括各种废渣、废水、废液、余热、余压、可燃气体等，进行综合开发利用，生产高附加值的产品，从而达到节约资源、增加企业经济效益、保护生态环境的目的。

（二）能源

钢铁企业的生产过程大多数是在高温下进行的，其生产产品和排放的烟气和固体废物也大多具有较高的温度。以环境温度为标准，被考察体系排出的热载体可释放的热称为余热。以环境大气压为标准，被考察体系排出的压力载体可释放的压力称为余压。钢铁企业回收余热和余压的方法主要是使用余热锅炉、气化冷却装置、燃气-蒸汽联合发电、高炉炉顶煤气余压发电。

以高炉煤气余压回收为例，该方式主要使用高炉炉顶煤气余压发电技术，其装置产生的能源利用和经济效益是可观的，根据宝钢从 2000 ~ 2004 年的统计，每生产 1t 铁，可回收的电量为 34.3 ~ 39.8kW·h。

（三）资源回收

钢铁工业燃气资源综合利用不仅表现在对再生资源余热、余压的利用，还包括对再生产品的回收再利用，而且虽然某些新型燃气技术不会直接增加再生产品的产量，但是会间接减少其他能源的消耗和增加其他再生产品的回收量或回收品种，那么这种新型的燃气处理技术或工艺也应该被称为节能技术。

高炉煤气是钢铁联合企业的重要气体能源，占钢铁联合企业回收的全部煤气的 60% 左右（以热值计），占钢铁联合企业能源消耗的 22% 左右。就炼铁单元来讲，使用的高炉煤气量占工序总能耗的 35% 左右。因此高炉煤气的回收率和利用率无论是对全厂能耗指标还是对工序能耗指标的影响都很大。高炉煤气的回收和净化工艺已经很成熟，目前煤气净化技术能够达到含尘 5 ~ 10mg/m³（标态）。作为一种可利用的资源和能源，高炉煤气应纳入全厂煤气平衡，设置煤气柜。采用高炉煤气-蒸汽联合循环发电、全烧高炉煤气锅炉，热风炉采用带有附加燃烧炉的双预热装置等，以充分利用低热值高炉煤气。

通过使用高炉煤气干法除尘技术，可以有效地提高高炉煤气炉尘的回收量。高炉出尘灰一般含铁 32% ~ 48%，除铁元素可利用外，其中的碳、氧化钙、氧化镁等都是高炉炼铁的有用成分，若弃之不用是对资源的浪费，同时又污染环境。除尘灰回收利用方式很多：可制成小球团配入烧结料中，也可以压块后使用；或者进入原料堆场，经混料后配入烧结料中；也可以用作水泥生产的辅助配料等其他用途。高炉冶炼过程中，铁矿石中锌易富集在燃气净化除尘或煤气清洗淤泥中，炉料中的锌是高炉冶炼的有害元素，它在高炉炉内对高炉炉尘有破坏作用。转底炉脱锌工艺是通过对含锌尘泥造球或压块，经火法焙烧制得金属化球团，经脱锌后的金属化球团可直接进高炉冶炼。转底炉烟气经冷却后回收锌尘，作为有色金属回收利用。

炼钢除尘系统回收大量炼钢烟尘和尘泥。对这些污泥和粉尘经过加工制成小球或压块，用作炼钢溶剂；也可送烧结厂加以综合利用，但其含水率应满足烧结配料要求。传统的湿式烟气净化系统，产出的是转炉尘泥；采用干式烟气净化系统，产出的是转炉炉尘。转炉尘泥的产生量为 $7 \sim 15 kg/t$ 钢，其主要化学成分为氧化亚铁、氧化铁、二氧化硅、三氧化二铝、氧化镁、氧化锰等，其中总铁含量可达 $50\% \sim 62\%$。尘泥和粉尘经过加工制成小球和压块，用作炼钢溶剂；也可送入烧结厂作为烧结配料予以综合利用。将含水 $25\% \sim 30\%$ 的尘泥与烧结厂的返矿混合成球（含水率小于 10%）后加入烧结料中配料，可提高混合料的透气性，改善烧结过程。上海宝钢 $250t$ 转炉烟气净化引进 LT 系统（干式静电除尘）。烟气逸出炉口进入裙罩中，大约 10% 燃烧掉，然后经过烟道汽化冷却后蒸发冷却气，冷却烟道中产生蒸汽送入管网。此过程中烟气中的粗灰被除去，最后在除尘器中进行静电除尘，其效率可达 99.99%。蒸发冷却器的粗灰以及静电除尘器除尘的细灰，送到压块系统中去，在回转窑前先进行加热，加热后的粉尘再利用压辊挤压成块状，然后再进一步进行冷却，冷却后的压块作为炼钢溶剂使用或者送到废钢车间作为废钢使用。

炼钢转炉煤气平均含有 70% 的一氧化碳量，每立方米转炉煤气的热值为 $7527 kJ$ 以上，是宝贵的优质能源。转炉炼钢时由于炉内发生化学反应而产生含 CO 的烟气。在吹氧初期和吹氧末期的数分钟内，因炉气发生量少，并且 CO 含量较低，采用开罩操作，使炉气在炉口与一定比例的空气混合燃烧。除了吹氧初期和末期外，炉气中的 CO 含量随着冶炼时间的延长而增多，此时为了回收转炉煤气而改为闭罩操作，以限制炉气在炉口燃烧。如果转炉炉口未设置活动烟罩，炼钢时不能进行闭罩操作，则炉气在炉口与空气充分混合而燃烧致使炉气中 CO 被烧掉，无煤气回收可言，造成大量能源浪费。

转炉炼钢采用未燃法，每生产 $1t$ 钢可回收 $60 m^3$ 以上转炉煤气，随着生产管理水平的提高，其回收量还可以增加。宝钢转炉煤气的回收量已经达到吨钢 $100 m^3$ 左右，从而达到了"负能炼钢"水平。转炉煤气回收及其综合利用与钢铁企业节能降耗、增加经济效益、环境保护息息相关。转炉内炉气的温度极高，它从炉口逸出经全汽化冷却活动烟罩收集，进入全汽化冷却烟道内进行热交换，回收蒸汽，并使烟气温度降低至 $650 \sim 900℃$ 范围内，再进入溢流定径内喷文氏管进行灭火、降温和粗除尘。采用 OG 法的转炉烟气净化系统，其烟气经汽化冷却系统可回收的蒸汽量为 $35 kg/t$ 钢，如增设蓄热器后可达到 $70 kg/t$ 钢。采用 LT 法的转炉烟气净化系统，其烟气经汽化冷却系统可回收的蒸汽量为 $60 kg/t$ 钢。

二、钢铁企业燃气节能设计

为了实现钢铁企业燃气资源综合利用，钢铁企业需要配套相关的燃气回收与处理设备。新建钢铁企业焦炉、高炉和转炉必须同步设计煤气回收装置，并且煤气回收设置必须与生产相匹配，并宜采用干法煤气除尘技术和干式煤气柜；钢铁企业煤气的输送，应充分利用原始煤气压力，少建或不建煤气加压设施。

煤气用户消耗量和煤气发生量是波动的，造成煤气管网压力的波动，同时影响煤

气用户的正常使用。一般来讲,钢铁企业的稳压措施有:

(1) 设置煤气柜。煤气柜可以有效地回收放散煤气,煤气柜可短时间平衡煤气的产销量,能有效地吞吐缓冲用户更换燃料时的煤气波动。煤气柜的建立,可以减少甚至不考虑缓冲量,减少外购燃料量,提高煤气的利用量,稳定管网压力,保证煤气用户的正常使用。

(2) 建设煤气缓冲用户。由于锅炉能够使用多种燃料,因此锅炉是缓冲用户的首选。

(3) 设置剩余煤气自动放散装置。当企业建设初期或煤气用户长时间检修等特殊情况下,煤气将会出现大量剩余,此时必须依靠自动放散装置来稳压。

煤气柜宜采用干式煤气柜,其较湿式煤气柜有以下优势:

(1) 储气压力高。工作压力可以达到 8kPa,甚至 15kPa,煤气适用于远距离输送,由于干式煤气柜设计压力的提高,煤气管网的运行压力随之提高,为减少或不建煤气加压设施创造了有利条件。

(2) 工作压力稳定。活塞升降时工作压力变化绝对值小于 147Pa。

(3) 气体吞吐量大,活塞运行速度可达湿式柜的两倍。

(4) 占地少,基础费用低。占地仅为湿式柜的 75% 左右,工作荷载仅为湿式柜的 5.5% 左右。

(5) 使用年限长,维修工作量小。

(6) 污水排放量少,工作时仅有少量煤气冷凝水排出,有利于保护环境。

干式布袋除尘的突出优点是:

(1) 节水。

(2) 提高高炉炉顶煤气余压发电的发电量。

高炉煤气余压透平发电装置的节能效果和环保效果良好,经济效益和社会效益显著。高炉炉顶煤气余压发电不但利用高炉煤气的余压进行高效发电,而且还有效地解决了减压阀组产生的噪声污染和管道震动。实践证明其发电量约为高炉鼓风机所耗电量的 40% 左右,因此可以有效地降低炼铁工序能耗及成本。中小型高炉中,对于高压高炉且煤气净化采用干法除尘工艺,其节能效果尤为显著,全干式高炉炉顶煤气余压发电将高炉煤气余压转换成电能外,还可充分利用煤气的显热,所以发电量较湿法提高 25% ~ 40%。

第四节　压力容器与压力管道的安全设计要求

一、压力容器的主要类型

钢铁企业内使用的压力容器相比化工企业和电力企业数量较少、危险性较低、存储介质种类和量较少。钢铁企业内的燃气类容器,低压类容器以煤气柜为主,但是其不属于压力容器的规定范畴,盛装燃气类气体的压力容器主要为液化石油气储罐和天然气储罐等。本章将简要介绍燃气类压力容器在工厂设计过程中应注意的问题。

燃气类的压力容器可参考第五章与第六章相关内容。

二、有毒、易燃、易爆介质的划分

压力容器中化学介质毒性的危害程度分类可以用于压力容器类别的确定和有关压力容器致密性、密封性技术要求的确定。而介质的易燃、易爆性决定了压力容器在工厂设计布置过程中的适用规范及相关规定。

（一）职业性接触毒物危险程度分级

职业性接触毒物危险程度分级为急性毒性、急性中毒发病状况、慢性中毒患病状况、慢性中毒后果、致癌性和最高容许浓度，参见表8-4-1。

表 8-4-1　职业性接触毒物危害程度分级　（mg/m³）

指　标		Ⅰ（极度危害）	Ⅱ（高度危害）	Ⅲ（中度危害）	Ⅳ（轻度危害）
急性毒性	吸入 LC_{50} 值	<200	200~2000	2000~20000	>20000
	经皮 LD_{50} 值	<100	100~500	500~2500	>2500
	经口 LD_{50} 值	<25	25~500	500~5000	>5000
急性中毒发病状况		生产中易发生中毒，后果严重	生产中可发生中毒，愈后良好	偶可发生中毒	迄今未见急性中毒，但有急性影响
慢性中毒患病状况		患病率高（>5%）	患病率较高（<5%）或症状发生率高（>20%）	偶有中毒病例发生或症状发生率较高（>10%）	无慢性中毒而有慢性影响
慢性中毒后果		脱离接触后，继续进展或不能治愈	脱离接触后，可基本治愈	脱离接触后，可恢复，不致严重后果	脱离接触后，自行恢复，无不良后果
致癌性		人体致癌物	可疑人体致癌物	实验动物致癌物	无致癌性
最高容许浓度		<0.1	0.1~1.0	1.0~10	>10

介质为混合物时，不应以一种毒性成分来确定混合物的毒性程度，而应按照有毒化学品的含量比例及其急性毒性指标按照加权平均法，获得混合物的 LC_{50} 或 LD_{50} 值。加权平均法可按式（8-4-1）计算：

$$L_0 = \frac{100}{\sum \dfrac{p}{L}}$$

（8-4-1）

式中　L_0——混合物的急性毒性；

　　　p——混合物中有毒化学品的含量，%；

　　　L——混合物的有毒化学品的急性毒性。

（二）火灾危险性分类

根据《建筑设计防火规范》相关要求，生产厂房的火灾危险性分类可参见表8-4-2，储存物品的火灾危险性分类可参见表8-4-3。

表 8-4-2　生产厂房的火灾危险性分类

生产类别	使用或产生下列物质生产的火灾危险性特征
甲	（1）闪点小于28℃的液体； （2）爆炸下限小于10%的气体； （3）常温下能自行分解或在空气中氧化即能导致迅速自燃或爆炸的物质； （4）常温下受到水或空气中水蒸气的作用，能产生可燃气体并引起燃烧或爆炸的物质； （5）遇酸、受热、撞击、摩擦、催化以及遇有机物或硫黄等易燃的无机物，极易引起燃烧或爆炸的强氧化剂； （6）受撞击、摩擦或与氧化剂、有机物接触时能引起燃烧或爆炸的物质； （7）在密闭设备内操作温度大于或等于物质本身自燃点的生产
乙	（1）闪点大于或等于28℃，但小于60℃的液体； （2）爆炸下限大于或等于10%的气体； （3）不属于甲类的氧化剂； （4）不属于甲类的化学易燃危险固体； （5）助燃气体； （6）能与空气形成爆炸性混合物的浮游状态的粉尘、纤维、闪点大于或等于60℃的液体雾滴
丙	（1）闪点大于或等于60℃的液体； （2）可燃固体
丁	（1）对不燃烧物质进行加工，并在高温或熔化状态下经常产生热辐射、火花或火焰的生产； （2）利用气体、液体、固体作为燃料或将气体、液体进行燃烧作其他用的各种生产； （3）常温下使用或加工难燃烧物质的生产
戊	常温下使用或加工不燃烧物质的生产

注：同一座厂房或厂房内的任一放火分区有不同火灾危险性的生产时，其分类按火灾危险性较大部分确定。但火灾危险性较大的生产部分占本层或本防火区域面积的比例小于5%，丁、戊类生产厂房的油漆工段小于10%；且发生火灾事故时不足以蔓延到其他部位，或火灾危险性较大的生产部分采取了有效的防火措施，可按火灾危险性较小的部分确定。

表 8-4-3　储存物品的火灾危险性分类

生产类别	使用或产生下列物质生产的火灾危险性特征
甲	（1）闪点小于28℃的液体； （2）爆炸下限小于10%的气体，以及受到水或空气中水蒸气的作用，能产生爆炸下限小于10%气体的固体物质； （3）常温下能自行分解或在空气中氧化即能导致迅速自燃或爆炸的物质； （4）常温下受到水或空气中水蒸气的作用，能产生可燃气体并引起燃烧或爆炸的物质； （5）遇酸、受热、撞击、摩擦、催化以及遇有机物或硫黄等易燃的无机物，极易引起燃烧或爆炸的强氧化剂； （6）受撞击、摩擦或与氧化剂、有机物接触时能引起燃烧或爆炸的物质
乙	（1）闪点大于或等于28℃，但小于60℃的液体； （2）爆炸下限大于或等于10%的气体； （3）不属于甲类的氧化剂； （4）不属于甲类的化学易燃危险固体； （5）助燃气体； （6）常温下与空气接触能缓慢氧化，积热不散引起自燃的物品
丙	（1）闪点大于或等于60℃的液体； （2）可燃固体
丁	难燃烧物品
戊	不燃烧物品

注：难燃烧物品、不燃烧物品的可燃包装质量超过物品本身质量的1/4的仓库，其火灾危险性应按照上表确定。

（三）爆炸危险区域划分

易燃气体、易燃液体的蒸汽或可燃粉尘和空气混合达到一定浓度时，遇到火源就可能发生爆炸。爆炸发生的条件主要是易燃气体、易燃液体的蒸汽或可燃粉尘和空气混合，其混合浓度在爆炸极限范围内，并存在足以点燃爆炸性气体混合的火花、电弧或高温时，便会发生爆炸。爆炸性气体环境危险区域划分为0区、1区、2区、附加2区。

（1）0区。连续出现或长期出现爆炸性气体混合物的环境。

（2）1区。在正常运行时可能出现爆炸性气体混合物的环境。

（3）2区。在正常运行时不可能出现爆炸性气体混合物的环境，或即使出现也仅是短时间存在的爆炸性气体混合物的环境。

（4）附加2区。当易燃物质可能大量释放并扩散到15m以外时，爆炸危险区域的范围应划分为附加2区。

（四）气体监测与报警

在生产或使用可燃气体及有毒气体的工艺装置和储运设施的区域内，对可能发生可燃气体和有毒气体泄漏进行监测时，应该按照下列规定设置可燃气体检测器和有毒气体检测器：

（1）可燃气体或含有毒气体的可燃气体泄漏时，可燃气体浓度可能达到25%爆炸下限，但有毒气体不能达到最高容许浓度时，应设置可燃气体检测器。

（2）有毒气体或含有可燃气体的有毒气体泄漏时，有毒气体浓度可能达到最高容许浓度，但可燃气体的浓度不能达到25%的爆炸下限时，应设置有毒气体检测器。

（3）可燃气体与有毒气体同时存在的场所，可燃气体浓度可能达到25%的爆炸下限，有毒气体的浓度也可能达到最高容许浓度时，应分别设置可燃气体和有毒气体检测器。

（4）同一种气体，既属于可燃气体又属于有毒气体时，应只设置有毒气体检测器。

可燃气体和有毒气体的报警级别设置如下：

（1）可燃气体的一级报警设定值小于或等于25%爆炸下限。

（2）可燃气体的二级报警设定值小于或等于50%爆炸下限。

（3）有毒气体的报警设定值宜小于或等于100%的最高容许浓度或短时间接触容许浓度。当实验用标准气体调制困难时，报警设定值可为200%的最高容许浓度或短时间接触容许浓度以下。当现有探测器的测量范围不能满足测量要求时，有毒气体的测量范围可为0%～30%直接致害浓度；有毒气体的二级报警设定值不得超过10%的直接致害浓度。

可燃气体和有毒气体的监测系统应采用两级报警。同一监测区域内的有毒气体、可燃气体监测器同时报警，应遵循以下原则：

（1）同一级别的报警中，有毒气体的报警优先。

（2）二级报警优先于一级报警。

三、管道标准选择

压力管道的相关标准较多，其主要在液压试验、无损检测方法、交货热处理状态、适用钢号、碳含量、磷含量、硫含量、壁厚允许偏差、外径允许偏差上有所区别。要特别注意不同标准下对相同钢号的钢管成分的要求不尽相同，对钢管的壁厚允许偏差、外径允许偏差也有偏差，这使得在进行管道应力计算过程中，可能得出不同的结果。本小节主要介绍低压流体输送用大直径电焊钢管、直焊缝电焊钢管、流体输送用不锈钢焊接钢管、输送流体用无缝钢管、低中压锅炉用无缝钢管、高压锅炉用无缝钢管、石油裂化用无缝钢管、高压化肥设备用无缝钢管、流体输送用不锈钢无缝钢管，其管道标准比较见表8-4-4。管道标准、材质等设计参数的正确选择是保证设计安全的基础。

表8-4-4　常用管道标准比较

标　准	液压试验	无损检测及检验	交货热处理状态	钢　号	碳含量/%	磷含量/%	硫含量/%	外径允许偏差/%	壁厚允许偏差/%
低压流体输送用大直径电焊钢管（GB/T 14980—1994）	逐根	逐根涡流探伤		Q215A	0.15	0.045	0.050	±12.5	±0.8
				Q215B	0.15	0.045	0.045		
				Q235A	0.22	0.045	0.050		
				Q235B	0.20	0.045	0.045		
直焊缝电焊钢管（GB/T 13793—2008）	逐根	逐根超声波探伤、涡流探伤、漏磁探伤	焊接状态，不热处理	08号	0.05~0.11	0.035	0.035	参见表8-4-5	参见表8-4-6
				10号	0.07~0.13	0.035	0.035		
				15号	0.12~0.18	0.035	0.035		
				20号	0.17~0.23	0.035	0.035		
				Q195	0.12	0.035	0.040		
				Q215A	0.15	0.045	0.050		
				Q215B	0.15	0.045	0.045		
				Q235A	0.22	0.045	0.050		
				Q235B	0.20	0.045	0.045		
				Q235C	0.17	0.040	0.040		
				Q345A	≤0.20	0.035	0.035		
				Q345B	≤0.20	0.035	0.035		
				Q345C	≤0.20	0.030	0.030		
流体输送用不锈钢焊接钢管（GB/T 12771—2008）	逐根	逐根涡流探伤、射线探伤	电炉配合炉外精炼；热处理	12Cr18Ni9	≤0.15	≤0.040	≤0.030	参见表8-4-7	参见表8-4-8
				06Cr19Ni10	≤0.08	≤0.040	≤0.030		
				022Cr19Ni10	≤0.030	≤0.040	≤0.030		
				06Cr25Ni20	≤0.08	≤0.040	≤0.030		
				06Cr17Ni12Mo2	≤0.08	≤0.040	≤0.030		
				022Cr17Ni12Mo2	≤0.030	≤0.040	≤0.030		
				06Cr18Ni11Ti	≤0.08	≤0.040	≤0.030		
				06Cr18Ni11Nb	≤0.08	≤0.040	≤0.030		
				022Cr18Ti	≤0.030	≤0.040	≤0.030		
				019Cr19Mo2NbTi	≤0.025	≤0.040	≤0.030		
				06Cr13Al	≤0.08	≤0.040	≤0.030		
				022Cr11Ti	≤0.030	≤0.040	≤0.020		
				022Cr12Ni	≤0.030	≤0.040	≤0.015		
				06Cr13	≤0.08	≤0.040	≤0.030		

续表 8-4-4

标　准	液压试验	无损检测及检验	交货热处理状态	钢　号	碳含量/%	磷含量/%	硫含量/%	外径允许偏差/%	壁厚允许偏差/%
流体输送用无缝钢管（GB/T 8163—2008）	逐根	逐根超声波探伤、涡流探伤、漏磁探伤	电炉或氧气转炉炼钢配合炉外精炼；热处理	10 号	0.07~0.13	0.035	0.035	参见表8-4-9	参见表8-4-10和表8-4-11
				20 号	0.17~0.23	0.035	0.035		
				Q345A	≤0.20	0.035	0.035		
				Q345B	≤0.20	0.035	0.035		
				Q345C	≤0.20	0.030	0.030		
				Q345D	≤0.18	0.030	0.025		
				Q345E	≤0.18	0.025	0.020		
				Q390A	≤0.20	0.035	0.035		
				Q390B	≤0.20	0.035	0.035		
				Q390C	≤0.20	0.030	0.030		
				Q390D	≤0.20	0.030	0.025		
				Q390E	≤0.20	0.025	0.020		
				Q420A	≤0.20	0.035	0.035		
				Q420B	≤0.20	0.035	0.035		
				Q420C	≤0.20	0.030	0.030		
				Q420D	≤0.20	0.030	0.025		
				Q420E	≤0.20	0.025	0.020		
				Q460C	≤0.20	0.030	0.030		
				Q460D	≤0.20	0.030	0.025		
				Q460E	≤0.20	0.030	0.020		
低中压锅炉用无缝钢管（GB 3087—2014）	逐根	逐根超声波探伤、涡流探伤、漏磁探伤	电炉或氧气转炉炼钢配合炉外精炼；热处理	10 号	0.07~0.13	0.035	0.035	参见表8-4-9	参见表8-4-10和表8-4-11
				20 号	0.17~0.23	0.035	0.035		
高压锅炉用无缝钢管（GB 5310—2008）	逐根	逐根涡流探伤、漏磁探伤	热处理	20G	0.17~0.25	≤0.025	≤0.015	参见表8-4-12	参见表8-4-13
				20MnG	0.17~0.25	≤0.025	≤0.015		
				25MnG	0.22~0.27	≤0.025	≤0.015		
				15MoG	0.12~0.20	≤0.025	≤0.015		
				20MoG	0.15~0.25	≤0.025	≤0.015		
				12CrMoG	0.08~0.15	≤0.025	≤0.015		
				15CrMoG	0.12~0.18	≤0.025	≤0.015		
				12Cr2MoG	0.08~0.15	≤0.025	≤0.015		
				12Cr1MoVG	0.08~0.15	≤0.025	≤0.010		
				12Cr2MoWVTiB	0.08~0.15	≤0.025	≤0.015		
				07Cr2MoW2VTiB	0.04~0.10	≤0.025	≤0.010		
				12Cr3MoVSiTiB	0.09~0.15	≤0.025	≤0.015		
				15Ni1MnMoNbCu	0.10~0.17	≤0.025	≤0.015		
				10Cr9Mo1VNbN	0.08~0.12	≤0.020	≤0.010		
				10Cr9MoW2VNbBN	0.07~0.13	≤0.020	≤0.010		
				10Cr11MoW2VNbCu1BN	0.07~0.14	≤0.020	≤0.010		
				11Cr9Mo1W1VNbBN	0.09~0.13	≤0.020	≤0.010		
				01Cr19Ni10	0.04~0.10	≤0.030	≤0.015		
				10Cr18Ni9NbCu3BN	0.07~0.13	≤0.030	≤0.015		
				07Cr25Ni21NbN	0.04~0.10	≤0.030	≤0.015		
				07Cr19Ni11Ti	0.04~0.10	≤0.030	≤0.015		
				07Cr18Ni11Nb	0.04~0.10	≤0.030	≤0.015		
				08Cr18Ni11NbFG	0.06~0.10	≤0.030	≤0.015		

续表 8-4-4

标 准	液压试验	无损检测及检验	交货热处理状态	钢 号	碳含量/%	磷含量/%	硫含量/%	外径允许偏差/%	壁厚允许偏差/%
石油裂化用无缝钢管（GB 9948—2006）	逐根	逐根涡流探伤、漏磁探伤	电炉或氧气转炉炼钢，配合炉外精炼；热处理	10 号	0.07~0.13	≤0.030	≤0.020		参见表 8-4-14
				20 号	0.07~0.23	≤0.030	≤0.020		
				12CrMo	0.08~0.15	≤0.030	≤0.020		
				15CrMo	0.12~0.18	≤0.030	≤0.020		
				1Cr5Mo	≤0.15	≤0.030	≤0.020		
				1Cr19Ni9	0.04~0.10	≤0.030	≤0.020		
				1Cr19Ni11Nb	0.04~0.10	≤0.030	≤0.020		
高压化肥设备用无缝钢管（GB 6479—2000）	逐根	逐根涡流探伤、漏磁探伤	热处理	10 号	0.07~0.14	≤0.030	≤0.030		参见表 8-4-15
				20 号	0.07~0.24	≤0.030	≤0.030		
				16Mn	0.12~0.20	≤0.030	≤0.030		
				15MnV	0.12~0.18	≤0.030	≤0.030		
				10MoWVNb	0.07~0.13	≤0.030	≤0.030		
				12CrMo	0.08~0.15	≤0.030	≤0.030		
				15CrMo	0.12~0.18	≤0.030	≤0.030		
				1Cr5Mo	≤0.15	≤0.030	≤0.030		
				12Cr2Mo	0.08~0.15	≤0.030	≤0.030		
				12SiMoVNb	0.08~0.14	≤0.030	≤0.030		
流体输送用不锈钢无缝钢管（GB/T 14976—2012）	逐根	逐根涡流探伤、超声波探伤	炉外精炼	12Cr18Ni9	≤0.15	≤0.035	≤0.030		参见表 8-4-16
				06Cr19Ni10	≤0.08	≤0.035	≤0.030		
				022Cr19Ni10	≤0.030	≤0.035	≤0.030		
				06Cr19Ni10N	≤0.08	≤0.035	≤0.030		
				06Cr19Ni9NbN	≤0.08	≤0.035	≤0.030		
				022Cr19Ni10N	≤0.030	≤0.035	≤0.030		
				06Cr23Ni13	≤0.08	≤0.035	≤0.030		
				06Cr25Ni20	≤0.08	≤0.035	≤0.030		
				06Cr17Ni12Mo2	≤0.08	≤0.035	≤0.030		
				022Cr17Ni12Mo2	≤0.030	≤0.035	≤0.030		
				07Cr17Ni12Mo2	0.04~0.10	≤0.030	≤0.030		
				06Cr17Ni12Mo2Ti	≤0.08	≤0.035	≤0.030		
				05Cr17Ni12Mo2N	≤0.08	≤0.035	≤0.030		
				022Cr17Ni12Mo2N	≤0.030	≤0.035	≤0.030		
				06Cr18Ni12Mo2Cu2	≤0.08	≤0.035	≤0.030		
				022Cr18Ni14Mo2Cu2	≤0.030	≤0.035	≤0.030		
				06Cr19Ni13Mo3	≤0.08	≤0.035	≤0.030		
				022Cr19Ni13Mo3	≤0.030	≤0.035	≤0.030		
				06Cr18Ni11Ti	≤0.08	≤0.035	≤0.030		
				07Cr19Ni11Ti	0.04~0.10	≤0.035	≤0.030		
				06Cr18Ni11Nb	≤0.08	≤0.035	≤0.030		
				07Cr18Ni11Nb	0.04~0.10	≤0.035	≤0.030		
				06Cr13Al	≤0.08	≤0.035	≤0.030		
				10Cr15	≤0.12	≤0.035	≤0.030		
				14Cr17	≤0.12	≤0.035	≤0.030		
				012Cr18Ti	0.030	≤0.035	≤0.030		
				019Cr19Mo2NbTi	0.025	≤0.035	≤0.030		
				06Cr13	0.05	≤0.035	≤0.030		
				12Cr13	0.15	≤0.035	≤0.030		

表 8-4-5　直焊缝电焊钢管外径允许偏差　　　　　　　　　（mm）

外径 D	普通精度	较高精度	高精度
5～20	±0.30	±0.20	±0.10
20～50	±0.50	±0.30	±0.15
50～80	±1.0%D	±0.50	±0.30
80～114.3	±1.0%D	±0.60	±0.40
114.3～219.1	±1.0%D	±0.80	±0.60
219.1	±1.0%D	±0.75%D	±0.5%D

表 8-4-6　直焊缝电焊钢管壁厚允许偏差　　　　　　　　　（mm）

壁厚 S	普通精度	较高精度	高精度	同截面壁厚允许偏差
0.50～0.60	±0.10	±0.06	+0.03，−0.05	
0.60～0.80	±0.10	±0.07，±0.08	+0.04，−0.07	
0.80～1.0				
1.0～1.2		±0.09，±0.11	+0.05，−0.09	
1.2～1.4				
1.4～1.5		±0.12，±0.13	+0.06，−0.11	7.5%S
1.5～1.6	±10%S			
1.6～2.0		±0.14，±0.15，±0.16	+0.07，−0.13	
2.0～2.2				
2.2～2.5				
2.5～2.8		±0.17，±0.18	+0.08，−0.16	
2.8～3.2				

表 8-4-7　流体输送用不锈钢焊接钢管外径允许偏差　　　　（mm）

类　别	外径 D	允　许　偏　差	
		较高级	高级
焊接状态	全部尺寸	±0.5%D 或 ±0.20 中的较大值	±0.75%D 或 ±0.30 中的较大值
热处理状态	<40	±0.20	±0.30
	40～65	±0.30	±0.40
	65～90	±0.40	±0.50
	90～168.3	±0.80	±1.00
	168.3～325	±0.75%D	±1.0%D
	325～610	±0.6%D	±1.0%D
	≥610	±0.6%D	±0.7%D 或 ±10 中的较小值
冷拔（轧）状态，磨（抛）光状态	<40	±0.15	±0.20
	40～60	±0.20	±0.30
	60～100	±0.30	±0.40
	100～200	±0.4%D	±0.5%D
	≥200	±0.5%D	±0.75%D

表8-4-8　流体输送用不锈钢焊接钢管壁厚允许偏差　　　　（mm）

壁厚 S	允许偏差	壁厚 S	允许偏差
≤0.5	±0.10	2.0~4.0	±0.30
0.5~1.0	±0.15	>4.0	±10%S
1.0~2.0	±0.20		

表8-4-9　低压流体无缝钢管管径允许偏差　　　　（mm）

钢管种类	允许偏差
热轧（挤压、扩）钢管	±1%D 或 ±0.50，取其中的较大者
冷拔（轧）钢管	±1%D 或 ±0.30，取其中的较大者

表8-4-10　低压流体无缝钢管壁厚允许偏差

钢管种类	钢管公称外径/mm	S/D	允许偏差/mm
热轧（挤压）钢管	≤102		±12.5%S 或 ±0.40，取其中较大者
	>102	≤0.05	±15%S 或 ±0.40，取其中较大者
		0.05~0.10	±12.5%S 或 ±0.40，取其中较大者
		>0.10	+12.5%S，−10%S
热扩钢管			±15%S

表8-4-11　低压流体无缝钢管壁厚允许偏差　　　　（mm）

钢管种类	钢管公称壁厚	允许偏差
冷拔（轧）	≤3	+15%S −10%S 或 ±0.15，取其中较大者
	>3	+12.5%S，−10%S

表8-4-12　高压锅炉用无缝钢管管径允许偏差　　　　（mm）

制造方法	钢管尺寸			允许偏差	
				普通级	高级
热轧（挤压）钢管	公称外径 D	≤54		±0.40	±0.30
		>54~325	S≤35	±0.75%D	±0.5%D
			S>35	±1%D	±0.75%D
		>325		±1%D	±0.75%D
	公称壁厚 S	≤4.0		±0.45	±0.35
		4.0~20		+12.5%S，−10%S	±10%S
		>20	D<219	±10%S	±7.5%S
			D≥219	+12.5%S，−10%S	±10%S
热扩钢管	公称外径 D	全部		±1%D	±0.75%D
	公称壁厚 S	全部		+20%S，−10%S	+15%S，−10%S
冷拔（轧）钢管	公称外径 D	≤25.4		±0.15	—
		25.4~40		±0.20	—
		40~50		±0.25	—
		50~60		±0.30	—
		>60		±0.5%D	—
	公称壁厚 S	≤3.0		±0.3	±0.2
		>3.0		±10%S	±7.5%S

表 8-4-13 高压锅炉用无缝钢管壁厚允许偏差 （mm）

制造方法	壁厚范围	允许偏差	
		普通级	高级
热轧（挤压）钢管	$S_{min} \leqslant 4.0$	+0.90	+0.70
		0	0
	$S_{min} > 4.0$	+25% S_{min}	+22% S_{min}
		0	0
冷拔（轧）钢管	$S_{min} \leqslant 3.0$	+0.6	+0.4
		0	0
	$S_{min} > 3.0$	+20% S_{min}	+15% S_{min}
		0	0

表 8-4-14 石油裂化用无缝钢管管径和壁厚允许偏差 （mm）

制造方法	钢管公称尺寸		允许偏差	
			普通级	高级
热轧（挤压）钢管	外径 D	$\leqslant 50$	±0.50	±0.30
		50 ~ 159	±1% D	±0.75% D
		>159	±1% D	±0.9% D
	壁厚 S	$\leqslant 20$	+15% S，−10% S	±10% S
		>20	+12.5% S，−10% S	±10% S
热扩钢管	外径 D	全部	±1% D	
	壁厚 S	全部	±15% S	
冷拔（轧）钢管	外径 D	14 ~ 30	±0.20	±0.15
		30 ~ 50	±0.30	±0.25
		>50	±0.75% D	±0.6% D
	壁厚 S	$\leqslant 3.0$	+12.5% S，−10% S	±10% S
		>3.0	±10% S	±7.5% S

表 8-4-15 高压化肥设备用无缝钢管管径和壁厚允许偏差 （mm）

制造方法	钢管公称尺寸		允许偏差	
			普通级	高级
热轧（挤压）钢管	外径 D	$\leqslant 159$	±1% D 且最小值 ±0.50	±0.75% D 且最小值 ±0.30
		>159	±1% D	±0.75% D
	壁厚 S	$\leqslant 20$	+15% S，−10% S	±10% S
		>20	+12.5% S，−10% S	±10% S
冷拔（轧）钢管	外径 D	14 ~ 30	±0.20	±0.15
		30 ~ 50	±0.30	±0.25
		>50	±0.75% D	±0.6% D
	壁厚 S	$\leqslant 3.0$	+12.5% S，−10% S	±10% S
		>3.0	±10% S	±7.5% S

表 8-4-16　流体输送用不锈钢无缝钢管管径和壁厚允许偏差

热轧（挤、扩）钢管				冷拔（轧）钢管			
尺　寸		允许偏差		尺　寸		允许偏差	
		普通级	高级			普通级	高级
公称外径 D	$68 \sim 159$	$\pm 1.25\% D$	$\pm 1\% D$	公称外径 D	$6 \sim 10$	± 0.20	± 0.15
					$10 \sim 30$	± 0.30	± 0.20
					$30 \sim 50$	± 0.40	± 0.30
					$50 \sim 219$	$\pm 0.85\% D$	$\pm 0.75\% D$
	>159	$\pm 1.5\% D$			>219	$\pm 0.9\% D$	$\pm 0.8\% D$
公称壁厚 S	<15	$+15\% S, -12.5\% S$	$\pm 12.5\% S$	公称壁厚 S	≤ 3	$\pm 12\% S$	$\pm 10\% S$
	≥ 15	$+20\% S, -15\% S$			>3	$+12.5\% S, -10\% S$	$\pm 10\% S$

四、压力管道用无损检验方法

压力管道用无损检验方法主要有以下几种：

（1）射线透照检测（RT）。射线透照检测根据射线源不同又可分为 γ 射线检测、X 射线检测和高能 X 射线检测。射线透照检测具有透视灵敏度高、能永久保存记录等优点，但具有费用高、设备笨重、不能发现发裂等一类线性缺陷等缺点。透照工件厚度与采用的射线能量大小有关，如 100kV 的 X 射线可以探测不大于 20mm 厚度，可探出近表面及内部缺陷。

（2）超声波检测（UT）。超声波检测适用范围广、灵敏度高、对人体无害、运用灵活、可立即得出探伤结论、费用低；适用于现场工作，能对正在运行的设备进行检测。但是，它具有只能检测简单形状工件、表面处理要求高、不能确定缺陷的性质和尺寸、检测精度取决于探伤人员的经验、不能保存永久检测记录等缺点。超声波检测可检测出任何部位的缺陷，包括近表面、表面和内部。

（3）衍射时差法超声检测（TOFD）。衍射时差法超声检测技术缺陷检出能力强，缺陷定位精度高；监测数据可以保存；与常规的脉冲回声检测技术相比，TOFD 在缺陷检测方面与缺陷的方向无关，可以精确地确定缺陷的高度；因为检测速度快，对于板厚超过 25mm 的材料，成本比射线透照检测少；可以在 200℃ 以上的表面进行监测；检测率高于常规的超声波检测。

（4）磁粉检测（WT）。磁粉检测具有灵敏度高、速度快、能直观缺陷、操作方便、设备简单、费用低等优点；但是不能检测非铁磁材料，不能发现内部缺陷，表面质量要求高，难以确定缺陷深度；用于检测表面及近表面微小缺陷。

（5）渗透检测（PT）。渗透检测不受工件材料限制，不需专门设备，操作简单，不受工件厚度限制；适用于发现表面及贯穿性缺陷。

（6）涡流检测（ET）。涡流检测时线圈不需与被测物直接接触，可进行高速检测，易于实现自动化，不受工件厚度限制，检测速度快，检测结果也易于受到材料本身及其他因素的干扰；适用于大批量单一产品生产，但只能监测缺陷的位置和范围；用于发现表面及近表面缺陷。

（7）目测检测（VT）。用肉眼观察物件表面缺陷。

第九章 燃气管道设计

❖❖❖

燃气管道的水力学计算与应力计算是冶金企业工厂设计过程中的重要内容,关系到燃气的安全分配与应用,直接决定了燃气管道的安全使用,同时管道的安装、布置也是燃气管道设计的关键。本章就以上问题做了较全面的分析与介绍。

第一节 大型低压燃气管道水力学计算

大型低压燃气管道主要包括高炉煤气管道、焦炉煤气管道、转炉煤气管道和天然气管道,简称为低压燃气管道,管道内的介质压力一般不会超过 20kPa,在进行低压气体输送过程中管道的总管径相对较大。在进行管道设计过程中,需要较精确地进行水力学计算,否则会造成巨大的工程材料浪费。

低压燃气在进行管道输送过程中,需要确定煤气的实际流量和经济流速,可以依据式(9-1-1)计算。不同种类燃气的经济流速可参考表 9-1-1。

$$d = \sqrt{\frac{4Q}{3600\pi u}} \times 1000 \qquad (9\text{-}1\text{-}1)$$

式中　d——输气管道内径,mm;

　　　Q——低压燃气管道的实际流量,m^3/h;

　　　u——低压燃气的经济流速,m/s,参见表 9-1-1。

表 9-1-1　不同种类低压燃气的经济流速

序　号	管径/mm	高炉煤气/$m \cdot s^{-1}$	转炉煤气/$m \cdot s^{-1}$	焦炉煤气/$m \cdot s^{-1}$	天然气/$m \cdot s^{-1}$
1	DN200	4.0	4.0	6.0	8.0
2	DN250	4.5	4.5	6.5	9.0
3	DN300	5.0	5.0	7.0	10.0
4	DN350	5.5	5.5	7.5	11.0
5	DN400	6.0	6.0	8.0	12.0
6	DN450	6.5	6.5	8.5	13.0
7	DN500	6.5	6.5	8.5	14.0
8	DN550	7.5	7.5	9.0	15.0
9	DN600	7.5	7.5	9.0	16.0
10	DN700	8.0	8.0	10.0	—
11	DN800	8.5	8.5	11.0	—

序　号	管径/mm	高炉煤气/m·s⁻¹	转炉煤气/m·s⁻¹	焦炉煤气/m·s⁻¹	天然气/m·s⁻¹
12	DN900	9.0	9.0	12.0	—
13	DN1000	9.5	9.5	12.5	—
14	DN1100	10.0	10.0	13.0	—
15	DN1200	10.5	10.5	13.5	—
16	DN1400	11.0	11.0	14.0	—
17	DN1600	12.0	12.0	>16	—
18	DN1800	13.0	13.0	>18	—
19	DN2000	14.0	14.0	>20	—
20	DN2200	>14	>14	>22	—
21	DN2400	>16	>16	>24	—
22	DN2600	>18	>18	>26	—
23	DN2800	>20	>20	—	—
24	DN3000	>22	>22	—	—
25	DN3200	>24	>24	—	—
26	DN3400	>26	>26	—	—

根据低压燃气的温度、压力、含水量进行体积流量的修正，最终得到实际流量。低压燃气气体体积修正系数计算可参考式（9-1-2）、含湿量计算参考式（9-1-3）。水蒸气分压可参考附录L。

$$k = \frac{273 + t}{273} \times \frac{101.325}{p_{dq} + p} \times \left(1 + \frac{d_c}{0.804}\right) \tag{9-1-2}$$

$$d_c = 0.804 \times \frac{p_w}{p_{dq} + p - p_w} \tag{9-1-3}$$

式中　k——低压燃气体积修正系数；

　　　t——低压燃气介质的温度，℃；

　　p_{dq}——当地大气压力，kPa；

　　　p——低压燃气介质压力，kPa；

　　　d_c——低压燃气的含水量，kg/m³；

　　　p_w——水蒸气分压，kPa，参见附录L。

低压燃气圆形管道摩擦阻力损失计算参考式（9-1-4）。

$$\Delta p_L = \lambda \frac{L}{d_n} \frac{u^2}{2} \rho \tag{9-1-4}$$

式中　Δp_L——低压燃气管道压力降，kPa；

　　　λ——摩擦阻力系数，参见表9-1-2；

　　　L——低压燃气管道长度，m；

d_n——圆形管道内径，m；

u——低压燃气的流速，m/s；

ρ——低压燃气的密度，kg/m³。

表 9-1-2　不同管道性质的管壁摩擦系数和粗糙度

序　号	管道性质	λ	k/mm
1	玻璃、黄铜	0.025 ~ 0.04	0.11 ~ 0.15
2	焊接钢管	0.09 ~ 0.1	0.15 ~ 0.18
3	镀锌钢管	0.12	0.15 ~ 0.18
4	污秽管道	0.75 ~ 0.9	0.16 ~ 0.2
5	橡皮软管	0.01 ~ 0.03	0.02 ~ 0.25
6	水泥胶砂管	0.05 ~ 0.1	1.0 ~ 3.0
7	水泥胶沙砌砖管	0.045 ~ 0.2	3.0 ~ 6.0
8	混凝土涵道	0.045 ~ 0.2	3.0 ~ 6.0

注：相对粗糙度 R_e 在 $10^4 \sim 10^6$ 范围内。

燃气管道总阻力损失计算参考式（9-1-5）。局部阻力可以进行较精确的计算，参考附录 H；如果仅需要进行粗略的计算，可以按照直管段总阻力的 10% ~ 20% 来进行估算。

$$\Delta p_L = m\left(\lambda\,\frac{L}{d_n} + \sum_{i=1}^{n}\xi_i\right)\frac{u^2}{2}\rho \tag{9-1-5}$$

式中　Δp_L——低压燃气管道总压力降，kPa；

ξ_i——局部阻力系数，参考附录 H；

m——附加系数，可取 1.15 ~ 1.20。

第二节　大型低压燃气管道应力计算

大型低压燃气管道的应力计算方法可以分为手工计算与计算机计算。其中，手工计算主要用于计算局部应力或简单管道系统的应力计算过程，而有特殊角度的管道系统、复杂管道系统需要使用计算机方法进行计算，在进行管道应力计算时尽量使用计算机方法。本节主要介绍局部应力产生的原因和计算方法，相关的计算机方法参考第十章相关内容。

一、管道膨胀量计算

管道由于温度变化而发生热胀冷缩的现象，在这个过程中所产生的伸长或缩短量计算参考式（9-2-1）。

$$\Delta L = L\alpha_1(t_2 - t_1) \tag{9-2-1}$$

式中　ΔL——管道的热伸长量，mm；

　　　L——管道计算长度，mm；

　　　α_1——平均线膨胀系数，K^{-1}，参见表 9-2-1；

　　　t_2——介质输送温度，K；

　　　t_1——管道安装温度，K。

表 9-2-1　不同材料管道的线膨胀系数

管道材料	α_1/K^{-1}	管道材料	α_1/K^{-1}
普通钢	12×10^{-6}	铜	15.96×10^{-6}
钢	13.1×10^{-6}	铸　铁	11.0×10^{-6}
镍铬钢	11.7×10^{-6}	聚氯乙烯	70×10^{-6}
不锈钢	10.3×10^{-6}	聚乙烯	10×10^{-6}
碳素钢	11.7×10^{-6}		

二、L 形管道布置

L 形管道布置分为两个相互垂直的管臂。两臂长度应在 20 ~ 25m 之间，两臂中短臂长度计算参考式（9-2-2）。管道系统对长臂固定点和短臂固定点的轴向推力计算可参考式（9-2-3）和式（9-2-4），折弯点弯曲应力计算参考式（9-2-5）。

$$L_2 = 1.1 \sqrt{\frac{\Delta L D_w}{300}} \tag{9-2-2}$$

式中　L_2——L 形补偿的短臂长度，cm；

　　　ΔL——长臂的线膨胀量，cm；

　　　D_w——管道外径，cm。

$$F_{x1} = \frac{\Delta L_1 EJK}{L_2^3} \varepsilon \tag{9-2-3}$$

式中　F_{x1}——长臂的轴向推力，N；

　　　ΔL_1——长臂的外补偿量，cm；

　　　E——钢材的弹性模量，MPa，参考附录 P；

　　　J——管道的截面惯性矩，cm^4；

　　　K——修正系数，当 $D > 900mm$ 时，$K = 2$；当 $D < 800$ 时，$K = 3$；

　　　ε——安装预应力系数，大气温度安装调整时，取 $\varepsilon = 0.63$；不调整时，

　　　　$\varepsilon = 1.0$。

$$J = \frac{\pi}{64}(D_w^4 - d^4)$$

式中　d——管道壁厚，cm。

$$F_{x2} = \frac{\Delta L_2 EJK}{L_1^3} \varepsilon \tag{9-2-4}$$

式中　F_{x2}——短臂的轴向推力，N；

ΔL_2——短臂的外补偿量，cm。

$$\sigma_1 = \frac{\Delta L_2 E D_w K}{20 \times L_1^3} \varepsilon \tag{9-2-5}$$

式中　σ_1——最大弯曲应力，Pa。

三、Z 形管道布置

Z 形管道由两臂与中间臂构成，一般两臂的长度之和应控制在 40～50m 之间。中间臂长度计算可参考式（9-2-6）。两固定点的轴向推力计算参考式（9-2-7），纵向推力参考式（9-2-8）和式（9-2-9）。弯头处的最大弯曲应力点参考式（9-2-10）。

$$L_3 = \sqrt{\frac{6\Delta t D_w E}{100\sigma\left(1 + 12\dfrac{L_1}{L_2}\right)}} \tag{9-2-6}$$

式中　L_3——Z 形补偿的中间垂直臂长度，cm；

L_1——Z 形补偿的长臂长度，cm；

L_2——Z 形补偿的短臂长度，cm；

Δt——计算温差，℃；

σ——需用弯曲应力，MPa。

$$F_x = \frac{KEJ(\Delta L_3 + \Delta L_2)}{L_3^3} \varepsilon \tag{9-2-7}$$

式中　F_x——短臂的轴向推力，N；

ΔL_2——短臂的外补偿量，cm；

ΔL_3——中间臂的外补偿量，cm。

$$F_{y1} = \frac{KEJ\left(\Delta L_3 \dfrac{L_1}{L_1 + L_2}\right)}{L_1^3} \varepsilon \tag{9-2-8}$$

式中　F_{y1}——长臂的横向推力，N。

$$F_{y2} = \frac{KEJ\left(\Delta L_3 \dfrac{L_2}{L_1 + L_2}\right)}{L_2^3} \varepsilon \tag{9-2-9}$$

式中　F_{y2}——短臂的横向推力，N。

$$\sigma_1 = \frac{E D_w K(\varepsilon \Delta L_1 + \Delta L_2)}{2 L_1^2} \tag{9-2-10}$$

四、波形管补偿器

波纹管补偿器是大型燃气管道工程中常用的管道设备，主要包括轴向补偿器、横向补偿器、万向型补偿器等。根据补偿器种类的不同，会有对应的轴向和横向刚度值，根据补偿器和刚度值及所吸收的管道形变，即可计算出波纹补偿器所产生的推力。计算参考式（9-2-11）和式（9-2-12）。

$$S_x = 10k_x\Delta L_x \tag{9-2-11}$$

式中　S_x——波纹管产生的轴向推力，N；

　　　k_x——波纹管产生的轴向刚度，N/mm；

　　　ΔL_x——波纹管产生的轴向形变，cm。

$$S_y = 10k_y\Delta L_y \tag{9-2-12}$$

式中　S_y——波纹管产生的纵向推力，N；

　　　k_y——波纹管产生的纵向刚度，N/mm；

　　　ΔL_y——波纹管产生的纵向形变，cm。

波纹管补偿器在安装时需要进行预拉伸和预压缩，预拉伸量和预压缩量参见表9-2-2。

表9-2-2　波纹管补偿器管道预拉伸量和预压缩量

序　号	安装时环境温度与补偿零点温度的差值/℃	预拉伸量/mm	预压缩量/mm
1	−40	$0.5\Delta l$	—
2	−30	$0.375\Delta l$	—
3	−20	$0.25\Delta l$	—
4	−10	$0.125\Delta l$	—
5	0	0	0
6	10	—	$0.125\Delta l$
7	20	—	$0.25\Delta l$
8	30	—	$0.375\Delta l$
9	40	—	$0.5\Delta l$

注：Δl 表示管道形变量。

大型燃气管道使用的波纹管一般都在0.1MPa以下的条件使用，主要分为单式轴向型补偿器、复式拉杆型补偿器、自由复式拉杆型补偿器、铰链式补偿器，相关设备具体参数可参考附录J。

五、管道静压力计算

管道内气体压力对管道上盲板、闸阀及90°弯头处所产生的推力称为管道静压力。计算方法参考式（9-2-13）。

$$H = 0.7854D_n^2 p \tag{9-2-13}$$

式中　H——管道静压力，N；

　　　D_n——管道内径，cm；

　　　p——气体计算压力，kPa。

有一些静压力产生的原因是使用盲板或阀门对管道进行隔断时，带压封闭端与大气环境之间存在压力差，而导致封闭端处产生了静压力，这种现象在生产过程中产生，设计时应予以考虑。但是，管道静压力中比较特殊的一种力称为盲板力，其不是由于压力差而产生的，盲板力产生的根本原因是由于管道受到温度的影响而产生形变，而形变的方向与管道内的气流方向相反，从而产生盲板力，最常见的就是管道轴向变形而带来的盲板力。在计算盲板力时，应综合考虑整体管系，保证不同管段的盲板力之间可以相互抵消，如采用方形胀圈来替代轴向补偿器、采用横向补偿器来吸收轴向位移、采用铰链或球形补偿器组合吸收轴向位移等方法。

六、管道支架布置及固定支架受力分析

（一）中间形固定支架

中间形固定支架如图 9-2-1 所示。

端头固定支架推力：$F_1 = S_1 + H_1 + F_{t1}$，$F_2 = S_2 + H_2 + F_{t2}$。

中间固定支架推力：$F_x = F_1 - F_2 + 0.5S_1(S_2)$。

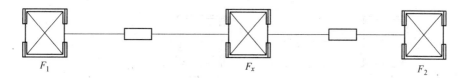

图 9-2-1　中间形固定支架

（二）弯头形固定支架

弯头形固定支架如图 9-2-2 所示。

端头固定支架推力：$F_1 = S_1 + H_1 + F_{t1}$，$F_2 = S_2 + H_2 + F_{t2}$。

弯头固定支架推力：$F_x = F_1$，$F_y = F_2$。

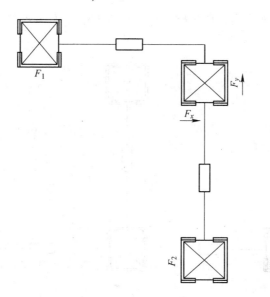

图 9-2-2　弯头形固定支架

（三）一般角度形固定支架

一般角度形固定支架如图 9-2-3 所示。

端头固定支架推力：$F_1 = S_1 + H_1 + F_{t1}$，$F_2 = S_2 + H_2 + F_{t2}$。

弯头固定支架推力：$F_x = F_1 - \cos\theta F_2$，$F_y = \sin\theta F_2$。

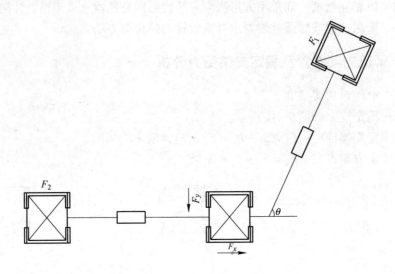

图 9-2-3　一般角度形固定支架

（四）三通形固定支架

三通形固定支架如图 9-2-4 所示。

端头及分支固定支架推力：$F_1 = S_1 + H_1 + F_{t1}$，$F_2 = S_2 + H_2 + F_{t2}$，$F_3 = S_3 + H_3 + F_{t3}$。

三通处固定支架推力：$F_x = F_1 - F_2 + 0.5S_1(S_2)$，$F_y = F_3$。

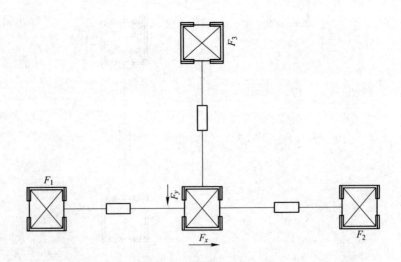

图 9-2-4　三通形固定支架

七、管道跨距及荷载计算

管道跨距可以依据不同的管道断裂理论分为强度计算方法和挠度计算方法，通常采用挠度计算方法，其计算出的管道跨距相对较小，设计时较安全。管道挠度计算参考式(9-2-14)，管壁应力计算参考式（9-2-15）、挠度计算参考式（9-2-16）。经计算后，管道跨距及荷载可参考附录O。

$$l = 2.98 \sqrt[3]{\frac{J}{Q}} \tag{9-2-14}$$

式中　　l——管道跨距，m；

　　　　J——惯性矩，cm^4；

　　　　Q——操作荷载，kg/m。

$$\sigma = \frac{Ql^2}{0.08W} \tag{9-2-15}$$

式中　　σ——管壁应力，N/cm^2；

　　　　W——断面系数，cm^3。

$$f = \frac{Ql^4}{161J} \tag{9-2-16}$$

式中　　f——管壁挠度，cm。

八、计算实例

某管系布置如图9-2-5所示，其中使用波纹补偿器轴向刚度为2532N/mm、有效面积为17120cm^2、管道通径为DN1400、设计压力为20kPa，计算各支架的受力情况。煤气温度为80℃，环境温度为20℃。

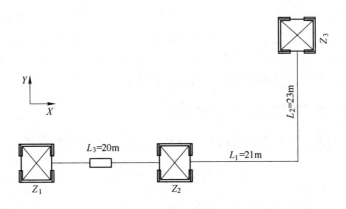

图9-2-5　某管系布置

计算各管段的管道伸长量：

$\alpha_1 = 11.7 \times 10^{-6} K^{-1}, t_2 - t_1 = 60K, \Delta L_1 = 14.742, \Delta L_2 = 16.146, \Delta L_3 = 14.04$

计算L形自然补偿的合理性：

$$L'_2 = 1.1 \times (16.146 \times 1420/300)^{0.5} = 9.74\text{m}$$

$L_2 > L'_2$，自然补偿合理。

核算跨距，可查附表84。

管道静压力：$0.7854 \times 140 \times 140 \times 20/10 = 30787\text{N}$

计算波纹管补偿器产生的弹性力：$2532 \times 14.04 = 35549\text{N}$

Z_1 主要受轴向力：

$$F_{Z_{1x}} = 30787 + 35549 = 66336\text{N}$$

$$F'_{Z_{2x}} = 1.6146 \times 3.142/64 \times (142^4 - 140^4) \times 21000 \times 2 \times 1.0/210^3 = 8062\text{N}$$

$$F'_{Z_{2y}} = 1.404 \times 3.142/64 \times (142^4 - 140^4) \times 21000 \times 2 \times 1.0/230^3 = 5366\text{N}$$

$$F'_{Z_{3x}} = F'_{Z_{2y}}$$

$$F'_{Z_{3y}} = F'_{Z_{2x}}$$

综合结果可知：

$$F_{Z_{1x}} = 66336\text{N} \qquad\qquad F_{Z_{1y}} = 0\text{N}$$

$$F_{Z_{2x}} = 8062 + 66336 = 74398\text{N} \qquad F_{Z_{2y}} = 5366\text{N}$$

$$F_{Z_{3x}} = 5366\text{N} \qquad\qquad F_{Z_{3y}} = 8062\text{N}$$

第三节 中、低压燃气管道水力学计算

中压燃气管道分为 A 和 B 两类，其中 A 类中压燃气管道的压力在 0.2～0.4MPa 之间，B 类中压燃气管道的压力在 0.01～0.2MPa 之间。低压燃气管道仅指压力在 0.01MPa 以下的燃气管道，此类管道与低压大型燃气管道相比较，管道介质压力范围较宽、管道公称直径范围不同（一般在 DN600 以内）。根据以上特性对中低压燃气管道进行水力学计算。次高压的燃气管道水力学计算也可参考本节关于中压燃气管道水力学计算方法，次高压管道的压力不大于 1.6MPa。

一、低压燃气管道的水力学计算

低压燃气管道单位长度的摩擦阻力损失可按照式（9-3-1）计算。

$$\frac{\Delta p}{l} = 6.26 \times 10^7 \lambda \times \frac{Q^2 \rho T}{d^5 T_0} \qquad (9\text{-}3\text{-}1)$$

式中 Δp——燃气管道的摩擦阻力损失，Pa；

l——燃气管道的计算长度，m；

λ——燃气管道的摩擦阻力系数；

Q——燃气管道的计算流量，m^3/h；

d——燃气管道的内径，mm；

ρ——燃气的密度，kg/m^3；

T——设计中所采用的燃气温度，K；

T_0——273.16K。

根据燃气在管道中不同的运动状态，其单位长度的摩擦阻力损失按式（9-3-2）~式（9-3-5）计算。低压燃气管道阻力计算值可参考附录 I。

层流状态：$Re \leqslant 2100$、$\lambda = 64/Re$。

$$\frac{\Delta p}{l} = 1.13 \times 10^{10} \frac{Q^2 \nu \rho T}{d^4 T_0} \tag{9-3-2}$$

临界状态：$Re = 2100 \sim 3500$。

$$\lambda = 0.03 + \frac{Re - 2100}{65Re - 10^5}$$

$$\frac{\Delta p}{l} = 1.9 \times 10^6 \left(1 + \frac{11.8Q - 7 \times 10^4 d\nu}{23 \times Q - 10^5 d\nu}\right) \frac{Q^2 \rho T}{d^5 T_0} \tag{9-3-3}$$

湍流状态：$Re > 3500$。

钢管：

$$\lambda = 0.11 \left(\frac{k}{d} + \frac{68}{Re}\right)^{0.25}$$

$$\frac{\Delta p}{l} = 6.9 \times 10^6 \left(\frac{k}{d} + 192.2 \frac{d\nu}{Q}\right)^{0.25} \frac{Q^2 \rho T}{d^5 T_0} \tag{9-3-4}$$

铸铁管：

$$\lambda = 0.102236 \times \left(\frac{1}{d} + 5158 \frac{d\nu}{Q}\right)^{0.284}$$

$$\frac{\Delta p}{l} = 6.4 \times 10^6 \left(\frac{1}{d} + 5158 \frac{d\nu}{Q}\right)^{0.284} \frac{Q^2 \rho T}{d^5 T_0} \tag{9-3-5}$$

式中　ν——0℃和101.325kPa下燃气的运动黏度，m^2/s，参见表9-3-1；

Re——雷诺数；

k——管道内壁的当量绝对粗糙度，钢管可取0.2mm。

表9-3-1　常用气体密度及运动黏度

名　称	密度（标态）/kg·m⁻³	运动黏度/m²·s⁻¹	名　称	密度（标态）/kg·m⁻³	运动黏度/m²·s⁻¹
空　气	1.239	13.32×10^{-6}	乙　烯	1.261	7.655×10^{-6}
二氧化碳	1.977	7.0×10^{-6}	丙　烯	1.914	4.22×10^{-6}
氨	0.7714	12.2×10^{-6}	乙　炔	1.171	7.992×10^{-6}
硫化氢	1.539	7.49×10^{-6}	高炉煤气	1.334	12.05×10^{-6}
甲　烷	0.717	14.49×10^{-6}	焦炉煤气	0.452	25.84×10^{-6}
乙　烷	1.342	6.41×10^{-6}	转炉煤气	1.368	11.67×10^{-6}
丙　烷	1.967	3.81×10^{-6}	天然气	0.734	14.25×10^{-6}
丁　烷	2.593	2.63×10^{-6}	烟煤发生炉煤气	1.109	12.16×10^{-6}
戊　烷	3.22	2.651×10^{-6}	无烟煤发生炉煤气	1.115	14.4×10^{-6}

二、中压燃气管道的水力学计算

中压燃气管道的单位长度摩擦阻力损失，宜按照式（9-3-6）计算。由于中压燃气管道压力小于1.2MPa，因此压缩因子Z可取1。

$$\frac{p_1^2 - p_2^2}{L} = 1.27 \times 10^{10} \times \lambda \times \frac{Q^2 \rho T}{d^5 T_0} \tag{9-3-6}$$

式中　p_1——燃气管道起点的压力，kPa；

p_2——燃气管道终点的压力，kPa；

L——燃气管道的计算长度，km。

根据不同种类材质的燃气管道，其单位长度摩擦阻力损失计算可以参考式（9-3-7）和式（9-3-8）。

钢管输送燃气阻力损失计算见式（9-3-7）：

$$\lambda = 0.11 \left(\frac{k}{d} + \frac{68}{Re} \right)^{0.25}$$

$$\frac{p_1^2 - p_2^2}{L} = 1.4 \times 10^9 \left(\frac{k}{d} + 192.2 \frac{d\nu}{Q} \right)^{0.25} \frac{Q^2 \rho T}{d^5 T_0} \tag{9-3-7}$$

铸铁管输送燃气阻力损失计算见式（9-3-8）：

$$\lambda = 0.102236 \left(\frac{1}{d} + 5158 \frac{d\nu}{Q} \right)^{0.284}$$

$$\frac{p_1^2 - p_2^2}{L} = 6.4 \times 10^6 \left(\frac{1}{d} + 5158 \frac{d\nu}{Q} \right)^{0.284} \frac{Q^2 \rho T}{d^5 T_0} \tag{9-3-8}$$

式中　λ——燃气管道的摩擦阻力系数；

L——燃气管道的计算长度，m；

Q——燃气管道的计算流量，m³/h；

d——燃气管道的内径，mm；

ρ——燃气的密度，kg/m³；

T——设计中所采用的燃气温度，K；

T_0——273.16K；

ν——0℃和101.325kPa下燃气的运动黏度，m²/s，参见表9-3-1。

管道终点压力计算参考式（9-3-9）。

$$p_2 = \sqrt{p_1^2 - \Delta p \times L} \tag{9-3-9}$$

式中　Δp——燃气管道单位长度摩擦阻力，kPa²/m。

三、中、低压燃气管道的局部阻力计算

中、低压燃气管道中的弯头、三通、变径管、阀门等形成管道，可以使用当量长

度法来进行局部阻力计算。中、低压燃气管道的局部损失计算参考式（9-3-10），摩擦阻力系数应与管道摩擦阻力系数相一致。

$$L_2 = \Sigma \zeta \frac{d}{\lambda} \tag{9-3-10}$$

式中　L_2——燃气管道的局部阻力当量长度，m；

d——燃气管道的内径，mm；

λ——燃气管道的摩擦阻力系数；

ζ——局部阻力系数，参见表9-3-2。

表9-3-2　局部阻力系数 ζ 近似值

名　称	ζ 值	名　称	不同直径的 ζ 值					
			15mm	20mm	25mm	32mm	40mm	≥50mm
变　径	0.35	直角弯头	2.2	2.1	2	1.8	1.6	1.1
直流三通	1.0	旋　塞	4	2	2	2	2	2
分流三通	1.5	截止阀	11	7	6	6	6	5
直流四通	2.0	闸板阀	50～100		125～200		≥300	
分流四通	3.0		0.5		0.25		0.15	
煨弯弯头	0.3							

注：表中数值主要应用于小流量、小管段状况，大型管道需要参考附录I。

第四节　中、低压燃气管道应力计算

一、中、低压燃气管道壁厚的确定

作用在管道上的荷载包括：管道内输送介质产生的压力荷载；管子自身质量；管道内的介质；管道的保温材料；由于阀门、三通、法兰等有限局部的管件质量发生变化而产生的集中荷载；管道支吊架产生的反力；由于风力和地震产生的荷载；还有因管道内温度变化引起的热胀冷缩受约束而产生的热荷载；在管道安装施工时各部分尺寸误差产生的安装残余应力；因与管道连接处的设备变位或其他原因引起的管端位置移动，导致管系变形而产生荷载等。这些荷载都将导致管道产生内力和变形。此外，由于生产过程中管内介质压力脉动引起的管道震动以及液击产生的冲击波等也是管系设计过程中必须加以考虑的荷载。

由于不同特征的荷载产生的应力形态及其对破坏的影响不同，需要对压力管道的荷载进行分类。根据荷载作用时间的长短，可以分为恒定荷载和动荷载。恒定荷载是指持续作用于管道的荷载，如介质压力、管道自重、支吊架约束力、因热胀冷缩产生的热荷载、由材料和管道适应应变过程的自均衡作用产生的自拉力和残余拉应力等。动荷载是指临时作用于管道的荷载，是指随时间迅速变化的荷载，这种荷载将使管道产生显著的运动，而且分析时必须考虑惯性力的影响，如因管道震动、阀门突然关闭时产生的压力冲击、地震等。与作用时间无关的是静荷载。静荷载是指缓慢、毫无震动的施加到管道上的荷载，它的大小和位置与作用时间无关，或者仅是产生极为缓慢的变化，因此在进行分析时可以略去惯性力的影响，这种荷载不会使管道产生显著的运动。

根据荷载特性的不同，又可以将荷载分为自限性荷载和非自限性荷载。自限性荷载是指管道结构变形后所产生的荷载。例如，由管道温度变化而产生的热荷载就属于自限性荷载。只要管道材料塑性良好，初次施加的自限性荷载不会导致管道的直接破坏。非自限性荷载是指外加荷载，如介质内压力、管道自重而产生的荷载。非自限性荷载与管道的变形约束无关，超过一定的限度，就会导致管道的破坏。

在进行管道的静应力分析计算时，通常考虑的荷载主要有介质内压、管道自重、支吊架约束力、热胀冷缩和管道端点产生的附加位移等。

管道在各种荷载，包括压力荷载、机械荷载及热荷载等的作用下，在整个管路或某些局部区域可能产生不同性质的应力。根据不同性质的应力对管道破坏所起的作用，给予不同的限制。通常将压力管道的应力分为一次应力、二次应力和峰值应力。

管道中的一次应力是因外荷载作用而在管道内部产生的正应力或切应力，它必须满足力与力矩的平衡法则。一次应力的基本特征是随所增加荷载的增加而增加，属于非自限性的荷载范畴；一旦超过材料的屈服点或持久强度极限，管道就可因产生了过度的形变而遭到破坏。一次应力又可进一步细分为一次总体薄膜应力、一次弯曲应力和一次局部薄膜应力。

管道中的二次应力是指由于热胀冷缩以及其他位移约束而产生的应力，该应力的引入主要是用于验算管道因位移受约束所产生应力的影响程度。

管道中的峰值应力是因局部结构不连续和局部热应力的影响而叠加到一次应力和二次应力之上的应力增量，如由荷载和结构形状产生局部突变而引起的局部应力集中的应力叠加增量。峰值应力对管道的整体结构影响轻微，不会导致管道产生显著的形变，它可能是引起管道发生疲劳破坏和脆性断裂的根源。例如，在管道曲率半径发生变化的部位，在阀门、三通、法兰等的连接部位和焊缝咬边等的局部应力均属于峰值应力的范畴。

有关强度计算涉及对中、低压燃气管道壁厚的计算与修正，中、低压燃气管道的壁厚首先要满足表 9-4-1 中的要求。

表 9-4-1　中、低压燃气管道的最小公称壁厚　　　　（mm）

钢管公称直径	最小公称壁厚	钢管公称直径	最小公称壁厚
100～150	4.0	600～700	7.1
200～300	4.8	750～900	7.9
350～450	5.2	950～1000	8.7
500～550	6.4	1050	9.5

管道壁厚还应考虑腐蚀余量与壁厚偏差，管道的正负偏差可参考表 8-4-5 ~ 表 8-4-16 中的数值，粗略估算也可参考表 9-4-2 中的附加厚度。

表 9-4-2 附加厚度

序　号	管道壁厚/mm	附加厚度/mm
1	<5.5	0.5
2	6~7	0.6
3	8~25	0.8

注：单面腐蚀情况。

管道壁厚附加值主要是用来补偿管道过程中允许的壁厚负偏差，因安装需要对直管进行弯曲处理时在局部造成的减薄，以及在生产运行中可能因管内介质和环境因素影响而导致的管道腐蚀、磨损等减薄量，从而保证管道具有足够的强度。管道在进行弯曲的过程中也会产生减薄作用，弯管工艺大致可以分为热弯和冷弯两大类，而这两大类工艺还可以进一步细分为各种不同的弯制方法。不同的弯制方法所采用的工艺措施使内外壁厚的减薄量存在差异，但是差异不大，根据现场统计测算，一般局部的减薄量在 8%~10% 之间。

管道由于受到腐蚀产生的减薄主要分为单面腐蚀和双面腐蚀。当管道外部涂敷防腐油漆时，可以认为是单面腐蚀；当管道还没有采用腐蚀措施，导致管道的内外壁均可能产生较为严重的腐蚀，则认为是双面腐蚀。当介质对管道的腐蚀速度小于 0.05mm/a 时，对单面腐蚀，取 1~1.5mm 的腐蚀余量；对双面腐蚀时，取 2~2.5mm 的腐蚀余量。

在满足最小公称壁厚的前提下，如果管道设计压力高于 0.1MPa 时，管道壁厚计算参考式（9-4-1）。而通过式（9-4-1）计算出的管道壁厚如果小于表 9-4-1 的最低要求，则要取表 9-4-1 中的管道壁厚值。

$$\delta = \frac{pD_0}{2[\sigma]_t \phi + 2pY} \tag{9-4-1}$$

式中　δ——燃气管道壁厚，mm；

　　　p——燃气管道设计压力，MPa；

　　　D_0——燃气管道外径，mm；

　　　ϕ——燃气管道焊缝系数，参见表 9-4-3；

　　　$[\sigma]_t$——燃气管道在设计温度 t 下的许用应力，MPa，参见附表 89。

表 9-4-3 焊缝系数

序　号	焊　接　方　法	焊　缝　系　数
1	无缝钢管	1.00
2	单面焊接螺旋焊管	0.60
3	双面焊接有坡口对接焊缝，100%无损检测	1.00
4	有氩弧焊打底的单面焊接有坡口对接焊缝	0.90
5	无氩弧焊打底的单面焊接有坡口对接焊缝	0.75
6	双面焊接对接焊缝，100%无损检测	1.00
7	单面焊接有坡口对接焊缝	0.85
8	单面焊接无坡口对接焊缝	0.80

二、中、低压燃气管道跨距计算

管道跨距按照刚度进行计算，参考式（9-4-2）。

$$l = 0.039 \sqrt[4]{\frac{EJ}{Q}} \tag{9-4-2}$$

式中　l——燃气管道跨距，m；

J——惯性矩，cm^4；

Q——操作负荷，kg/m；

E——弹性模量，kg/m，参见附录 P。

计算范例：已知钢管外径为 325mm，钢管工程壁厚为 10mm，腐蚀余量为 1.5mm，壁厚负偏差为 0.8mm，设计温度为 100℃，钢管的许用应力为 130MPa，钢材在设计温度下的弹性模量为 $1.91 \times 10^5 MPa$；管道介质为水，管道单位长度重量为 761.26N/m，不保温。

$$S_x = 10 - 1.5 - 0.8 = 7.7mm$$

$$D_i = 325 - 2 \times 7.7 = 309.6mm$$

$$I = 3.142/64 \times (325^4 - 309.6^4) = 9.667 \times 10^7 mm^2$$

水比重为 $9800N/m^3$，事故水重为：

$$q_w = 9800 \times 3.142/4 \times (325 - 2 \times 10)^2 \times 10^{-6} = 715.64N/m$$

$$q = 715.64 + 761.26 = 1476.9N/m$$

$$L = 0.039 \times (1.91 \times 10^5 \times 9.667 \times 10^7/1476.9)^{0.25} = 13.04m$$

三、中、低压燃气管道 L 形与 Z 形管道

中、低压燃气管道在进行强度分析时，因热胀冷缩产生管道形变，如果这种形变能够自由伸缩，则不产生热应力；如果这种由于温度变化时产生的形变受到约束，则会产生热应力。与大型低压燃气管道不同，中、低压燃气管道应尽量采用释放管道形变的管路布置方法来降低热应力带来的影响，其中最有效的就是使用 L 形与 Z 形管道，当不能形成 L 形与 Z 形管道时，可采用方形胀圈。

中、低压燃气管道的 L 形与 Z 形管道的计算方法主要采用表格参数法，计算公式参考式（9-4-3）和式（9-4-4），弯曲应力计算参考式（9-4-5）。

$$F_x = \frac{9.8K_x CJ}{L^2} \tag{9-4-3}$$

式中　F_x——固定点间的 x 方向推力，N；

K_x——管道系数，参见附录 Q；

C——温度系数，参见表 9-4-4；

J——惯性矩，cm^4；

L——固定点间的距离，m。

$$F_y = \frac{9.8 K_y C J}{L^2} \qquad (9\text{-}4\text{-}4)$$

式中　F_y——固定点间的 y 方向推力，N；

　　　K_y——管道系数，参见附录 Q。

$$\sigma_b = \frac{0.098 K_b C D_0}{L^2} \qquad (9\text{-}4\text{-}5)$$

式中　σ_b——弯曲应力，MPa；

　　　K_b——管道系数，参见附录 Q；

　　　D_0——管道外径，m。

表 9-4-4　温度系数 C

材　料	在下列温度下的温度系数								
	50℃	100℃	150℃	200℃	250℃	300℃	350℃	400℃	450℃
碳　钢	0.11	0.21	0.35	0.47	0.59	0.72	0.82	0.94	—
铬铜钢	0.08	0.20	0.31	0.42	0.58	0.72	0.88	1.00	1.10
不锈钢	0.15	0.28	0.46	0.65	0.8	0.98	1.12	1.25	1.32

四、中、低压燃气管道方形胀圈

中、低压燃气管道的热膨胀变形计算可参考式（9-4-5）。通常针对热膨胀的最佳补偿方法就是使用方形胀圈。一般方形胀圈的补偿能力状况可参考附录 Q。所产生的弹性力尽量使用 Ceasar Ⅱ 等专业管道应力分析软件进行计算，本书不再做详细介绍。

$$\Delta L = L \alpha_1 (t_2 - t_1) \qquad (9\text{-}4\text{-}6)$$

式中　ΔL——管道的热伸长量，cm；

　　　L——管道的计算长度，m；

　　　α_1——线膨胀系数，cm/(m·K)，参见表 9-4-5；

　　　t_2——介质输送温度，K；

　　　t_1——管道安装温度，K。

表 9-4-5　常用钢材线膨胀系数

温度/℃	钢　种				
	Q235	10 号	20 号	16Mn	15MnV
	$\alpha(\times 10^{-4})/\mathrm{cm \cdot (m \cdot K)^{-1}}$				
100	12.20	11.90	11.16	8.31	8.31
150	12.60	12.25	11.64	9.65	9.65
158	12.66	12.31	11.72	9.86	9.86
200	13.00	12.60	12.12	10.99	10.99
220	13.09	12.64	12.25	11.26	11.26

温度/℃	钢　种				
	Q235	10 号	20 号	16Mn	15MnV
	$\alpha(\times 10^{-4})/cm \cdot (m \cdot K)^{-1}$				
230	13.14	12.66	12.32	11.39	11.39
240	13.18	12.68	12.38	11.52	11.52
250	13.23	12.70	12.45	11.60	11.60
260	13.27	12.72	12.52	11.78	11.78
270	13.32	12.74	12.59	11.91	11.91
280	13.36	12.76	12.65	12.05	12.05
290	13.41	12.78	12.72	12.18	12.18
300	13.45	12.80	12.78	12.31	12.31
310		12.82	12.89	12.40	12.40
320		12.84	12.99	12.49	12.49
330		12.86	13.10	12.58	12.58
340		12.88	13.20	12.68	12.68
350		12.90	13.31	12.77	12.77
360		12.92	13.41	12.86	12.86
370		12.94	13.52	12.95	12.95
380		12.96	13.62	13.04	13.04
390		12.98	13.73	13.13	13.13
400		13.00	13.83	13.22	13.22
410		13.10	13.84	13.27	13.27
420		13.20	13.85	13.32	13.32
430		13.30	13.86	13.37	13.37
440		13.40	13.87	13.42	13.42
450		13.50	13.88	13.47	13.47
460			13.89	13.52	13.52
470			13.90	13.57	13.57
480			13.91	13.61	13.61
490			13.92	13.66	13.66
500			13.93	13.71	13.71

五、中、低压燃气管道简易管道计算方法

管道简易计算方法主要是针对低温、中低压、小管径的特定管系结构来进行近似

计算的，其可以处理的管道系统结构参见表 9-4-6，具体计算方法可使用相关软件。简易管道力学计算分区参考图 9-4-1。较复杂的管系建议使用 Ceasar Ⅱ等专业管道应力分析软件进行计算。

表 9-4-6 管道系统结构

序 号	管 系 结 构
1	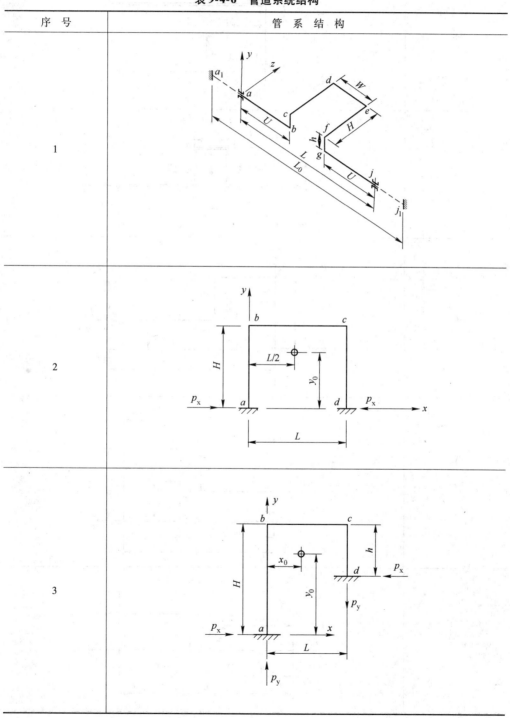
2	
3	

续表 9-4-6

序　号	管 系 结 构
4	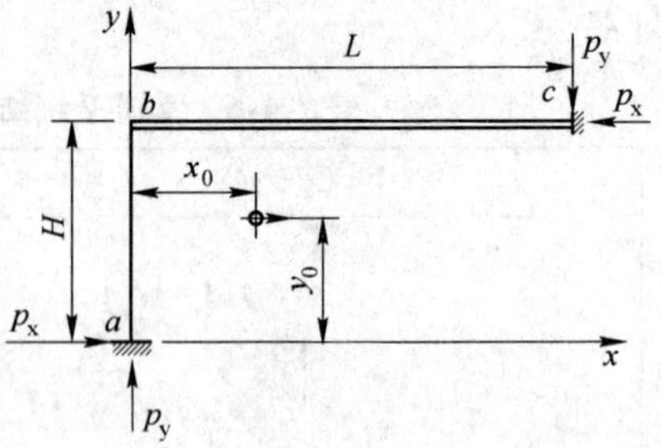
5	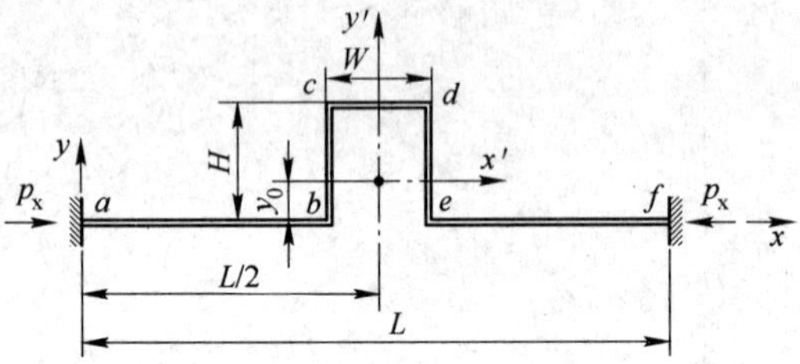
6	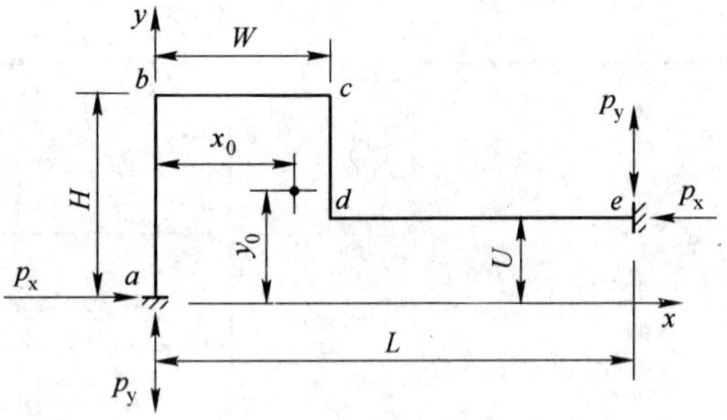
7	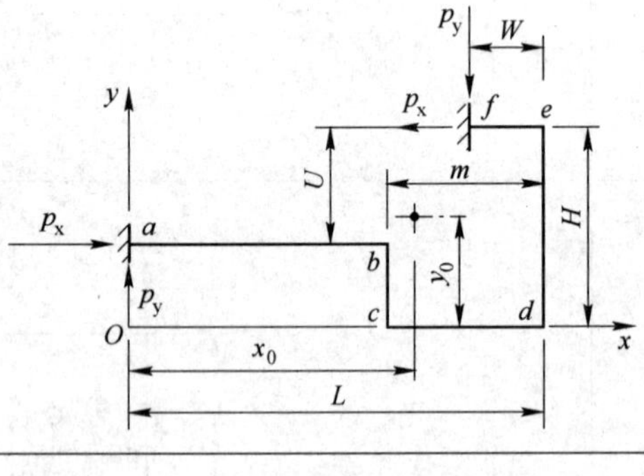
8	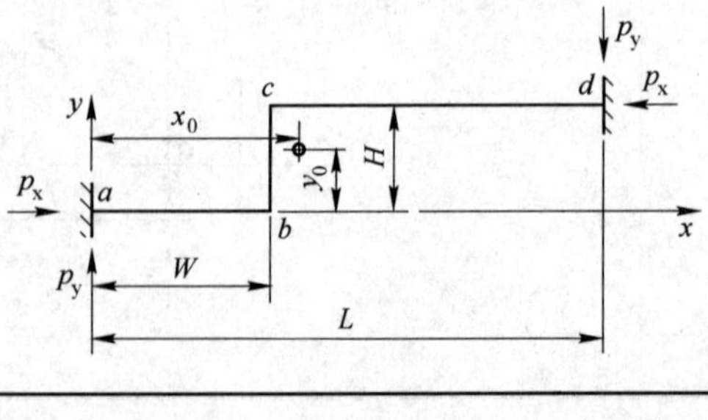

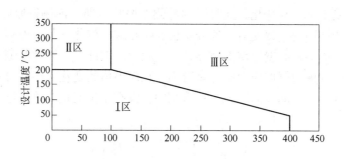

图 9-4-1　简易管道力学计算分区

如图 9-4-1 所示，Ⅰ区内的管道可以直接采用简易计算方法计算，Ⅱ区内管道仅可作为参考，Ⅲ区内管道并不适用。剧毒流体管道、循环当量数大于 7000 的管道、多分支管系、复杂管系、大半径管道、薄壁管道、强脉动或震动管道、夹套管道、非钢管道都不适用此方法计算。计算时，可采用本手册配套软件。

六、中、低压燃气管道局部应力计算

（一）焊接三通的壁厚计算

在管道安装中常用到各种尺寸的三通。由于三通处的曲率半径发生了突然变化，而且流体的方向在此处发生剧变，这将导致主、支管接管处存在较大的应力集中。研究表明，三通处的应力高达正常部位的 6～7 倍。但是由于这种现象只发生在接管附近较小的局部区域，稍远离接管处应力集中现象就迅速衰减。因此，可以采用将接管处的主管或支管加厚，或补强的方法，降低这一局部区域的峰值应力，来满足该部位的强度要求。三通主管的理论壁厚计算参考式（9-4-7）。

$$S_Z = \frac{pD_0}{2[\sigma]_t\psi + p} \tag{9-4-7}$$

式中　S_Z——燃气主管理论计算壁厚，mm；

ψ——强度削弱系数，对采用单筋或蝶式局部补强措施的三通可取 0.9。

但是式（9-4-7）仅适用于管道外径不大于 650mm、支管内径与主管内径之比大于 0.8，以及主管外径与内径之比在 1.05～1.50 之间的无缝钢管焊接三通，否则应考虑焊缝系数对管道强度削弱的影响。

三通支管的理论壁厚计算公式可参考式（9-4-8）。

$$S_1 = S_Z\frac{d_0}{D_0} \tag{9-4-8}$$

式中　S_1——燃气支管理论计算壁厚，mm；

d_0——三通支管外径，mm。

（二）弯管的壁厚计算

通常等壁厚的弯管在承受内压时，假设无加工过程中产生的椭圆效应，则弯管内侧应力最大、外侧最小，弯管破坏应发生在内侧。但对用直弯管制成的弯管，其壁厚将不可避免地发生不均与变化，此时管的外侧壁厚将减薄，内侧壁厚则增加；同时，横截面上发生的椭圆变形致使应力的分布也发生相应的变化，其中外侧由于壁厚减薄而是应变增加，内侧则因壁厚增加而导致应变减少。因此，弯管外壁侧的实际周向应力比直管大，内壁侧的周向应力则比直管小，且应力值的变化大小与弯管的弯曲半径直接相关。另外，弯管的径向应力与直管相同，没有发生变化。弯制弯管的理论壁厚计算公式可参考式（9-4-9）。

$$S_w = \frac{pD_0}{2[\sigma]_t + p}\left(1 + \frac{D_0}{4R}\right) \tag{9-4-9}$$

式中　S_w——燃气弯管理论计算壁厚，mm；

　　　R——弯管曲率半径，mm。

在内压力的持续作用下，弯管处失圆的横截面将趋于恢复，短轴伸长、长轴缩短。在这一变化过程中，将引起特定点处产生较大的拉应力，易导致该点处纵向裂纹的产生，因此在《工业金属管道工程施工及验收规范中》对弯管加工做了非常详尽的规定。

（三）异径管的壁厚计算

异径管壁厚的计算具有特殊性，可参考式（9-4-10）。

$$S_t = \frac{pD_0}{2\cos\theta([\sigma]_t\psi - 0.006p)} \tag{9-4-10}$$

式中　S_t——燃气异径管理论计算壁厚，mm；

　　　θ——圆锥顶角的 $1/2$，(°)；

当 θ 小于 30°时，θ 与 $p/([\sigma]_t\psi)$ 存在以下对应关系，参见表9-4-7。

表 9-4-7　θ 与 $p/([\sigma]_t\psi)$ 的对应关系

$p/([\sigma]_t\psi)$	0.2	0.5	1	2	4	8	10	12.5
$\theta/(°)$	4	6	9	12.5	17.5	24	27	30

注：中间值可采用插值法选取。

（四）焊接弯头的壁厚计算

焊接弯头主要分为多斜接弯头和单斜接弯头两种。多斜接弯头最大允许内压参考式（9-4-11），单斜接弯头最大允许内压参考式（9-4-12）。

$$p = \frac{2\delta[\sigma]_t}{D_0}\left(\frac{\delta}{\delta + 0.643\tan\theta\sqrt{\frac{D_0\delta}{2}}}\right) = \frac{2\delta[\sigma]_t}{D_0}\left(\frac{R - \frac{D_0}{2}}{R - D_0}\right) \tag{9-4-11}$$

$$p = \frac{2\delta[\sigma]_t}{D_0}\left(\frac{\delta}{\delta + 1.25\tan\theta\sqrt{\frac{D_0\delta}{2}}}\right) \tag{9-4-12}$$

式中　θ——弯头切割角度，(°)；

R——弯曲半径，mm。

弯曲半径必须满足式（9-4-13）的计算结果。

$$\begin{cases} \delta \leqslant 12.7 & R = \dfrac{25.4}{\tan\theta} + \dfrac{D_0}{2} \\[3mm] 12.7 < \delta < 22.5 & R = \dfrac{2\delta}{\tan\theta} + \dfrac{D_0}{2} \\[3mm] \delta \geqslant 22.5 & R = \dfrac{0.67\delta + 29.7}{\tan\theta} + \dfrac{D_0}{2} \end{cases} \tag{9-4-13}$$

第五节　大型低压燃气管道常用管件与阀门

一、搭接板弯头、搭接板三通导向板弯头与搭接板三通

（一）搭接板弯头

大型低压燃气管道一般使用搭接板弯头，如图 9-5-1 所示。其相关尺寸数据参见表 9-5-1。

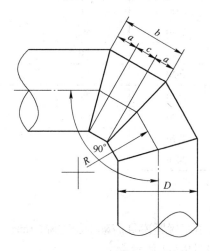

图 9-5-1　90°搭接板弯头

表 9-5-1　90°搭接板弯头尺寸　　　　　　　　　　　　（mm）

公称直径 DN	管道外径	a	b	c
200	219	59	379	262
250	273	73	473	327
300	325	87	563	389
350	377	101	653	451
400	426	114	738	510
500	529	142	916	633

公称直径 DN	管道外径	a	b	c
600	630	169	1091	754
700	720	193	1247	861
800	820	220	1421	981
900	920	247	1594	1101
1000	1020	273	1767	1220
1100	1120	300	1940	1340
1200	1220	327	2113	1460
1300	1320	354	2287	1579
1400	1420	381	2460	1699
1500	1520	407	2633	1818
1600	1620	434	2806	1938
1700	1720	461	2980	2058
1800	1820	488	3153	2177
1900	1920	515	3326	2297
2000	2020	541	3499	2417
2200	2220	595	3846	2656
2400	2420	649	4192	2895
2600	2620	702	4539	3134
2800	2820	756	4885	3374
3000	3020	809	5232	3613
3200	3220	863	5578	3852
3400	3420	917	5925	4092

注：$a = D\tan15°$；$b = 3D\tan15°$；$c = b - 2a$。

（二）导向板弯头

导向板弯头适用于管道布置紧凑且需减少压力降的部位，如煤气加压站房内加压机的进出口管道位置，如图9-5-2所示。

导向板弯头各部位尺寸参考式（9-5-1）~式（9-5-3）。

$$b = 2\frac{D}{n} \tag{9-5-1}$$

式中　b——导向板叶片的弦长，mm；

　　　D——管道的外径，mm；

　　　n——叶片数量。

叶片数量的确定主要与管道外径有关，当 $D \leqslant 1000$mm 时，$n = 6$；当 1100mm$\leqslant D \leqslant 1400$mm 时，$n = 8$；当 $D \geqslant 1500$mm 时，$n = 10$。

导向板的各个叶片之间的间距不一样，导向叶片的间距 S_1 的计算参考式（9-5-2）：

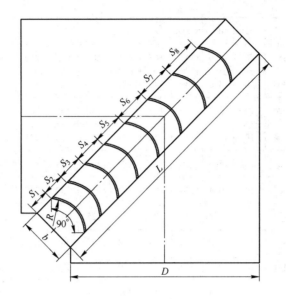

图 9-5-2　导向板弯头

$$S_1 = 0.942 \frac{D}{n+1} \tag{9-5-2}$$

式中　S_1——第一级导向叶片的间距，mm。

各级导向板之间的间距变化量 $\mathrm{d}S$，计算参考式（9-5-3）：

$$S_{n+1} - S_n = \mathrm{d}S = \frac{S_1}{n} \tag{9-5-3}$$

式中　$\mathrm{d}S$——各级导向叶片的间距变化量，mm。

导向板弯头尺寸数据参见表 9-5-2。

表 9-5-2　导向板弯头尺寸数据 （mm）

公称直径	管道外径	b	n	$\mathrm{d}S$	S_1	S_2	S_3	S_4	S_5	S_6	S_7	S_8	S_9	S_{10}
400	426	142	6	9.6	57	67	76	86	96	105	—	—	—	—
500	529	176	6	11.9	71	83	95	107	119	131	—	—	—	—
600	630	210	6	14.1	85	99	113	127	141	155	—	—	—	—
700	720	240	6	16.1	97	113	129	145	161	178	—	—	—	—
800	820	273	6	18.4	110	129	147	166	184	202	—	—	—	—
900	920	307	6	20.6	124	144	165	186	206	227	—	—	—	—
1000	1020	340	6	22.9	137	160	183	206	229	252	—	—	—	—
1100	1120	280	8	14.7	117	132	147	161	176	190	205	220	—	—
1200	1220	305	8	16.0	128	144	160	176	192	208	223	239	—	—
1300	1320	330	8	17.3	138	155	173	190	207	225	242	259	—	—

公称直径	管道外径	b	n	dS	S_1	S_2	S_3	S_4	S_5	S_6	S_7	S_8	S_9	S_{10}
1400	1420	355	8	18.6	149	167	186	204	223	242	260	279	—	—
1500	1520	304	10	13.0	130	143	156	169	182	195	208	221	234	247
1600	1620	324	10	13.9	139	153	166	180	194	208	222	236	250	264
1700	1720	344	10	14.7	147	162	177	191	206	221	236	250	265	280
1800	1820	364	10	15.6	156	171	187	203	218	234	249	265	281	296
1900	1920	384	10	16.4	164	181	197	214	230	247	263	280	296	312
2000	2020	404	10	17.3	173	190	208	225	242	259	277	294	311	329
2200	2220	444	10	19.0	190	209	228	247	266	285	304	323	342	361
2400	2420	484	10	20.7	207	228	249	269	290	311	332	352	373	394
2600	2620	524	10	22.4	224	247	269	292	314	337	359	381	404	426
2800	2820	564	10	24.1	241	266	290	314	338	362	386	411	435	459
3000	3020	604	10	25.9	259	284	310	336	362	388	414	440	466	491
3200	3220	644	10	27.6	276	303	331	358	386	414	441	469	496	524
3400	3420	684	10	29.3	293	322	351	381	410	439	469	498	527	556

（三）搭接板三通

搭接板三通主要分为单接板三通和双接板三通两类，三通的接板方向应与气流方向一致，接板可以起到导流的作用，从而起到减小气流在流经三通时局部阻力损失的作用。

单搭接板三通如图 9-5-3 所示，其尺寸数据见表 9-5-3。双接板三通如图 9-5-4 所示，其尺寸数据见表 9-5-4。

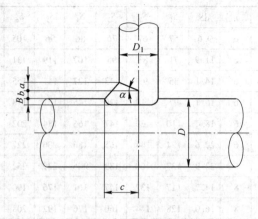

图 9-5-3　单搭接板三通

表9-5-3　单搭接板三通尺寸数据

（mm）

公称直径 DN	管道外径 D₁	a	b	c	B													
					325	377	426	529	630	720	820	920	1020	1120	1220	1320	1420
300	325	67	65	295	163	93	75	56	45	39	34	29	27	24	22	20	19
350	377	78	75	342		189	114	79	62	53	46	40	36	33	30	27	25
400	426	88	85	386			213	103	83	70	60	52	47	42	38	35	33
500	529	110	106	481				265	144	116	96	84	74	67	60	56	51
600	630	130	126	571					315	186	147	125	109	97	88	80	74
700	720	149	144	653						360	216	174	147	131	118	107	98
800	820	170	164	744							410	251	207	179	158	143	130
900	920	190	184	834								460	290	241	209	187	169
1000	1020	211	204	925									510	329	275	241	216
1100	1120	232	224	1016										560	368	311	274
1200	1220	252	244	1106											610	408	347
1300	1320	273	264	1197												660	448
1400	1420	294	284	1288													710

公称直径 DN	管道外径 D₁	a	b	c	B													
					1520	1620	1720	1820	1920	2020	2220	2420	2620	2820	3020	3220	3420
300	325	67	65	295	18	16	15	14	14	13							
350	377	78	75	342	23	22	21	20	19	18	16						
400	426	88	85	386	30	28	27	25	24	23	21	19					
500	529	110	106	481	47	44	42	39	37	35	30	29	27				
600	630	130	126	571	68	64	58	56	52	50	46	40	38	36			
700	720	149	144	653	91	84	79	74	70	66	60	53	50	46	44		
800	820	170	164	744	120	111	104	98	92	87	78	71	66	60	55	53	
900	920	190	184	834	155	143	133	125	117	111	100	91	83	77	72	65	63
1000	1020	211	204	925	197	181	167	156	147	138	124	113	104	96	89	85	78
1100	1120	232	224	1016	246	225	207	193	180	170	152	138	125	115	105	100	94
1200	1220	252	244	1106	307	277	254	235	218	205	183	165	150	138	129	120	113

续表 9-5-3

公称直径 DN	管道外径 D_1	a	b	c	B												
					1520	1620	1720	1820	1920	2020	2220	2420	2620	2820	3020	3220	3420
1300	1320	273	264	1197	383	340	309	283	263	245	218	196	178	164	152	141	133
1400	1420	294	284	1288	489	420	375	341	314	292	257	230	209	192	175	163	154
1500	1520	314	304	1378	760	530	457	410	373	345	301	268	241	222	205	190	178
1600	1620	336	324	1470		810	571	495	445	407	351	311	280	256	235	219	204
1700	1720	356	344	1560			860	613	533	480	408	359	320	291	267	248	230
1800	1820	377	364	1650				910	654	572	474	413	368	330	305	280	262
1900	1920	398	384	1742					960	696	553	473	417	377	340	318	295
2000	2020	418	404	1832						1010	650	544	476	425	385	356	330

注：$a = \dfrac{D_1}{2} \times 0.4142$；$b = 0.2D_1$；$c = a + b + \dfrac{D_1}{2}$；$B = \dfrac{D}{2} - \sqrt{\left(\dfrac{D}{2}\right)^2 - \left(\dfrac{D_1}{2}\right)^2}$。

表 9-5-4　双搭接板三通尺寸数据

（mm）

公称直径 DN	管道外径 D	A	B	a	b	公称直径 DN	管道外径 D	A	B	a	b
300	325	363	513	67	379	1500	1520	960	1357	315	727
350	377	389	550	78	384	1600	1620	1010	1428	336	756
400	426	413	584	88	408	1700	1720	1060	1499	356	787
500	529	465	658	110	438	1800	1820	1110	1570	377	816
600	630	515	728	130	468	1900	1920	1160	1640	398	844
700	720	560	792	149	494	2000	2020	1210	1711	418	875
800	820	610	863	170	523	2200	2220	1310	1852	460	932
900	920	660	933	191	551	2400	2400	1410	1994	501	992
1000	1020	710	1004	211	582	2600	2620	1510	2135	543	1049
1100	1120	760	1075	232	611	2800	2820	1610	2277	584	1109
1200	1220	810	1145	253	638	3000	3020	1710	2418	526	1168
1300	1320	860	1216	273	670	3200	3220	1810	2559	667	1225
1400	1420	910	1287	294	699	3400	3420	1910	2700	708	1284

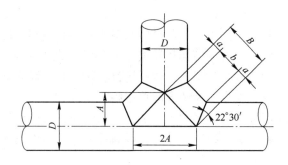

图 9-5-4　双搭接板三通

二、蝶阀与盲板阀

（一）多层次硬密封蝶阀

煤气管道用蝶阀一般会使用三偏心或双偏心金属硬密封蝶阀。此类型蝶阀的特点在于采用多层次弹性金属密封结构，适用于 300℃ 以下的燃气等介质管道上作为调节、截流密封使用。一般使用碳钢作为阀体主要材质。

多层次硬密封蝶阀的特点是密封圈为软硬层叠式金属片，具有金属硬密封性和弹性软密封的双重优点，无论在室温或高温工况下，均具有优良的密封性；利用双偏心或三偏心的结构，具有越关越紧的密封功能及密封副磨损补偿性；采用斜板式结构，阀门开启、关闭迅速，流阻损失小，可以制造成双向密封型；可根据实际情况提供多种传动装置，如电动、液动、气动，电动装置一般可以在现场手动或远距离集中控制，并且可以满足计算机远程控制要求。一般蝶阀尺寸参考附录 G。

（二）扇形盲板阀

扇形盲板阀适用于低压高炉煤气管道、低压转炉煤气管道和低压焦炉煤气管道，气体压力一般不超过 50kPa，使用温度一般不超过 80℃。当温度超过 80℃ 时，密封面所采用的材料需要使用硅橡胶和氟橡胶来替代丁腈橡胶，但是使用温度也不能超过250℃。阀门主体及阀板一般采用碳钢，伸缩节采用不锈钢，密封圈根据不同的使用温度而采用不同种类的橡胶，丝杆采用合金钢。

扇形盲板阀采用扇形结构，阀门开启和关闭做小于 90℃ 的回转，开启和关闭过程迅速，操作灵活方便；丝杆增力夹紧结构自锁性好、密封副不会自动松开而造成介质外漏；当温度高于 250℃ 时，需要增加水冷机构。

扇形盲板阀一般为敞开式阀门，开启及关闭过程中有介质外泄。因此在操作过程中，应保证一定的安全区间，防止人员伤害。

扇形盲板阀可根据实际情况提供多种传动装置，如电动、液动、气动；电动装置一般可以在现场手动或远距离集中控制，并且可以满足计算机远程控制要求。一般扇形盲板阀尺寸参考附录 G。

（三）插板阀

插板阀与扇形盲板阀的使用工况及材质基本相同，其结构与盲板阀略有不同；阀体采用框架式结构，刚性更好、结构更紧凑；采用弹簧夹紧结构，同步性好。同时，插板阀可以分为半封闭式和全封闭式，较扇形盲板阀具有更好的密封性能。其中，全封闭式插板阀应作为煤气安全切断装置的首选阀门设备。

插板阀可根据实际情况提供多种传动装置，如电动、液动、气动；电动装置一般可以在现场手动或远距离集中控制，并且可以满足计算机远程控制要求。一般插板阀尺寸参考附录 G。

三、管道金属补偿器

低压燃气使用管道金属补偿器主要有单式轴向波纹补偿器、复式拉杆型波纹补偿器和复式自由型波纹补偿器。补偿器结构与尺寸参考附录 I。

单式轴向型波纹补偿器是由一个波纹管及结构件组成，主要用于吸收轴向位移，一般不用于补偿横向位移。单式轴向型波纹补偿器不能承受内压所产生的推力，内压所产生的推力主要由固定支架承受。

复式拉杆型波纹补偿器是由两个相同的波纹管和结构件以及中间接管组成的挠性部件，主要用于补偿单平面或多平面弯曲管段的横向位移。拉杆可承受内压所产生的推力和其他附加外力的作用。

复式自由型波纹补偿器是由两个相同的波纹管和结构件以及中间接管组成的挠性部件，主要用于吸收轴向和横向组合位移。补偿器不能承受管道内压所产生的推力，内压所产生的推力主要由固定支架承受。

四、堵板与盲板

盲板、人孔盖板及无加强筋的堵板均属整圆板，设计厚度可参考式（9-5-4）。

$$\delta = d \sqrt{\frac{Kp_j}{[\sigma]}} + C \qquad (9\text{-}5\text{-}4)$$

式中　　d——计算直径，mm；

p_j——计算压力，MPa；

K——计算系数，螺栓连接取 0.3，对焊内堵板取 0.25，带加强筋堵板（图 9-5-5）参考表 9-5-5。

表 9-5-5　带加强筋内焊堵板计算系数

a/b	1.0	1.1	1.2	1.3	1.4	1.5
K	0.3102	0.3324	0.3672	0.4008	0.4284	0.4518

注：参考图 9-5-5。

煤气管道用各类盲板、堵板结构示意图如图 9-5-6 ~ 图 9-5-10 所示，对应设计参数参见表 9-5-6 ~ 表 9-5-10。

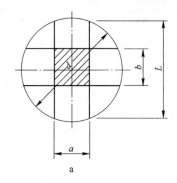

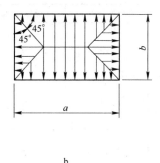

a

b

图 9-5-5 带加强筋内焊堵板结构示意图

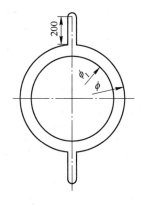

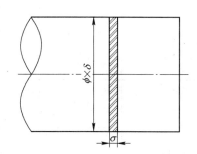

图 9-5-6 煤气管道闸阀用盲板结构示意图　　　　图 9-5-7 煤气管道用堵板结构示意图

表 9-5-6 煤气管道闸阀用盲板设计参数

公称直径/mm	管道外径/mm	盲板外径/mm	盲板内径/mm	盲板厚度/mm	衬垫厚度/mm	盲板质量/kg	衬垫质量/kg
100	108	145	105	4.5	3	1.29	0.4
125	133	175	135	4.5	3	1.66	0.4
150	159	200	160	4.5	3	1.82	0.5
200	219	255	215	4.5	3	2.51	0.5
250	273	310	270	4.5	3	3.38	0.6
300	325	365	325	4.5	3	4.38	0.76
350	377	415	375	4.5	3	5.68	0.84
400	426	465	425	4.5	3	6.56	0.90
500	529	570	630	6	3	12.94	1.1
600	630	670	630	8	3	23.3	1.2
700	720	775	725	8	3	30.7	1.6
800	820	880	830	8	6	39.6	3.6
900	920	980	930	10	6	60.7	4.0
1000	1020	1080	1030	10	6	73.5	4.4
1200	1220	1280	1230	12	6	122.9	5.1
1400	1420	1480	1430	12	6	164.0	5.8

注：$PN \leqslant 30kPa$。

表 9-5-7　煤气管道用堵板设计参数

公称直径/mm	管道外径/mm	堵板厚度/mm	管道壁厚/mm	堵板直径/mm	堵板质量/kg
200	219	6	4.5	206	1.57
			5	205	1.55
250	273	6	4.5	260	2.50
			5	259	2.48
300	325	6	4.5	312	3.60
			5	311	3.58
350	377	6	4.5	364	4.90
			5	363	4.87
400	426	8	4.5	413	8.41
			5	412	8.37
500	529	8	5	515	13.08
			6	513	12.98
600	630	8	5	616	18.72
			6	614	18.59
700	720	10	5	706	30.73
			6	704	30.56
800	820	10	5	806	40.05
			6	704	39.85
900	920	10	5	906	50.61
			6	904	50.38
1000	1020	12	5	1006	74.88
			6	1004	74.58
1100	1120	12	5	1106	90.50
			6	1104	90.17
1200	1220	14	5	1206	125.20
			6	1204	125.00
1300	1320	14	5	1306	147.11
			6	1304	146.90
1400	1420	14	5	1406	170.20
			6	1404	170.00

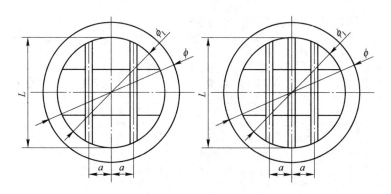

图 9-5-8 煤气管道用带加强筋堵板结构示意图

表 9-5-8 煤气管道用带加强筋堵板设计参数

公称直径 DN/mm	管道外径 /mm	堵板厚度 /mm	加强筋 间距/mm	加强筋 长度/mm	堵板质量 /kg	加强筋			总质量 /kg
						加强筋排列	主筋型号	次筋型号	
1500	1520	8	238	约1435	约111	2×2	[10	L80×8	约154
1600	1620	8	254	约1531	约126	2×2	[10	L80×8	约173
1700	1720	8	270	约1625	约143	2×2	[10	L80×8	约192
1800	1820	8	286	约1721	约160	2×2	[12.6	L80×8	约220
1900	1920	8	301	约1815	约178	2×2	[12.6	L80×8	约242
2000	2020	10	317	约1911	约247	2×2	[14a	L80×8	约322
2200	2220	10	349	约2101	约299	2×2	[14a	L100×10	约393
2400	2420	10	380	约2305	约355	2×2	I16	L100×10	约486
2600	2620	12	412	约2495	约500	2×2	I16	L100×10	约642
2800	2820	12	444	约2689	约580	2×2	I20a	L120×10	约781
3000	3020	12	751	约2652	约665	3×3	I20a	L120×10	约976
3200	3220	12	801	约2826	约757	3×3	I20a	L120×10	约1088
3400	3420	12	851	约3004	约855	3×3	I20a	L120×10	约1254

注：加强筋长度与堵板质量与管道壁厚有关，长度值在加工制作过程中需进行调整。

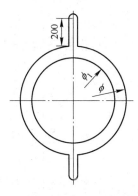

图 9-5-9 煤气管道用盲板结构示意图

表 9-5-9 煤气管道用盲板设计参数

公称直径 DN/mm	管道外径/mm	盲板外径/mm	盲板内径/mm	PN≤0.3kPa						PN≤0.5kPa					
				盲板厚度/mm	衬垫厚度/mm	盲板质量/kg	衬垫质量/kg	有角撑质量/kg	无角撑质量/kg	盲板厚度/mm	衬垫厚度/mm	盲板质量/kg	衬垫质量/kg	有角撑质量/kg	无角撑质量/kg
100	108	145	105	6	3	1.2	0.4	—	7.1	6	3	1.2	0.4	—	7.1
125	133	175	135	6	3	1.6	0.5	—	9.3	6	3	1.6	0.5	—	9.3
150	159	200	160	6	3	2.0	0.5	—	11.4	6	3	2.0	0.5	—	11.4
200	219	255	215	6	3	2.9	0.6	—	14.1	6	3	2.9	0.6	—	14.1
250	273	310	270	6	3	4.0	0.7	—	17.8	6	3	4.0	0.6	—	17.8
300	325	365	325	6	3	5.4	0.8	40.1	24.5	6	3	5.4	0.8	40.1	24.5
350	377	415	375	6	3	7.2	0.8	43.7	28.1	6	3	7.2	0.8	43.7	28.1
400	426	465	425	6	3	8.9	0.9	48.5	32.9	6	3	8.9	0.9	48.5	32.9
500	529	570	530	6	3	12.9	1.1	63.5	47.9	8	3	16.0	1.1	66.8	51.2
600	630	670	630	8	4.5	23.8	1.8	86.9	71.3	8	4.5	23.3	1.2	86.8	70.7
700	720	775	725	8	4.5	30.8	2.4	107.7	92.1	10	4.5	38.4	1.6	114.4	98.8
800	820	880	830	8	4.5	39.3	2.8	136.7	121.1	10	4.5	49.2	1.8	145.6	130.0
900	920	980	930	10	4.5	60.6	3.0	165.5	149.9	12	4.5	72.8	2.0	176.8	161.7
1000	1020	1080	1030	10	4.5	73.3	3.3	234.4	172.0	12	4.5	88.0	2.2	244.0	181.6
1100	1120	1180	1130	10	6	77.1	4.7	248.9	186.5	12	6	92.5	4.7	264.3	201.9
1200	1220	1280	1230	12	6	122.9	5.1	302.5	240.1	14	6	143.4	5.0	324.3	261.9
1300	1320	1380	1330	12	6	142.6	5.5	331.1	269.3	14	6	166.4	5.5	366.9	294.5
1400	1420	1480	1430	12	6	163.1	5.8	360.7	298.3	14	6	191.0	5.8	390.8	328.4
1500	1520	1590	1540	14	8	222.2	6.2	462.6	400.2	16	6	254.0	6.2	495.9	433.5
1600	1620	1690	1630	14	8	250.5	10.4	506.1	443.7	16	8	322.0	10.4	577.6	515.2
1700	1720	1790	1730	14	8	280.5	11.3	548.5	485.1	18	8	360.6	11.3	628.6	566.2
1800	1820	1890	1830	16	8	357.0	11.6	634.8	572.4	20	8	446.2	11.6	724.0	661.6
1900	1920	1990	1930	16	8	395.1	12.2	685.0	622.6	20	8	493.9	12.2	783.8	721.4
2000	2020	2090	2030	18	8	490.5	12.8	790.8	728.4	—	—	—	—	—	—

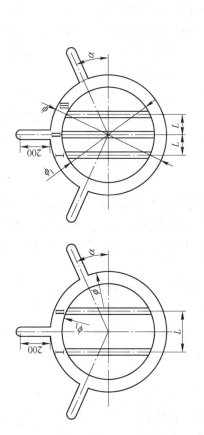

图 9-5-10　带加强筋的煤气管道用盲板结构示意图

表 9-5-10　带加强筋的煤气管道用盲板设计参数

公称直径 DN/mm	管道外径 /mm	盲板外径 /mm	盲板内径 /mm	盲板厚度 /mm	衬垫厚度 /mm	角度/(°)	盲板质量 /kg	衬垫质量 /kg	加强筋 型号（mm）间距	加强筋 I长度 /mm	加强筋 II长度 /mm	加强筋 III长度 /mm	总质量 /kg
2000	2020	2090	2030	12	8	15.0	324	12.8	[16/680	1916	1916	—	767.84
2200	2220	2296	2226	14	8	13.93	455	16.2	[16/750	2102	2102	—	963.08
2400	2420	2496	2426	14	8	12.83	540	17.6	[20/820	2292	2292	—	1114.74
2600	2620	2696	2626	16	8	12.0	719	19.0	[20/880	2482	2482	—	1375.97
2800	2820	2910	2840	14	10	11.25	733	25.6	[20/710	2474	2474	2800	1591.98
3000	3020	3110	3040	14	10	10.58	836	27.3	[20/760	2644	2644	3000	1743.76
3200	3220	3310	3240	16	10	10.0	1080	29.0	[22/810	2824	2824	3200	2080.66
3400	3420	3510	3440	16	10	9.5	1220	30.8	[22/860	2996	2996	3400	2276.87

五、排水与放散附件

（一）排水设施

排水设施分为干式排水设施和湿式排水设施。湿式排水设施主要依靠水封起到密封煤气的作用，排水器的水封高度应为煤气计算压力加 500mm。但距大型高压高炉净煤气总管 300m 以内的厂区管道上的排水器，水封高度应不小于 3000mm，以免高炉由高压转常压时，排水器冒煤气。在实际生产过程中湿式排水器往往需要伴热保温，维修及更换较困难，而且容易发生安全事故，已经逐步被干式排水器所取代。

干式排水器被普遍应用于厂房内部管网排水设备设计，但是随着钢铁行业安全生产意识的加强，也被逐渐应用在外部管网排水。应用较先进的干式排水器为电伴热干式排水器，排水器为直通型。电伴热排水器可以应用于各个压力等级，根据实际情况还可以分为防水型、防盗型、地上、地下、高压、负压等特殊用途。

排水器与管道相连接时一般需要在管道排水口下及排水器入水口处设置闸阀及相配套的操作平台。外部管网排水器一般每隔 200～300m 距离设置一个，在管道最低点应加设排水器。在插板阀等大型阀门设备专有排水处，可适当增加专门的排水设备。

（二）放散设施

煤气管道的末端、切断设备及盲板的前面，以及管道容易聚积煤气而吹不尽的部位，均应安设吹刷用的放散管。放散管口必须高出煤气管道、走道、操作平台 4m，并离地面不少于 10m；车间内部或距车间 10m 以内不经常操作的放散管，应高出建筑物的屋檐。

DN600 以下的煤气管道，可以配置 DN50 的放散管道；DN1000 以下的煤气管道，可以配置 DN100 的放散管道；DN1500 以下的煤气管道，可以配置 DN150 的放散管道；DN1500 以上的煤气管道，可以配置 DN200 的放散管道。放散管道规格需要根据管道放散时间、布置密度等要求进行调整。

六、人孔与手孔

人孔与手孔主要设置于燃气管道检修位置，如阀门两侧、设备进出口等位置，如图 9-5-11 和图 9-5-12 所示。人孔和手孔一般配置吹扫管，其结构参数参见表 9-5-11 和表 9-5-12。

表 9-5-11　燃气管道 DN600 人孔结构参数

公称直径 /mm	管道外径 /mm	接管长度 /mm	接管质量 /kg	总重/kg		
				带 DN50 吹扫管	带 DN25 吹扫管	无吹扫管
600	630	425	32.7	94.4	90.6	88.6
700	720	297	22.9	84.6	80.8	78.8
800	820	259	20.0	81.7	77.9	75.9
900	920	233	17.9	79.6	75.8	73.8

续表 9-5-11

公称直径 /mm	管道外径 /mm	接管长度 /mm	接管质量 /kg	总重/kg		
				带 DN50 吹扫管	带 DN25 吹扫管	无吹扫管
1000	1020	218	16.8	78.5	74.7	72.8
1100	1120	206	15.9	77.6	73.8	71.8
1200	1220	197	15.2	76.9	73.1	71.1
1300	1320	190	14.6	76.3	72.8	70.5
1400	1420	184	14.2	75.9	72.1	70.1
1500	1520	178	13.7	75.4	71.6	69.6
1600	1620	174	13.4	75.1	71.3	69.3
1700	1720	168	12.9	74.6	70.8	68.8
1800	1820	166	12.8	74.5	70.7	68.7
1900	1920	163	12.6	74.3	70.5	68.5
2000	2020	160	12.3	74.0	70.2	68.2
2200	2220	155	11.9	73.6	69.8	67.8
2400	2420	152	11.7	73.4	69.6	67.6
2600	2620	148	11.4	73.1	69.3	67.3
2800	2820	146	11.2	72.9	69.1	67.1
3000	3020	144	11.1	72.8	69.0	67.0
3200	3220	143	11.0	72.7	68.9	66.9
3400	3420	141	10.9	72.6	68.8	66.8

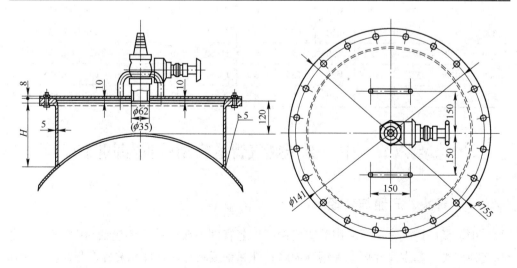

图 9-5-11　燃气管道 DN600 人孔结构示意图

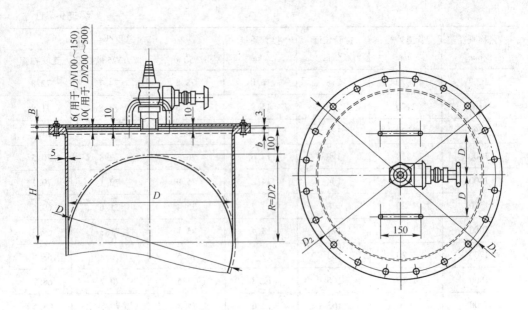

图 9-5-12 燃气管道手孔结构示意图

表 9-5-12 燃气管道手孔结构参数

公称直径 /mm	管道外径 /mm	法兰外径 /mm	螺栓数量 /个	螺栓直径 /mm	螺栓长度 /mm	盖板厚度 /mm	盖板质量 /kg	把手间距 /mm	接管长度 /mm	接管质量 /kg	总重/kg 有吹扫管	总重/kg 无吹扫管
100	108	205	4	M16	55	6	1.55		148.0	1.20	5.77	7.75
125	133	235	8	M16	55	6	2.04		160.5	1.52	7.76	9.76
150	159	260	8	M16	60	6	2.50		173.5	2.21	9.78	11.76
200	219	315	8	M16	60	6	3.67		199.5	3.45	13.91	15.89
250	273	370	12	M16	60	6	5.06	100	226.5	4.71	18.12	20.10
300	325	435	12	M20	65	6	7.00	100	252.5	6.09	24.73	26.71
350	377	485	12	M20	65	8	11.60	120	278.5	7.62	31.77	33.75
400	426	535	16	M20	65	8	14.13	120	303.0	9.19	37.89	39.87
500	529	640	16	M20	70	8	20.13	120	354.3	14.36	54.58	56.56

第六节 中、低压燃气管道常用管件与阀门

一、弯头、三通与变径

中、低压燃气管道所采用的主要钢制无缝管件一般用件主要包括 90°弯头、三通和变径三类，基本尺寸可参考钢制无缝管件和钢板制对焊管件相关标准与规范。中压燃气管道一般采用钢制无缝管件，低压燃气管道可以采用钢板制对焊管件，见附录

J。在进行燃气管道设计过程中尽量不要采用变径弯头、180°弯头等异型管件。

二、常用阀门

中、低压燃气管道常用阀门包括截止阀、闸阀、球阀等，主要使用的压力等级包括 $PN1.6$ 和 $PN2.5$。

中、低压燃气管道使用最广泛的切断类设备就是闸阀，主要应用类型有 Z41H-16C 和 Z41H-25。

球阀在中、低压燃气管道上一般只安装在燃气管道的分支接头处，不作为主要的切断装置，一般用于临时接管、调试使用，主要应用类型有 Q41F-16C 和 Q41Y-25。

截止阀主要用于与燃气管道相连接的一些附属设备接管处，如排水设施、排气设施等，一般不用于主要管道切断位置或用于小型用户点切断，主要应用类型有 J41H-16C 和 J41H-25。

常用阀门可参见附录 J。

三、法兰、盲法兰与垫片

中、低压燃气管道上的法兰、盲法兰主要采用突台面或平面对焊钢制法兰，主要使用的压力等级包括 $PN0.6$、$PN1.0$、$PN1.6$ 和 $PN2.5$。

常用法兰与垫片可参见附录 J。

第七节 燃气管道与设备的喷涂与保温

一、燃气管道的除锈

（一）除锈等级划分

通常钢材表面分成 A、B、C、D 四个锈蚀等级：

（1）A。全面地覆盖着氧化皮而几乎没有铁锈。

（2）B。已发生锈蚀，并有部分氧化皮脱落。

（3）C。氧化皮已因锈蚀而剥落，或者可以刮除，并且有少量点蚀。

（4）D。氧化皮因锈蚀而全面剥落，并且普遍发生点蚀。

除锈等级分成喷射或抛射除锈、手工和动力工具除锈、火焰除锈三种类型。

（二）喷射或抛射除锈

喷射或抛射除锈，用字母"Sa"表示，分为四个等级：

（1）Sa1。轻度的喷射或抛射除锈。钢材表面应无可见的油脂或污垢，没有附着不牢的氧化皮、铁锈和油漆涂层等附着物。

（2）Sa2。彻底的喷射或抛射除锈。钢材表面无可见的油脂和污垢，氧化皮、铁锈等附着物已基本清除，其残留物应是牢固附着的。

（3）Sa2½。非常彻底的喷射或抛射除锈。钢材表面无可见的油脂、污垢、氧化皮、铁锈和油漆等附着物，任何残留的痕迹仅是点状或条纹状的轻微色斑。

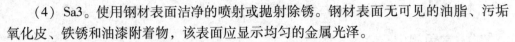

（4）Sa3。使用钢材表面洁净的喷射或抛射除锈。钢材表面无可见的油脂、污垢、氧化皮、铁锈和油漆附着物，该表面应显示均匀的金属光泽。

（三）手工和动力工具除锈

手工和动力工具除锈以字母"St"表示，只有两个等级：

（1）St2。彻底的手工和动力工具除锈。钢材表面无可见的油脂和污垢，没有附着不牢的氧化皮、铁锈和油漆涂层等附着物。

（2）St3。非常彻底的手工和动力工具除锈。钢材表面无可见的油脂和污垢，并且没有附着不牢的氧化皮、铁锈和油漆涂层等附着物。除锈应比 St2 更为彻底，底材显露部分的表面应具有金属光泽。

（四）火焰除锈

火焰除锈以字母"Fl"表示。它包括在火焰加热作业后，以动力钢丝刷清除加热后附着在钢材表面的产物。其只有一个等级 Fl：钢材表面应无氧化皮、铁锈和油漆层等附着物，任何残留的痕迹应仅为表面变色。

（五）除锈等级的确定

钢材表面处理除锈等级的确定是涂装设计的主要内容，确定等级过高，会造成人力、财力的浪费；过低会降低涂层质量，起不到应有的防护作用，反而是更大的浪费。单纯从除锈等级标准来看，Sa3 级标准质量最高，但它需要的条件和费用也最高，达到 Sa3 的除锈质量，只能在相对湿度小于 55% 的条件下才能实现。钢材除锈质量达到 Sa3 级时，表面清洁度为 100%，达到 Sa2½级时则为 95%。按消耗工时计算，若以 Sa2 级为 100%，Sa2½级则为 130%，Sa3 级则为 200%。

除锈等级一般应根据钢材表面原始状态、可能选用的底漆、可能采用的除锈方法、工程造价与要求的涂装维护周期等来确定。

由于各种涂装的性能不同，涂装对钢材的附着力也不同。各种底漆与相适应的除锈等级关系见表 9-7-1。

表 9-7-1　底漆与除锈关系

底　漆	喷射或抛射除锈			手工除锈		酸洗除锈
	Sa3	Sa2½	Sa2	St3	St2	Sp-8
油基漆	1	1	1	2	3	1
酚醛漆	1	1	1	2	3	1
醇酸漆	1	1	1	2	3	1
磷化底漆	1	1	1	2	4	1
沥青漆	1	1	1	2	3	1
聚氨酯漆	1	1	2	3	4	2
氯化橡胶漆	1	1	2	3	4	2
氯磺化聚乙烯漆	1	1	2	3	4	2
环氧漆	1	1	1	2	3	1

底　漆	喷射或抛射除锈			手工除锈		酸洗除锈
	Sa3	Sa2$\frac{1}{2}$	Sa2	St3	St2	Sp-8
环氧煤焦油	1	1	1	2	3	1
有机富锌漆	1	1	2	3	4	3
无机富锌漆	1	1	2	4	4	4
无机硅底漆	1	2	3	4	4	2

注：1 为好；2 为较好；3 为可用；4 为不可用。

二、燃气管道的喷涂

钢结构涂装的目的在于利用涂层的防护作用防止钢结构腐蚀，延长使用寿命。而涂层的防护作用程度和防护时间的长短则决定于涂层的质量，涂层质量的好坏又决定于涂装设计、涂装施工和涂装管理。

影响涂层质量的各因素所占比例参见表 9-7-2，实际上，忽视了任意一种因素都有可能影响涂层质量，而造成严重的后果。涂装设计是涂装施工和涂装管理的依据和基础，是决定涂层质量的重要因素。

表 9-7-2　涂装中各因素对涂层质量的影响

因　素	影响程度/%	因　素	影响程度/%
表面处理（除锈质量）	49.5	涂料品种	4.9
涂层厚度（涂装道数）	19.1	其他（施工与管理等）	26.5

（一）常用涂料的特点和选择

常用的管道涂料包括沥青类、醇酸树脂类、过氯乙烯类、丙烯酸树脂类、环氧树脂类、聚氨酯类、有机硅树脂类和橡胶漆类。各类涂料都有其显著的特点，需要设计人员根据不同的大气状况来进行选择，一般的选择原则参见表 9-7-3。

表 9-7-3　与各类大气相适应的涂料种类

涂装种类	城镇大气	工业大气	化工大气	海洋大气	高温大气
醇酸漆	√	√			
沥青漆			√		
环氧树脂漆			√	△	△
过氯乙烯漆			√	△	
丙烯酸漆	√	√	√		
聚氨酯漆	√	√	√	△	
氯化橡胶漆	√	√	√	△	
氯磺化聚乙烯漆	√	√	√	△	
有机硅漆					√

注：√表示可用；△表示不可用。

（二）涂装设计

涂层结构的形式有底漆—中漆—面漆、底漆—面漆、底漆—面漆（底漆和面漆是一种漆）。

涂层的配套性即考虑作用配套、性能配套、硬度配套、烘干温度配套等。涂层中的底漆主要起附着和防锈的作用，面漆主要起防腐蚀、耐老化作用，中漆的作用是介于底漆、面漆两者之间，并能增加漆膜的总厚度。所以，它们不能单独使用，只有配套使用，才能发挥最好的作用和获得最佳效果。另外，在使用时，各层漆之间不能发生互溶或"咬底"的现象，如用油基性的底漆，则不能用强溶剂型的中间漆或面漆；硬度要基本一致，若面漆的硬度过高，则容易开裂；烘干温度也要基本一致，否则有的层次会出现过烘干的现象。

确定涂层厚度主要考虑：钢材表面原始粗糙度；钢材除锈后的表面粗糙度；选用的涂料品种；钢结构使用环境对涂层的腐蚀程度；涂层维护的周期。

涂层厚度一般是由基本涂层厚度、防护涂层厚度和附加涂层厚度组成：

（1）基本涂层厚度是指涂料在钢材表面上形成均匀、致密、连续的膜所需的厚度。

（2）防护涂层厚度是指涂层在使用环境中，在维护周期内受到腐蚀、粉化、磨损等所需的厚度。

（3）附加涂层厚度是指涂层维护困难和留有安全系数所需的厚度。

涂层厚度要适当，过厚，虽然可增强防护能力，但附着力和力学性能却要降低，而且要增加费用；过薄，易产生肉眼看不见的针孔和其他缺陷，起不到隔离环境的作用。根据实践经验和参考相关文献，钢材涂层厚度可参考表9-7-4。

表 9-7-4　钢材涂层厚度值　　　　　　　　　　　　　　　　（μm）

钢材涂料	基本涂层和防护涂层					附加涂层
	城镇大气	工业大气	海洋大气	化工大气	高温大气	
醇酸漆	100～150	125～175				20～50
沥青漆			180～240	150～2120		30～60
环氧漆			175～225	150～200	150～200	25～50
过氯乙烯漆				160～200		20～40
丙烯酸漆		100～140	140～180	120～160		20～40
聚氨酯漆		100～140	140～180	120～160		20～40
氯化橡胶漆		120～160	160～200	140～180		20～40
氯磺化聚乙烯漆		120～160	160～200	140～180	120～160	20～40
有机硅漆					100～140	20～40

钢结构的涂装，不仅可以达到防护的目的，而且可以起到装饰的作用。当人们看到涂装的鲜艳颜色时，便产生愉快的感觉，从而使头脑清醒、精力旺盛，积极地去工作，保证产品质量，提高劳动生产率。所以，在进行钢结构设计时，要正确、积极地运用色彩效应，而且关键在于解决色彩和谐问题。同时，涂装色彩可以标示管道介质

种类，对危险或有毒介质起到警示作用。

三、燃气管道的保温

（一）燃气管道保温结构的主要作用

燃气管道保温结构的主要作用是保持煤气管道温度，保持煤气管道内气体的温度，防止煤气温度下降过快，从而产生管道内积水、结焦等现象，造成管道堵塞。保温材料的主要特征是导热系数小、密度小、抗压或抗折强度高、安全使用温度范围宽、不可燃、化学性能符合要求、保温工程的设计使用年限长、单位体积价格便宜、对工程现场状况具有一定的适应性、安全性强和施工性能强等特点。

选择何种保温材料主要依据是保温材料的导热系数来确定保温结构的最小厚度，在达到理想的保温效果同时，又可以使得保温工程消耗材料最少。一般最小保温厚度可参考附录 K。

（二）燃气管道保温结构形式及材料

燃气管道与设备的保温结构由保温层和保护层两部分组成。保温结构的设计直接影响到保温效果、投资费用和使用年限等。对保温结构的基本要求有以下几方面：

（1）热损失不超过允许值。

（2）保温结构应有足够的机械强度，经久耐用，不易损坏。

（3）处理好保温结构和管道、设备的热伸缩。

（4）保温结构在满足上述条件下，尽量做到简单、可靠、材料消耗少、保温材料宜就地取材、造价低。

（5）保温结构应尽量采用工厂预制成型，减少现场制作，以便于缩短施工工期、保证质量、维护检修方便。

（6）保温结构应有良好的保护层，保护层应适应安装的环境条件和防雨、防潮要求，并做到外表平整、美观。

（7）保温材料应尽量避免使用石棉类制品，达到管道安装过程中的卫生和安全要求。

第八节　燃气管道与设备的焊接

一、焊接种类和方法

（一）手工电弧焊

手工电弧焊是指利用焊条与工件间产生的电弧热，将工件和焊条熔化而进行焊接的方法，又称为手工电弧焊。手工电弧焊的优点是设备简单，操作灵活，可焊多种金属材料，室内外焊接效果相同；缺点是对焊工操作技术水平要求较高，生产率较低。

（二）埋弧自动焊

埋弧自动焊以可熔化颗粒状焊剂作为保护介质，电弧掩埋在焊剂层下的一种熔化极电弧焊接方法。埋弧自动焊的优点：生产效率高，电流达 1000A 以上，不需更换焊条头，比焊条电弧焊提高 5～10 倍；焊接质量高且稳定，焊缝内气孔、夹渣少，焊缝美观；成本低，省工、省料、省时间（可不开坡口）；劳动条件好，无弧光、飞溅，劳动强度低。埋弧自动焊的缺点：适应性差，只适合平焊、长直焊缝和较大直径的焊缝；焊接设备复杂，焊前准备工作严格。

（三）气体保护焊

利用特定的某种气体保护电弧和熔池的焊接方法称为气体保护焊。

以氩气作为保护气体的焊接方法称为氩弧焊。氩弧焊又可分为不熔化极氩弧焊和熔化极氩弧焊。

熔化极氩弧焊以连续送进的金属丝做电极并填充焊缝；焊接电流较大，生产效率高，适用焊接较厚的焊接（8～25mm）；可采用自动焊或半自动焊；主要用于焊接易氧化的有色金属、合金钢和不锈钢。优点：保护效果好，电弧稳定，飞溅小，焊缝致密，焊接质量好；热量集中，热影响区小，焊后变形小；可全方位焊接，明弧可见，便于观察，易于自动控制。缺点：氩气成本高，一般情况下不采用。

不熔化极氩弧焊焊接电流不能过大，只能焊接 4mm 以下的薄板；焊接钢材板时，采用直流正接法；焊接 Al、Mg 合金时，采用直流反接法或交流电源。

以二氧化碳作为保护气体的焊接方法称为二氧化碳焊，主要应用于造船、机车车辆、汽车、农业机械，主要用于焊接 30mm 以下厚度的低碳钢和部分低合金结构钢。其特点是：成本低，仅是电弧焊的 40% 左右；生产率高，比焊条电弧焊高 1～4 倍，没有渣壳，自动送丝；操作性能好，明弧焊接，方便操作，适用于各种位置的焊接；质量较好，热量集中，热影响区较小，变形和产生裂纹的倾向性小。但是，二氧化碳气体有氧化作用，应使用含锰、硅高的焊丝或含有相应合金元素的合金焊丝；熔滴飞溅较为严重，焊缝外形不够光滑，容易产生气孔。

（四）电渣焊

电渣焊是指利用电流通过液态熔渣所产生的电阻热进行焊接，除引弧外，焊接过程中不产生电弧，主要应用于厚度 40mm 以上的立焊直缝焊。电渣焊的特点：生产率高，厚大截面可一次焊成，不需开坡口；焊缝缺陷少，焊接质量好，不易产生气孔、夹渣、裂纹和偏析；成本低，省电，省溶剂。但是，电渣焊的焊件需正火热处理，热影响区较大，组织较为粗大。

（五）电阻焊

电阻焊是指利用焊件接触面的电阻热，将焊件局部加热到塑性或熔化状态，在压力下形成接头的焊接方法。电阻焊分为点焊电阻焊、缝焊电阻焊和对焊电阻焊。电阻焊的特点是：生产率高，可用于大批量生产；不需填充金属，焊接变形小；劳动条件好，操作简单；焊接设备复杂，投资大；对焊接厚度和接头形式有一定限制。

点焊电阻焊是利用柱状电极加压通电，在搭接工件接触面之间焊成一个个焊点的方法。

缝焊电阻焊是利用旋转的圆盘状滚动电极代替柱状电极，精确控制通、断电时间，形成连续重叠焊点的方法。

对焊电阻焊利用电阻热使两个工件在整个接触面上焊接起来的方法，是应用较广的一种焊接方法。对焊电阻焊要求端面清洁、光滑；其焊接特点是接头毛刺少，外形圆滑；主要用于端面简单、直径小于 20mm、强度要求不高的工件。

（六）钎焊

钎焊是指利用熔点比母材低的钎料作填充金属，加热时钎料熔化而将焊件连接起来的焊接方法。钎焊可以分为软钎焊和硬钎焊，参见表 9-8-1。

表 9-8-1　钎焊方法

指　标	软钎焊	硬钎焊
钎料熔点	≤450℃	>450℃
性能特点	接头强度不高于 100MPa，工作温度较低	接头强度高于 200MPa，工作温度较高
应　用	受力不大的仪表、导电元件的焊接	受力较大的构件、刀具、工具的焊接

钎焊的特点：工件加热温度低，组织和力学性能变化小，变形小；接头光滑平整，工件尺寸精确；可以焊接性能差异很大的异种金属，对工件厚度的差别没有严格的限制；复杂形状构件，生产率高（可同时焊接上千条焊缝）；设备简单，投资少；接头强度尤其是动载强度低，耐热性差，且焊前清理及组装要求较高。

（七）激光焊

激光焊是利用聚焦的激光束轰击焊件所产生的热量进行焊接的一种熔焊方法。

激光焊优点：焊接速度快、能量密度高、灵活性大；可在大气中焊接，不需真空或气体保护；非接触焊接，整个焊接过程进行得很快，焊接热影响区和焊接变形很小，特别适合于精密结构件和热敏感器件的焊接；易实现异种金属的焊接，也可用于非金属材料的焊接。激光焊的缺点是设备复杂、投资大、功率较小，可焊接的厚度受到一定的限制。

二、焊缝强度计算方法

焊缝强度计算方法参考表 9-8-2。

表 9-8-2　焊缝强度计算方法

$$\sigma = \frac{p}{hl} \qquad \sigma = \frac{p}{(h_1 + h_2)l} \qquad \sigma = \frac{0.707p}{hl} \qquad \sigma = \frac{0.707p}{hl}$$

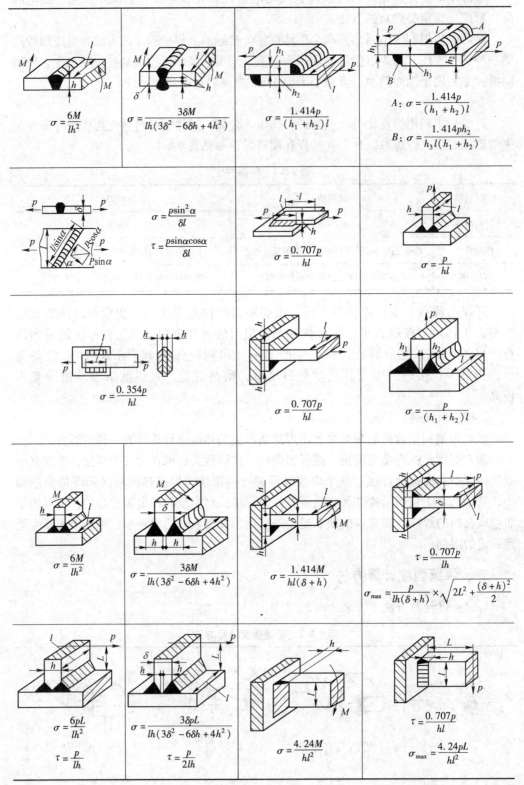

$$\sigma = \frac{6M}{lh^2}$$

$$\sigma = \frac{3\delta M}{lh(3\delta^2 - 6\delta h + 4h^2)}$$

$$\sigma = \frac{1.414p}{(h_1 + h_2)l}$$

$$A: \sigma = \frac{1.414p}{(h_1 + h_2)l}$$

$$B: \sigma = \frac{1.414ph_2}{h_3 l(h_1 + h_2)}$$

$$\sigma = \frac{p\sin^2\alpha}{\delta l}$$

$$\tau = \frac{p\sin\alpha\cos\alpha}{\delta l}$$

$$\sigma = \frac{0.707p}{hl}$$

$$\sigma = \frac{p}{hl}$$

$$\sigma = \frac{0.354p}{hl}$$

$$\sigma = \frac{0.707p}{hl}$$

$$\sigma = \frac{p}{(h_1 + h_2)l}$$

$$\sigma = \frac{6M}{lh^2}$$

$$\sigma = \frac{3\delta M}{lh(3\delta^2 - 6\delta h + 4h^2)}$$

$$\sigma = \frac{1.414M}{hl(\delta + h)}$$

$$\tau = \frac{0.707p}{lh}$$

$$\sigma_{max} = \frac{p}{lh(\delta + h)} \times \sqrt{2L^2 + \frac{(\delta + h)^2}{2}}$$

$$\sigma = \frac{6pL}{lh^2}$$

$$\tau = \frac{p}{lh}$$

$$\sigma = \frac{3\delta pL}{lh(3\delta^2 - 6\delta h + 4h^2)}$$

$$\tau = \frac{p}{2lh}$$

$$\sigma = \frac{4.24M}{hl^2}$$

$$\tau = \frac{0.707p}{hl}$$

$$\sigma_{max} = \frac{4.24pL}{hl^2}$$

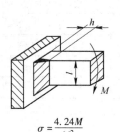

$$\sigma = \frac{4.24M}{hl^2}$$

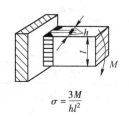

$$\tau = \frac{0.707p}{hl}$$

$$\sigma_{\max} = \frac{4.24pL}{hl^2}$$

$$\sigma = \frac{6M}{hl^2}$$

$$\sigma = \frac{3M}{hl^2}$$

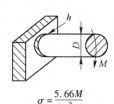

$$\sigma = \frac{5.66M}{hD^2\pi}$$

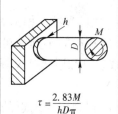

$$\tau = \frac{2.83M}{hD\pi}$$

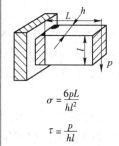

$$\sigma = \frac{6pL}{hl^2}$$

$$\tau = \frac{p}{hl}$$

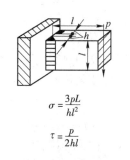

$$\sigma = \frac{3pL}{hl^2}$$

$$\tau = \frac{p}{2hl}$$

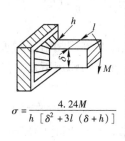

$$\sigma = \frac{4.24M}{h\left[\delta^2 + 3l(\delta + h)\right]}$$

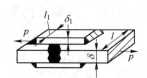

角焊:　　$\sigma = \dfrac{1.414p}{2\delta_1 l_1 + \delta l}$

对焊:　　$\sigma = \dfrac{p}{2\delta_1 l_1 + \delta l}$

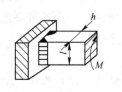

$$\tau = \frac{M(3l + 1.8h)}{h^2 l^2}$$

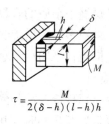

$$\tau = \frac{M}{2(\delta - h)(l - h)h}$$

　　焊缝的许用应力计算可参考式（9-8-1），焊脚的最小尺寸可参考表9-8-3。

$$\left[\sigma\right] = n\left[\sigma\right]' \tag{9-8-1}$$

式中　$[\sigma]$——焊缝的许用应力，MPa；

　　　　$[\sigma]'$——金属母材的许用应力，MPa；

　　　　n——工作条件系数。

表9-8-3 焊脚尺寸对应表 （mm）

母 材 厚 度	最小焊脚尺寸	母 材 厚 度	最小焊脚尺寸
≤6	3	38~57	10
6~12	5	57~152	12
12~20	6	>152	16
20~38	8		

注：参考美国焊接学会相关标准。

三、焊接缺陷

（一）裂纹

裂纹按其生产部位不同可分为纵向裂纹、横向裂纹、根部裂纹、弧坑裂纹、熔合区裂纹和热影响区域裂纹等；按其产生的温度和时间不同又可分为热裂纹（包括结晶裂纹和热影响区裂纹）、冷裂纹（包括氢致裂纹和层状撕裂等）以及再热裂纹。

1. 热裂纹

在焊接过程中，焊缝和热影响区金属冷却到固相线附近的高温区产生的焊接裂纹，称为焊接热裂纹。焊接热裂纹是焊接生产中比较常见的一种焊接缺陷，金属在产生焊接热裂纹的高温下，晶界强度低于晶粒强度，因而热裂纹具有沿晶界开裂的特征。热裂纹可分为结晶裂纹、高温液化裂纹等，其中结晶裂纹是最常见的一种热裂纹。

结晶裂纹又称为凝固裂纹，主要产生于焊缝凝固过程中。当冷却到固相温度附近时，由于凝固金属的收缩，残余液体金属不足而不能及时填充，在应力作用下发生沿界开裂。

防止热裂纹产生的措施主要有：限制易偏析元素和有害杂质的含量，减少钢材或焊材中硫、磷等元素的含量及降低含碳量；调整焊接参数，调节焊缝金属化学成分，改善焊接组织，细化焊缝晶粒，控制低熔点共晶的有害影响；增大焊条和焊剂的碱度，以降低焊缝中杂质的含量，改善偏析程度；制定合理的焊接工艺，适当提高焊缝形成系数，采用多层多道焊法，避免中心线偏析，防止中心裂纹；采用各种降低焊接应力的工艺措施；采用尽量小的焊接热输入，防止液化裂纹产生。

2. 冷裂纹

冷裂纹是焊接接头冷却到较低温度下时产生的裂纹。冷裂纹可以在焊接后立即出现，也可以延迟至几小时、几天、几周甚至更长时间以后发生，又称为延迟裂纹或氢致裂纹。冷裂纹一般在焊接低合金高强度钢、中碳钢、合金钢等易淬火钢时容易发生，主要是由于氢的作用而引起，而较少发生在低碳钢、奥氏体不锈钢焊接时。形成冷裂纹的基本条件是焊接接头形成淬硬组织、扩散氢的存在和浓集、存在较大的焊接拉伸应力。

防止产生冷裂纹的措施主要有：严格控制氢的来源，选用碱性低氢焊条和碱性焊剂，减少焊缝中氢的扩散含量；焊条和焊剂严格按照规定烘干，随用随取；选择合理的焊接规范和热输入，如焊前预热，控制层间温度、缓冷等；焊后及时进行消氢处理和热处理，使氢气充分逸出焊接接头并改善其韧性；焊前严格检查钢材质量，减少夹杂物存在，防止层状撕裂；采用降低焊接应力的各种工艺措施等。

3. 应力裂纹

焊后焊件在一定温度范围内再次加热时，由于高温及残余应力的共同作用而产生的晶间裂纹称为应力裂纹，又称为再热裂纹。

防止应力裂纹的措施主要有：选用对消除应力裂纹敏感性低的母材；选用低强度、高塑性的焊接材料；控制结构刚性与焊接残余应力；采用工艺措施防止应力裂纹的产生，包括预热、焊后及时进行后热、控制热输入等方法。

（二）未焊接

焊缝金属与母材之间未被电弧或火焰熔化而留下的空隙称为未焊接。

防止未焊接的措施主要有：控制接头坡口尺寸，管道单面焊和双面形成的接头，其装配间隙应等于焊条直径，并有合适的钝边，管子对口应严格控制错边量，壁厚不同的管子应按照要求加工成坡口形。

（三）未熔合

焊缝金属和母材之间、焊缝金属之间彼此没有完全融合在一起的现象称为未熔合。

防止未熔合的措施主要有：焊条和焊炬的角度要合适，运条要适当，要注意观察坡口两侧的熔化情况；选用较大的焊接电流和火焰功率；适当控制焊速，并及时调整焊条角度，防止焊条偏心或偏弧，使电弧处于正确方向；仔细清理坡口和焊缝上的脏物。

（四）夹渣

夹杂在焊缝中的非金属夹杂物称为夹渣。

防止夹渣的措施主要有：适当调整焊接电流，让熔渣充分浮出；采用良好工艺性能的焊条；仔细清理母材上的脏物或前一层上的熔渣；焊接过程中要始终保持熔渣和液态金属良好分离；气焊时应选用适合的焊嘴和火焰能率，并采用中性火焰，焊接时仔细操作，将熔渣拔出熔池。

（五）气孔

气孔是由于焊接熔池在高温时吸收过多的气体，而冷却时气体来不及逸出而残留在焊缝金属内而形成的。形成气孔的气体来自于大气，溶解于母材、焊丝和焊条钢芯中的气体，焊条药皮或焊接溶剂熔化时产生的气体，焊丝和母材上的油锈等脏物在受热后分解产生的气体以及各种冶金反应所产生的气体。熔焊中，氢、一氧化碳是产生气孔的主要气体。

防止气孔的措施主要有：不使用有缺陷的焊条；各种焊条、焊剂都应按规定要求进行烘干；焊接坡口两侧按要求清理干净；要选用合适的焊接电流、电弧电压和焊接速度；碱性焊条施焊时应短弧操作，焊条在施焊中发生偏心应及时转动和调整倾斜角度；氩弧焊时，要严格按照规定标准选择氢气纯度；气焊时，应选用中性焰并熟练操作。

（六）咬边

焊缝边缘母材上被电弧烧熔的凹槽称为咬边。咬边是由于焊接参数选择不正确或操作工艺不正确，沿着焊趾的母材部位产生的凹陷或沟槽。

防止咬边的措施主要有：

焊条电弧焊时应选择合适的电流、电弧长度和焊条操作角度；自动焊时焊接速度要适当；气焊时火焰能率要适当，焊嘴与焊丝摆动要适宜。

（七）内凹

内凹是根部焊缝低于母材表面的现象。

防止内凹的措施主要有：应选择合理的焊接坡口；焊接电流适中，严格控制好熔池的形状和大小，操作室要注意两侧抓稳。

（八）焊瘤

焊瘤是在焊接过程中，熔化金属流淌到焊缝以外未熔化的母材上所形成的金属堆积。

防止焊瘤的措施主要有：立焊、仰焊时应严格控制熔池温度，应尽量采用短弧焊；焊条摆动中间宜快，两侧稍慢些；坡口间的组装间隙不宜过大，焊接电流选择要适当；当熔池温度过高时应灭弧，待熔池温度稍下降后再引弧焊接。

（九）弧坑

弧坑是电弧焊时，由于断弧或收弧不当，在焊道末端形成的低注部分。

防止弧坑的措施主要有：焊条电弧焊收弧时焊条需要在熔池处短时间停留或作几次电焊，使足够的填充金属填满熔池；薄壁管焊接时要正确选择焊接电流；自动焊时要先停止送丝后切断电源。

（十）电弧擦伤

电弧擦伤是由于偶然不慎，使焊条或焊钳与焊件接触，或地线与焊线接触不良，瞬时引起的电弧在焊件表面产生的留痕。电弧擦伤的危险极大。其原因在于电弧擦伤处快速冷却，硬度很高，有脆化作用。在易淬火钢和低温钢中，可能成为发生脆性破坏的裂纹源点；不锈钢电弧擦伤会降低其耐腐蚀性。所以，在施焊过程中，不得在坡口以外的地方引弧，管件与地线接触一定要良好，发现电弧擦伤，必须打磨，并适度予以补焊。

第九节　工业管道厂区内布置方法

一、架空的管道布置要求

架空管道穿过道路、铁路及人行道等净空高度是指管道隔热层或支承构件最低点的高度，净空高度应符合以下高度：

（1）电力机车的铁路，轨顶以上不低于6.6m；

（2）铁路轨顶以上不低于5.5m；

（3）道路推荐值不低于5.0m；

（4）装置内管廊横梁的底面不低于 4.0m；

（5）装置内管廊下面的管道，在通道上方不低于 3.2m；

（6）人行过道，在路道旁不低于 2.2m；

（7）人行过道，在装置小区内不低于 2.0m；

（8）管道与高压电力线路间交叉净距应符合架空电力线路现行国家标准的规定。

架空管道的管架边缘与以下设施的水平距离，参考以下距离：

（1）至铁路轨外侧不低于 3.0m；

（2）至道路边缘不低于 1.0m；

（3）至人行道边缘不低于 0.5m；

（4）至厂区围墙中心不低于 1.0m；

（5）至有门窗的建筑物外墙不低于 3.0m；

（6）至无门窗的建筑物外墙不低于 1.5m。

布置管道时应合理规划操作人员通道及维修通道。操作人员通道的宽度不宜小于 0.8m。两根平行布置的管道，任何突出部位至另一管子或突出部位或隔热层外壁的净距，不宜小于 25m，裸管的管壁与管壁间净距不宜小于 50mm，在热（冷）位移后隔热层外壁不应相碰。

大型煤气管道输送主管管底距地面净距不宜低于 6m，煤气分配主管不宜低于 4.5m。新建、改建的高炉脏煤气、半净煤气、净煤气总管一般架设高度不宜低于 6m。新建焦炉冷却及净化区室外煤气管道的管底至地面净距不小于 4.5m。

二、阀门安装要求

（一）阀门的作用

阀门是工业管道系统的重要组成部件，在生产过程中起着重要作用。阀门的主要功能有：

（1）接通和截断介质，如闸阀、蝶阀和球阀；

（2）防止介质倒流，如止回阀；

（3）调节介质压力、流量，如截止阀、调节阀；

（4）分离、混合或分配介质，如旋塞阀、闸阀、调节阀；

（5）防止介质压力超过规定数值，保证管道或设备安全运行，如安全阀、呼吸阀。

（二）阀门布置的一般要求

阀门应布置在容易接近、便于操作、检修的地方。成排管道上的阀门应集中布置，并设置操作平台及梯子。

垂直管道上阀门手轮中心距操作面的距离宜为 1.2m，最大距离不应超过 2m。当阀门的手轮中心的高度超过操作面 2m 时，可以设置平台、梯子、活动平台或链轮。

对于煤气管道阀门不应布置在人的头部高度范围内。

阀门宜布置在管道位移量最小的位置。

布置在操作平台周围阀门手轮中心距操作平台边缘不宜大于 450mm，当阀杆和手轮伸入平台上方且高度小于2m时，不应妨碍操作人员的操作和通行。

阀杆水平安装的明杆式阀门开启时，阀杆不得妨碍人员的通行。

阀门相邻布置时，手轮间的净距不应小于100mm。

水平管道上阀门的阀杆方向不得垂直向下，阀杆方向可按下列顺序确定：垂直向上、水平、向上倾斜45°、向下倾斜45°。

隔断设备用的阀门宜与设备管口直接相接或靠近设备。与煤气管道及设备相连接时，管道上的阀门应与设备管口直接相连接，且该阀门不得使用链轮操作。从主管上引出的水平支管的切断阀，宜设在靠近主管的水平管段上。

管道布置不宜使阀门承受过大的荷载。

（三）各类阀门的特点

1. 闸阀

闸阀根据其内部结构可以分为楔式单闸板式、弹性闸板式、双闸板式、平行闸板式，还可以分为明杆和暗杆闸阀。闸阀性能一般不能用于调节介质流量，用于常闭、常开场合；密封性能较截止阀好；流阻小；具有一定的调节性能，并能从阀杆升降的高低识别调节量的大小；适用于制成大口径的阀门；不受介质流向限制，具有双流向。其缺点是加工较截止阀复杂；密封面磨损后不便于修理；外形尺寸高；开闭时间长。

楔式单闸板闸阀的结构较弹性单闸板阀简单；在较高温度下，密封性能不如弹性单闸板阀或双闸板阀好；适用于易结焦的高温介质。

弹性单闸板闸阀是楔式单闸板的特殊形式。与楔式闸阀比较，在高温时，密封性能好，且闸板在受热后不易被卡住；适用于高温流体介质或频繁开关的部位。不宜用于易结焦的介质。

双闸板式闸阀的密封性较楔式闸阀好，如密封面的倾斜角度和阀座配合不十分准确时，仍具有较好的密封性。闸板密封面磨损后，将球面顶心底部的金属垫换为较厚的即可使用，一般不必堆焊或研磨密封面，这点单闸板闸阀、弹性闸板闸阀难以做到。但是双闸板闸阀的零件较其他形式的闸阀多，同时不宜用于易结焦的介质或频繁开关的部位。

平行式闸阀的密封性较其他形式的闸阀差，适用于温度及压力都较低的介质。除在两块闸板上装有固定板的闸板不易脱落外，凡用铅丝固定两块闸板的闸板易脱落，使用不可靠。闸板及阀座的密封面的加工及检修比其他形式的闸阀简单。

2. 截止阀

截止阀的性能主要用于切断管道介质，由于开闭时需要较大的力，因此口径通常不大于 $DN200$，开启高度较小，开关时间较闸阀短。

与闸阀相比较，截止阀调节性能好，但因阀杆不是从手轮中升降，不易识别调节量大小；流阻较闸阀、球阀、旋塞阀大；密封面较闸阀少；密封性一般比闸阀差，对含有机械杂质的介质，关闭阀门时，易损伤密封面；价格比闸阀便宜；不宜用于黏度大、带颗粒、易结焦、易沉淀的介质，也不宜作放空阀及低真空系统的阀门。

3. 止回阀

止回阀的主要作用是防止介质倒流、防止泵及其驱动装置反转，以及容器内介质的泄漏。止回阀根据其结构形式的不同可分为旋启式止回阀、升降式止回阀、蝶式止回阀、空排止回阀、隔膜式止回阀、无磨损球形止回阀、管道式止回阀、缓闭式止回阀等。一般最常用到的止回阀为旋启式止回阀和升降式止回阀。

升降式止回阀的关闭件沿阀座中心移动起到止回作用，其密封性较旋启式止回阀好，流阻较旋启式止回阀大，适用于安装在水平管线上。

旋启式止回阀的关闭件在阀体内绕固定轴转动起到止回作用，其流阻较升降式止回阀小，密封性较升降式止回阀差，不宜制成小口径，可以安装在水平、垂直、倾斜的管线上，如安装在垂直管线上，截至流向应自下而上。

4. 球阀

球阀主要用于切断、分配和改变介质流动方向，其中 V 形开口球阀还可以用于流量调节。根据结构形式不同，球阀可以分为浮动球球阀、固定球球阀、带浮动球和弹性活动套筒阀座的球阀、变孔径球阀、升降杆式球阀以及启动 V 形球调节球阀。

球阀开关速度快，操作方便，旋转 90° 即可开关；流阻小；零件少，质量轻，结构比闸阀、截止阀简单，密封面比旋塞阀易加工，且不易擦伤；不能用做调节流量（除 V 形开口球阀）；适用于低温、高温、高压、黏度较大的介质和要求开关迅速的部分。

5. 旋塞阀

旋塞阀适用于切断和接通介质以及分配和改变介质流向。它能用于多通道结构，一个阀可用于二通、三通、四通流道结构。

和球阀一样，旋塞阀也具有开关迅速、操作方便、旋转 90° 即可开关、流阻小、零件少、质量轻等特点；便于制作三通路或四通路的阀门；适用于温度较低、年度较大的介质和要求开关迅速的部位，通常也能够用于带悬浮颗粒的介质。但开关较费力，容易磨损，不适用于高温、高压和调节流量。

6. 蝶阀

蝶阀的关闭件为一圆盘形，绕阀体内一固定轴旋转来开启、关闭和调节流体通道。蝶阀与同公称压力等级的平行式闸板阀比较，尺寸小、质量轻、结构简单；开启压力小，开关速度快，操作简便、迅速；具有良好的流量调节功能和关闭密封性能。

其中，三偏心式密封蝶阀的密封性能好、使用寿命长、使用压力较高；其次为双偏心式密封蝶阀、单偏心式密封碟阀、中心式密封蝶阀。

7. 安全阀

安全阀是安装在设备、容器或管道上，起超压保护作用。当容器或管道内压力超过允许值时，阀门自动开启排放介质；当压力降低到规定值时，阀门自动关闭。

安全阀可根据驱动模式不同分为直接作用式和先导式。直接式为由阀门进口的系统压力直接驱动，此时，它由弹簧或重锤提供的机械荷载来克服作用在阀瓣下方的介质压力。先导式是由一个机构来先导驱动，利用机构释放或施加一个关闭力使安全阀开启或关闭。

弹簧式安全阀用压缩弹簧的力来平衡阀瓣的压力，使安全阀密封。安全阀灵敏度高、轻便、安装位置不限，此类安全阀的缺陷是压缩力随弹簧变形而变化，温度较高时，弹簧存在隔热和散热问题。

杠杆重锤式安全阀，重锤的作用力通过杠杆放大后加载于阀瓣上。其优点是阀门开启和关闭过程中加载于阀瓣上的力不变；缺点是对振动较敏感，回座性能差。杠杆重锤式安全阀常用于固定设备上。

脉冲式安全阀，把主阀和副阀设计在一起，通过副阀的脉冲作用带动主阀动作；常用于大口径、大排量及高压系统。

全启式安全阀，开启高度较大，借助气体介质的冲力，使阀瓣开启到足够高度，排放多余介质。

微启式安全阀，开启高度不大，适用于液体介质和排量不大的场合。

全封闭式安全阀，安全阀开启排放介质密闭，通过排放管排掉。

半封闭式安全阀，安全阀开启排放时，部分介质从排放管排出，部分介质从阀座、阀杆间隙中排入大气。

敞开式安全阀，安全阀开启排放时，排泄介质全部进入大气环境中。

先导式安全阀，由主阀和一个先导阀组成，先导阀的作用是承受系统压力后使主阀开启或关闭。

另外，有些安全阀上有波纹管，可以让安全阀在腐蚀性介质或背压波动较大的情况下使用；有些安全阀设有扳手，可以在紧急状况下人工开启；有些安全阀上设有散热片，保证安全阀可以适用于300℃以上的环境。

8. 疏水阀

疏水阀的主要功能是自动排除蒸汽设备或管道中所产生的冷凝水、空气及其他不可凝性气体，同时又防止蒸汽泄漏，通常又称为疏水器。疏水阀的动作原则上是全开或全关，根据种类不用，可分为连续排放和间隙排放两种类型。

9. 节流阀

节流阀主要用于调节流量和压力，调节性能较截止阀好，但是调节精度不高，故不能作调节阀使用。流体通过阀瓣和阀座之间时，流速较大，易冲蚀密封面，适用于温度较低、压力较高的介质和需要调节流量和压力的部位。因密封性能较差，不能用于切断介质。

10. 针形阀

针形阀与同公称压力等级的闸阀和截止阀比较，尺寸小，质量轻；通道较小，易堵塞；适用于仪表上的阀门或用于轻质油品和油气的取样阀及放空阀；不宜用于黏度大、易结焦、含有颗粒状固体的介质。

11. 隔膜阀

隔膜阀是阀体和阀盖内装一挠性隔膜，靠隔膜的上、下行程实现密封。其优点为：结构简单，易于快速拆卸和维修；由于其操纵结构与介质通路隔开，可保证介质的纯净，它适用于化学腐蚀性或悬浮颗粒的介质，甚至难以输送的危险品介质。但是由于衬里材料的限制，其不能用于高温、高压状态下的介质。

12. 减压阀

减压阀是通过调节，将进口压力减至某一需要的出口压力，并保持稳定的阀门，可以分为活塞式减压阀、薄膜式减压阀、波纹管式减压阀、气泡式减压阀等。

活塞式减压阀，体积小、便于调节、使用较广，但是灵敏度较薄膜式低，制造工艺要求高；在介质温度较高的状态下，也可正常使用。

薄膜式减压阀，敏感度较高，但是薄膜易损坏，且使用温度受到限制；可以用在温度与压力不高的介质上。

波纹管式减压阀，灵敏度较高，不易损坏。

气泡式减压阀，结构简单、灵敏度高，但长期使用影响阀门后介质压力的稳定。

（四）燃气蝶阀、盲板阀类的安装要求

对于使用于燃气管道的阀门，要求有两个密封性能：介质通过阀杆和阀轴向周围空间泄漏的密封功能，即闸阀、截止阀等的壳体上密封性能；阀门关闭状态时阀门的管道上游向管道下游的密封功能。

使用密封蝶阀时，应注意阀门的内密封是否是单向密封，若为单向密封蝶阀，其安装方向不仅是根据正常运行时的管道流向，而应是阀门在检修切断时，阀门一侧有煤气顶压能力密封的一侧为压力侧，而无煤气顶压能力密封的一侧为无压侧。

使用插板阀、眼睛阀、扇形阀等盲板阀，由于是盲板隔离，故不可能发生内泄漏。但由于阀门直径大，尽管阀的盲板两侧均有密封填料，该类盲板阀一般仅保证一侧具有外密封能力，如果是单侧密封的盲板阀，在阀门在检修切断时，应注意该阀门有密封顶压能力的一侧靠近煤气压力侧，而无密封面一侧为无压侧。

如煤气加压机房多台加压机布置时，单台加压机进口支管的封闭是眼睛阀，其盲板的高压侧应朝向煤气干管，此时进口支管正常煤气流向与眼睛阀标志的方向是一致的；而出口支管的眼睛阀，其盲板密封高压侧仍必须朝向干管，只有这样安装，在单台加压机检修时，可与外部的煤气干管隔离，并且阀门平台处的空间因靠煤气干管处的盲板阀盲板有密封能力而免除有危险的环境。

不带补偿器的盲板阀，当阀门顶开时，管系设计时需要考虑其顶开位移距离的补偿能力及位移对支架的推力；带补偿器的盲板阀，需注意该类阀门本身有无结构上拉杆固定装置，有此类装置的阀门的补偿器无力作用到支架上，并且该阀门的补偿器不能作为该管系的位移补偿功能。

三、管件安装要求

对于公称直径小于 DN600 的燃气管道：

（1）弯头宜选用曲率半径等于 1.5 倍公称直径的长半径弯头。

（2）管廊上水平管道变径时，如无特殊要求，应选用底平偏心异径管；垂直管道上宜选用同心异径管。

（3）平焊法兰不应与无直管段的弯头直接连接。

（4）调节阀两侧管道上的异径管宜靠近调节阀布置。

对于大型低压燃气管道时，即 DN600 以上的低压燃气管道：

（1）使用搭接板三通时应根据气流方向设置搭接板三通的导流板。

（2）使用搭接板弯头时，为降低压力损失，增加弯头的段数。

（3）使用导向板弯头，降低压力损失，同时减少所占用空间。

四、仪表安装要求

仪表安装要求如下：

（1）流量计量。孔板、喷嘴、文丘里管等差压式流量计的上、下游侧最短直管长度应符合仪表专业或现行国家标准的要求。

1）转子流量计应垂直安装，介质流向应由下而上，流量计的上游侧应有不小于5倍管子内径的直管段，且不应小于300mm。

2）涡轮流量计宜安装在水平管道上，上、下游侧的直管段长度应满足具体情况的要求。如果没有具体要求，上游侧应有不小于10倍管子内径的直管段，下游侧应有不小于5倍管子内径的直管段。

3）皮托管等均速管流量计宜安装在水平管道上，上、下游侧的直管段长度应满足具体情况的要求。如果没有具体要求，上游侧应有不小于10倍管子内径的直管段，下游侧应有不小于5倍管子内径的直管段。当直管段不能满足以上要求时，上游侧应有不小于7倍管子内径的直管段，下游侧应有不小于3倍管子内径的直管段。

（2）压力测量。

1）压力取点应设在直管段上，不宜设置在管道弯曲或流束呈旋涡状处。

2）对于水平或倾斜管道上，压力取压点不应设在管道的底部；对于垂直管道上，压力取点可设置在任何方位。

3）风机、泵的出口压力表应装在出口阀前并朝向操作侧。

4）同一处测压点上压力表和压力变送器可合用一个取压口，但当同一处测压点上有2台或2台以上压力变送器时，应分别设置取压口及根部阀。

5）现场指示压力表的安装高度宜为1.2～2.0m；但超过2.5m时，宜设平台或梯子。

（3）温度测量。

1）温度测量元件应设在能灵敏、准确地反映介质温度的位置，不应安装在管道的死区位置。

2）温度测量元件布置在容易接近的地方，在温度测量元件拔出的方向上应设有拆卸空间。

3）温度测量元件安装在弯头处时，弯头处管道的公称直径不应小于80mm，但是与管内流体流向成逆流接触。

4）温度测量元件可垂直安装或倾斜45°安装；倾斜45°安装时，应与管内流体流向成逆流接触。

5）现场指示温度测量元件的安装高度宜为1.2～2.0m；但超过2.5m时，宜设平台或梯子。

五、放散、排水装置安装要求

放散、排水装置安装要求如下：

（1）管道的高点与低点均应分别备有排气口与排液口，并位于容易接近的地方。如该处（相同高度）有其他接口可利用时，可不另设排气口或排液口；除管廊上的管道外，对于工程直径小于或等于 25mm 的管道可省去排气口；对于蒸汽伴热管迁回时出现的低点处，可不设排液口。

（2）高点排气管的公称直径最小应为 15mm，低点排液管的公称直径最小应为 20mm。当主管公称直径为 15mm 时，可采用等径的排液口。

（3）气体管道的高点排气口可不设阀门，接管口应采用法兰盖或管帽等加以封闭。

（4）所有排液口最低点与地面或平台的距离不宜小于 150mm。

（5）大型煤气管道的最高处、末端和有效切断设备的前后位置上设置放散管，放散管的放散口应高出煤气管道、设备和走台 4m，距离地面不宜小于 10m。剩余煤气放散管应控制放散，其管口高度应高出周围建筑物，一般距离地面不小于 30m。

（6）大型煤气管道排水器之间的距离为 200～250m，排水器水封的有效高度应为煤气计算压力至少加 500mm。尽量使用干式电伴热排水器，可以在室内外的煤气管道上使用。

第十章 燃气工程设计计算方法

※※

本章首先介绍与本手册配套的辅助计算软件的使用方法，本书配套的辅助计算软件主要根据本书所介绍的内容依靠先进的程序设计平台进行程序设计，方便广大设计人员使用，也增强了本书的实际应用能力和资料查询的方便性。本章还介绍了数字化工厂技术，其中主要以冶金系统编码制度的完善等为核心提出了数字化工厂设计的概念及改革方法。最后，本章将介绍市场上已成熟的管道流体分析类软件和管道应力分析软件使用的基本方法和案例，为设计人员提供良好的参考意见和可实施方法。

第一节 基于数据库平台的计算程序设计

一、手册配套软件的开发平台

使用面向对象编程的方法来解决本手册中的计算问题可以克服手工计算复杂且消耗时间长的问题，同时可以提高计算精度和准确度。本手册中的辅助计算软件主要使用 C#. net 来进行程序设计。

C#是一种简洁、类型安全的面向对象的语言，开发人员可以使用它来构建在 . NET Framework 上运行的各种安全、可靠的应用程序。使用 C#，还可以创建传统的 Windows 客户端应用程序、XML Web services、分布式组件、客户端—服务器应用程序、数据库应用程序以及很多其他类型的程序。Microsoft Visual C#提供高级代码编辑器、方便的用户界面设计器、集成调试器和许多其他工具，以在 C#语言版本 2.0 和 . NET Framework 的基础上加快应用程序的开发。

二、手册配套软件的使用

本手册为方便设计工作者使用，将手册中较复杂的计算方法进行了整理编辑形成了一套辅助计算软件，软件列表参见表 10-1-1。

表 10-1-1　软件列表

序 号	软 件 名 称	章 节	计 算 功 能	备 注
1	高炉煤气布袋干法除尘计算	第二章第三节	高炉煤气布袋干法除尘工艺计算	图 10-1-1
2	文氏管喉口阻损核算	第二章第四节 第三章第八节	高炉煤气、转炉煤气湿法除尘用文氏管阻力损失计算	图 10-1-2
3	TRT 功率计算	第二章第五节	TRT 的发电效率和熔降计算	图 10-1-3
4	汽化冷却烟道系统计算	第三章第三节	氧气转炉汽化冷却烟道计算	图 10-1-4
5	喷雾直接冷却计算	第三章第四节	氧气转炉干法除尘过程配套蒸发冷却计算	图 10-1-5

续表10-1-1

序号	软 件 名 称	章　节	计 算 功 能	备　注
6	间接水冷却计算	第三章第七节	氧气转炉干法除尘过程配套煤气冷却器计算	图10-1-6
7	电除尘器	第三章第五节	氧气转炉干法除尘过程配套煤气电除尘器计算	图10-1-7
8	鼓风机核算	第三章第六节	燃气鼓风机风量核算	图10-1-8
9	燃气混合计算	第五章第三节	煤气混合配比计算	图10-1-9
10	天然气综合计算	第六章	压缩天然气和液化天然气基本性质、存储、加压、输送、布置等相关计算	图10-1-10
11	液化石油气综合计算	第七章	液化石油气基本性质、存储、加压、输送、布置等相关计算	图10-1-11
12	大型低压燃气管道应力计算	第九章第二节	大型低压燃气管道应力包括L形和Z形管道弹性力计算、静压力计算、补偿器计算等	图10-1-12
13	中、低压燃气管道应力计算	第九章第四节	中、低压燃气管道，L形和Z形管道弹性力计算、静压力计算等	图10-1-13
14	中、低压燃气管道简易应力计算	第九章第四节	特定管型的管道应力简化计算	图10-1-14

图10-1-1　高炉煤气干法除尘标准计算

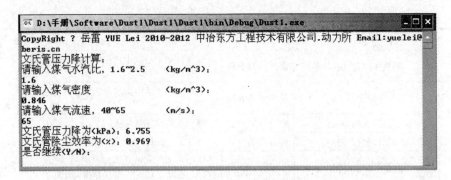

图 10-1-2　文氏管喉口阻损核算

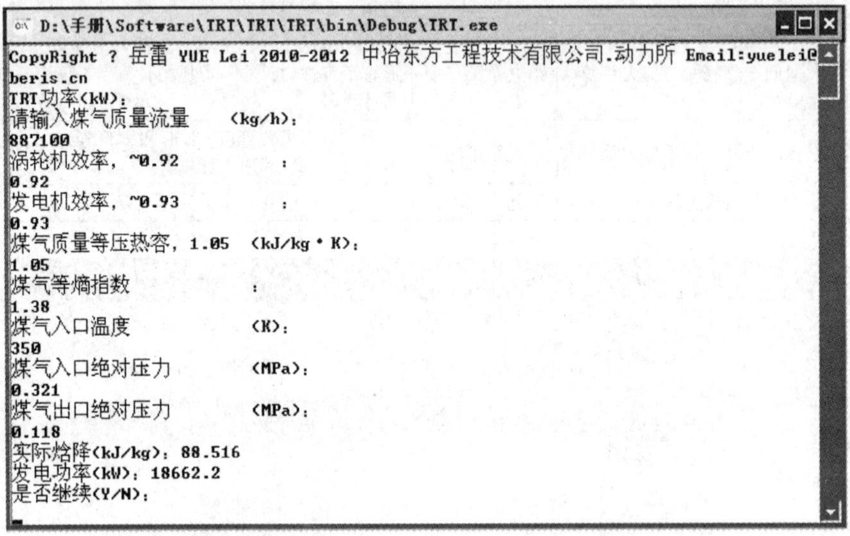

图 10-1-3　TRT 功率计算

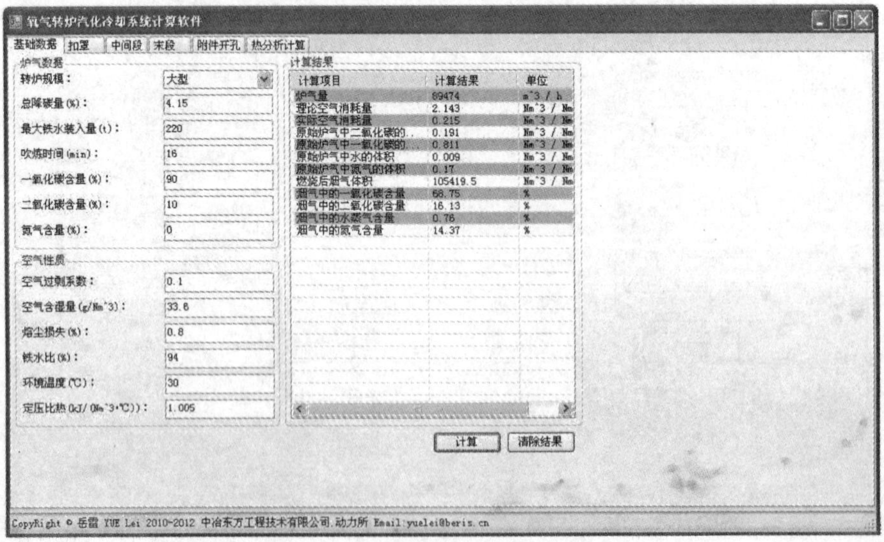

图 10-1-4　汽化冷却烟道系统计算

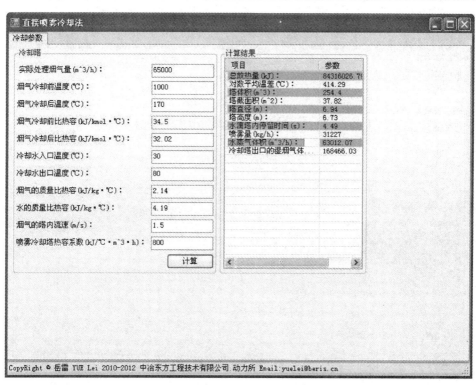

图 10-1-5　直接喷雾冷却计算

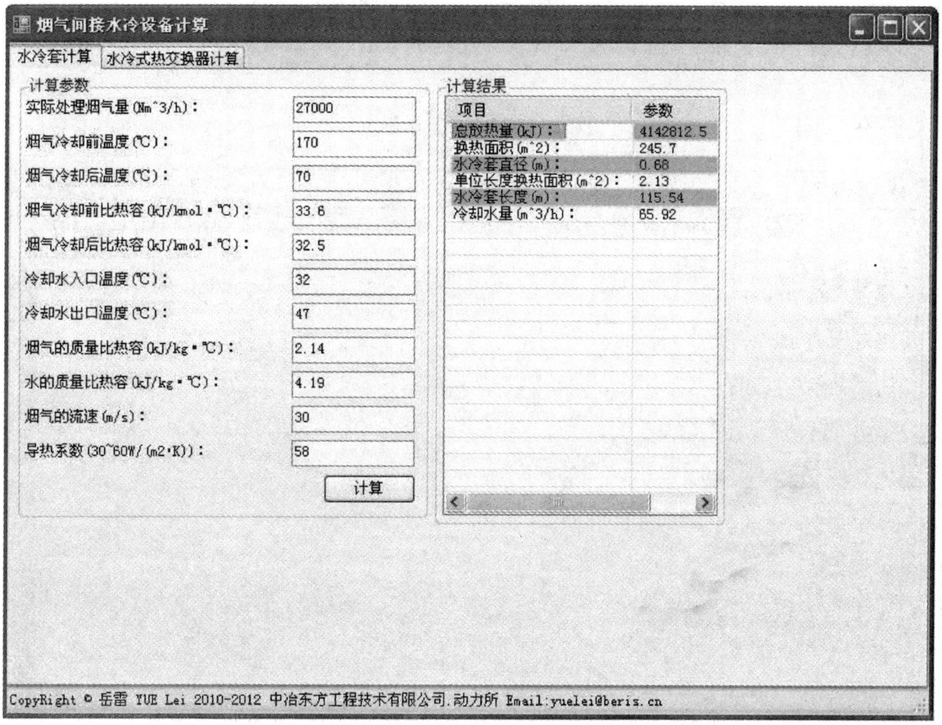

图 10-1-6　烟气间接水冷却计算

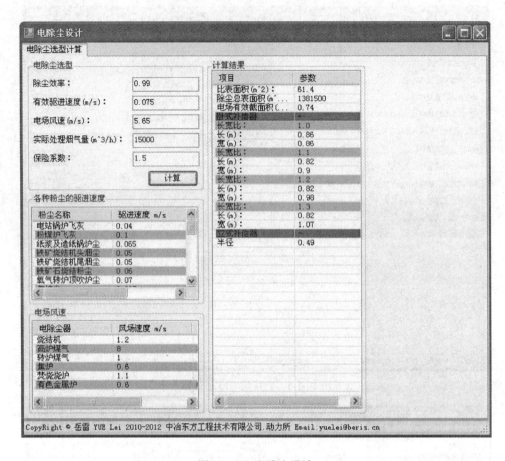

图 10-1-7　电除尘设计

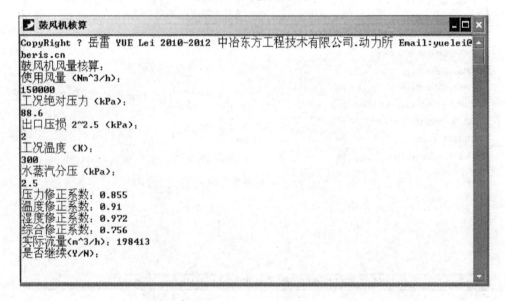

图 10-1-8　鼓风机核算

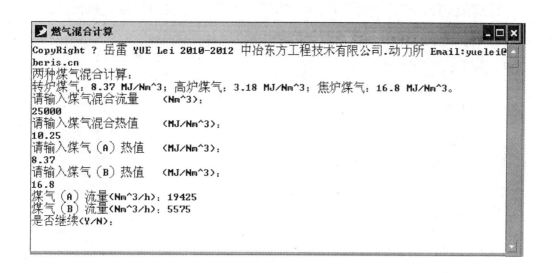

图 10-1-9　燃气混合计算

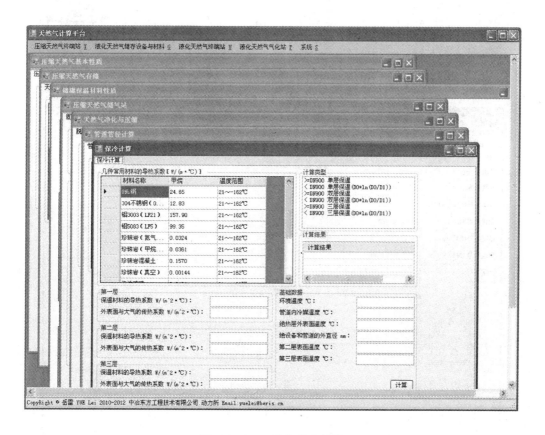

图 10-1-10　天然气综合计算

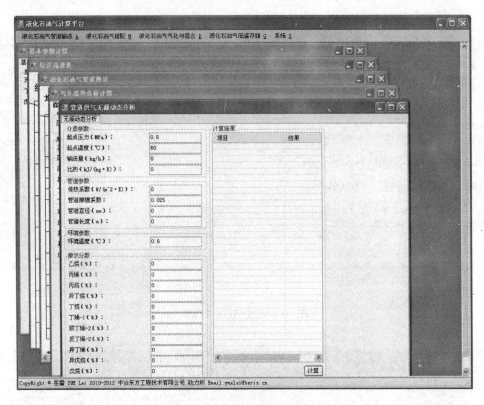

图 10-1-11　液化石油气综合计算

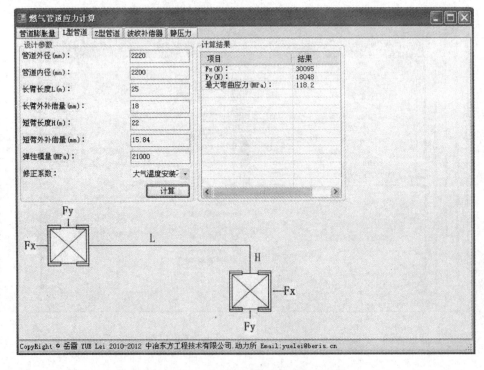

图 10-1-12　大型低压燃气管道应力计算

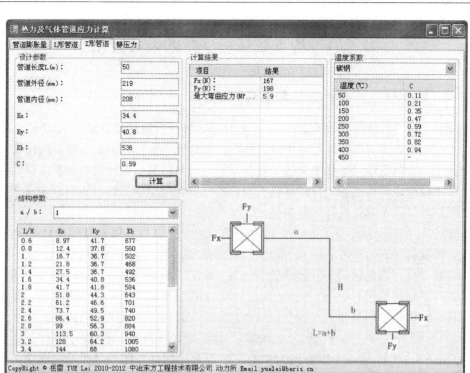

图 10-1-13 中、低压燃气管道应力计算

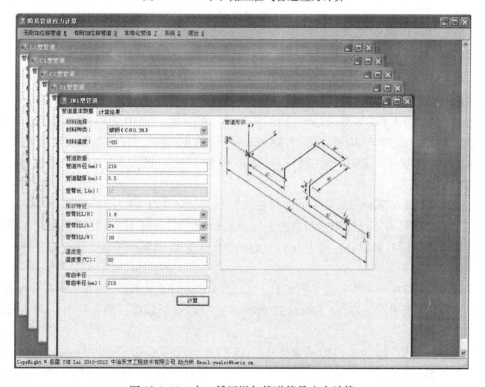

图 10-1-14 中、低压燃气管道简易应力计算

第二节 基于数据库平台的设计方法

一、数字化工厂设计方法与软件系统

随着工厂设计技术的发展，电力、化工、石油等行业相继完成了设计信息化建设，主要表现为所有的设计都采用以 PDMS 为信息集成平台，多专业联合设计来完成数字化工厂。其在设计平台中集成了设备资料、材料信息、设计进度安排信息等，这些信息不仅可以提供给各个设计部门，协调各个设计部门的工作，还可以为业主提供设计预期效果及全方位设计沟通渠道。

冶金行业工厂设计技术由于受到原苏联的影响过深，导致现有的设计模式没有太大的改变，一直沿用苏联模式。冶金行业至今没有形成有自身特色的信息化、协同化的信息平台，因此设计手段远落后于电力、化工、石油等先行行业。但是，随着钢铁企业逐渐地达到饱和状态，相关的工厂设计手段就不得不由原来的粗放型、非信息化设计向精细型、信息化设计转变。只有在工厂设计技术上走精细化道路，才能保证今后的设计发展更进一步。AVEVA PDMS 三维布置设计为其主题核心产品。

AVEVA PDMS 是一个以数据为中心，多专业协同的三维设计平台，包含 equipment（设备）、piping（管道）、HVAC（通风烟道）、structure（建筑结构）、cable tray（电缆桥架）模块；建模使用用户自定义的元件库和等级库，在三维实体环境中，通过工具可以实现无碰撞设计；基于模型自动生成各种类型的图纸，管道 ISO 图、报表、材料单等。

辅助 PDMS 进行审核与管理的软件包括：

（1）AVEVA Diagrams-原理图。AVEVA Diagrams 是创建 P&ID、HVAC 流程图和电气原理图的应用软件，图纸和工艺对象直接存储在 PDMS 的 Schematic 数据库中。

（2）AVEVA P&ID Manager-流程图管理。AVEVA P&ID Manager 用于将不同的系统软件生成的 P&ID 数据导入到 Schematic 数据库中，在一个项目中允许合并所有的 P&ID 数据。P&ID 图中的不一致能够标识并高亮显示。P&ID 图通过 ISO 15926 格式导入。

（3）AVEVA Schematic 3D Integrator-二三维校验。AVEVA Schematic 3D Integrator 提供工艺流程图和三维模型之间的数据一致性检查；可以基于 P&ID 中的工艺参数创建三维模型，同时可以使已经存在的三维模型同工艺数据产生关联，高亮显示不一致的地方并且改正。

（4）AVEVA Global-异地协同设计。AVEVA Global 允许用户在同一个项目的多个地点在线一起工作。AVEVA Global 控制数据发布到每个地点，确保所有的用户都能访问最新数据。

（5）AVEVA Review-漫游模拟校审。AVEVA Review 是强大的三维演示工具，用来审核大型、复杂的工厂模型。通过行走模式、动画、高质量仿真图像功能，可以分析设计，交流校审意见。

（6）AVEVA Review Share-协同校审。AVEVA Review Share 提供三维模型的浏览、三维模型的标记和协同，嵌入的屏幕截图，文档浏览和超链接。Review Share 并不依赖于 PDMS 而是依靠基于服务器的流媒体技术或桌面模型文件。

二、数字化工厂设计编码制度

使用数字化工厂设计方法，首先需要建立完善的编码制度，编码分为系统编码和材料编码。系统编码主要指导直接设计工作，材料编码主要指导材料管理系统。

系统编码可以分为管道等级编号、管道系统编号、管道保温与保护编号、管道设备元件编号等。系统编码主要应用在管道工艺流程图上，针对管道中的介质、压力等级、管道顺序编码等一系列工艺中所需要定义的信息进行编码制，并利用编码反映这些信息。

材料编码主要标示管道材料的材质、公称直径、壁厚、种类、遵循标准等一些列信息集中在材料编码中。材料编码主要用于现场设计管理和材料控制，通过翻译材料编码可以精确地定义出编码所代表的唯一的一种管道材料，同时结合系统编码指导施工。

建立系统编码体系和材料编码体系可以采用一些通用的规则，如压力等级定义、连接面形式定义、流体介质定义等，可以使用字母代号法来标示材料和管道系统，参见表10-2-1 ～ 表 10-2-7。

表 10-2-1　特殊管件等代号

元 件 名 称	代 号	元 件 名 称	代 号
安全阀	SV	视 镜	SG
呼吸阀	BV	蒸汽疏水器	ST
管道过滤器	PS	爆破膜	RD
消声器	SI	阻火器	FA
其他特殊管件	SP	膨胀节	EX
特殊法兰	SF	柔性管	FX
软管站	HS	取样点	SC
洗眼器和事故淋浴	SEW		

表 10-2-2　工艺介质代号

介 质 名 称	代 号	介 质 名 称	代 号
低低压焦炉煤气	LCOG	低压焦炉煤气	COG
中压焦炉煤气	MCOG	低低压高炉煤气	LFBG
低压高炉煤气	FBG	中压高炉煤气	MFBG
低低压转炉煤气	LLDG	低压转炉煤气	LDG
高压天然气	HNG	中压天然气	MNG
低压天然气	NG	低低压天然气	LNG

介 质 名 称	代 号	介 质 名 称	代 号
液态天然气	SNG	液态石油气	SSG
高压气态石油气	HSG	中压气态石油气	MSG
低压气态石油气	SG	低低压气态石油气	LLSG
混合煤气	MG	其他燃气	SPG
高压蒸汽	SSH	中压饱和蒸汽	SSM
低压蒸汽	SL	低低压蒸汽	SLL
低压冷凝水	TL	中压氮气	NM
脱盐水	WDM	循环水上水	WC
直流水	WU	循环水下水	WCR
生活水	WL	消防水	WF
中压氧气	OGM	低压氧气	OGL
液 氧	LO	液 氮	LN
液 氩	Lar	气 氩	Gar
液 空	LA	低压氮气	NL
烧 碱	KH	合成气	RG
废 水	WW	锅炉排污	BDB
直接放空气	GV	导 淋	DR

表 10-2-3 工艺管道保温（保冷）、伴热代号

类 型 名 称	代 号	类 型 名 称	代 号
H	保 温	C	保 冷
P	人身防护	ST	蒸汽伴热
WT	热水伴热	ET	电伴热

三、数字化工厂设计方法的实施

与化工行业、电力行业相比较，冶金燃气项目中所使用的管道规格相对较大，管道用阀门、管道用件相对较特殊，因此需要单独建立元件库，用于适应冶金燃气项目的要求。综合分析冶金燃气项目所需的特殊管道设备，特殊的管道材料和管道制作与建工过程的特殊性，在进行数字化工厂设计过程中需要建立完善的冶金燃气管道元件数据库，其中根据不同的标注规范要求来充实数据库内容，不仅包含冶金燃气设计过程中所需要的设备与管道元件的外形，还需要针对这些管道设备与管道元件定义其标准与规范中给出的加工、制造信息等。冶金燃气项目所需特殊管道元件可参见表 10-2-7。

表10-2-4　阀门代号编制方法

阀门类型	端面形式	压力等级	阀门结构形式	阀体材质	顺序号
VG:闸阀; VB:球阀; VC:止回阀; VS:截止阀; VF:蝶阀; VD:隔膜阀; VM:盲板类阀; VN:针形阀; VP:旋塞阀	F:法兰; B:对焊; S:承插焊; T:螺纹; W:对夹式	A:CL150(2.0MPa); B:CL300(5.0MPa); C:CL400(6.8MPa); D:CL600(11.0MPa); E:CL900(15.0MPa); F:CL1500(26.0MPa); G:CL2500(42.0MPa); H:0.1MPa;J:0.25MPa; K:0.6MPa;L:1.0MPa; M:1.6MPa;N:2.5MPa; P:4.0MPa;Q:6.4MPa; R:10.0MPa;S:16.0MPa; T:20.0MPa;U:22.0MPa; V:25.0MPa;W:32.0MPa	见表10-2-5	B:碳钢(包括镀锌碳钢); C:低合金钢(如LCB); D:合金钢(如CrMo钢); E:不锈钢(如奥氏体,双相钢); F:有色金属(如铜合金,锆合金,钛合金等); G:非金属; H:衬里及内防腐; K:特殊材料	两位顺序号。 本工程顺序号分配原则如下(根据各工序情况可适当调整): 00~29:工艺介质(煤气、解析气、氢气等); 30~49:氮气; 50~69:蒸汽; 70~89:其他介质(放散及排污等); 90~99:机动。 注:本工程水管道均采用闸阀,编号从01开始

注:阀门编码=阀门类型+端面类型+压力等级+阀门结构形式+分类序号+阀体材质+工艺装置号+顺序号。

表10-2-5　阀门结构形式分类号

闸阀	截止阀 针形阀	止回阀(底阀)	球阀	蝶阀	隔膜阀	旋塞阀	盲板类阀
0:明杆楔式弹性闸板; 1:明杆楔式刚性闸板; 2:明杆楔式刚性双闸板; 3:明杆平行式刚性闸板; 4:明杆平行式刚性双闸板; 5:暗杆楔式单闸板; 6:暗杆楔式双闸板; 7:暗杆平行式单闸板; 8:暗杆平行式双闸板	1:直通式; 2:Z形直通式; 3:三通式; 4:角式; 5:直流式; 6:平衡直通式; 7:平衡角式	1:升降式直通式; 2:升降式立式; 3:升降式角式; 4:旋启式单瓣式; 5:旋启式多瓣式; 6:旋启式双瓣式(如双板对夹式)	1:浮动球直通式; 2:浮动球Y形三通式; 4:浮动球L形三通式; 5:浮动球T形三通式; 6:固定球四通式; 7:固定球直通式; 8:固定球L形三通式; 9:固定球T形三通式; 0:半球直通	0:杠杆式; 1:垂直板式; 3:斜板式; 4:双偏心; 5:三偏心	1:屋脊式(堰式); 3:截止式; 5:直流板式; 6:直通式; 7:闸板式; 8:角式Y形; 9:角式T形	0:静配直通式; 1:静配T形三通; 2:填料式L形; 3:填料式直通; 4:填料T形三通; 5:填料球四通; 6:油封式L形; 7:油封式直通; 8:油封式T形三通	0:盲板; 1:眼睛式盲板阀; 2:盲板阀; 3:敞开式插板阀; 4:全封闭插板阀

注:阀门结构形式编号时,如果选用异于上述结构的阀门或特殊要求结构的阀门如夹套、带波纹管密封等,此序号可顺延,当编号超过10时,可用大写的英文字母A,B,C,…,依次类推进行编号。

表 10-2-6 管道材料等级代号（管道等级）

压 力 等 级	数 字 序 号	管 道 材 料
A:CL150(2.0MPa); B:CL300(5.0MPa); C:CL400(6.8MPa); D:CL600(11.0MPa); E:CL900(15.0MPa); F:CL1500(26.0MPa); G:CL2500(42.0MPa); H:0.1MPa;J:0.25MPa; K:0.6MPa;L:1.0MPa; M:1.6MPa;N:2.5MPa; P:4.0MPa;Q:6.3(6.4)MPa; R:10.0MPa;S:16.0MPa; T:20.0MPa;U:22.0MPa; V:25.0MPa;W:32.0MPa	用阿拉伯数字表示,由 1 开始,表示一、三单元相同时,不同的材质和(或)不同的管路连接形式	A:铸铁; B:碳钢(包括镀锌碳钢); C:普通低合金钢(如 16Mn); D:合金钢(如 CrMo 钢); E:不锈钢(如奥氏体、双相钢); F:有色金属(如镍合金、锆合金、钛合金等); G:非金属; H:衬里及内防腐; K:特殊材料

注:管道材料等级代号采用三位代码来表示,第一位是压力等级的字母代码,第二位是 1~9 的数字序号代码,第三位是管道材料的字母代码。当第二位的编号数字不够时,可以采用两位数字代码。压力等级编号 = 压力等级 + 数字序号 + 管道材料。

表 10-2-7 冶金燃气项目所需特殊管道元件

序 号	元件名称	参考资料	示 范
1	大型管道用弯头	《燃气设计手册》	
2	大型管道用三通	《燃气设计手册》	
3	盲板阀; 插板阀; 水封闸板阀	机械部 《阀门手册》	
4	密封蝶阀	机械部 《阀门手册》	

序 号	元件名称	参考资料	示 范
5	轴向补偿器； 大拉杆补偿器； 小拉杆补偿器	样 本	
6	人孔/手孔	《燃气设计手册》	

除上述内容，燃气管道所需要的一些特殊管道元件库还包括大型管道用加强筋、管道放散装置、管道排水装置、管道用堵板、管道用防护装置等。这些都是需要进行特殊处理的管道元件。

在有比较完整的元件库的前提下，需要建立较完善的冶金燃气等级库。根据冶金燃气项目的特点，可以将燃气管道根据表10-2-8来划分等级。

表 10-2-8 冶金燃气等级划分

序号	介 质	工 作 状 况	参考等级编号
1	低低压焦炉煤气	粗焦炉煤气或出柜煤气，压力为 3 ~ 8kPa	H1B
2	低低压转炉煤气	转炉煤气或出柜煤气，压力为 3 ~ 8kPa	H2B
3	低低压高炉煤气	出柜煤气，压力为 3 ~ 8kPa	H3B
4	低压焦炉煤气	经加压后的焦炉煤气，压力为 8 ~ 15kPa	H4B
5	低压转炉煤气	经加压后的转炉煤气，压力为 8 ~ 15kPa	H5B
6	低压高炉煤气	经加压后的高炉煤气和经 TRT 或 减压阀组后的高炉煤气，压力为 8 ~ 15kPa	H6B
7	高压高炉煤气	高炉炉顶出口压力，压力为 0.1 ~ 0.3MPa，温度为 200 ~ 300℃	L1B
8	高压焦炉煤气	经高压压缩后的焦炉煤气，压力为 0.1 ~ 0.6MPa，温度为 80 ~ 200℃	L2B
9	低低压天然气	经减压后用于烘烤的天然气，压力为 3 ~ 20kPa	H7B
10	低压天然气	经减压后用于切割的天然气，压力为 0.1 ~ 0.3MPa	L3B
11	中压天然气	经减压后用于切割的天然气，压力为 0.6 ~ 0.8MPa	L4B
12	高压天然气	未减压的天然气，压力为 1.6 ~ 2.5MPa	M1B
13	低压液化石油气	经减压后用于切割的液化石油气，压力为 0.1 ~ 0.3MPa	L5B
14	中压液化石油气	经减压后用于切割的液化石油气，压力为 0.6 ~ 0.8MPa	L6B
15	高压液化石油气	经减压后用于切割的液化石油气，压力为 1.6 ~ 2.5MPa	M2B
16	低低压混合煤气	低压煤气燃气混合调配煤气，压力为 3 ~ 8kPa	H8B
17	低压混合煤气	经加压后的混合煤气，压力为 8 ~ 15kPa	H9B

注：未标明温度的燃气工作状况，设计温度一般为80℃。

某煤气加压、混合站项目管道设备如图10-2-1所示，项目外貌如图10-2-2所示。

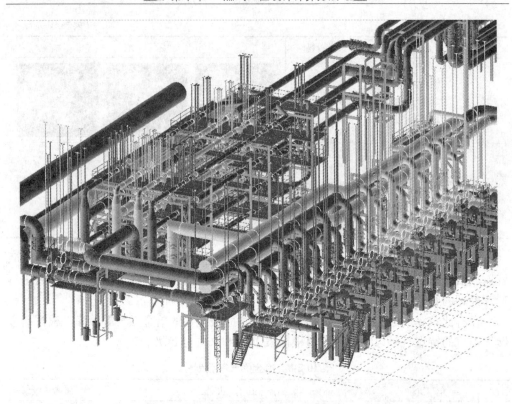

图 10-2-1　某煤气加压、混合站项目管道设备

图 10-2-2　某煤气加压、混合站项目外貌

第三节 流体力学与管道应力分析软件介绍

一、流体力学与传热学分析软件的应用

在冶金燃气工程设计过程中，往往会遇到比较复杂的流体动力学与传热的问题，这时候如果仅简单地使用一些经验公式，往往得不到比较满意的计算和分析结果，特别是对局部详细的分析、流场和传热情况无法清晰地展现，这时候往往需要通过使用如 ANSYS 等辅助分析软件来针对特定工程问题进行集中解决。

在使用 ANSYS 辅助分析过程中，应以热分析作为分析过程的核心。热分析用于计算一个系统或部件的温度分布及其他热物理参数，如热量的获取或损失、热梯度、热流密度（热通量）等。热分析在许多工程应用中扮演重要角色，如内燃机、涡轮机、换热器、管路系统等。在 ANSYS/Multiphysics、ANSYS/Mechanical、ANSYS/Thermal、ANSYS/FLOTRAN、ANSYS/ED 五种产品中包含热分析功能，其中 ANSYS/FLOTRAN 不含相变热分析。ANSYS 热分析基于能量守恒原理的热平衡方程，用有限元法计算各节点的温度，并导出其他热物理参数。

ANSYS 热分析包括热传导、热对流及热辐射三种热传递方式。此外，还可以分析相变、有内热源、接触热阻等问题。ANSYS 可进行稳态传热（系统的温度场不随时间变）和瞬态传热（系统的温度场随时间明显变化）分析；同时针对各种耦合情况，如热-结构耦合、热-流体耦合、热-电耦合、热-磁耦合、热-电-磁-结构耦合等系统可进行综合分析。

二、管道应力分析软件的应用

管道应力分析软件主要应用于复杂大型管道系统，在冶金燃气项目中，管道的数量和复杂程度是很高的，特别是大型管道系统较复杂的时候，就不能简单地对管道系统进行分割后简化计算，需要采用管道应力分析软件进行计算。Ceasar Ⅱ、Algor Pipepak、AutoPipe 等软件都可以完成以上工作，但是无论哪种软件都有其优缺点。以 Algor Pipepak 和 Ceasar Ⅱ 为例进行比较。

Algor 的 Pipepak 模块的建模效率及发布计算报告的效率较高，但是其计算结果相对保守，对特殊情况，如震动、骤冷、埋地管道计算结果的精度较保守。Ceasar Ⅱ 的建模效率与发布计算报告的效率一般，针对复杂补偿情况和特殊支架，建模过程中需要特别处理，但是其对震动、骤冷、埋地管道计算结果的精度较高。但是，两种软件都通过了美国、英国等主要发达国家的压力管道计算认证，是现有管道应力分析软件产品中较通用的软件类别。

两种软件都有的缺点在于没有中国材料标准，在计算中需要选择类似的国外标准进行替代，否则需要自己制作中国材料标准库。两种软件对阀门的处理相对简单，以质点形式加以简化计算，但是一些阀体，如带波纹补偿的阀体就没办法直接模拟，只能工程师自行根据经验建模。

综上所述，无论采用哪种分析软件首先要处理的问题如下：

（1）建立材料标准库。

（2）管道安全评价标准要有依据，否则即使有计算结果，也不能评价管道本身的安全性。

（3）管道的支架类型的模拟，即管道计算过程中的约束方式需要有规定。

（4）不同等级的管道需要进行模型复核及局部计算复核，需要编制进行整体计算后进行局部建模精算的要求，特别是计算阀门对管道的局部影响等问题时。

（5）要编制管道建模简化规定，无论什么软件也无法完全还原真实情况。

管道应力分析结果如图 10-3-1 所示。

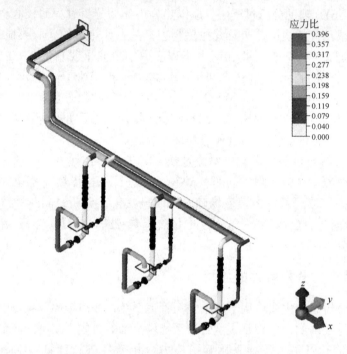

图 10-3-1　管道应力分析结果

附　　录

附录A　重力除尘器

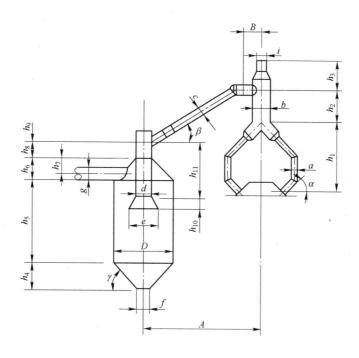

附图1　高炉煤气重力除尘器系统

附表1　高炉煤气重力除尘器及连接管道尺寸

尺寸代号	高炉有效容积/m³					
	620	1000	1513	2000	2025	2516
粗煤气管道						
导出管 a						
内　径	1350	1574	1730	1876	1950	2271
外　径	1600	1820	2000	2100	2200	2500
根　数	4	4	4	4	4	4
上升管和下降管 b						
内　径	1640	1974	2230	2376	2450	3000
外　径	1900	2220	2600	2600	2700	3226
根　数	2	2	2	2	2	2

尺寸代号	高炉有效容积/m³					
	620	1000	1513	2000	2025	2516
下降总管 c						
内径	2150	2474	2730	2876	2950	3274
外径	2400	2720	3000	3100	3200	3500
根数	1	1	1	1	1	1
敷散管 i						
内径	588	874	800	1120	870	
外径	612	1116	1120	1144	1120	
根数	2	2	2	2	2	
h_1	13005	12010	15318	14225	16892	18068
h_2	8000	5193	8975	5255	5048	7379
h_3	4000	10727	2470	1650	6760	3139
h_4	24100	32700	26700	24150	29760	30839
A	23100	31200	30700	30000	27000	31700
B	2500	3413	1000	—	3376	4000
α	53°	53°	53°	53°	59°	53°
β	13°16′10″	40°	45°	45°	45°	45°
除尘器 D						
内径	7750	8000	10734	11754	11744	13000
外径	8000	8028	11012	12012	12032	13268
喇叭口直径 d						
内径	2510	3200	3274	3400	3270	3274
外径	2550	3240	3524	3524	3520	3500
喇叭管下口 e						
内径	3760	3700	3274		3270	3274
外径	3800	3740	3524		3520	3500
排灰口 f						
外径	850	1385	967	940	600	890
煤气出口 g						
内径	2180		2274	2620	2450	3000
外径	2200		2520	2644	2700	3226
h_5	4263	3958	5961	6576	6640	7300
h_6	10000	11484	12080	10451	13400	13860
h_7	5050	4000	5965	8610	8215	7596
h_8	2000		2986	2926	3960	2926
h_9	2500	3400	2339	2339	2330	1639
h_{10}	6000	10000	13594	13596	15500	
h_{11}	5000				15500	
γ	65°4′	50°		50°		60°

注：尺寸数据单位为 mm。

附录 B　布袋除尘器箱体及大灰仓常用类型

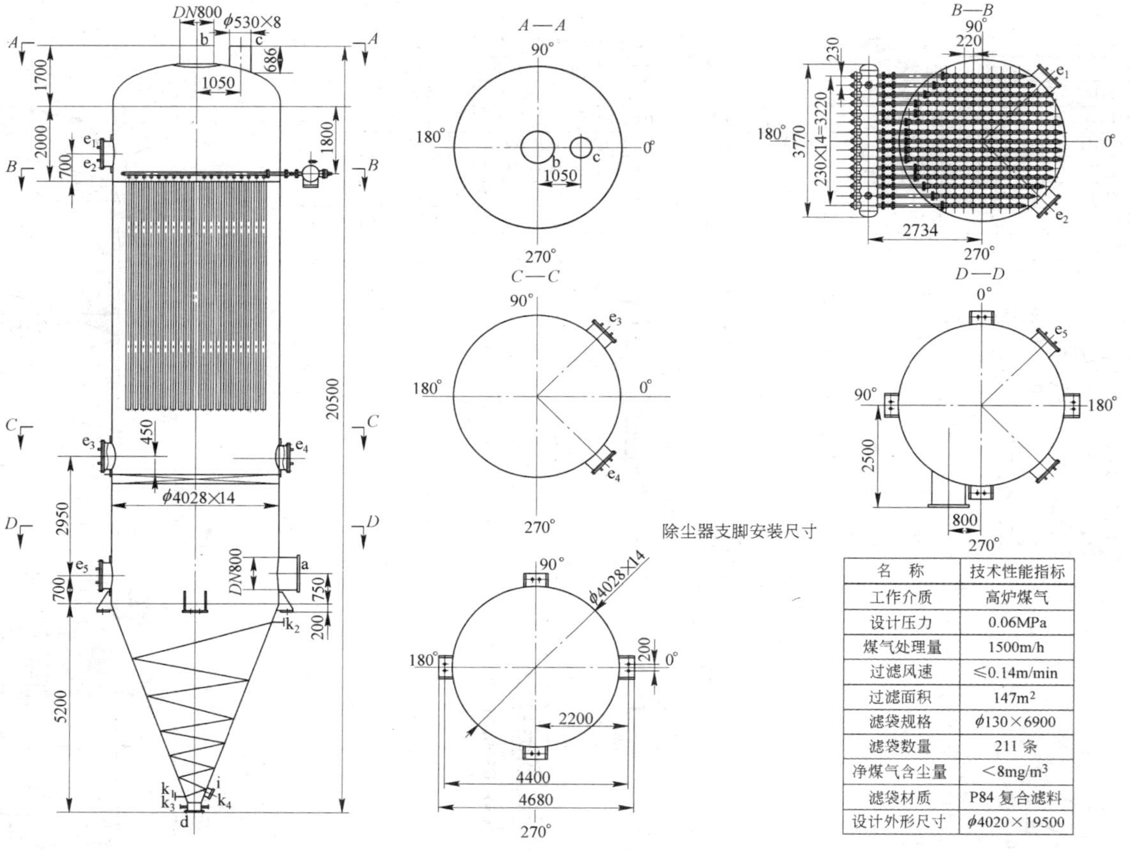

名　称	技术性能指标
工作介质	高炉煤气
设计压力	0.06MPa
煤气处理量	1500m³/h
过滤风速	≤0.14m/min
过滤面积	147m²
滤袋规格	φ130×6900
滤袋数量	211 条
净煤气含尘量	<8mg/m³
滤袋材质	P84 复合滤料
设计外形尺寸	φ4020×19500

除尘器支脚安装尺寸

附图 2　DN4000 箱体

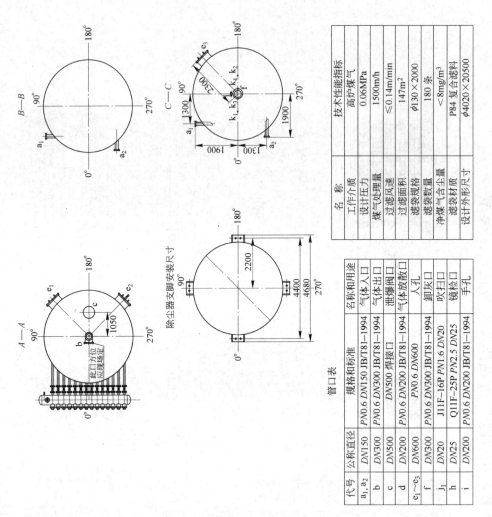

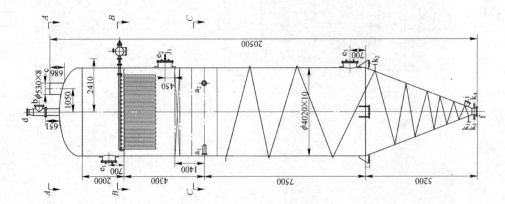

技术性能指标

名　称	技术性能指标
工作介质	高炉煤气
设计压力	0.06MPa
煤气处理量	1500m/h
过滤风速	≤0.14m/min
过滤面积	147m²
滤袋规格	φ130×2000
滤袋数量	180条
净煤气含尘量	<8mg/m³
滤袋材质	P84复合滤料
设计外形尺寸	φ4020×20500

管口表

代号	公称直径	规格和标准	名称和用途
a₁,a₂	DN150	PN0.6 DN150 JB/T81—1994	气体入口
b	DN300	PN0.6 DN300 JB/T81—1994	气体出口
c	DN500	DN500 焊接口	泄爆阀口
d	DN200	PN0.6 DN200 JB/T81—1994	气体放散口
e₁~e₃	DN600	PN0.6 DN600	人孔
f	DN300	PN0.6 DN300 JB/T81—1994	卸灰口
j₁	DN20	J11F—16P PN1.6 DN20	吹扫口
h	DN25	Q11F—25P PN2.5 DN25	镜检口
i	DN200	PN0.6 DN200 JB/T81—1994	手孔

附图3　DN4000 大灰仓

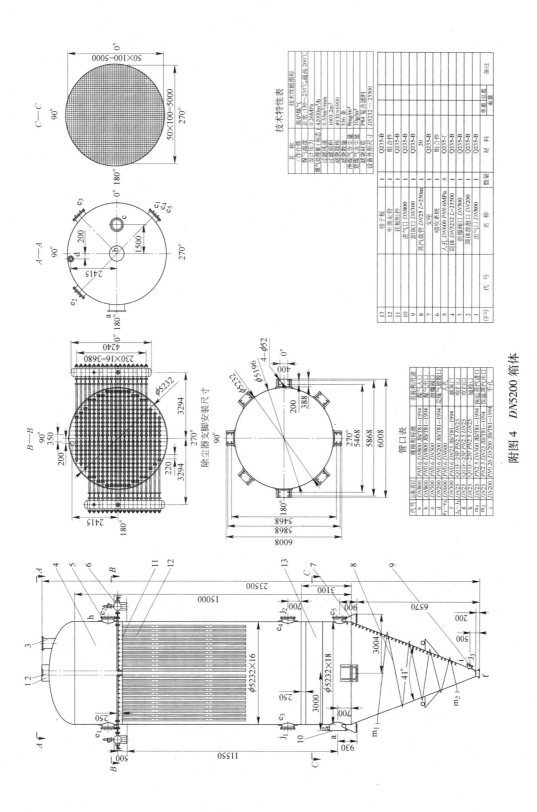

技术特性表

序号	名　称	技术性能指标
	工作介质	高炉煤气
	煤气温度	正常 130～210℃,最高 260℃
	设计压力	0.26MPa
	煤气处理量(标态)	42000m³/h
	过滤速度	0.55m/min
	过滤面积	1003.2m²
	滤袋数量	356 条
	滤袋规格	φ130×6900
	净煤气含尘量	8mg/m³
	储灰室有效容积	10g/m³
	滤袋材质	P84 复合滤料
	设备外形尺寸	JDS232-23500

代号	名　称	数量	材　料	备注
13	格子板	1	Q235-B	
12	布袋支件	1	组合件	
11	花板组件	1	Q235-B	
10	进气口 DN800	1	Q235-B	
9	卸灰口 DN300	1	Q235-B	
8	蒸汽盘管 DN25 L=250m	1	20	
7	叉架	1	Q235-B	
6	喷吹系统	5	组合件	
5	人孔 DN600 PN0.6MPa	1	Q235-Γ	
4	简体 DN5232 L-23500	1	Q235-B	
3	泄爆阀门 DN500	1	Q235-B	
2	简体放散口 DN200	1	Q235-B	
1	出气口 DN800	1	Q235-B	

除尘器支脚安装尺寸

管口表

代号	名称和用途	规格和连接
a	进气口	DN800 PN0.6 DN800 JB/T81-1994
b	出气口	DN800 PN0.6 DN800 JB/T81-1994
c	放散口	DN500 PN0.6 DN500 JB/T81-1994
d	泄爆口	DN200 PN0.6 DN200 JB/T81-1994
e₁~e₅	吊环	DN600 PN0.6 DN600
J₁~J₃	放散口	DN300 DN25
g	吹扫口	Q11F-25P PN2.5 DN25
h	人孔	DN25
	取样口	Q11F-25P PN2.5 DN25
	保温蒸汽进口	DN25 PN2.5 DN300 JB/T81-1994
m₁	保温蒸汽出口	DN25 PN2.5 DN25 JB/T81-1994
m₂	手孔	DN200 PN2.6 DN200 JB/T81-1994

附图 4 DN5200 箱体

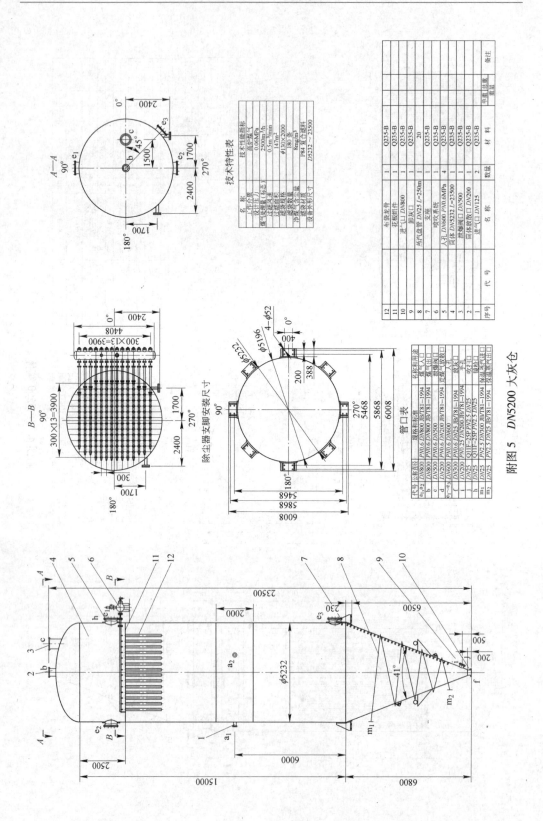

附图 5　DN5200 大灰仓

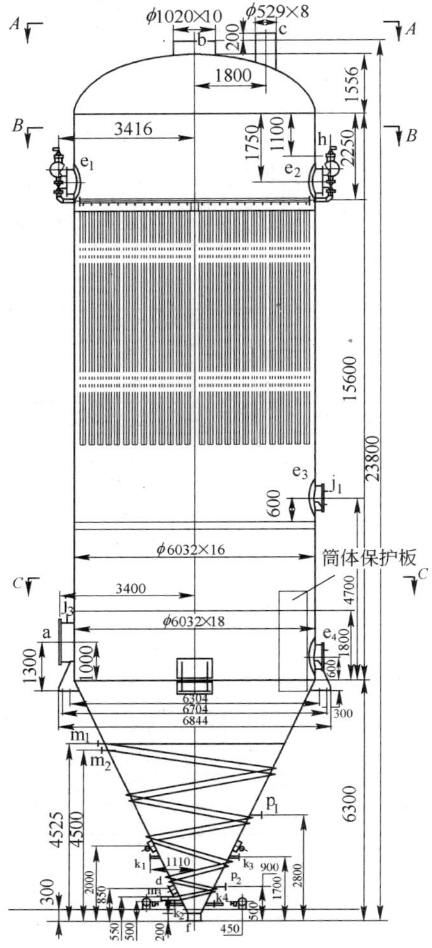

A—A

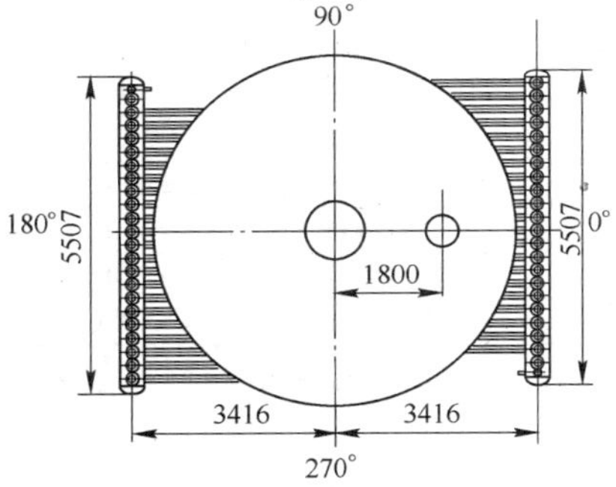

B—B

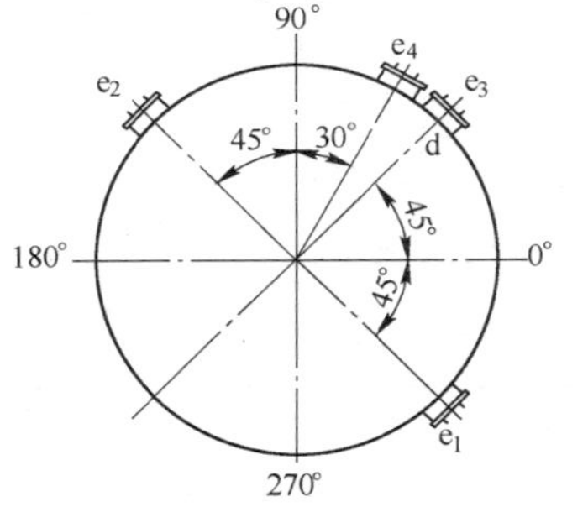

C—C

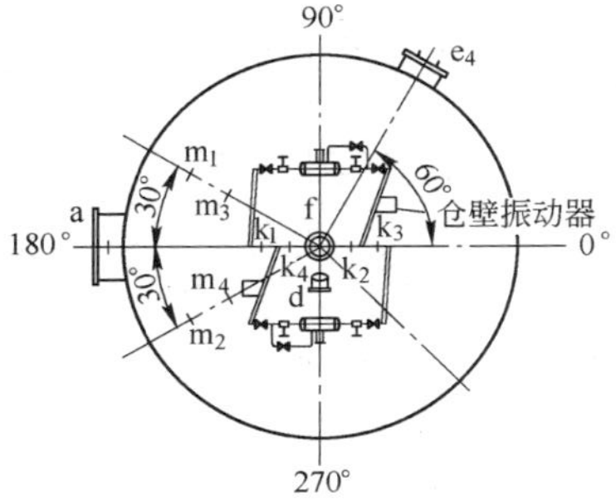

除尘器支脚安装尺寸

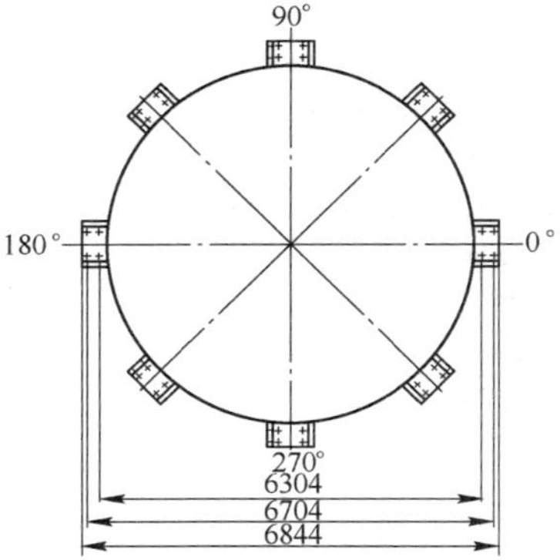

管口表

代号	公称直径	规格和标准	名称和用途
a	DN1000	PN0.6 DN1000 JB/T81—1994	煤气入口
b	DN1000	PN0.6 DN1000 接管	煤气出口
c	DN500	PN0.6 DN500	泄爆阀口
$e_1 \sim e_4$	DN600	PN0.6 DN600	人孔
f	DN300	PN0.6 DN300 JB/T81—1994	卸灰口
$j_1 \sim j_3$	DN20	J11F—16P PN1.6 DN20	吹扫口
h	DN25	Q11F—25P PN2.5 DN25	镜检口
m_1,m_2	DN25	PN1.6 DN25 JB/T81—1994	保温蒸汽进口
m_3,m_4	DN25	PN1.6 DN25 JB/T81—1994	保温蒸汽出口
d	DN200	PN0.6 DN200 JB/T81—1994	手孔
p_1		内螺纹 M27	热电偶 Pt100 0～400℃
p_2		内螺纹 M27	热电偶 Pt100 0～400℃
k_1, k_3	DN40	PN1.0 DN40 JB/T81—1994	吹扫孔
k_2, k_4	DN25	PN1.0 DN25 JB/T81—1994	吹扫孔

技术特性表

名　称	技术性能指标
工作介质	高炉煤气
煤气温度	正常：120～260℃
设计压力	0.3MPa
煤气处理量（标态）	41500m^3/h
过滤风速	≤0.292m/min
过滤面积	1337.3m^2
滤袋规格	ϕ130×7000
滤袋数量	468 条
净煤气含尘量	≤8mg/m^3
荒煤气含尘量	<10g/m^3
滤袋材质	P84 复合滤料
设备外形尺寸	D5932～23800

附图 6　*DN*6000 箱体

附录 C　电除尘器

附表 2　静电除尘器的一般技术参数

项　目	1	2	3	4	5	6	7	8	9
有效面积/m²	3.2	5.1	10.4	15.2	20.11	30.39	40.6	53	63.3
生产能力/m³·h⁻¹	6900~9200	11000~14700	30000~37400	43800~54700	47900~54700	109000~136000	146000~183000	191000~248000	228000~296000
电场风速/m·s⁻¹	0.6~0.8	0.6~0.8	0.6~0.8	0.6~0.8	0.6~0.8	1~1.25	1~1.3	1~1.3	1~1.3
正负极距离/mm	140	140	140	140	150	150	150	150	150
电场长度/m	4	4	5.6	5.6	5.6	6.4	7.2	8.8	8.8
每个电场的沉淀极台数	6	9	12	15	16	18	22	22	26
每个电场的电晕极排数	5	8	11	15	16	17	21	21	25
沉淀板总面积/m²	106	159	440	647	776	1331	1982	3168	3743
沉淀板长度/mm	2300	2300	3400	4000	4500	6000	6500	8500	8500
电晕线形式	星形	星形	星形	星形	星形	星形	星形或螺旋形	星形或螺旋形	星形或螺旋形
每个电场电晕线长度/m	105	147	459	725	861	1491	星 2264 帽 2485	星 3171 帽 4897	星 4290 帽 5275
烟气通过电场时间/s	5~6.7	5~6.7	5~6.7	5~6.7	5~6.7	5.1~6.4	5.8~7.2	6.8~8.8	6.8~8.8
电场内烟气压力/Pa	+200~-200	+200~-200	+200~-200	+200~-200	+200~-200	+200~-200	+200~-200	+200~-200	+20~-200
阻力/Pa	<300	<300	<300	<300	<300	<300	<300	<30	<30
气体允许最高温度/℃	300	300	300	300	300	300	300	300	300
效率/%	98	98	98	98	98	98	98	98	98

附表 3　各种粉尘的驱进速度

粉尘名称	驱进速度/m·s⁻¹	粉尘名称	驱进速度/m·s⁻¹	粉尘名称	驱进速度/m·s⁻¹	粉尘名称	驱进速度/m·s⁻¹
粉煤炉飞灰	0.1~0.14	焦油	0.08~0.23	热火焰清理机尘	0.0596	镁　砂	0.047
纸浆及造纸锅炉尘	0.065~0.1	石灰回转窑尘	0.05~0.08	磨煤机尘	0.08~0.1	垃圾焚烧炉尘	0.04~0.12
铁矿烧结机头烟尘	0.05~0.09	石灰石	0.03~0.055	氧化亚铁	0.07~0.22	高炉尘	0.06~0.14
铁矿烧结机尾烟尘	0.05~0.1	镁砂回转窑	0.045~0.06	铜焙烧炉尘	0.0369~0.042	闪烁炉尘	0.076
铁矿石烧结粉尘	0.06~0.2	氧化铝	0.064	有色金属转炉尘	0.073	冲天炉尘	0.3~0.4
氧气转炉炉顶吹炉尘	0.07~0.09	氧化锌	0.04	硫酸雾	0.061~0.071	电站锅炉飞灰	0.04~0.2
焦炭粉尘	0.067~0.161	氧化铝熟料	0.13				

附表4 电场风速

电除尘器	电场风速/m·s^{-1}	电除尘器	电场风速/m·s^{-1}
烧结机	1.2~1.5	焦炉	0.6~1.2
高炉煤气	0.8~3.3	焚烧炉	1.1~1.4
转炉煤气	1.0~1.5	有色金属炉	0.6

附表5 静电除尘器的一般技术参数

序号	项目	一般范围
1	总除尘效率/%	95~99.99
2	有效驱进速度/cm·s^{-1}	1.5~30
3	电场风速/m·s^{-1}	0.5~4.5
4	单位收尘面积/m^2·(m^3·h)$^{-1}$	2×10^3~50×10^3
5	通道宽度/mm	150~400
6	单位电晕功率(按气体量计算)/W·(m^3·h)$^{-1}$	30×10^3~300×10^3
7	单位电晕功率(按收尘面积计算)/W·m^{-2}	3.2~32
8	单位电晕功率(按电晕线总长度计算)/mA·m^{-1}	0.07~0.3
9	单位能量消耗(按气体量计算)/kW·h·(m^3·h)$^{-1}$	50~1000
10	烟尘在电场内停留时间/s	2~10
11	阻力损失/mmHg	2~30
12	电场数/个	1~5
13	电场断面积/m^2	3~80
14	温度/℃	<800
15	电压/kV	9~50

附录 D 煤气加压风机

附表6 煤气鼓风机的技术性能

序号	项目	D250-12	D500-12	D700-12	D1100-11	D1850-11
1	流量/m^3·min^{-1}	250	500	700	1100	1850
2	进气压力/Pa	1.0×10^5	1.0×10^5	1.0×10^5	1.0×10^5	0.355×10^5
3	升压/Pa	27000	23000	26000	20000	22500
4	进气温度/℃	30	30	35	40	60
5	介质密度/kg·m^{-3}	1.01	1.2	1.73	1.071	0.7173
6	需要功率/kW	185	290	370	440	341
7	主轴转速/r·min^{-1}	2950	2950	2975	2950	2865
8	电机功率/kW	220	290	440	500	1000
9	电机转速/r·min^{-1}	2950	2950	2950	2950	2950
10	电机电压/V	380	6000	6000	6000	6000/3000
11	电机转子转动惯量/kg·m^2	1.78	2.1	3.3	3.4	12

附录 E 液化天然气气化器

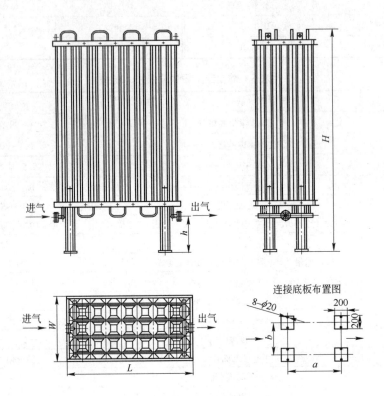

附图 7 空温式卸车增压器结构

附表 7 空温式卸车增压器技术参数

标态流量/m³·h⁻¹	型 号	L/mm	W/mm	H/mm	a/mm	b/mm	进口	出口	计算质量/kg
200	VZLNG-200/16-W	2370	1360	1070	1935	1270	DN32	DN50	173
250	VZLNG-250/16-W	2370	1615	1070	1935	1525	DN32	DN50	208
300	VZLNG-300/16-W	2390	1615	1325	1935	1525	DN32	DN50	260
350	VZLNG-350/16-W	2370	1615	1580	1935	1525	DN32	DN50	312
400	VZLNG-400/16-W	2990	1625	1330	2520	1535	DN32	DN50	338
450	VZLNG-450/16-W	2370	1815	1755	1920	1725	DN32	DN50	414
500	VZLNG-500/16-W	3040	1815	1470	2520	1725	DN32	DN50	449
600	VZLNG-600/16-W	3010	1815	1755	2520	1725	DN32	DN50	539
700	VZLNG-700/16-W	3020	2100	1755	2520	2010	DN32	DN65	635
800	VZLNG-800/16-W	3020	2385	1755	2520	2295	DN32	DN65	723

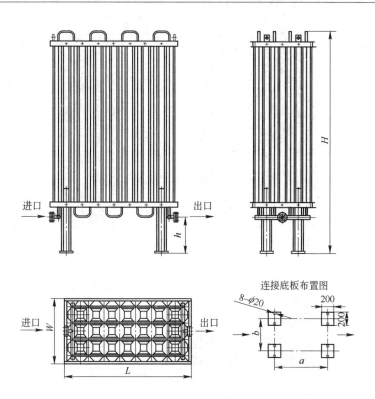

附图 8 空温式储罐增压器结构

附表 8 空温式储罐增压器技术参数

标态流量 /m³·h⁻¹	型 号	L/mm	W/mm	H/mm	h/mm	a/mm	b/mm	进口	出口	计算质量 /kg
100	VZLNG-100/16-L	1015	1015	1760	150	510	510	DN35	DN25	109
150	VZLNG-150/16-L	1525	1015	1760	150	1020	510	DN25	DN25	164
200	VZLNG-200/16-L	1715	1145	1760	150	1140	570	DN25	DN25	196
250	VZLNG-250/16-L	1715	1430	1760	150	1140	855	DN25	DN40	245
300	VZLNG-300/16-L	1715	1715	1760	150	1140	1140	DN25	DN40	294
350	VZLNG-350/16-L	1715	1715	1960	150	1140	1140	DN25	DN40	339
400	VZLNG-400/16-L	2295	1440	1960	150	1710	855	DN25	DN40	377
450	VZLNG-450/16-L	2010	1725	2060	150	1425	1140	DN25	DN40	422
500	VZLNG-500/16-L	2295	1725	2060	150	1710	1140	DN25	DN50	482
600	VZLNG-600/16-L	2295	2010	2060	150	1710	1425	DN25	DN50	562
700	VZLNG-700/16-L	2295	2010	2360	150	1710	1425	DN25	DN65	667
800	VZLNG-800/16-L	2295	2010	2660	150	1710	1425	DN25	DN65	772

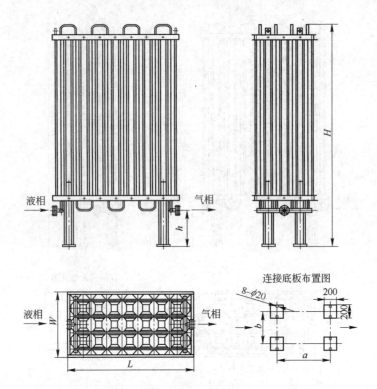

附图9 空温式气化器结构

附表9 空温式气化器技术参数

标态流量 /m³·h⁻¹	型 号	L/mm	W/mm	H/mm	h/mm	a/mm	b/mm	液相	气相	计算质量 /kg
50	VQLNG-50/16	1270	505	2910	550	765	—	DN25	DN25	99
100	VQLNG-100/16	1525	760	2910	550	1020	255	DN25	DN25	183
150	VQLNG-150/16	1780	1015	2910	550	1275	510	DN25	DN25	274
200	VQLNG-200/16	1780	1015	3510	550	1275	510	DN25	DN25	355
250	VQLNG-250/16	1525	1525	3510	550	1020	1020	DN25	DN40	456
300	VQLNG-300/16	1780	1015	4910	550	1275	510	DN25	DN40	526
350	VQLNG-350/16	2035	1015	4910	550	1530	510	DN25	DN40	589
400	VQLNG-400/16	1525	1525	4910	550	1020	1020	DN25	DN40	626
450	VQLNG-450/16	2035	1270	4910	550	1530	765	DN25	DN40	743
500	VQLNG-500/16	2045	1535	4910	550	1530	1020	DN25	DN50	907
600	VQLNG-600/16	2045	1790	4910	550	1530	1275	DN25	DN50	1065
700	VQLNG-700/16	2045	2045	4910	550	1530	1530	DN25	DN65	1213
800	VQLNG-800/16	2045	2045	5410	550	1530	1530	DN25	DN65	1361
900	VQLNG-900/16	2045	2045	5910	550	1530	1530	DN25	DN65	1512
1000	VQLNG-1000/16	2295	1725	5910	550	1710	1140	DN25	DN65	1740
1200	VQLNG-1200/16	2295	2010	5910	550	1710	1425	DN40	DN80	1988

续附表 9

标态流量 /m³·h⁻¹	型　号	L/mm	W/mm	H/mm	h/mm	a/mm	b/mm	液相	气相	计算质量 /kg
1500	VQLNG-1500/16	2295	2295	6410	550	1710	1710	DN40	DN80	2540
2000	VQLNG-2000/16	2580	2580	6410	550	1995	1995	DN40	DN100	3324
3000	VQLNG-3000/16	2580	2580	9410	550	1995	1995	DN40	DN125	5237
4000	VQLNG-4000/16	2885	2885	9910	550	2280	2280	DN50	DN125	7765
5000	VQLNG-5000/16	2885	2885	12410	550	2280	2280	DN65	DN150	10523

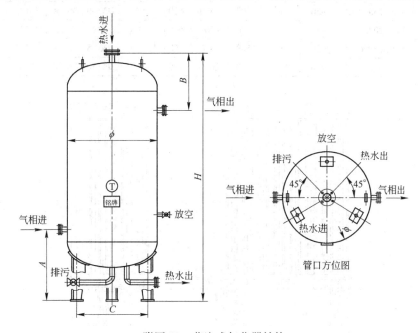

附图 10　蒸汽式气化器结构

附表 10　蒸汽式气化器技术参数

标态流量 /m³·h⁻¹	型　号	A/mm	B/mm	C/mm	φ/mm	H/mm	W/mm	液相	气相	蒸汽 入口	计算质量 /kg
500	VQN-500/35	480	160	730	810	1950	550	DN25	DN50	DN20	635
1000	VQN-1000/35	480	160	730	810	1950	550	DN25	DN65	DN25	720
1500	VQN-1500/35	480	160	920	1000	1950	650	DN40	DN80	DN25	885
2000	VQN-2000/35	500	200	1120	1200	2400	750	DN40	DN100	DN32	1185
2500	VQN-2500/35	500	200	1120	1200	3400	750	DN40	DN100	DN33	1330
3000	VQN-3000/35	500	200	1220	1300	3400	800	DN40	DN125	DN40	1450
3500	VQN-3500/35	500	200	1220	1300	3600	800	DN50	DN125	DN40	1555
4000	VQN-4000/35	500	200	1270	1350	3600	825	DN50	DN125	DN40	1685
4500	VQN-4500/35	900	250	1200	1500	3750	900	DN50	DN150	DN50	2195
5000	VQN-5000/35	900	250	1200	1500	3750	900	DN50	DN150	DN65	2315

续附表 10

标态流量 /m³·h⁻¹	型　号	A/mm	B/mm	C/mm	φ/mm	H/mm	W/mm	液相	气相	蒸汽入口	计算质量 /kg
6000	VQN-6000/35	900	250	1200	1500	4050	900	DN65	DN150	DN65	2960
7000	VQN-7000/35	900	250	1200	1500	4500	900	DN65	DN200	DN65	3510
8000	VQN-8000/35	920	250	1200	1500	5000	900	DN80	DN200	DN80	4120
9000	VQN-9000/35	920	250	1200	1500	5200	900	DN80	DN200	DN80	4365
10000	VQN-10000/35	950	250	1200	1500	5500	900	DN80	DN200	DN80	4645
15000	VQN-15000/35	950	250	1200	1500	6200	900	DN100	DN250	DN100	5280
20000	VQN-20000/35	950	250	1500	2000	6000	1150	DN125	DN300	DN125	6135
25000	VQN-25000/35	950	250	1500	2000	6500	1150	DN125	DN300	DN125	7685
30000	VQN-30000/35	950	250	1500	2000	7200	1150	DN150	DN350	DN150	8220

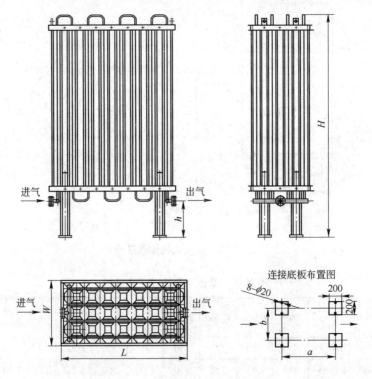

附图 11　空温式 BOG 气化器结构

附表 11　空温式 BOG 气化器技术参数

标态流量 /m³·h⁻¹	型　号	L/mm	W/mm	H/mm	h/mm	a/mm	b/mm	进气	出气	计算质量 /kg
100	VQBOG-100/16	1015	760	2910	550	510	255	DN25	DN25	120
150	VQBOG-150/16	1525	760	2910	550	1020	255	DN25	DN25	183
200	VQBOG-200/16	1525	1015	2910	550	1020	510	DN25	DN25	245
250	VQBOG-250/16	1525	1015	3510	550	1020	510	DN40	DN40	304

续附表 11

标态流量 /m³·h⁻¹	型 号	L/mm	W/mm	H/mm	h/mm	a/mm	b/mm	进气	出气	计算质量 /kg
300	VQBOG-300/16	1780	1015	3510	550	1020	510	DN40	DN40	355
350	VQBOG-350/16	1780	1270	3510	550	1020	765	DN40	DN40	443
400	VQBOG-400/16	1270	1270	4910	550	765	765	DN40	DN40	472
450	VQBOG-450/16	1780	1015	4910	550	1020	510	DN40	DN40	526
500	VQBOG-500/16	2035	1015	4910	550	1275	510	DN50	DN50	602
600	VQBOG-600/16	1535	1535	4910	550	1020	1020	DN50	DN50	681
700	VQBOG-700/16	1790	1535	4910	550	1275	1020	DN65	DN65	790
800	VQBOG-800/16	2045	1535	4910	550	1530	1020	DN65	DN65	903
900	VQBOG-900/16	2045	1790	4910	550	1530	1275	DN65	DN65	1054
1000	VQBOG-1000/16	2045	2045	4910	550	1530	1530	DN65	DN65	1205
1200	VQBOG-1200/16	1790	1790	6910	550	1275	1275	DN80	DN80	1385
1500	VQBOG-1500/16	2045	2045	6910	550	1530	1530	DN80	DN80	1810
2000	VQBOG-2000/16	2045	2045	8410	550	1530	1530	DN100	DN100	2264

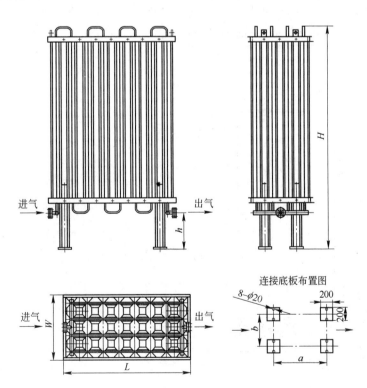

附图 12 空温式 EAG 气化器结构

附表 12 空温式 EAG 气化器技术参数

标态流量 /m³·h⁻¹	型 号	L/mm	W/mm	H/mm	h/mm	a/mm	b/mm	进气	出气	计算质量 /kg
100	VQEAG-100/16	1015	760	2910	550	510	255	DN25	DN25	120
150	VQEAG-150/16	1525	760	2910	550	1020	255	DN25	DN25	183
200	VQEAG-200/16	1525	1015	2910	550	1020	510	DN25	DN25	245
250	VQEAG-250/16	1525	1015	3510	550	1020	510	DN40	DN40	304
300	VQEAG-300/16	1780	1015	3510	550	1020	510	DN40	DN40	355
350	VQEAG-350/16	1780	1270	3510	550	1020	765	DN40	DN40	443
400	VQEAG-400/16	1270	1270	4910	550	765	765	DN40	DN40	472
450	VQEAG-450/16	1780	1015	4910	550	1020	510	DN40	DN40	526
500	VQEAG-500/16	2035	1015	4910	550	1275	510	DN50	DN50	602
600	VQEAG-600/16	1535	1535	4910	550	1020	1020	DN50	DN50	681
700	VQEAG-700/16	1790	1535	4910	550	1275	1020	DN65	DN65	790
800	VQEAG-800/16	2045	1535	4910	550	1530	1020	DN65	DN65	903
900	VQEAG-900/16	2045	1790	4910	550	1530	1275	DN65	DN65	1054
1000	VQEAG-1000/16	2045	2045	4910	550	1530	1530	DN65	DN65	1205
1200	VQEAG-1200/16	1790	1790	6910	550	1275	1275	DN80	DN80	1385
1500	VQEAG-1500/16	2045	2045	6910	550	1530	1530	DN80	DN80	1810

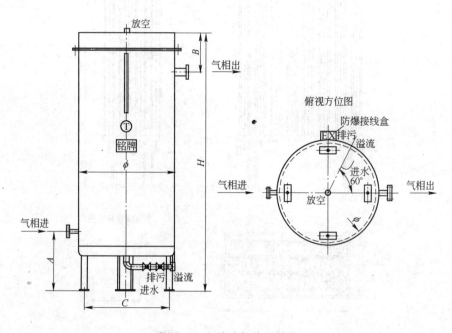

附图 13 电热式加热器结构

附表 13　电热式加热器技术参数

标态流量 /m³·h⁻¹	型　号	A/mm	B/mm	C/mm	φ/mm	H/mm	气相进口	气相出口	电功率 /kW	计算质量 /kg
300	VDNG-300/35	250	300	320	400	1200	DN40	DN40	6	215
400	VDNG-400/35	250	300	320	400	1200	DN40	DN40	8	225
500	VDNG-500/35	250	300	520	600	1650	DN50	DN50	10	295
600	VDNG-600/35	250	300	520	600	1650	DN50	DN50	12	310
700	VDNG-700/35	250	300	520	600	1650	DN50	DN50	14	325
800	VDNG-800/35	250	300	520	600	1650	DN65	DN65	16	345
900	VDNG-900/35	150	400	620	700	1705	DN65	DN65	18	390
1000	VDNG-1000/35	150	400	620	700	1705	DN65	DN65	20	420
1200	VDNG-1200/35	150	400	620	700	1705	DN80	DN80	24	445
1500	VDNG-1500/35	165	380	920	1000	1710	DN80	DN80	30	590
2000	VDNG-2000/35	480	380	920	1000	2050	DN100	DN100	40	725
2500	VDNG-2500/35	480	380	920	1000	2050	DN100	DN100	50	750
3000	VDNG-3000/35	480	380	920	1000	2250	DN125	DN125	60	805
4000	VDNG-4000/35	500	400	920	1000	2250	DN125	DN125	80	855
5000	VDNG-5000/35	500	400	1120	1200	2250	DN150	DN150	100	910
6000	VDNG-6000/35	500	400	1120	1200	2550	DN150	DN150	120	1230
7000	VDNG-7000/35	500	500	1220	1300	2250	DN200	DN200	140	1665
8000	VDNG-8000/35	500	500	1220	1300	2250	DN200	DN200	160	1715
10000	VDNG-10000/35	500	500	1420	1500	2550	DN200	DN200	200	2360

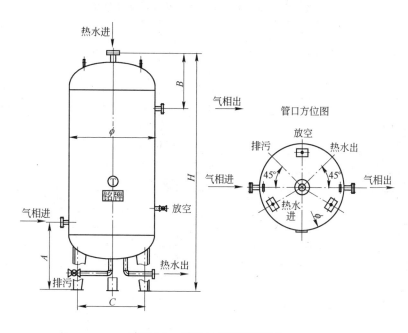

附图 14　循环水式加热器结构

附表 14　循环水式加热器技术参数

标态流量 /m³·h⁻¹	型　号	A/mm	B/mm	C/mm	φ/mm	H/mm	气相 进口	气相 出口	水量 /kg	计算质量 /kg
1000	VSNG-1000/16	200	250	400	500	1865	DN65	DN65	745	265
1500	VSNG-1500/16	200	250	500	600	1865	DN80	DN80	1118	290
2000	VSNG-2000/16	200	250	700	800	2065	DN100	DN100	1490	385
2500	VSNG-2500/16	800	280	750	1000	2450	DN100	DN100	1865	710
3000	VSNG-3000/16	800	280	750	1000	2450	DN125	DN125	2235	795
3500	VSNG-3500/16	800	280	750	1000	2450	DN125	DN125	2605	830
4000	VSNG-4000/16	800	280	750	1000	2950	DN125	DN125	2980	965
4500	VSNG-4500/16	800	350	750	1000	2950	DN150	DN150	3355	1080
5000	VSNG-5000/16	930	625	950	1200	3425	DN150	DN150	3725	1825
6000	VSNG-6000/16	930	625	950	1200	3625	DN150	DN150	4470	2090
8000	VSNG-8000/16	930	625	950	1200	3625	DN200	DN200	5960	2320
10000	VSNG-10000/16	930	625	950	1200	3730	DN200	DN200	7450	2725
12000	VSNG-12000/16	930	625	950	1200	3730	DN200	DN200	8940	3010
15000	VSNG-15000/16	930	625	1050	1300	4150	DN250	DN250	11175	3845
20000	VSNG-20000/16	930	625	1050	1400	4150	DN300	DN300	14900	400

附录 F　液化石油气气化器

附表 15　YKQ 系列空温式气化器的技术参数

型　号	YKQ-100	YKQ-200	YKQ-400	YKQ-800
长/mm	1380	2800	3800	5800
宽/mm	1380	1380	2200	2800
高/mm	2700	2700	3000	3000
气化能力/kg·h⁻¹	100	200	400	800
LPG 组成	丙烷70%			
环境温度	−5℃以上			
输出压力/MPa	0.2～1.5			
输入压力/MPa	0.06～0.15			
入口法兰	DN25		DN25	
出口法兰	DN50		DN100	
设计压力/MPa	降压前1.76			
	降压后0.98			
耐压试验/MPa	降压前2.64			
	降压后1.47			
气密试验/MPa	降压前1.76			
	降压后0.98			

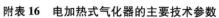

附表 16　电加热式气化器的主要技术参数

型号 参数	XP12.5	XP25	XP50	XP80	XP160
气化能力/kg·h⁻¹	25	50	100	160	320
换热面积/m²	0.27	0.27	0.27	0.40	0.66
设计压力/MPa	1.76	1.76	1.76	1.76	1.76
试验压力/MPa	2.63	2.63	2.63	2.63′	2.63
液体容量/L	3.61	3.61	3.61	6.0	8.7
工作温度范围/℃	71~79	71~79	71~79	71~79	71~79
电器等级	1类、1区、D组				1类、2区、D组
质量/kg	41	41	41	54	102
长×宽×高/mm	248×232×740			248×232×902	498×387×1473
电源　120V/单相	3.9kW/32.5A				
208V/单相	2.9kW/14.1A	5.9kW/28.1A	11.7kW/56.2A		
208V/三相		5.9kW/16.3A	11.7kW/32.5A	17.8kW/49.6A	
220V/单相	3.3kW/14.9A	6.5kW/29.7A	13.1kW/59.5A		
220V/三相		6.5kW/17.2A	13.1kW/34.4A	20kW/52.4A	
240V/单相	3.9kW/16.2A	7.8kW/32.4A	13kW/54A		
240V/三相		7.87kW/18.8A	15.6kW/37.5A	23.8kW/57.3A	
380V/三相		6.5kW/9.9A	13.1kW/19.9A	20kW/30.3A	40kW/60.5A

附表 17　YSD 系列电热水浴式气化器技术参数

型号	气化量 /kg·h⁻¹	外形尺寸/mm	质量/kg	LGP 连接管径 进液管	LGP 连接管径 出气管	功率/kW	电源
YSD-30	30	φ360×850	90	DN15	DN20	6	380/220V
YSD-50	50	φ360×925	120	DN15	DN20	8	380/220V
YSD-100	100	φ450×1075	160	DN20	DN25	16	380V
YSD-150	150	φ530×1130	200	DN20	DN25	24	380V
YSD-200	200	φ530×1250	230	DN20	DN25	32	380V
YSD-300	300	φ610×1460	280	DN20	DN32	48	380V

附表 18　几种蛇管式气化器的规格

项目		换热面积/m² 0.35	换热面积/m² 0.67	换热面积/m² 1.00
主要尺寸/mm	总高度（H）	3103	3153	3153
	壳体直径（φ×δ）	400×6	500×6	500×6
	蛇管直径（d×δ）	19×2	25×2.5	25×2.5
管内介质 （热水或蒸汽）	设计压力/MPa	≤0.6		
	设计温度/℃	蒸汽按其压力下的饱和温度，热水60~80		
管间介质 （液化石油气）	设计压力/MPa	1.77		
	设计温度/℃	<45		

附表 19　几种列管式气化器的规格

项　目		换热面积/m²			
		2.3	3.5	9	17
主要尺寸/mm	总高度(H)	1979	2493	3106	3792
	壳体直径($\phi \times \delta$)	273×8	273×8	325×8	400×8
	列管直径($n\text{-}d \times \delta$)	33-25×2.5	33-25×2.5	55-25×2.5	110-25×2.5
管内介质（液化石油气）	设计压力/MPa	1.77			
	设计温度/℃	<45			
管间介质（热水或蒸汽）	设计压力/MPa	≤0.6			
	设计温度/℃	蒸汽按其压力下的饱和温度，热水 60～80			

附表 20　丹麦热水循环式气化器的性能

性　能	气化能力/kg·h⁻¹		
	500	750	1000
供水量/MJ·h⁻¹	272	408	544
供热量/L	630	820	1200
液化石油气容量/L	21.9	33.6	50.3
电磁阀法兰接口公称直径/mm	40	50	80
热水进出口管公称直径/mm	40	50	80
外形尺寸(高×直径)/mm	1850×900	1850×1000	1850×1200

附表 21　RT 系列热水（蒸汽）循环式气化器的性能

规格型号	汽化量/kg·h⁻¹	尺寸/mm			进液管 DN	出气管 DN	热水/蒸汽入口 DN	热水/蒸汽出口 DN	热水/蒸汽消耗量/kg·h⁻¹
		长	宽	高					
RTHV/SV-50R	50	750	700	1175	15	25	15	20/15	200/10
RTHV/SV-100R	100	750	700	1315	15	32	15	20/15	280/20
RTHV/SV-150R	150	750	700	1315	15	32	15	20/15	570/30
RTHV/SV-200R	200	750	700	1875	20	40	20	20/15	760/40
RTHV/SV-300R	300	750	700	1875	20	50	20	25/15	1140/60
RTHV/SV-400R	400	850	800	1905	20	50	20	25/15	1520/80
RTHV/SV-500R	500	850	800	1905	25	80	25	25/15	1900/100
RTHV/SV-650R	650	850	800	1755	25	80	25	32/15	2470/130
RTHV/SV-800R	800	850	800	1755	32	80	32	32/20	3040/160
RTHV/SV-1000R	1000	850	800	2015	32	100	32	32/20	3800/200
RTHV/SV-1250R	1250	900	850	2015	32	100	32	40/20	4750/250
RTHV/SV-1500R	1500	1000	900	2235	40	100	40	40/25	5700/300
RTHV/SV-1750R	1750	1050	950	2235	40	125	40	50/25	6650/350
RTHV/SV-2000R	2000	1100	1000	2385	40	125	40	50/25	7600/400

附录 G　常用燃气管道阀门

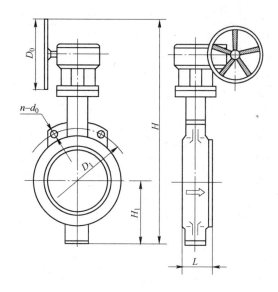

附图 15　手动蝶阀结构

附表 22　D343P-2.5 手动蝶阀数据

公称直径	法兰外径	螺栓外径	法兰厚度	阀体长度	阀心至阀底座	阀心至操作机构	操作机构长度	阀体质量
80	190	150	18	114	118	390	150	70
100	210	170	18	127	125	405	150	85
125	240	200	20	140	140	450	150	100
150	265	225	20	140	145	500	195	120
200	320	280	22	152	175	580	310	155
250	375	335	24	165	205	630	310	185
300	440	395	24	178	230	680	440	225
350	490	445	24	190	255	750	440	265
400	540	495	24	216	280	815	440	345
450	595	550	24	222	308	875	440	400
500	645	600	26	229	330	930	550	620
600	755	705	26	267	380	1025	550	780
700	860	810	26	292	340	1160	550	920
800	975	920	26	318	495	1320	550	1140
900	1075	1020	26	330	550	1450	630	1390
1000	1175	1120	26	410	625	1592	630	1620
1200	1375	1320	26	470	730	1895	630	1920

公称直径	法兰外径	螺栓外径	法兰厚度	阀体长度	阀心至阀底座	阀心至操作机构	操作机构长度	阀体质量
1400	1575	1520	26	530	850	2060	750	2350
1600	1790	1730	26	600	960	2300	750	2840
1700	1890	1830	26	640	1010	2420	750	3600
1800	1990	1930	26	670	1080	2580	750	4800
2000	2190	2130	26	760	1200	2800	870	5600
2200	2405	2340	28	760	1330	3150	870	6700
2400	2605	2540	28	760	1450	3400	870	7900
2600	2805	2740	28	760	1650	3800	870	9200
2600	3030	2960	30	760	1850	4200	870	11350
3000	3230	3160	30	760	2080	4650	870	13450

注：尺寸单位为 mm；质量单位为 kg。

附表 23　D343P-6 手动蝶阀数据

公称直径	法兰外径	螺栓外径	法兰厚度	阀体长度	阀心至阀底座	阀心至操作机构	操作机构长度	阀体质量
80	190	150	18	114	118	390	190	70
100	210	170	18	127	125	405	240	85
125	240	200	20	140	140	450	240	100
150	265	225	20	140	145	500	350	120
200	320	280	22	152	175	580	390	155
250	375	335	24	165	205	630	390	185
300	440	395	24	178	230	680	540	225
350	490	445	24	190	255	750	540	265
400	540	495	24	216	280	815	540	345
450	595	550	24	222	308	875	540	400
500	645	600	26	229	330	930	720	620
600	755	705	26	267	380	1025	720	780
700	860	810	26	292	340	1160	720	920
800	975	920	26	318	495	1320	720	1140
900	1075	1020	26	330	550	1450	790	1390
1000	1175	1120	26	410	625	1592	790	1620
1200	1375	1320	26	470	730	1895	790	1920
1400	1575	1520	26	530	850	2060	890	2350
1600	1790	1730	26	600	960	2300	890	2840

续附表 23

公称直径	法兰外径	螺栓外径	法兰厚度	阀体长度	阀心至阀底座	阀心至操作机构	操作机构长度	阀体质量
1700	1890	1830	26	640	1010	2420	890	3600
1800	1990	1930	26	670	1080	2580	890	4800
2000	2190	2130	26	760	1200	2800	1020	5600
2200	2405	2340	28	760	1330	3150	1020	6700
2400	2605	2540	28	760	1450	3400	1130	7900
2600	2805	2740	28	760	1650	3800	1130	9200
2800	3030	2960	30	760	1850	4200	1130	11350
3000	3230	3160	30	760	2080	4650	1130	13450

注：尺寸单位为 mm；质量单位为 kg。

附表 24　D343P-10 手动蝶阀数据

公称直径	法兰外径	螺栓外径	法兰厚度	阀体长度	阀心至阀底座	阀心至操作机构	操作机构长度	阀体质量
80	200	160	20	114	118	390	150	85
100	220	180	22	127	125	405	175	95
125	250	210	22	140	140	450	175	120
150	285	240	24	140	145	500	195	150
200	340	295	24	152	175	580	310	180
250	395	350	26	165	205	630	310	225
300	445	400	26	178	230	680	440	280
350	505	460	26	190	255	750	440	340
400	565	515	26	216	280	815	440	420
450	615	565	28	222	308	875	440	550
500	670	620	28	229	330	930	510	680
600	780	725	30	267	380	1025	510	880
700	895	840	30	292	340	1160	510	1040
800	1015	950	32	318	495	1320	630	1300
900	1115	1050	34	330	550	1450	630	1580
1000	1230	1160	34	410	625	1592	630	2200
1100	1305	1240	34	440	690	1700	630	2000
1200	1455	1380	38	470	730	1895	680	2640
1400	1675	1590	42	530	850	2060	680	3200

注：尺寸单位为 mm；质量单位为 kg。

附表 25　D343P-16 手动蝶阀数据

公称直径	法兰外径	螺栓外径	法兰厚度	阀体长度	阀心至阀底座	阀心至操作机构	操作机构长度	阀体质量
100	220	180	22	127	148	475	195	120
125	250	210	22	140	155	520	195	150
150	28	240	24	140	170	570	195	180
200	340	295	24	152	175	650	240	225
250	405	355	26	165	235	700	240	350
300	460	410	28	178	260	750	320	380
350	520	470	30	190	285	820	320	430
400	580	525	32	216	310	875	320	590
450	640	585	34	222	338	945	320	840
500	715	650	36	229	360	1030	510	1100
600	840	770	38	267	430	1135	510	1460
700	910	840	38	292	495	1300	510	1670
800	1025	950	38	318	545	1420	630	2050
900	1125	1050	40	330	610	1610	630	2370
1000	1255	1170	42	410	675	1700	680	2450

注：尺寸单位为 mm；质量单位为 kg。

附表 26　D343P-25 手动蝶阀数据

公称直径	法兰外径	螺栓外径	法兰厚度	阀体长度	阀心至阀底座	阀心至操作机构	操作机构长度	阀体质量
100	235	190	24	190	158	495	195	120
125	270	220	26	200	165	540	195	150
150	300	250	28	210	180	590	195	180
200	360	310	30	230	185	670	240	250
250	425	370	32	250	245	720	320	390
300	485	430	34	270	270	770	320	430
350	555	490	38	290	295	840	320	590
400	620	550	40	310	320	895	320	840
450	670	600	42	330	338	965	510	1100
500	730	660	44	350	370	1050	510	1560
600	845	770	46	390	440	1155	510	1870
700	960	875	46	430	500	1320	510	2100
800	1085	990	50	470	555	1440	630	2450

注：尺寸单位为 mm；质量单位为 kg。

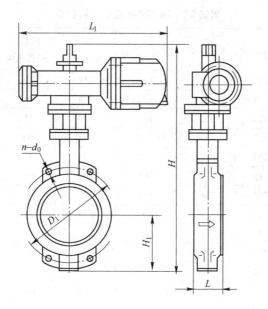

附图 16　液动蝶阀结构

附表 27　D643P-2.5 液动蝶阀数据

公称直径	法兰外径	螺栓外径	法兰厚度	阀体长度	阀心至阀底座	阀心至操作机构	操作机构长度	阀体质量
80	190	150	18	114	118	390	280	70
100	210	170	18	127	125	405	560	85
125	240	200	20	140	140	450	560	100
150	265	225	20	140	145	500	750	120
200	320	280	22	152	175	580	750	155
250	375	335	24	165	205	630	750	185
300	440	395	24	178	230	680	750	225
350	490	445	24	190	255	750	750	265
400	540	495	24	216	280	815	750	345
450	595	550	24	222	308	875	750	400
500	645	600	26	229	330	930	1350	620
600	755	705	26	267	380	1025	1350	780
700	860	810	26	292	340	1160	1350	920
800	975	920	26	318	495	1320	1350	1140
900	1075	1020	26	330	550	1450	1580	1390
1000	1175	1120	26	410	625	1592	1580	1620
1200	1375	1320	26	470	730	1895	1580	1920

注：尺寸单位为 mm；质量单位为 kg。

附表 28　D643P-6 液动蝶阀数据

公称直径	法兰外径	螺栓外径	法兰厚度	阀体长度	阀心至阀底座	阀心至操作机构	操作机构长度	阀体质量
80	190	150	18	114	118	390	280	72
100	210	170	18	127	125	405	560	90
125	240	200	20	140	140	450	560	110
150	265	225	20	140	145	500	750	135
200	320	280	22	152	175	580	750	165
250	375	335	24	165	205	630	750	195
300	440	395	24	178	230	680	1180	240
350	490	445	24	190	255	750	1180	280
400	540	495	24	216	280	815	1180	360
450	595	550	24	222	308	875	1180	500
500	645	600	26	229	330	930	1350	650
600	755	705	26	267	380	1025	1350	820
700	860	810	26	292	340	1160	1350	960
800	975	920	26	318	495	1320	1350	1240
900	1075	1020	26	330	550	1450	1580	1460
1000	1175	1120	26	410	625	1592	1580	1760

注：尺寸单位为 mm；质量单位为 kg。

附表 29　D643P-10 液动蝶阀数据

公称直径	法兰外径	螺栓外径	法兰厚度	阀体长度	阀心至阀底座	阀心至操作机构	操作机构长度	阀体质量
80	200	160	20	114	118	390	280	85
100	220	180	22	127	125	405	560	95
125	250	210	22	140	140	450	560	120
150	285	240	24	140	145	500	750	150
200	340	295	24	152	175	580	750	180
250	395	350	26	165	205	630	750	225
300	445	400	26	178	230	680	1180	280
350	505	460	26	190	255	750	1180	340
400	565	515	26	216	280	815	1180	420
450	615	565	28	222	308	875	1180	550
500	670	620	28	229	330	930	1350	680
600	780	725	30	267	380	1025	1350	880
700	895	840	30	292	340	1160	1350	1040
800	1015	950	32	318	495	1320	1580	1300
900	1115	1050	34	330	550	1450	1580	1580
1000	1230	1160	34	410	625	1592	1580	2200

注：尺寸单位为 mm；质量单位为 kg。

附表 30　D643P-16 液动蝶阀数据

公称直径	法兰外径	螺栓外径	法兰厚度	阀体长度	阀心至阀底座	阀心至操作机构	操作机构长度	阀体质量
100	220	180	22	127	148	475	750	120
125	250	210	22	140	155	520	750	150
150	285	240	24	140	170	570	750	180
200	340	295	24	152	175	650	750	225
250	405	355	26	165	235	700	750	350
300	460	410	28	178	260	750	1180	380
350	520	470	30	190	285	820	1180	430
400	580	525	32	216	310	875	1180	590
450	640	585	34	222	338	945	1180	840
500	715	650	36	229	360	1030	1350	1100
600	840	770	38	267	430	1135	1350	1460
700	910	840	38	292	495	1300	1350	1670
800	1025	950	38	318	545	1420	1800	2050
900	1125	1050	40	330	610	1610	1800	2370

注：尺寸单位为 mm；质量单位为 kg。

附表 31　D643P-25 液动蝶阀数据

公称直径	法兰外径	螺栓外径	法兰厚度	阀体长度	阀心至阀底座	阀心至操作机构	操作机构长度	阀体质量
100	235	190	24	190	158	495	750	120
125	270	220	26	200	165	540	750	150
150	300	250	28	210	180	590	750	180
200	360	310	30	230	185	670	750	250
250	425	370	32	250	245	720	1180	390
300	485	430	34	270	270	770	1180	430
350	555	490	38	290	295	840	1180	590
400	620	550	40	310	320	895	1180	840
450	670	600	42	330	338	965	1350	1100
500	730	660	44	350	370	1050	1350	1560
600	845	770	46	390	440	1155	1350	1870
700	960	875	46	430	500	1320	1350	2100
800	1085	990	50	470	555	1440	1800	2450

注：尺寸单位为 mm；质量单位为 kg。

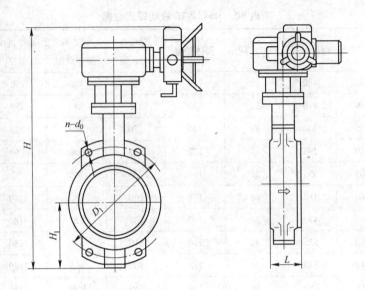

附图 17　电动蝶阀结构

附表 32　D943P-2.5 电动蝶阀数据

公称直径	法兰外径	螺栓外径	法兰厚度	阀体长度	阀心至阀底座	阀心至操作机构	操作机构长度	阀体质量
80	190	150	18	114	118	390	190	70
100	210	170	18	127	125	405	240	85
125	240	200	20	140	140	450	240	100
150	265	225	20	140	145	500	350	120
200	320	280	22	152	175	580	390	155
250	375	335	24	165	205	630	390	185
300	440	395	24	178	230	680	540	225
350	490	445	24	190	255	750	540	265
400	540	495	24	216	280	815	540	345
450	595	550	24	222	308	875	540	400
500	645	600	26	229	330	930	720	620
600	755	705	26	267	380	1025	720	780
700	860	810	26	292	340	1160	720	920
800	975	920	26	318	495	1320	720	1140
900	1075	1020	26	330	550	1450	790	1390
1000	1175	1120	26	410	625	1592	790	1620
1200	1375	1320	26	470	730	1895	790	1920
1400	1575	1520	26	530	850	2060	890	2350
1600	1790	1730	26	600	960	2300	890	2840

续附表 32

公称直径	法兰外径	螺栓外径	法兰厚度	阀体长度	阀心至阀底座	阀心至操作机构	操作机构长度	阀体质量
1700	1890	1830	26	640	1010	2420	890	3600
1800	1990	1930	26	670	1080	2580	890	4800
2000	2190	2130	26	760	1200	2800	1020	5600
2200	2405	2340	28	760	1330	3150	1020	6700
2400	2605	2540	28	760	1450	3400	1130	7900
2600	2805	2740	28	760	1650	3800	1130	9200
2800	3030	2960	30	760	1850	4200	1130	11350
3000	3230	3160	30	760	2080	4650	1130	13450

注：尺寸单位为 mm；质量单位为 kg。

附表 33 D943P-6 电动蝶阀数据

公称直径	法兰外径	螺栓外径	法兰厚度	阀体长度	阀心至阀底座	阀心至操作机构	操作机构长度	阀体质量
80	190	150	18	114	118	390	190	72
100	210	170	18	127	125	405	240	90
125	240	200	20	140	140	450	240	110
150	265	225	20	140	145	500	350	135
200	320	280	22	152	175	580	390	165
250	375	335	24	165	205	630	390	195
300	440	395	24	178	230	680	540	240
350	490	445	24	190	255	750	540	280
400	540	495	24	216	280	815	540	360
450	595	550	24	222	308	875	540	500
500	645	600	26	229	330	930	720	650
600	755	705	26	267	380	1025	720	820
700	860	810	26	292	340	1160	720	960
800	975	920	26	318	495	1320	720	1240
900	1075	1020	26	330	550	1450	790	1460
1000	1175	1120	26	410	625	1592	790	1760
1100	1305	1240	28	440	690	1700	790	2000
1200	1405	1340	28	470	730	1895	890	2460
1400	1630	1560	32	530	850	2060	890	3000
1600	1830	1760	34	600	960	2300	890	3800

续附表33

公称直径	法兰外径	螺栓外径	法兰厚度	阀体长度	阀心至阀底座	阀心至操作机构	操作机构长度	阀体质量
1700	1930	1860	34	640	1060	2400	1020	5000
1800	2045	1970	36	670	1080	2580	1020	6000
2000	2265	2180	38	760	1200	2800	1020	7100
2200	2475	2390	42	760	1350	3300	1120	8300
2400	2685	2600	44	760	1480	3450	1120	9600
2600	2905	2810	46	760	1690	3900	1120	11000

注：尺寸单位为 mm；质量单位为 kg。

附表34　D943P-10 电动蝶阀数据

公称直径	法兰外径	螺栓外径	法兰厚度	阀体长度	阀心至阀底座	阀心至操作机构	操作机构长度	阀体质量
80	200	160	20	114	118	390	190	85
100	220	180	22	127	125	405	240	95
125	250	210	22	140	140	450	240	120
150	285	240	24	140	145	500	350	150
200	340	295	24	152	175	580	390	180
250	395	350	26	165	205	630	390	225
300	445	400	26	178	230	680	540	280
350	505	460	26	190	255	750	540	340
400	565	515	26	216	280	815	540	420
450	615	565	28	222	308	875	540	550
500	670	620	28	229	330	930	720	680
600	780	725	30	267	380	1025	720	880
700	895	840	30	292	340	1160	720	1040
800	1015	950	32	318	495	1320	790	1300
900	1115	1050	34	330	550	1450	790	1580
1000	1230	1160	34	410	625	1592	790	2200
1200	1455	1380	38	470	730	1895	890	2640
1400	1675	1590	42	530	850	2060	890	3200

注：尺寸单位为 mm；质量单位为 kg。

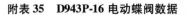

附表 35　D943P-16 电动蝶阀数据

公称直径	法兰外径	螺栓外径	法兰厚度	阀体长度	阀心至阀底座	阀心至操作机构	操作机构长度	阀体质量
100	220	180	22	127	148	475	195	120
125	250	210	22	140	155	520	195	150
150	285	240	24	140	170	570	195	180
200	340	295	24	152	175	650	240	225
250	405	355	26	165	235	700	240	350
300	460	410	28	178	260	750	320	380
350	520	470	30	190	285	820	320	430
400	580	525	32	216	310	875	320	590
450	640	585	34	222	338	945	320	840
500	715	650	36	229	360	1030	510	1100
600	840	770	38	267	430	1135	510	1460
700	910	840	38	292	495	1300	510	1670
800	1025	950	38	318	545	1420	630	2050
900	1125	1050	40	330	610	1610	630	2370
1000	1255	1170	42	410	675	1700	680	2450

注：尺寸单位为 mm；质量单位为 kg。

附表 36　D943P-25 电动蝶阀数据

公称直径	法兰外径	螺栓外径	法兰厚度	阀体长度	阀心至阀底座	阀心至操作机构	操作机构长度	阀体质量
100	235	190	24	190	158	495	390	120
125	270	220	26	200	165	540	390	150
150	300	250	28	210	180	590	390	180
200	360	310	30	230	185	670	390	250
250	425	370	32	250	245	720	540	390
300	485	430	34	270	270	770	540	430
350	555	490	38	290	295	840	540	590
400	620	550	40	310	320	895	540	840
450	670	600	42	330	338	965	720	1100
500	730	660	44	350	370	1050	720	1560

公称直径	法兰外径	螺栓外径	法兰厚度	阀体长度	阀心至阀底座	阀心至操作机构	操作机构长度	阀体质量
600	845	770	46	390	440	1155	720	1870
700	960	875	46	430	500	1320	720	2100
800	1085	990	50	470	555	1440	790	2450

注：尺寸单位为 mm；质量单位为 kg。

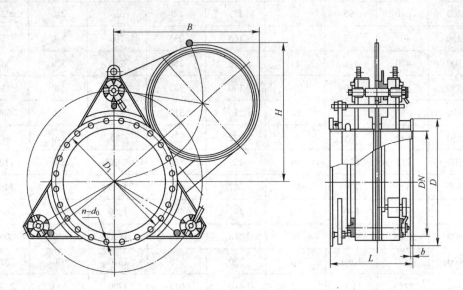

附图 18　F43X-0.5/1.0/2.5 手动扇形盲板阀结构

附表 37　F43X-0.5/1.0/2.5 手动扇形盲板阀数据

公称直径	阀体长度	法兰外径	螺栓外径	法兰厚度	扇形高度	质　量
200	400	320	280	16	400	390
250	450	375	335	16	440	450
300	440	395	395	16	490	510
350	500	490	445	16	540	680
400	600	540	495	16	590	650
450	600	595	550	20	650	700
500	600	645	600	20	700	740
600	600	755	705	20	900	900
700	630	860	810	20	1000	1050
800	630	975	920	20	1130	1150
900	630	1075	1020	20	1300	1230
1000	630	1175	1120	20	1430	1450
1200	630	1375	1320	20	1510	1550

注：尺寸单位为 mm；质量单位为 kg。

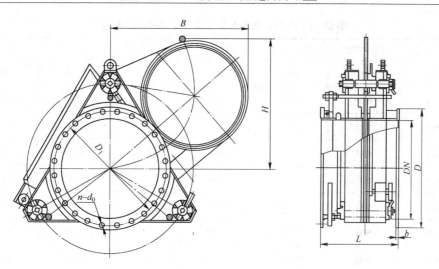

附图 19　F343X-0.5/1.0/2.5（F343LTX-0.5/1.0/2.5）蜗杆（链式）扇形盲板阀结构

附表 38　F343X-0.5/1.0/2.5（F343LTX-0.5/1.0/2.5）**蜗杆（链式）扇形盲板阀数据**

公称直径	阀体长度	法兰外径	螺栓外径	法兰厚度	扇形高度	质　量
500	500	645	600	20	700	740
600	630	755	705	20	900	900
700	630	860	810	20	1000	1050
800	630	975	920	20	1150	1150
900	630	1075	1020	20	1250	1300
1000	800	1175	1120	20	1430	1450
1200	800	1375	1320	20	1550	1510

注：尺寸单位为 mm；质量单位为 kg。

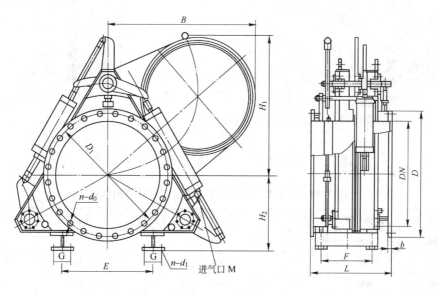

附图 20　F643X-0.5/1.0/2.5 气动扇形盲板阀结构

附表 39　F643X-0.5/1.0/2.5 气动扇形盲板阀数据

公称直径	阀体长度	法兰外径	螺栓外径	法兰厚度	扇形高度	质　量
500	600	645	600	20	700	740
600	630	755	705	20	900	900
700	630	860	810	20	1000	1050
800	630	975	920	20	1150	1150
900	630	1075	1020	20	1250	1300
1000	800	1175	1120	20	1430	1450
1200	800	1375	1320	20	1550	1510
1400	850	1575	1520	26	1550	1600
1600	850	1790	1730	26	1430	1700

注：尺寸单位为 mm；质量单位为 kg。

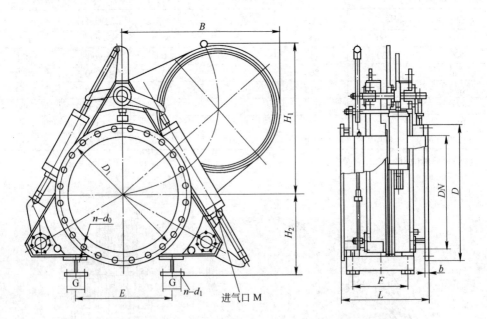

附图 21　F743X-0.5/1.0/2.5 液动扇形盲板阀结构

附表 40　F743X-0.5/1.0/2.5 液动扇形盲板阀数据

公称直径	阀体长度	法兰外径	螺栓外径	法兰厚度	扇形高度	质　量
500	600	645	600	20	740	680
600	630	755	705	20	900	850
700	630	860	810	20	1050	960
800	630	975	920	20	1150	1150

公称直径	阀体长度	法兰外径	螺栓外径	法兰厚度	扇形高度	质　量
900	800	1075	1020	20	1250	1300
1000	800	1175	1120	20	1430	1450
1200	800	1375	1320	20	1550	1510
1400	850	1575	1520	26	1550	1600
1600	850	1790	1730	26	1430	1700

注：尺寸单位为 mm；质量单位为 kg。

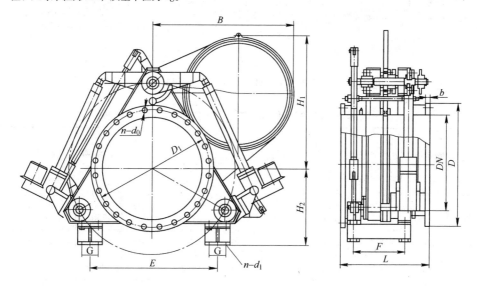

附图 22　F943X-0.5/1.0/2.5 电动扇形盲板阀结构

附表 41　F943X-0.5/1.0/2.5 电动扇形盲板阀数据

公称直径	阀体长度	法兰外径	螺栓外径	法兰厚度	扇形高度	质　量
500	600	645	600	20	700	740
600	630	755	705	20	900	900
700	630	860	810	20	1000	1050
800	630	975	920	20	1150	1150
900	630	1075	1020	20	1250	1300
1000	800	1175	1120	20	1430	1450
1200	800	1375	1320	20	1550	1510
1400	850	1575	1520	26	1550	1600
1600	850	1790	1730	26	1430	1700

注：尺寸单位为 mm；质量单位为 kg。

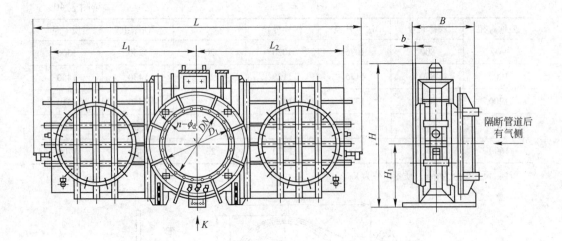

附图23　FCF747X-0.5/1.0/2.5 全封闭液动插板阀结构

附表42　FCF747X-0.5/1.0/2.5 全封闭液动插板阀数据

公称直径	阀体长度	法兰外径	螺栓外径	法兰厚度	阀顶至阀芯	阀底至阀芯	阀 座 尺 寸			
600	2600	755	705	20	788	840	800	730	250	450
700	3200	860	810	20	850	900	800	750	250	450
800	3900	975	920	20	930	970	800	800	200	430
900	4800	1075	1020	25	1200	1310	800	900	200	430
1000	5200	1175	1120	25	1420	1520	1200	950	200	430
1200	5900	1375	1320	25	1520	1550	1200	1050	400	720
1400	6200	1575	1520	28	1640	1600	1200	1250	400	720
1600	6700	1790	1730	35	1710	1690	1200	1450	400	720
1800	7400	1990	1930	38	1830	1780	1600	1700	640	960
2000	8400	2190	2130	38	1950	1890	1600	1850	640	960
2200	9200	2405	2340	42	2080	2170	1600	2000	640	960
2400	9600	2605	2540	46	2160	2260	1600	2200	640	960
2600	11800	2805	2740	48	2270	2380	2000	2400	660	1500
2800	11650	3030	2960	48	2370	2290	2000	2400	860	1200
3000	12150	3230	3160	50	2370	2350	2200	2900	800	1280
3200	13300	3430	3360	50	2570	2420	2400	2900	800	1350

注：尺寸单位为 mm。

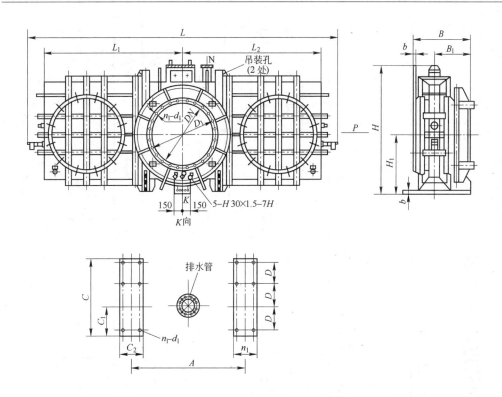

附图 24 FCF947X-0.5/1.0/2.5 全封闭电动插板阀结构

附表 43 FCF947X-0.5/1.0/2.5 全封闭电动插板阀数据

公称直径	阀体长度	法兰外径	螺栓外径	法兰厚度	阀顶至阀芯	阀底至阀芯	阀 座 尺 寸			
600	2600	755	705	20	788	840	800	730	250	450
700	3200	860	810	20	850	900	800	750	250	450
800	3900	975	920	20	930	970	800	800	200	430
900	4800	1075	1020	25	1200	1310	800	900	200	430
1000	5200	1175	1120	25	1420	1520	1200	950	200	430
1200	5900	1375	1320	25	1520	1550	1200	1050	400	720
1400	6200	1575	1520	28	1640	1600	1200	1250	400	720
1600	6700	1790	1730	35	1710	1690	1200	1450	400	720
1800	7400	1990	1930	38	1830	1780	1600	1700	640	960
2000	8400	2190	2130	38	1950	1890	1600	1850	640	960
2200	9200	2405	2340	42	2080	2170	1600	2000	640	960
2400	9600	2605	2540	46	2160	2260	1600	2200	640	960
2600	11800	2805	2740	48	2270	2380	2000	2400	660	1500
2800	11650	3030	2960	48	2370	2290	2000	2400	860	1200
3000	12150	3230	3160	50	2370	2350	2200	2900	800	1280
3200	13300	3430	3360	50	2570	2420	2400	2900	800	1350

注：尺寸单位为 mm。

附录 H　大型低压燃气管道局部阻力表

附表 44　大型低压燃气管道局部阻力

序号 1　圆弯管

ζ_0值

R/D	0.5	0.75	1.0	1.5	2.0	2.5
ζ_{90}	0.71	0.33	0.22	0.15	0.13	0.12

非90°的圆形管：$\zeta_\alpha = \zeta_{90}\theta$

α/(°)	0	20	30	45	60	75	90	110	130	150	180
θ/(°)	0	0.31	0.45	0.6	0.78	0.9	1.0	1.13	1.2	1.28	1.4

序号 2　圆节弯管

$\zeta_{90}(R/D)$

分节情况	0.75	1.0	1.5	2.0
5	0.46	0.33	0.24	0.19
4	0.50	0.37	0.27	0.24
3	0.54	0.42	0.34	0.33

序号 3　圆形直角弯管

θ/(°)	20	30	45	60	75	90
ζ	0.08	0.16	0.34	0.55	0.81	1.2

续附表 44

序号	名称	图形	Re	A_1/A_0	ζ₀值 θ/(°)							
					16	20	30	45	60	90	120	180
4	圆形扩散管		0.5×10^5	2	0.14	0.19	0.32	0.33	0.33	0.32	0.31	0.30
				4	0.23	0.30	0.46	0.61	0.68	0.64	0.63	0.62
				6	0.27	0.33	0.48	0.66	0.77	0.74	0.73	0.72
				10	0.29	0.38	0.59	0.76	0.80	0.83	0.84	0.83
				≥16	0.31	0.38	0.60	0.84	0.88	0.88	0.88	0.88
			2.0×10^5	2	0.07	0.12	0.23	0.28	0.27	0.27	0.27	0.26
				4	0.15	0.18	0.36	0.55	0.59	0.59	0.57	0.57
				6	0.19	0.28	0.44	0.90	0.70	0.71	0.71	0.69
				10	0.20	0.24	0.43	0.76	0.80	0.81	0.81	0.81
				≥16	0.21	0.28	0.52	0.76	0.87	0.87	0.87	0.87
			$\geq 6.0 \times 10^5$	2	0.05	0.07	0.12	0.27	0.27	0.27	0.27	0.27
				4	0.17	0.24	0.38	0.51	0.56	..58	0.58	0.57
				6	0.16	0.29	0.46	0.60	0.69	0.71	0.70	0.70
				10	0.21	0.33	0.52	0.60	0.76	0.83	0.84	0.83
				≥16	0.21	0.34	0.56	0.72	0.79	0.85	0.87	0.89

续附表 44

序号	名称	图形	ζ_0值
5	圆形收缩管		见下表

A_1/A_0 ＼ $\theta/(°)$	10	15~40	50~60	90	120	150	180
2	0.05	0.05	0.06	0.12	0.18	0.24	0.26
4	0.05	0.04	0.07	0.17	0.27	0.35	0.41
6	0.05	0.04	0.07	0.18	0.28	0.36	0.42
10	0.05	0.05	0.08	0.19	0.29	0.37	0.43

序号	名称	图形
6	蝶阀	

$\theta/(°)$	0	10	20	30	40	50	60
ε_0	0.20	0.52	1.5	4.5	11	29	108

序号	名称	图形
7	插板阀	

h/D_1	0.2	0.3	0.4	0.5	0.6	0.7	0.8	0.9
A_h/A_0	0.25	0.38	0.50	0.61	0.71	0.81	0.90	0.96
ε_0	35	10	4.6	2.1	0.98	0.44	0.17	0.06

附录 I　大型低压燃气管道补偿器样本表

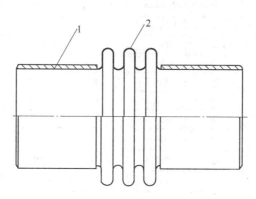

附图 25　单式轴向型波纹补偿器结构
1—端管；2—波纹管

附表 45　单式轴向型波纹补偿器（1DZ）数据

工程直径	类　型	轴向位移 /mm	轴向刚度 /N·mm⁻¹	有效面积 /cm²	径向尺寸 /mm	总长（焊接/ 法兰）/mm	总重（焊接/ 法兰）/kg
300	1DZ-300 I -J/F	50	162.3			400/300	28/44
	1DZ-300 II -J/F	85	108.2	910.6	500	480/400	43/51
	1DZ-300 III -J/F	110	81.2			600/500	51/61
350	1DZ-350 I -J/F	30	339.8			400/300	42/52
	1DZ-350 II -J/F	60	170	1197.7	580	500/360	52/66
	1DZ-350 III -J/F	90	113.3			600/460	64/68
400	1DZ-400 I -J/F	35	293			400/280	56/63
	1DZ-400 II -J/F	70	146.5	1562.3	650	500/360	61/68
	1DZ-400 III -J/F	110	97.6			600/420	73/75
450	1DZ-450 I -J/F	38	298.3			400/300	62/83
	1DZ-450 II -J/F	75	149.2	1940.0	710	520/400	75/96
	1DZ-450 III -J/F	115	99.4			650/500	99/108
500	1DZ-500 I -J/F	40	306.5			400/300	62/83
	1DZ-500 II -J/F	80	153.3	2341.4	760	520/400	75/96
	1DZ-500 III -J/F	120	102.2			650/500	99/108
600	1DZ-600 I -J/F	42	107.1			450/330	82/104
	1DZ-600 II -J/F	88	229.5	3473.2	880	580/420	105/119
	1DZ-600 III -J/F	130	1533			700/530	120/135
700	1DZ-700 I -J/F	55	486			450/330	92/128
	1DZ-700 II -J/F	110	243	4477	980	600/420	122/145
	1DZ-700 III -J/F	170	162			750/550	152/172

工程直径	类 型	轴向位移/mm	轴向刚度/N·mm⁻¹	有效面积/cm²	径向尺寸/mm	总长（焊接/法兰）/mm	总重（焊接/法兰）/kg
800	1DZ-800 Ⅰ-J/F	70	387	5877	1090	480/340	118/156
	1DZ-800 Ⅱ-J/F	140	193.5			630/450	154/176
	1DZ-800 Ⅲ-J/F	180	154.8			800/600	178/208
900	1DZ-900 Ⅰ-J/F	75	405.3	7314	1190	530/350	134/176
	1DZ-900 Ⅱ-J/F	110	270.2			600/420	152/186
	1DZ-900 Ⅲ-J/F	145	202.7			730/500	185/215
1000	1DZ-1000 Ⅰ-J/F	75	424.2	8908	1290	550/350	154/203
	1DZ-1000 Ⅱ-J/F	150	212.1			700/500	196/245
	1DZ-1000 Ⅲ-J/F	195	169.7			850/580	238/259
1100	1DZ-1100 Ⅰ-J/F	80	439.4	10660	1390	580/350	176/215
	1DZ-1100 Ⅱ-J/F	155	219.7			760/500	231/273
	1DZ-1100 Ⅲ-J/F	200	175.8			850/580	258/290
1200	1DZ-1200 Ⅰ-J/F	80	455.6	12489	1490	580/350	210/258
	1DZ-1200 Ⅱ-J/F	160	227.8			740/500	268/310
	1DZ-1200 Ⅲ-J/F	210	182.2			830/580	300/342
1300	1DZ-1300 Ⅰ-J/F	80	473	14548	1600	650/360	360/285
	1DZ-1300 Ⅱ-J/F	160	236.5			800/500	319/340
	1DZ-1300 Ⅲ-J/F	210	189.2			880/600	250/380
1400	1DZ-1400 Ⅰ-J/F	80	491.9	16765	1700	500/280	239/291
	1DZ-1400 Ⅱ-J/F	160	246			650/360	280/312
	1DZ-1400 Ⅲ-J/F	210	196.8			820/510	351/365
1500	1DZ-1500 Ⅰ-J/F	80	511	19104	1800	500/280	252/316
	1DZ-1500 Ⅱ-J/F	160	255.4			650/360	318/350
	1DZ-1500 Ⅲ-J/F	210	204.4			800/510	384/458
1600	1DZ-1600 Ⅰ-J/F	80	530.7	21632	1910	500/280	278/345
	1DZ-1600 Ⅱ-J/F	160	265.4			650/360	353/386
	1DZ-1600 Ⅲ-J/F	210	212.3			800/510	410/440
1700	1DZ-1700 Ⅰ-J	85	550.8	24317	2050	520	369
	1DZ-1700 Ⅱ-J	170	275.4			620	395
	1DZ-1700 Ⅲ-J	210	220.3			800	448
1800	1DZ-1800 Ⅰ-J	85	571	27160	2150	520	388
	1DZ-1800 Ⅱ-J	170	285.5			620	414
	1DZ-1800 Ⅲ-J	215	228.4			800	465
1900	1DZ-1900 Ⅰ-J	85	611.1	33187	2350	520	420
	1DZ-1900 Ⅱ-J	170	305.6			620	466
	1DZ-1900 Ⅲ-J	215	244.5			800	561

工程直径	类　型	轴向位移 /mm	轴向刚度 /N·mm⁻¹	有效面积 /cm²	径向尺寸 /mm	总长（焊接/法兰）/mm	总重（焊接/法兰）/kg
2000	1DZ-2000 I -J	85	611. 1	33187	2350	520	420
	1DZ-2000 II -J	170	305. 6			620	466
	1DZ-2000 III -J	215	244. 5			800	561
2200	1DZ-2200 I -J	95	554. 5	40136	2550	500	452
	1DZ-2200 II -J	140	369. 7			600	490
	1DZ-2200 III -J	190	277. 3			800	604
2400	1DZ-2400 I -J	95	558	47552	2750	600	568
	1DZ-2400 II -J	140	392			700	612
	1DZ-2400 III -J	190	294			800	656
2500	1DZ-2500 I -J	75	1114	51496	2850	600	628
	1DZ-2500 II -J	110	742			700	650
	1DZ-2500 III -J	150	557			800	681
2600	1DZ-2600 I -J	80	1149	55597	2950	650	648
	1DZ-2600 II -J	160	574. 5			800	708
2800	1DZ-2800 I -J	80	1219	64269	3150	650	698
	1DZ-2800 II -J	160	610			800	758
3000	1DZ-3000 I -J	90	1100	73811	3350	700	838
	1DZ-3000 II -J	180	550			880	904
3200	1DZ-3200 I -J	90	1155	83551	3550	700	973
	1DZ-3200 II -J	180	578			880	1044

注：$p = 0.1\text{MPa}$，$N = 1000$，$T = 600\text{K}$。

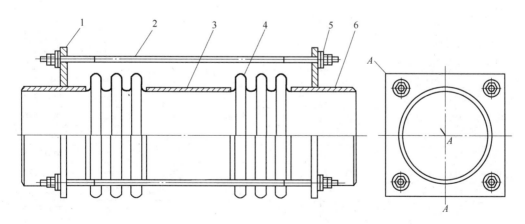

附图26　复式拉杆型波纹补偿器结构

1—端板；2—拉杆；3—中间管；4—波纹管；5—球面垫圈；6—端管

附表46　复式拉杆型波纹补偿器数据

工程直径	类　型	横向位移/mm	横向刚度/N·mm⁻¹	有效面积/cm²	径向尺寸/mm	总长/mm	总重(焊接/法兰)/kg
300	1FL-300 Ⅰ-J/F	180	6.4	910.6	660	1500	210/224
	1FL-300 Ⅱ-J/F	310	2.6			2000	240/254
	1FL-300 Ⅲ-J/F	440	1.37			2500	285/302
350	1FL-350 Ⅰ-J/F	160	8.82	1197.7	750	1500	320/339
	1FL-350 Ⅱ-J/F	290	3.53			2000	360/382
	1FL-350 Ⅲ-J/F	380	1.9			2500	412/437
400	1FL-400 Ⅰ-J/F	150	11.35	1562.3	780	1500	380/403
	1FL-400 Ⅱ-J/F	260	4.32			2000	440/468
	1FL-400 Ⅲ-J/F	380	2.26			2500	491/540
450	1FL-450 Ⅰ-J/F	150	14.4	1940.0	870	1500	544/574
	1FL-450 Ⅱ-J/F	260	5.5			2000	619/658
	1FL-450 Ⅲ-J/F	370	2.85			2500	697/739
500	1FL-500 Ⅰ-J/F	145	17.8	2341	920	1500	572/606
	1FL-500 Ⅱ-J/F	245	6.8			2000	648/687
	1FL-500 Ⅲ-J/F	360	3.54			2500	783/830
600	1FL-600 Ⅰ-J/F	150	43.2	3473.2	1010	1500	649/699
	1FL-600 Ⅱ-J/F	270	16			2000	759/806
	1FL-600 Ⅲ-J/F	400	8.2			2500	850/903
700	1FL-700 Ⅰ-J/F	140	58.7	4477	1140	1500	839/889
	1FL-700 Ⅱ-J/F	260	21.7			2000	950/1009
	1FL-700 Ⅲ-J/F	380	11.2			2500	1078/1143
800	1FL-800 Ⅰ-J/F	110	87.2	5877	1240	1500	948/992
	1FL-800 Ⅱ-J/F	200	32.1			2000	1028/1088
	1FL-800 Ⅲ-J/F	290	16.2			2500	1162/1233
900	1FL-900 Ⅰ-J/F	100	118	7314	1370	1500	1112/1178
	1FL-900 Ⅱ-J/F	190	41.9			2000	1280/1365
	1FL-900 Ⅲ-J/F	280	21.2			2500	1428/1516
1000	1FL-1000 Ⅰ-J/F	110	150.5	8908	1500	1500	1273/1374
	1FL-1000 Ⅱ-J/F	200	53.4			2000	1406/1516
	1FL-1000 Ⅲ-J/F	300	27			2500	1570/1680
1100	1FL-1100 Ⅰ-J/F	180	66.2	10660	1600	2000	1445/1485
	1FL-1100 Ⅱ-J/F	280	33.5			2500	1498/1570
	1FL-1100 Ⅲ-J/F	380	20.1			3000	1676/1745
1200	1FL-1200 Ⅰ-J/F	170	80.3	12489	1700	2000	1724/1884
	1FL-1200 Ⅱ-J/F	260	40.6			2500	1828/1968
	1FL-1200 Ⅲ-J/F	340	24.4			3000	2080/2218

续附表46

工程直径	类　　型	横向位移 /mm	横向刚度 /N·mm⁻¹	有效面积 /cm²	径向尺寸 /mm	总长/mm	总重(焊接/法兰)/kg
1300	1FL-1300 I -J/F	170	97.2	14548	1800	2000	2045/2110
	1FL-1300 II -J/F	260	49.1			2500	2088/2176
	1FL-1300 III -J/F	330	29.5			3000	2370/2430
1400	1FL-1400 I -J/F	140	206	16765	1900	2000	1905/2010
	1FL-1400 II -J/F	200	104			2500	2194/2360
	1FL-1400 III -J/F	270	62.6			3000	2492/2658
1500	1FL-1500 I -J/F	150	226	19104	2000	2000	1982/2031
	1FL-1500 II -J/F	230	108			2500	2337/2452
	1FL-1500 III -J/F	300	62.7			3000	2654/2768
1600	1FL-1600 I -J/F	140	267	21632	2100	2000	2497/2569
	1FL-1600 II -J/F	210	127.4			2500	2566/2764
	1FL-1600 III -J/F	290	74.2			3000	2921/3119
1700	1FL-1700 I -J	130	313	24317	2200	2000	2596
	1FL-1700 II -J	200	149.3			2500	2801
	1FL-1700 III -J	270	87			3000	3074
1800	1FL-1800 I -J	125	364	27160	2300	2000	2799
	1FL-1800 II -J	190	173.6			2500	2909
	1FL-1800 III -J	260	101			3000	3201
1900	1FL-1900 I -J	115	421	30160	2400	2000	2950
	1FL-1900 II -J	180	201			2500	3100
	1FL-1900 III -J	240	117			3000	3420
2000	1FL-2000 I -J	110	481.2	33187	2530	2000	3450
	1FL-2000 II -J	170	229.5			2500	3883
	1FL-2000 III -J	230	133.6			3000	4335
2200	1FL-2200 I -J	170	276	10136	2730	2500	4315
	1FL-2200 II -J	230	157			3000	4858
	1FL-2200 III -J	300	101			3500	5400
2400	1FL-2400 I -J	150	350	47552	2930	2500	4847
	1FL-2400 II -J	210	199			3000	5465
	1FL-2400 III -J	270	128			3500	6084
2500	1FL-2500 I -J	145	391.3	51493	3030	2500	4985
	1FL-2500 II -J	200	222.5			3000	5768
	1FL-2500 III -J	260	143.2			3500	6576
2600	1FL-2600 I -J	135	435.8	55597	3130	2500	5766
	1FL-2600 II -J	190	248			3000	6525
	1FL-2600 III -J	240	159.5			3500	7293

工程直径	类　型	横向位移/mm	横向刚度/N·mm⁻¹	有效面积/cm²	径向尺寸/mm	总长/mm	总重(焊接/法兰)/kg
2800	1FL-2800 I -J	125	534.6	64269	3330	2500	6064
	1FL-2800 II -J	175	304			3000	6870
	1FL-2800 III -J	220	195.6			3500	7683
3000	1FL-3000 I -J	140	525	73811	3530	2500	6356
	1FL-3000 II -J	190	302.4			3000	7208
	1FL-3000 III -J	245	196.3			3500	8066

注：$p = 0.1\text{MPa}$，$N = 1000$，$T = 600\text{K}$。

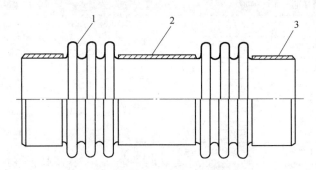

附图 27　复式自由型波纹补偿器结构
1—波纹管；2—中间管；3—端管

附表 47　复式自由型波纹补偿器数据

工程直径	类　型	横向位移/mm	轴向位移/mm	横向刚度/N·mm⁻¹	轴向刚度/N·mm⁻¹	径向尺寸/mm	总长/mm	总重(焊接/法兰)/kg
300	1FZ-300 I -J/F	180	85	6.4	108.2	550	1500	127/150
	1FZ-300 II -J/F	310		2.6			2000	144/167
	1FZ-300 III -J/F	440		1.37			2500	178/200
350	1FZ-350 I -J/F	160	60	8.82	170	630	1500	152/170
	1FZ-350 II -J/F	290		3.53			2000	105/193
	1FZ-350 III -J/F	380		1.9			2500	192/234
400	1FZ-400 I -J/F	150	70	11.35	146.5	680	1500	182/216
	1FZ-400 II -J/F	260		4.32			2000	225/259
	1FZ-400 III -J/F	380		2.26			2500	271/302
450	1FZ-450 I -J/F	120	65	41.3	149.2	730	1500	194/237
	1FZ-450 II -J/F	220		15.7			2000	251/287
	1FZ-450 III -J/F	320		8.2			2500	296/338

工程直径	类 型	横向位移/mm	轴向位移/mm	横向刚度/N·mm⁻¹	轴向刚度/N·mm⁻¹	径向尺寸/mm	总长/mm	总重(焊接/法兰)/kg
500	1FZ-500 I -J/F	120	80	51.8	153.3	780	1500	216/253
	1FZ-500 II -J/F	210		19.7			2000	273/308
	1FZ-500 III -J/F	310		10.1			2500	330/362
600	1FZ-600 I -J/F	150	88	43.2	229.5	880	1500	231/276
	1FZ-600 II -J/F	270		16			2000	295/341
	1FZ-600 III -J/F	400		8.2			2500	360/405
700	1FZ-700 I -J/F	140	100	58.7	243	1000	1500	313/384
	1FZ-700 II -J/F	260		21.7			2000	404/475
	1FZ-700 III -J/F	380		11.2			2500	495/566
800	1FZ-800 I -J/F	110	120	136	326.2	1100	1500	388/436
	1FZ-800 II -J/F	200		48.2			2000	448/533
	1FZ-800 III -J/F	290		24.4			2500	551/637
900	1FZ-900 I -J/F	100	120	177.3	341.8	1200	1500	463/551
	1FZ-900 II -J/F	190		62.9			2000	538/626
	1FZ-900 III -J/F	280		31.8			2500	609/710
1000	1FZ-1000 I -J/F	105	130	226	359	1320	1500	504/609
	1FZ-1000 II -J/F	190		80.2			2000	695/800
	1FZ-1000 III -J/F	280		40.5			2500	886/991
1100	1FZ-1100 I -J/F	180	130	99.4	377.2	1420	2000	660/778
	1FZ-1100 II -J/F	280		50.2			2500	903/921
	1FZ-1100 III -J/F	380		30.2			3000	946/1064
1200	1FZ-1200 I -J/F	170	130	120.5	395.3	1520	2000	819/951
	1FZ-1200 II -J/F	260		60.9			2500	1101/1251
	1FZ-1200 III -J/F	340		36.6			3000	1383/1532
1300	1FZ-1300 I -J/F	170	130	145.8	414.8	1620	2000	918/1062
	1FZ-1300 II -J/F	260		73.7			2500	1168/1313
	1FZ-1300 III -J/F	330		44.3			3000	1419/1564
1400	1FZ-1400 I -J/F	125	130	206	434.6	1720	2000	1008/1164
	1FZ-1400 II -J/F	185		104			2500	1260/1433
	1FZ-1400 III -J/F	245		62.6			3000	1512/1685
1500	1FZ-1500 I -J/F	130	130	226	454.6	1840	2000	1613/1785
	1FZ-1500 II -J/F	210		108			2500	1882/1930
	1FZ-1500 III -J/F	280		62.7			3000	2153/2269

工程直径	类　型	横向位移/mm	轴向位移/mm	横向刚度/N·mm⁻¹	轴向刚度/N·mm⁻¹	径向尺寸/mm	总长/mm	总重(焊接/法兰)/kg
1600	1FZ-1600Ⅰ-J/F	120		267			2000	1713/1912
	1FZ-1600Ⅱ-J/F	200	130	127.4	474.7	1940	2500	2002/2199
	1FZ-1600Ⅲ-J/F	270		74.2			3000	2306/2487
1700	1FZ-1700Ⅰ-J	120		313			2000	2450
	1FZ-1700Ⅱ-J	190	130	149.3	494.9	2050	2500	2755
	1FZ-1700Ⅲ-J	260		87			3000	3060
1800	1FZ-1800Ⅰ-J	115		364			2000	2565
	1FZ-1800Ⅱ-J	180	130	173.6	515.3	2150	2500	2890
	1FZ-1800Ⅲ-J	240		101			3000	3215
1900	1FZ-1900Ⅰ-J	110		421			2000	2645
	1FZ-1900Ⅱ-J	170	130	201	536.8	2250	2500	3005
	1FZ-1900Ⅲ-J	230		117			3000	3360
2000	1FZ-2000Ⅰ-J	100		481.2			2000	2784
	1FZ-2000Ⅱ-J	160	130	229.5	557.5	2380	2500	3108
	1FZ-2000Ⅲ-J	215		133.6			3000	3468
2200	1FZ-2200Ⅰ-J	160		414.3			2500	3581
	1FZ-2200Ⅱ-J	220	140	235.6	607	2580	3000	3934
	1FZ-2200Ⅲ-J	290		151.5			3500	4287
2400	1FZ-2400Ⅰ-J	145		525.2			2500	4163
	1FZ-2400Ⅱ-J	200	140	298.6	648.7	2780	3000	4606
	1FZ-2400Ⅲ-J	260		192.2			3500	5049
2500	1FZ-2500Ⅰ-J	140		587.3			2500	4499
	1FZ-2500Ⅱ-J	190	140	334	670	2880	3000	4983
	1FZ-2500Ⅲ-J	245		215			3500	5467
2600	1FZ-2600Ⅰ-J	130		654			2500	4858
	1FZ-2600Ⅱ-J	180	150	372	574.5	2980	3000	5449
	1FZ-2600Ⅲ-J	235		239.3			3500	6040
2800	1FZ-2800Ⅰ-J	120		802.3			2500	5200
	1FZ-2800Ⅱ-J	165	150	456	610	3180	3000	5835
	1FZ-2800Ⅲ-J	215		293.5			3500	6470
3000	1FZ-3000Ⅰ-J	135		787.3			2500	5540
	1FZ-3000Ⅱ-J	185	150	454	814	3400	3000	6220
	1FZ-3000Ⅲ-J	240		294.5			3500	6901

注：$p = 0.1\text{MPa}$，$N = 1000$，$T = 600\text{K}$。

附录 J　中低压燃气管道管件表

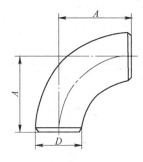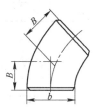

附图 28　钢制对焊无缝长半径弯头

附表 48　钢制对焊无缝长半径弯头数据

公称直径 DN	坡口处外径 D		中心至端面	
	Ⅰ系列	Ⅱ系列	90°弯头 A	45°弯头 B
15	21.3	18	38	16
20	26.9	25	38	19
25	33.7	32	38	22
32	42.4	38	48	25
40	48.3	45	57	29
50	60.3	57	76	35
65	73.0	76	95	44
80	88.9	89	114	51
90	101.6	—	133	57
100	114.3	108	152	64
125	141.3	133	190	79
150	168.3	159	229	95
200	219.1	219	305	127
250	273.0	273	381	159
300	323.9	325	457	190
350	355.6	377	533	222
400	406.4	426	610	254
450	487	480	686	286
500	508	530	762	318
550	559	—	838	343
600	610	630	914	381
650	660	—	991	406

公称直径 DN	坡口处外径 D		中心至端面	
	Ⅰ系列	Ⅱ系列	90°弯头 A	45°弯头 B
700	711	720	1067	438
750	762	—	1143	470
800	813	820	1219	502

注：尺寸单位为 mm。

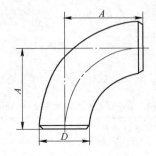

附图29　钢制对焊无缝短半径弯头

附表49　钢制对焊无缝短半径弯头数据

公称直径 DN	坡口处外径 D		中心至端面	公称直径 DN	坡口处外径 D		中心至端面
	Ⅰ系列	Ⅱ系列			Ⅰ系列	Ⅱ系列	
25	33.7	32	25	200	219.1	219	203
32	42.4	38	32	250	273.0	273	254
40	48.3	45	38	300	323.9	325	305
50	60.3	57	51	350	355.6	377	356
65	73.0	76	64	400	406.4	426	406
80	88.9	89	76	450	457	480	457
90	101.6	—	89	500	508	530	508
100	114.3	108	102	550	559	—	559
125	141.3	133	127	600	610	630	610
150	168.3	159	152				

注：尺寸单位为 mm。

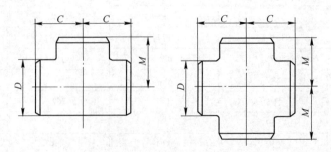

附图30　钢制对焊无缝等径三通和四通

附表 50　钢制对焊无缝等径三通和四通数据

公称尺寸 DN	坡口处外径 D		中心至端面	
	Ⅰ系列	Ⅱ系列	管程 C	出口 M
15	21.3	18	25	25
20	26.9	25	29	29
25	33.7	32	38	38
32	42.4	38	48	48
40	48.3	45	57	57
50	60.3	57	64	64
65	73.0	76	76	76
80	88.9	89	86	86
90	101.6	—	95	95
100	114.3	108	105	105
125	141.3	133	124	124
150	168.3	159	143	143
200	219.1	219	178	178
250	273.0	273	216	216
300	323.9	325	254	254
350	355.6	377	279	279
400	406.4	426	305	305
450	457	480	343	343
500	508	530	381	381
550	559	—	419	419
600	610	630	432	432
650	660	—	495	495
700	711	720	521	521
750	762	—	559	559
800	813	820	597	597

注：尺寸单位为 mm。

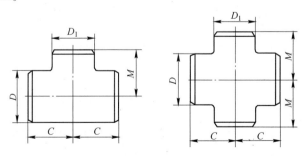

附图 31　钢制对焊无缝异径三通和四通

附表 51　钢制对焊无缝异径三通和四通数据

公称直径 DN	公称直径 DN₁	坡口处外径				中心至端面	
		管程 D		出口 D₁		管程 C	出口 M
		Ⅰ系列	Ⅱ系列	Ⅰ系列	Ⅱ系列		
15	10	21.3	18	17.3	14	25	25
15	8	21.3	18	13.7	10	25	25
20	15	26.9	25	21.3	18	29	29
20	10	26.9	25	17.3	14	29	29
25	20	33.7	32	26.9	25	38	38
25	15	33.7	32	21.3	18	38	38
32	25	42.4	38	33.7	32	48	48
32	20	42.4	38	26.9	25	48	48
32	15	42.4	38	21.3	18	48	48
40	32	48.3	45	42.4	38	57	57
40	25	48.3	45	33.7	32	57	57
40	20	48.3	45	26.9	25	57	57
40	15	48.3	45	21.3	18	57	57
50	40	60.3	57	48.3	45	64	60
50	32	60.3	57	42.4	38	64	57
50	25	60.3	57	33.7	32	64	51
50	20	60.3	57	26.9	25	64	44
65	50	73.0	76	60.3	57	76	70
65	40	73.0	76	48.3	45	76	67
65	32	73.0	76	42.4	38	76	64
65	25	73.0	76	33.7	32	76	57
80	65	88.9	89	73.0	76	86	83
80	50	88.9	89	60.3	57	86	76
80	40	88.9	89	48.3	45	86	73
80	32	88.9	89	42.4	38	86	70
90	80	101.6	—	88.9	—	95	92
90	65	101.6	—	73.0	—	95	89
90	50	101.6	—	60.3	—	95	83
90	40	101.6	—	48.3	—	95	79
100	90	114.3	—	101.6	—	105	102
100	80	114.3	108	88.9	89	105	98
100	65	114.3	108	73.0	76	105	95
100	50	114.3	108	60.3	57	105	89
100	40	114.3	108	48.3	45	105	86

续附表51

公称直径 DN	公称直径 DN_1	坡口处外径				中心至端面	
		管程 D		出口 D_1		管程 C	出口 M
		Ⅰ系列	Ⅱ系列	Ⅰ系列	Ⅱ系列		
125	100	141.3	133	114.3	133	124	117
125	90	141.3	—	101.6	—	124	114
125	80	141.3	133	88.9	89	124	111
125	65	141.3	133	73.0	76	124	108
125	50	141.3	133	60.3	57	124	105
150	125	168.3	159	141.3	133	143	137
150	100	168.3	159	114.3	108	143	130
150	90	168.3	—	101.6	—	143	127
150	80	168.3	159	88.9	89	143	124
150	65	168.3	159	73.0	76	143	121
200	150	219.1	219	168.3	159	178	168
200	125	219.1	219	141.3	133	178	162
200	100	219.1	219	114.3	108	178	156
200	90	219.1	—	101.6	—	178	152
250	200	273.0	273	219.1	219	216	203
250	150	273.0	273	168.3	159	216	194
250	125	273.0	273	141.3	133	216	191
250	100	273.0	273	114.3	108	216	184
300	250	323.9	325	273.0	273	254	241
300	200	323.9	325	219.1	219	254	229
300	150	323.9	325	168.3	159	254	219
300	125	323.9	325	141.3	133	254	216
350	300	355.6	377	323.9	325	279	270
350	250	355.6	377	273.0	273	279	257
350	200	355.6	377	219.1	219	279	248
350	150	355.6	377	168.3	159	279	238
400	350	406.4	426	355.6	377	305	305
400	300	406.4	426	323.3	325	305	295
400	250	406.4	426	273.0	273	305	283
400	200	406.4	426	219.1	219	305	273
400	150	406.4	426	168.3	159	305	264
450	400	457	480	406.4	426	343	330
450	350	457	480	355.6	377	343	330
450	300	457	480	323.3	325	343	321

公称直径 DN	公称直径 DN_1	坡口处外径				中心至端面	
		管程 D		出口 D_1		管程 C	出口 M
		Ⅰ系列	Ⅱ系列	Ⅰ系列	Ⅱ系列		
450	250	457	480	273.0	273	343	308
450	200	457	480	219.1	219	343	298
500	450	508	530	457	480	381	368
500	400	508	530	406.4	426	381	356
500	350	508	530	355.6	377	381	356
500	300	508	530	323.3	325	381	346
500	250	508	530	273.0	273	381	333
500	200	508	530	219.1	219	381	324
550	500	559	—	508	—	419	406
550	450	559	—	457	—	419	394
550	400	559	—	406.4	—	419	381
550	350	559	—	355.6	—	419	381
550	300	559	—	323.3	—	419	371
550	250	559	—	273.0	—	419	359
600	550	610	—	559		432	432
600	500	610	630	508	530	432	432
600	450	610	630	457	480	432	419
600	400	610	630	406.4	426	432	406
600	350	610	630	355.6	377	432	406
600	300	610	630	323.3	325	432	397
600	250	610	630	273.0	273	432	384
650	600	660	—	610	—	495	483
650	550	660	—	559	—	495	470
650	500	660	—	508	—	495	457
650	450	660	—	457	—	495	444
650	400	660	—	406.4	—	495	432
650	350	660	—	355.6	—	495	432
650	300	660	—	323.3	—	495	422
700	650	711	—	660	—	521	521
700	600	711	720	610	630	521	508
700	550	711	—	559	—	521	495
700	500	711	720	508	530	521	483
700	450	711	720	457	480	521	470
700	400	711	720	406.4	426	521	457

续附表 51

公称直径 DN	公称直径 DN$_1$	坡口处外径				中心至端面	
		管程 D		出口 D$_1$		管程 C	出口 M
		Ⅰ 系列	Ⅱ 系列	Ⅰ 系列	Ⅱ 系列		
700	350	711	720	355.6	377	521	457
700	300	711	720	323.3	325	521	448
750	700	762	—	711	—	559	546
750	650	762	—	660	—	559	546
750	600	762	—	610	—	559	533
750	550	762	—	559	—	559	521
750	500	762	—	508	—	559	508
750	450	762	—	457	—	559	495
750	400	762	—	406.4	—	559	483
750	350	762	—	355.6	—	559	483
750	300	762	—	323.9	—	559	473
750	250	762	—	273.0	—	559	460
800	750	813	—	762	—	597	584
800	700	813	820	711	720	597	572
800	650	813	—	660	—	597	572
800	600	813	820	610	630	597	559
800	550	813	—	559	—	597	546
800	500	813	820	508	530	597	533
800	450	813	820	457	480	597	521
800	400	813	820	406.4	426	597	508
800	350	813	820	355.6	377	597	508

注：尺寸单位为 mm。

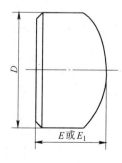

附图 32　钢制对焊无缝管帽

附表 52　钢制对焊无缝管帽数据

公称直径 DN	坡口处外径 D		长度 E	长度 E 时 极限壁厚	长度 E₁
	I 系列	II 系列			
15	21.3	18	25	4.57	25
20	26.9	25	25	3.81	25
25	33.7	32	38	4.57	38
32	42.4	38	38	4.83	38
40	48.3	45	38	5.08	38
50	60.3	57	38	5.59	44
65	73.0	76	38	7.11	51
80	88.9	89	51	7.62	64
90	101.6	—	64	8.13	76
100	114.3	108	64	8.64	76
125	141.3	133	76	9.65	89
150	168.3	159	89	10.92	102
200	219.1	219	102	12.70	127
250	273.0	273	127	12.70	152
300	323.9	325	152	12.70	178
350	355.6	377	165	12.70	191
400	406.4	426	178	12.70	203
450	457	480	203	12.70	229
500	508	530	229	12.70	254
550	559	—	254	12.70	254
600	610	630	267	12.70	305
650	660	—	267	—	—
700	711	720	267	—	—
750	762	—	267	—	—
800	813	820	267	—	—

注：尺寸单位为 mm。

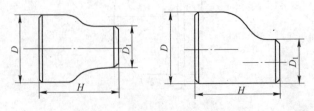

附图 33　钢制对焊无缝异径接头

附表 53　钢制对焊无缝异径接头数据

公称直径 DN	公称直径 DN_1	坡口处外径				端面至端面 H
		大端 D		小端 D_1		
		Ⅰ系列	Ⅱ系列	Ⅰ系列	Ⅱ系列	
20	15	26.9	25	21.3	18	38
20	10	26.9	25	17.3	14	38
25	20	33.7	32	26.9	25	51
25	15	33.7	32	21.3	18	51
32	25	42.4	38	33.7	32	51
32	20	42.4	38	26.9	25	51
32	15	42.4	38	21.3	18	51
40	32	48.3	45	42.4	38	64
40	25	48.3	45	33.7	32	64
40	20	48.3	45	26.9	25	64
40	15	48.3	45	21.3	18	64
50	40	60.3	57	48.3	45	76
50	32	60.3	57	42.4	38	76
50	25	60.3	57	33.7	32	76
50	20	60.3	57	26.9	25	76
65	50	73.0	76	60.3	57	89
65	40	73.0	76	48.3	45	89
65	32	73.0	76	42.4	38	89
65	25	73.0	76	33.7	32	89
80	65	88.9	89	73.0	76	89
80	50	88.9	89	60.3	57	89
80	40	88.9	89	48.3	45	89
80	32	88.9	89	42.4	38	89
90	80	101.6	—	88.9	—	102
90	65	101.6	—	73.0	—	102
90	50	101.6	—	60.3	—	102
90	40	101.6	—	48.3	—	102
90	32	101.6	—	42.4	—	102
100	90	114.3	—	101.6	—	102
100	80	114.3	108	88.9	89	102
100	65	114.3	108	73.0	76	102
100	50	114.3	108	60.3	57	102
100	40	114.3	108	48.3	45	102
125	100	141.3	133	114.3	108	127

公称直径 DN	公称直径 DN_1	坡口处外径				端面至端面 H
		大端 D		小端 D_1		
		Ⅰ系列	Ⅱ系列	Ⅰ系列	Ⅱ系列	
125	90	141.3	—	101.6	—	127
125	80	141.3	133	88.9	89	127
125	65	141.3	133	73.0	75	127
125	50	141.3	133	60.3	57	127
150	125	168.3	159	141.3	133	140
150	100	168.3	159	114.3	108	140
150	90	168.3	—	101.6	—	140
150	80	168.3	159	88.9	89	140
150	65	168.3	159	73.0	76	140
200	150	219.1	219	168.3	159	152
200	125	219.1	219	141.3	133	152
200	100	219.1	219	114.3	108	152
200	90	219.1	—	101.6	—	152
250	200	273.0	273	219.1	219	178
250	150	273.0	273	168.3	159	178
250	125	273.0	273	141.3	133	178
250	100	273.0	273	114.3	108	178
300	250	323.9	325	273.0	273	203
300	200	323.9	325	219.1	219	203
300	150	323.9	325	168.3	159	203
300	125	323.9	325	141.3	133	203
350	300	355.6	377	323.9	325	330
350	250	355.6	377	273.0	273	330
350	200	355.6	377	219.1	219	330
350	150	355.6	377	168.3	159	330
400	350	406.4	426	355.6	377	356
400	300	406.4	426	323.9	325	356
400	250	406.4	426	273.0	273	356
400	200	406.4	426	219.1	219	356
450	400	457	480	406.4	426	381
450	350	457	480	355.6	377	381
450	300	457	480	323.9	325	381
450	250	457	480	273.0	273	381
500	450	508	530	457	480	508

续附表 53

公称直径 DN	公称直径 DN_1	坡口处外径				端面至端面 H
		大端 D		小端 D_1		
		Ⅰ系列	Ⅱ系列	Ⅰ系列	Ⅱ系列	
500	400	508	530	406.4	426	508
500	350	508	530	355.6	377	508
500	300	508	530	323.9	325	508
550	500	559	—	508	—	508
550	450	559	—	457	—	508
550	400	559	—	406.4	—	508
550	350	559	—	355.6	—	508
600	500	610	—	559	—	508
600	450	610	630	508	530	508
600	400	610	630	457	480	508
600	350	610	630	406.4	426	508
650	600	660	—	610	—	610
650	550	660	—	559	—	610
650	500	660	—	508	—	610
650	450	660	—	457	—	610
700	650	711	—	660	—	610
700	600	711	720	610	630	610
700	550	711	—	559	—	610
700	500	711	720	508	630	610
750	700	762	—	711	—	610
750	650	762	—	660	—	610
750	600	762	—	610	—	610
750	550	762	—	559	—	610
800	750	813	—	762	—	610
800	700	813	820	711	720	610
800	650	813	—	660	—	610
800	600	813	820	610	720	610

注：尺寸单位为 mm。

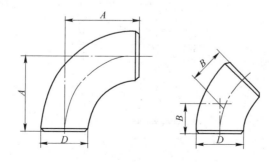

附图 34 钢板制对焊长半径弯头

附表54　钢板制对焊长半径弯头数据

公称直径 DN	坡口处外径 D		中心至端面	
	I 系列	II 系列	90°弯头 A	45°弯头 B
150	168.3	159	229	95
200	219.1	219	305	127
250	273.0	273	381	159
300	323.9	325	457	190
350	355.6	377	533	222
400	406.4	426	610	254
450	487	480	686	286
500	508	530	762	318
550	559	—	838	343
600	610	630	914	381
650	660	—	991	406
700	711	720	1067	438
750	762	—	1143	470
800	813	820	1219	502
850	864	—	1295	533
900	914	920	1372	565
950	965	—	1448	600
1000	1016	1020	1524	632
1050	1067	—	1600	660
1100	1118	1120	1676	695
1150	1168	—	1753	727
1200	1219	1220	1829	759

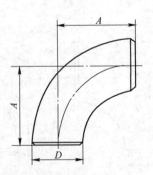

附图35　钢板制对焊短半径弯头

附表 55 钢板制对焊短半径弯头数据

公称直径 DN	坡口处外径 D		中心至端面	公称直径 DN	坡口处外径 D		中心至端面
	Ⅰ系列	Ⅱ系列			Ⅰ系列	Ⅱ系列	
150	168.3	159	152	400	406.4	426	406
200	219.1	219	203	450	457	480	457
250	273.0	273	254	500	508	530	508
300	323.9	325	305	550	559	—	559
350	355.6	377	356	600	610	630	610

注：尺寸单位为 mm。

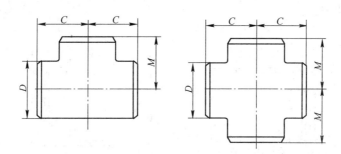

附图 36 钢板制对焊等径三通和四通

附表 56 钢板制对焊等径三通和四通数据

公称尺寸 DN	坡口处外径 D		中心至端面	
	Ⅰ系列	Ⅱ系列	管程 C	出口 M
150	168.3	159	143	143
200	219.1	219	178	178
250	273.0	273	216	216
300	323.9	325	254	254
350	355.6	377	279	279
400	406.4	426	305	305
450	457	480	343	343
500	508	530	381	381
550	559	—	419	419
600	610	630	432	432
650	660	—	495	495
700	711	720	521	521
750	762	—	559	559
800	813	820	597	597
850	864	—	635	635
900	914	920	673	673

公称尺寸 DN	坡口处外径 D		中心至端面	
	Ⅰ 系列	Ⅱ 系列	管程 C	出口 M
950	965	—	711	711
1000	1016	1020	749	749
1050	1067	—	762	711
1100	1118	1120	813	762
1150	1168	—	851	800
1200	1219	1220	889	838

注：尺寸单位为 mm。

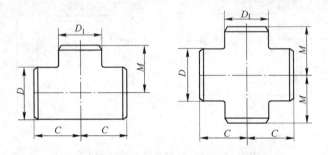

附图 37　钢板制对焊异径三通和四通

附表 57　钢板制对焊异径三通和四通数据

公称直径 DN	公称直径 DN_1	坡口处外径				中心至端面	
		管程 D		出口 D_1		管程 C	出口 M
		Ⅰ 系列	Ⅱ 系列	Ⅰ 系列	Ⅱ 系列		
150	125	168.3	159	141.3	133	143	137
150	100	168.3	159	114.3	108	143	130
150	90	168.3	—	101.6	—	143	127
150	80	168.3	159	88.9	89	143	124
150	65	168.3	159	73.0	76	143	121
200	150	219.1	219	168.3	159	178	168
200	125	219.1	219	141.3	133	178	162
200	100	219.1	219	114.3	108	178	156
200	90	219.1	—	101.6	—	178	152
250	200	273.0	273	219.1	219	216	203
250	150	273.0	273	168.3	159	216	194
250	125	273.0	273	141.3	133	216	191
250	100	273.0	273	114.3	108	216	184
300	250	323.9	325	273.0	273	254	241

续附表 57

公称直径 DN	公称直径 DN_1	坡口处外径				中心至端面	
		管程 D		出口 D_1		管程 C	出口 M
		Ⅰ系列	Ⅱ系列	Ⅰ系列	Ⅱ系列		
300	200	323.9	325	219.1	219	254	229
300	150	323.9	325	168.3	159	254	219
300	125	323.9	325	141.3	133	254	216
350	300	355.6	377	323.9	325	279	270
350	250	355.6	377	273.0	273	279	257
350	200	355.6	377	219.1	219	279	248
350	150	355.6	377	168.3	159	279	238
400	350	406.4	426	355.6	377	305	305
400	300	406.4	426	323.3	325	305	295
400	250	406.4	426	273.0	273	305	283
400	200	406.4	426	219.1	219	305	273
400	150	406.4	426	168.3	159	305	264
450	400	457	480	406.4	426	343	330
450	350	457	480	355.6	377	343	330
450	300	457	480	323.3	325	343	321
450	250	457	480	273.0	273	343	308
450	200	457	480	219.1	219	343	298
500	450	508	530	457	480	381	368
500	400	508	530	406.4	426	381	356
500	350	508	530	355.6	377	381	356
500	300	508	530	323.3	325	381	346
500	250	508	530	273.0	273	381	333
500	200	508	530	219.1	219	381	324
550	500	559	—	508	—	419	406
550	450	559	—	457	—	419	394
550	400	559	—	406.4	—	419	381
550	350	559	—	355.6	—	419	381
550	300	559	—	323.3	—	419	371
550	250	559	—	273.0	—	419	359
600	550	610	—	559		432	432
600	500	610	630	508	530	432	432
600	450	610	630	457	480	432	419
600	400	610	630	406.4	426	432	406
600	350	610	630	355.6	377	432	406

公称直径 DN	公称直径 DN_1	坡口处外径				中心至端面	
		管程 D		出口 D_1		管程 C	出口 M
		Ⅰ系列	Ⅱ系列	Ⅰ系列	Ⅱ系列		
600	300	610	630	323.3	325	432	397
600	250	610	630	273.0	273	432	384
650	600	660	—	610	—	495	483
650	550	660	—	559	—	495	470
650	500	660	—	508	—	495	457
650	450	660	—	457	—	495	444
650	400	660	—	406.4	—	495	432
650	350	660	—	355.6	—	495	432
650	300	660	—	323.3	—	495	422
700	650	711	—	660	—	521	521
700	600	711	720	610	630	521	508
700	550	711	—	559	—	521	495
700	500	711	720	508	530	521	483
700	450	711	720	457	480	521	470
700	400	711	720	406.4	426	521	457
700	350	711	720	355.6	377	521	.457
700	300	711	720	323.3	325	521	448
750	700	762	—	711	—	559	546
750	650	762	—	660	—	559	546
750	600	762	—	610	—	559	533
750	550	762	—	559	—	559	521
750	500	762	—	508	—	559	508
750	450	762	—	457	—	559	495
750	400	762	—	406.4	—	559	483
750	350	762	—	355.6	—	559	483
750	300	762	—	323.9	—	559	473
750	250	762	—	273.0	—	559	460
800	750	813	—	762	—	597	584
800	700	813	820	711	720	597	572
800	650	813	—	660	—	597	572
800	600	813	820	610	630	597	559
800	550	813	—	559	—	597	546
800	500	813	820	508	530	597	533
800	450	813	820	457	480	597	521

公称直径 DN	公称直径 DN_1	坡口处外径				中心至端面	
		管程 D		出口 D_1		管程 C	出口 M
		Ⅰ系列	Ⅱ系列	Ⅰ系列	Ⅱ系列		
800	400	813	820	406.4	426	597	508
800	350	813	820	355.6	377	597	508
850	800	864	—	813	—	635	622
850	750	864	—	762	—	635	610
850	700	864	—	711	—	635	597
850	650	864	—	660	—	635	597
850	600	864	—	610	—	635	584
850	550	864	—	559	—	635	572
850	500	864	—	508	—	635	559
850	450	864	—	457	—	635	546
850	400	864	—	406.4	—	635	533
900	850	914	—	864	—	673	660
900	800	914	920	813	820	673	648
900	750	914	—	762	—	673	635
900	700	914	—	711	—	673	622
900	650	914	—	660	—	673	622
900	600	914	—	610	—	673	610
900	550	914	—	559	—	673	597
900	500	914	—	508	—	673	584
900	450	914	—	457	—	673	572
900	400	914	—	406.4	—	673	559
950	900	965	—	914	—	711	711
950	850	965	—	864	—	711	698
950	800	965	—	813	—	711	686
950	750	965	—	762	—	711	673
950	700	965	—	711	—	711	648
950	650	965	—	660	—	711	648
950	600	965	—	610	—	711	635
950	550	965	—	559	—	711	622
950	500	965	—	508	—	711	610
950	450	965	—	457	—	711	597
1000	950	1017	—	965	—	749	749
1000	900	1017	1020	914	920	749	737
1000	850	1017	—	864	—	749	724

公称直径 DN	公称直径 DN_1	坡口处外径				中心至端面	
		管程 D		出口 D_1		管程 C	出口 M
		I 系列	II 系列	I 系列	II 系列		
1000	800	1017	—	813	—	749	711
1000	750	1017	—	762	—	749	698
1000	700	1017	—	711	—	749	673
1000	650	1017	—	660	—	749	673
1000	600	1017	—	610	—	749	660
1000	550	1017	—	559	—	749	648
1000	500	1017	—	508	—	749	635
1000	450	1017	—	457	—	749	622
1050	1000	1067	—	1016	—	762	711
1050	950	1067	—	965	—	762	711
1050	900	1067	—	914	—	762	711
1050	850	1067	—	864	—	762	711
1050	800	1067	—	813	—	762	711
1050	750	1067	—	762	—	762	711
1050	700	1067	—	711	—	762	698
1050	650	1067	—	660	—	762	698
1050	600	1067	—	610	—	762	660
1050	550	1067	—	559	—	762	660
1050	500	1067	—	508	—	762	660
1050	450	1067	—	457	—	762	648
1050	400	1067	—	406.4	—	762	635
1100	1050	1118	—	1067	—	813	762
1100	1000	1118	1120	1016	1020	813	749
1100	950	1118	—	965	—	813	737
1100	900	1118	—	914	—	813	724
1100	850	1118	—	864	—	813	724
1100	800	1118	—	813	—	813	711
1100	750	1118	—	762	—	813	711
1100	700	1118	—	711	—	813	698
1100	650	1118	—	660	—	813	698
1100	600	1118	—	610	—	813	698
1100	550	1118	—	559	—	813	686
1100	500	1118	—	508	—	813	686
1150	1100	1168	—	1118	—	851	800

续附表 57

公称直径 DN	公称直径 DN_1	坡口处外径				中心至端面	
		管程 D		出口 D_1		管程 C	出口 M
		Ⅰ系列	Ⅱ系列	Ⅰ系列	Ⅱ系列		
1150	1050	1168	—	1067	—	851	787
1150	1000	1168	—	1016	—	851	775
1150	950	1168	—	965	—	851	762
1150	900	1168	—	914	—	851	762
1150	850	1168	—	864	—	851	749
1150	800	1168	—	813	—	851	749
1150	750	1168	—	762	—	851	737
1150	700	1168	—	711	—	851	737
1150	650	1168	—	660	—	851	737
1150	600	1168	—	610	—	851	724
1150	550	1168	—	559	—	851	724
1200	1150	1219	—	1168	—	889	838
1200	1100	1219	1220	1118	1120	889	838
1200	1050	1219	—	1067	—	889	813
1200	1000	1219	—	1016	—	889	813
1200	950	1219	—	965	—	889	813
1200	900	1219	—	914	—	889	787
1200	850	1219	—	864	—	889	787
1200	800	1219	—	813	—	889	787
1200	750	1219	—	762	—	889	762
1200	700	1219	—	711	—	889	762
1200	650	1219	—	660	—	889	762
1200	600	1219	—	610	—	889	737
1200	550	1219	—	559	—	889	737

注：尺寸单位为 mm。

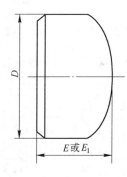

附图 38　钢板制对焊管帽

附表58　钢板制对焊管帽数据

公称直径 DN	坡口处外径 D		长度 E	长度 E 时极限壁厚	长度 E_1
	Ⅰ系列	Ⅱ系列			
150	168.3	159	89	10.92	102
200	219.1	219	102	12.70	127
250	273.0	273	127	12.70	152
300	323.9	325	152	12.70	178
350	355.6	377	165	12.70	191
400	406.4	426	178	12.70	203
450	457	480	203	12.70	229
500	508	530	229	12.70	254
550	559	—	254	12.70	254
600	610	630	267	12.70	305
650	660		267	—	—
700	711	720	267	—	—
750	762	—	267	—	—
800	813	820	267	—	—
850	864	—	267	—	—
900	914	920	267	—	—
950	965	—	305	—	—
1000	1016	1020	305	—	—
1050	1067	—	305	—	—
1100	1118	1120	343	—	—
1150	1168	—	343	—	—
1200	1219	1220	343	—	—

注：尺寸单位为 mm。

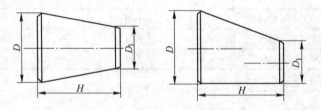

附图39　钢板制对焊异径接头

附表59　钢板制对焊异径接头数据

公称直径 DN	公称直径 DN_1	坡口处外径				端面至端面 H
		大端 D		小端 D_1		
		Ⅰ系列	Ⅱ系列	Ⅰ系列	Ⅱ系列	
150	125	168.3	159	141.3	133	140
150	100	168.3	159	114.3	108	140
150	90	168.3	—	101.6	—	140

续附表 59

公称直径 DN	公称直径 DN_1	坡口处外径				端面至端面 H
		大端 D		小端 D_1		
		Ⅰ系列	Ⅱ系列	Ⅰ系列	Ⅱ系列	
150	80	168.3	159	88.9	89	140
150	65	168.3	159	73.0	76	140
200	150	219.1	219	168.3	159	152
200	125	219.1	219	141.3	133	152
200	100	219.1	219	114.3	108	152
200	90	219.1	—	101.6	—	152
250	200	273.0	273	219.1	219	178
250	150	273.0	273	168.3	159	178
250	125	273.0	273	141.3	133	178
250	100	273.0	273	114.3	108	178
300	250	323.9	325	273.0	273	203
300	200	323.9	325	219.1	219	203
300	150	323.9	325	168.3	159	203
300	125	323.9	325	141.3	133	203
350	300	355.6	377	323.9	325	330
350	250	355.6	377	273.0	273	330
350	200	355.6	377	219.1	219	330
350	150	355.6	377	168.3	159	330
400	350	406.4	426	355.6	377	356
400	300	406.4	426	323.9	325	356
400	250	406.4	426	273.0	273	356
400	200	406.4	426	219.1	219	356
450	400	457	480	406.4	426	381
450	350	457	480	355.6	377	381
450	300	457	480	323.9	325	381
450	250	457	480	273.0	273	381
500	450	508	530	457	480	508
500	400	508	530	406.4	426	508
500	350	508	530	355.6	377	508
500	300	508	530	323.9	325	508
550	500	559	—	508	—	508
550	450	559	—	457	—	508
550	400	559	—	406.4	—	508
550	350	559	—	355.6	—	508
600	500	610	—	559	—	508
600	450	610	630	508	530	508
600	400	610	630	457	480	508
600	350	610	630	406.4	426	508
650	600	660	—	610	—	610

公称直径 DN	公称直径 DN_1	坡口处外径				端面至端面 H
		大端 D		小端 D_1		
		Ⅰ系列	Ⅱ系列	Ⅰ系列	Ⅱ系列	
650	550	660	—	559	—	610
650	500	660	—	508	—	610
650	450	660	—	457	—	610
700	650	711	—	660	—	610
700	600	711	720	610	630	610
700	550	711	—	559	—	610
700	500	711	720	508	630	610
750	700	762	—	711	—	610
750	650	762	—	660	—	610
750	600	762	—	610	—	610
750	550	762	—	559	—	610
800	750	813	—	762	—	610
800	700	813	820	711	720	610
800	650	813	—	660	—	610
800	600	813	820	610	720	610
850	800	864	—	813	—	610
850	750	864	—	762	—	610
850	700	864	—	711	—	610
850	650	864	—	660	—	610
900	850	914	—	864	—	610
900	800	914	920	813	820	610
900	750	914	—	762	—	610
900	700	914	920	711	720	610
900	650	914	—	660	—	610
950	900	965	—	914	—	610
950	850	965	—	864	—	610
950	800	965	—	813	—	610
950	750	965	—	762	—	610
950	700	965	—	711	—	610
950	650	965	—	660	—	610
1000	950	1016	—	965	—	610
1000	900	1016	1020	914	920	610
1000	850	1016	—	864	—	610
1000	800	1016	1020	813	820	610
1000	750	1016	—	762	—	610
1050	1000	1067	—	1016	—	610
1050	950	1067	—	965	—	610
1050	900	1067	—	914	—	610
1050	850	1067	—	864	—	610

公称直径 DN	公称直径 DN_1	坡口处外径				端面至端面 H
		大端 D		小端 D_1		
		Ⅰ系列	Ⅱ系列	Ⅰ系列	Ⅱ系列	
1050	800	1067	—	813	—	610
1050	750	1067	—	762	—	610
1100	1050	1118	—	1067	—	610
1100	1000	1118	1120	1016	1020	610
1100	950	1118	—	965	—	610
1100	900	1118	1120	914	920	610
1150	1100	1168	—	1118	—	711
1150	1050	1168	—	1067	—	711
1150	1000	1168	—	1016	—	711
1150	950	1168	—	965	—	711
1200	1150	1219	—	1168	—	711
1200	1100	1219	1220	1118	1120	711
1200	1050	1219	—	1067	—	711
1200	1000	1219	1220	1016	1020	711

注：尺寸单位为 mm。

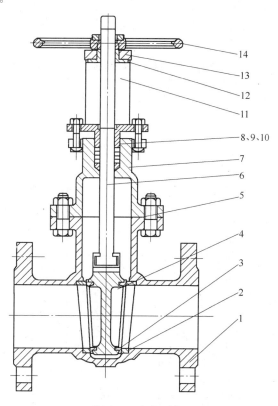

附图 40　闸阀结构

1—阀体；2—阀体密封圈（阀座）；3—闸板密封圈；4—闸板；5—垫片；6—阀杆；7—阀盖；
8—填料垫；9—填料；10—填料压盖；11—支架；12—阀杆螺母；13—螺母轴承盖；14—手轮

附表 60　闸阀 Z41H-16C 数据

公称直径	法兰厚度	法兰外径	螺栓连接外径	阀体长度	阀体高度	手轮直径	质　量
15	16	95	65	130	220	120	5
20	18	105	75	150	260	140	6.5
25	18	115	85	160	280	160	9
32	18	140	100	180	285	180	12
40	18	150	110	200	420	200	26.5
50	18	165	125	250	417	240	22
65	18	185	145	265	452	240	30
80	20	200	160	300	530	280	44
100	20	220	180	300	607	300	47
125	22	250	210	325	614	300	76
150	22	285	240	350	850	350	96
200	24	340	295	400	1060	400	160
250	26	405	355	450	1250	450	228
300	28	460	410	500	1415	500	300
350	30	520	470	550	1630	500	388
400	32	580	525	600	1780	600	566
450	40	640	585	650	2050	720	900
500	44	715	650	700	2181	720	958
600	54	840	770	800	2599	720	1410

注：尺寸单位为 mm；质量单位为 kg。

附表 61　闸阀 Z41H-25 数据

公称直径	法兰厚度	法兰外径	螺栓连接外径	阀体长度	阀体高度	手轮直径	质　量
15	16	95	65	130	220	120	5
20	18	105	75	150	260	140	6.5
25	18	115	85	160	280	160	9
32	18	140	100	180	285	180	12
40	18	150	110	200	420	200	26.5
50	20	165	125	250	417	240	22
65	22	185	145	265	452	240	30
80	24	200	160	300	567	280	44
100	24	235	190	300	590	300	47
125	26	270	220	325	756	300	76
150	28	300	250	350	880	350	96
200	30	360	310	400	1041	400	160
250	32	425	370	450	1260	450	228
300	34	485	430	500	1415	500	300
350	38	555	490	550	1630	500	388
400	40	620	550	600	1780	600	566
450	46	670	600	650	2050	720	900
500	48	730	660	700	2181	720	958
600	58	845	770	800	2599	720	1410

注：尺寸单位为 mm；质量单位为 kg。

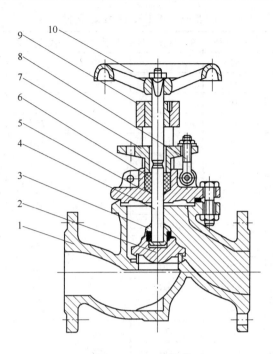

附图 41 截止阀结构

1—阀体；2—阀瓣；3—阀瓣盖；4—阀杆；5—阀盖；6—填料；
7—填料压盖；8—活节螺栓；9—阀杆螺母；10—手轮

附表 62 截止阀 J41H-16C 数据

公称直径	法兰厚度	法兰外径	螺栓连接外径	阀体长度	阀体高度	手轮直径	质　量
10	16	85	55	130	230	120	4.9
15	16	95	65	130	220	120	5
20	18	105	75	150	235	120	7
25	18	115	85	160	250	160	9
32	18	140	100	180	270	160	15
40	18	150	110	200	300	200	17
50	18	165	125	230	335	240	24
65	18	185	145	290	380	280	30
80	20	200	160	310	415	280	42
100	20	220	180	350	465	320	58
125	22	250	210	400	520	360	90
150	22	285	240	480	575	400	98
200	24	340	295	600	640	450	170
250	26	405	355	730	950	450	350
300	28	460	410	850	1120	500	502
350	30	520	470	980	1250	600	560
400	32	580	525	1100	1380	600	750

注：尺寸单位为 mm；质量单位为 kg。

附表 63　截止阀 J41H-25 数据

公称直径	法兰厚度	法兰外径	螺栓连接外径	阀体长度	阀体高度	手轮直径	质　量
10	16	85	55	130	230	120	4.9
15	16	95	65	130	220	120	5
20	18	105	75	150	235	120	7
25	18	115	85	160	250	160	9
32	18	140	100	180	270	160	15
40	18	150	110	200	300	200	17
50	20	165	125	230	335	240	24
65	22	185	145	290	380	280	30
80	24	200	160	310	415	280	42
100	24	235	190	350	465	320	58
125	26	270	220	400	520	360	90
150	28	300	250	480	575	400	98
200	30	360	310	600	640	450	170
250	32	425	370	730	950	450	350
300	34	485	430	850	1120	500	502
350	38	555	490	980	1250	600	560
400	40	620	550	1100	1380	600	750

注：尺寸单位为 mm；质量单位为 kg。

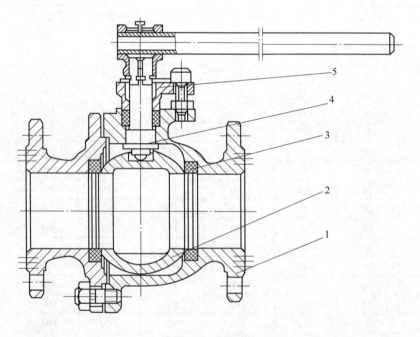

附图 42　球阀结构

1—阀体；2—球体；3—密封圈；4—阀杆；5—填料压盖

附表64 球阀 Q41F-16C 数据

公称直径	阀体长度	阀体内径	法兰外径	法兰厚度	阀杆高度	阀杆长度	质 量
15	130	40	14	95	82	100	5
20	150	50	16	105	100	160	7
25	160	64	16	115	103	160	9
32	165	74	18	140	103	160	15
40	180	83	18	150	122	250	17
50	200	92	20	165	132	250	24
65	220	102	20	185	157	300	30
80	250	114	20	200	177	300	42
100	280	146	22	220	203	400	58
125	320	175	22	250	250	600	90
150	360	210	24	285	275	800	98
200	400	265	24	340	335	1200	170

注：尺寸单位为 mm；质量单位为 kg。

附表65 球阀 Q41Y-25 数据

公称直径	阀体长度	阀体内径	法兰外径	法兰厚度	阀杆高度	阀杆长度	质 量
15	108	40	14	95	62	100	5
20	117	50	16	105	68	100	7
25	127	64	16	115	75	100	9
32	140	74	18	140	85	160	15
40	165	83	18	150	95	250	17
50	178	92	20	165	110	250	24
65	190	102	22	185	130	300	30
80	203	114	24	200	155	300	42
100	229	146	24	235	180	400	58

注：尺寸单位为 mm；质量单位为 kg。

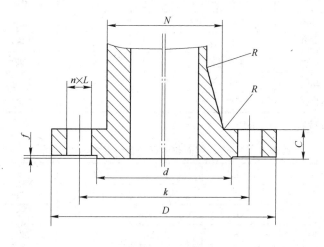

附图43 平面、突面整体钢制管法兰

附表 66　平面、突面整体钢制管法兰（0.6MPa）

公称直径	D	d	f	C	N	R
10	75	33	2	12	20	3
15	80	38	2	12	26	3
20	90	48	2	14	34	4
25	100	58	2	14	44	4
32	120	69	2	16	54	5
40	130	78	2	16	64	5
50	140	88	2	16	74	5
65	160	108	2	16	94	6
80	190	124	2	18	110	6
100	210	144	2	18	130	6
125	240	174	2	18	160	6
150	265	199	2	20	182	8
200	320	254	2	22	238	8
250	375	309	2	24	284	10
300	440	363	2	24	342	10
350	490	413	2	24	392	10
400	540	463	2	24	442	10
450	595	518	2	24	494	12
500	645	568	2	26	544	12
600	755	667	2	30	642	12
700	860	772	5	26	746	12
800	975	878	5	26	850	12
900	1075	978	5	26	950	12
1000	1175	1078	5	26	1050	12
1200	1405	1295	5	28	1264	12
1400	1630	1510	5	32	1480	12
1600	1830	1710	5	34	1680	12
1800	2045	1918	5	36	1878	15
2000	2265	2125	5	38	2082	15

注：平面法兰无 f 数值；尺寸单位为 mm。

附表 67　平面、突面整体钢制管法兰（1.0MPa）

公称直径	D	d	f	C	N	R
10	90	41	2	14	28	4
15	95	46	2	14	32	4
20	105	56	2	16	40	4
25	115	65	2	16	50	4

续附表 67

公称直径	D	d	f	C	N	R
32	140	76	2	18	60	6
40	150	84	2	18	70	6
50	165	99	2	20	81	6
65	185	118	2	22	104	6
80	200	132	2	24	120	6
100	235	156	2	24	142	6
125	270	184	2	26	162	6
150	300	211	2	28	192	8
200	340	266	2	21	246	8
250	395	319	2	26	298	10
300	445	370	2	26	348	10
350	505	429	2	26	408	10
400	565	480	2	26	456	10
450	615	530	2	28	562	12
500	670	582	2	28	559	12
600	780	682	2	34	658	12
700	895	794	5	34	772	12
800	1015	901	5	36	876	12
900	1115	1001	5	38	976	12
1000	1230	1112	5	38	1080	12
1200	1455	1328	5	44	1292	12
1400	1675	1530	5	48	1496	12
1600	1915	1750	5	52	1712	12
1800	2115	1950	5	56	1910	15
2000	2325	2150	5	60	2120	15

注：平面法兰无 f 数值；尺寸单位为 mm。

附表 68 平面、突面整体钢制管法兰（1.6MPa）

公称直径	D	d	f	C	N	R
10	90	41	2	14	28	4
15	95	46	2	14	32	4
20	105	56	2	16	40	4
25	115	65	2	16	50	4
32	140	76	2	18	60	6
40	150	84	2	18	70	6

公称直径	D	d	f	C	N	R
50	165	99	2	20	81	6
65	185	118	2	20	104	6
80	200	132	2	20	120	6
100	220	156	2	22	140	6
125	250	184	2	22	170	6
150	285	211	2	24	190	8
200	340	266	2	24	246	8
250	405	319	2	26	296	10
300	460	370	2	28	350	10
350	520	429	2	30	410	10
400	580	480	2	32	458	10
450	640	548	2	40	516	12
500	715	609	2	44	576	12
600	840	720	2	54	690	12
700	910	794	5	40	760	12
800	1025	901	5	42	862	12
900	1125	1001	5	44	962	12
1000	1255	1112	5	46	1076	12
1200	1485	1328	5	52	1282	12
1400	1685	1530	5	58	1482	12
1600	1930	1750	5	64	1696	12
1800	2130	1950	5	68	1896	15
2000	2345	2150	5	70	2100	15

注：平面法兰无 f 数值；尺寸单位为 mm。

附表69　平面、突面整体钢制管法兰（2.5MPa）

公称直径	D	d	f	C	N	R
10	90	41	2	14	28	4
15	95	46	2	14	32	4
20	105	56	2	16	40	4
25	115	65	2	16	50	4
32	140	76	2	18	60	6
40	150	84	2	18	70	6

续附表 69

公称直径	D	d	f	C	N	R
50	165	99	2	20	81	6
65	185	118	2	22	104	6
80	200	132	2	24	120	6
100	235	156	2	24	142	6
125	270	184	2	26	162	6
150	300	211	2	28	192	8
200	360	274	2	30	252	8
250	425	330	2	32	304	10
300	485	389	2	34	364	10
350	555	448	2	38	418	10
400	620	503	2	40	472	10
450	670	548	2	46	520	12
500	730	609	2	48	580	12
600	845	720	2	58	684	12
700	960	820	5	50	780	12
800	1085	928	5	54	882	12
900	1185	1028	5	58	982	12
1000	1320	1140	5	62	1086	12
1200	1530	1350	5	70	1296	12
1400	1755	1560	5	76	1508	12
1600	1975	1780	5	84	1726	12
1800	2195	1985	5	90	1920	15
2000	2425	2210	5	96	2150	15

注：平面法兰无 f 数值；尺寸单位为 mm。

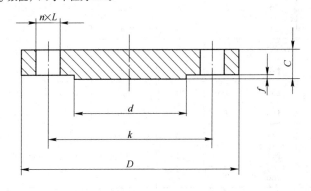

附图 44 平面、突面整体钢制管法兰盖

附表70　平面、突面整体钢制管法兰盖（0.6MPa）

公称直径	D	d	f	C	公称直径	D	d	f	C
10	75	33	2	12	350	490	413	2	24
15	80	38	2	12	400	540	463	2	24
20	90	48	2	14	450	595	518	2	24
25	100	58	2	14	500	645	568	2	26
32	120	69	2	16	600	755	667	2	30
40	130	78	2	16	700	860	772	5	40
50	140	88	2	16	800	975	878	5	44
65	160	108	2	16	900	1075	978	5	48
80	190	124	2	18	1000	1175	1078	5	52
100	210	144	2	18	1200	1405	1295	5	60
125	240	174	2	20	1400	1630	1510	5	68
150	265	199	2	20	1600	1830	1710	5	76
200	320	254	2	22	1800	2045	1918	5	81
250	375	309	2	24	2000	2265	2123	5	82
300	440	363	2	24					

注：平面法兰无 f 数值；尺寸单位为 mm。

附表71　平面、突面整体钢制管法兰盖（1.0MPa）

公称直径	D	d	f	C	公称直径	D	d	f	C
10	90	41	2	11	250	395	319	2	26
15	95	46	2	14	300	445	370	2	26
20	105	56	2	16	350	505	429	2	26
25	115	65	2	16	400	565	480	2	28
32	140	76	2	18	450	615	530	2	28
40	150	84	2	18	500	670	582	2	28
50	165	99	2	20	600	780	682	2	34
65	185	118	2	20	700	895	794	5	38
80	200	132	2	20	800	1015	901	5	42
100	220	156	2	22	900	1115	1001	5	46
125	250	184	2	22	1000	1230	1112	5	52
150	285	211	2	24	1200	1455	1328	5	60
200	340	266	2	24					

注：平面法兰无 f 数值；尺寸单位为 mm。

附表 72 平面、突面整体钢制管法兰盖（1.6MPa）

公称直径	D	d	f	C	公称直径	D	d	f	C
10	90	41	2	11	250	405	319	2	26
15	95	46	2	14	300	460	370	2	28
20	105	56	2	16	350	520	429	2	30
25	115	65	2	16	400	580	480	2	32
32	140	76	2	18	450	640	548	2	40
40	150	84	2	18	500	710	609	2	44
50	165	99	2	20	600	840	720	2	54
65	185	118	2	20	700	910	794	5	52
80	200	132	2	20	800	1025	901	5	58
100	220	156	2	22	900	1125	1001	5	64
125	250	184	2	22	1000	1255	1112	5	76
150	285	211	2	24	1200	1485	1328	5	84
200	340	266	2	24					

注：平面法兰无 f 数值；尺寸单位为 mm。

附表 73 平面、突面整体钢制管法兰盖（2.5MPa）

公称直径	D	d	f	C	公称直径	D	d	f	C
10	90	41	2	11	125	270	184	2	26
15	95	46	2	14	150	300	211	2	28
20	105	56	2	16	200	360	274	2	29
25	115	65	2	16	250	425	330	2	30.5
32	140	76	2	18	300	485	389	2	32
40	150	84	2	18	350	555	418	2	35
50	165	99	2	20	400	620	503	2	37
65	185	118	2	22	450	670	548	2	40
80	200	132	2	24	500	730	609	2	43
100	235	156	2	24	600	845	720	2	48

注：平面法兰无 f 数值；尺寸单位为 mm。

附录 K　保温与防腐蚀材料表

附表 74　最小保温厚度

管道管径 DN	管道直径 D_o	15	20	25	32	40	50	65	80	100	125	150	200	250	300	350	400	450	500	600	700	平壁
	D_o	22	28	32	38	45	57	73	89	108	133	159	219	273	325	377	426	478	529	630	720	一
介质温度 50℃	λ 0.02	10	10	10	10	10	10	10	10	10	10	10	10	10	10	10	10	10	10	10	10	15
	0.03	15	15	15	15	15	15	15	15	15	15	15	15	15	15	15	15	15	15	15	15	20
	0.04	15	15	15	20	20	20	20	20	20	20	20	20	20	20	20	20	20	20	20	20	25
	0.05	20	20	20	20	20	25	25	25	25	25	25	25	25	25	25	25	25	25	25	25	30
	0.06	20	25	25	25	25	25	25	25	30	30	30	30	30	30	30	30	30	30	30	30	35
	0.07	25	25	25	25	30	30	30	30	30	35	35	35	35	35	35	35	35	35	35	35	40
	0.08	25	30	30	30	30	30	35	35	35	35	35	40	40	40	40	40	40	40	40	40	45
	0.09	30	30	30	30	35	35	35	35	40	35	40	40	45	45	45	45	45	45	45	45	50
	0.10	30	35	35	35	35	40	40	40	45	40	45	45	50	50	50	50	50	50	50	50	60
介质温度 100℃	λ 0.02	10	10	10	15	15	15	15	15	15	15	15	15	15	15	15	15	15	15	15	15	15
	0.03	15	15	15	15	20	20	20	20	20	20	20	20	20	20	20	20	20	20	20	20	20
	0.04	20	20	20	20	20	25	25	25	25	25	25	25	25	25	25	25	25	30	30	30	30
	0.05	25	25	25	25	25	25	30	30	30	30	30	30	30	30	35	35	35	35	35	35	35
	0.06	25	25	30	25	30	35	30	35	35	35	35	35	40	40	40	40	40	40	40	40	40
	0.07	30	30	30	30	35	35	35	35	40	40	40	40	45	45	45	45	45	45	45	45	50
	0.08	30	35	35	35	35	40	40	40	40	45	45	45	45	50	50	50	50	60	50	50	60
	0.09	35	35	35	40	40	40	45	45	45	50	50	50	60	60	60	60	60	60	60	60	60
	0.10	35	40	40	40	45	45	50	50	60	60	60	60	60	60	60	60	60	60	70	70	70

续附表 74

管道管径 DN		15	20	25	32	40	50	65	80	100	125	150	200	250	300	350	400	450	500	600	700	平壁
管道直径 D₀		22	28	32	38	45	57	73	89	108	133	159	219	273	325	377	426	478	529	630	720	—
介质温度 150℃	λ																					
	0.02	15	15	15	15	15	15	15	15	15	15	15	15	15	15	15	15	15	15	15	15	20
	0.03	20	20	20	20	20	20	20	20	20	25	25	25	25	25	25	25	25	25	25	25	25
	0.04	20	25	25	25	25	25	25	25	30	30	30	30	30	30	30	30	30	30	30	30	35
	0.05	25	25	25	30	30	30	30	30	35	35	35	35	35	40	40	40	40	40	40	40	40
	0.06	30	30	30	30	35	35	35	35	40	40	40	40	45	45	45	45	45	45	45	45	50
	0.07	30	35	35	35	35	40	40	40	45	45	45	50	50	50	50	50	50	50	50	60	60
	0.08	35	35	40	40	40	45	45	45	50	50	50	60	60	60	60	60	60	60	60	60	70
	0.09	40	40	40	45	45	45	50	50	60	60	60	60	60	60	70	70	70	70	70	70	70
	0.10	40	45	45	45	50	50	60	60	60	60	60	70	70	70	70	70	70	70	70	70	80
介质温度 200℃	λ																					
	0.03	20	20	20	20	20	20	25	25	25	25	25	25	25	25	25	25	25	25	25	25	25
	0.04	25	25	25	25	25	25	30	30	30	30	30	30	35	35	35	35	35	35	35	35	35
	0.05	25	30	30	30	30	35	35	35	35	35	35	40	40	40	40	40	40	40	40	40	45
	0.06	30	30	35	35	35	35	40	40	40	40	40	45	45	45	45	50	50	50	50	50	50
	0.07	35	35	35	40	40	40	45	45	45	50	50	50	50	60	60	60	60	60	60	60	60
	0.08	40	40	40	40	45	45	50	50	50	60	50	60	60	70	60	60	60	70	70	70	70
	0.09	40	45	45	45	50	50	60	60	60	60	60	70	70	70	70	70	70	80	70	70	80
	0.10	45	45	50	50	50	60	60	60	60	70	70	70	70	80	80	80	80	80	80	80	90
	0.11	50	50	50	60	60	60	60	70	70	70	70	80	80	80	80	80	80	90	90	90	100
介质温度 250℃	λ																					
	0.03	20	20	20	20	20	20	25	25	25	25	25	25	25	30	30	30	30	30	30	30	30
	0.04	25	25	25	25	30	25	30	30	30	35	35	35	35	35	35	35	35	35	35	35	45
	0.05	30	30	30	30	35	30	35	35	40	40	40	40	40	45	45	45	45	45	45	45	50
	0.06	35	35	35	35	40	35	40	40	45	45	45	50	50	50	50	50	50	50	60	60	60
	0.07	40	40	40	40	40	40	45	50	50	50	50	60	60	60	60	60	60	60	60	60	70
	0.08	45	45	45	45	50	45	60	60	60	60	60	70	70	70	70	70	70	70	70	70	80
	0.09	45	45	45	50	50	50	60	60	60	60	70	70	70	70	70	80	80	80	80	80	90
	0.10	45	50	50	60	60	60	60	70	70	70	70	80	80	80	80	80	80	80	90	90	100
	0.11	50	60	60	60	60	60	70	70	70	80	80	80	80	90	90	90	90	90	90	90	100

续附表 74

管道管径 DN	15	20	25	32	40	50	65	80	100	125	150	200	250	300	350	400	450	500	600	700	平壁
管道直径 D_o	22	28	32	38	45	57	73	89	108	133	159	219	273	325	377	426	478	529	630	720	—
介质温度 300℃　λ＝0.03	20	20	20	25	25	25	25	25	25	30	30	30	30	30	30	30	30	30	30	30	30
0.04	25	25	30	30	30	30	30	35	35	35	35	35	35	40	40	40	40	40	40	40	40
0.05	30	30	35	35	35	35	40	40	40	40	40	45	45	45	45	45	45	50	50	50	50
0.06	35	35	40	40	40	40	45	50	60	50	50	50	60	60	60	60	60	60	60	60	60
0.07	40	40	40	45	45	45	50	50	60	60	60	60	60	60	60	70	70	70	70	70	70
0.08	40	45	45	50	50	50	60	60	60	60	70	70	70	70	80	70	70	70	80	80	80
0.09	45	50	50	50	50	50	60	60	70	70	70	70	80	80	80	80	80	80	80	80	90
0.10	50	60	50	60	60	60	70	70	70	70	80	80	80	90	90	90	90	90	90	90	100
0.11	60	60	60	60	60	70	70	70	80	80	80	90	90	90	90	100	100	100	100	100	110

注：保温层厚度的单位及公称直径的单位及外径的单位为 mm；环境温度为－14.2℃；放热系数为 23.26W/(m²·℃)。

附表 75　保温材料工程量体积计算

管子外径 /mm	保温层厚度/mm														
	30	40	50	60	70	80	90	100	110	120	130	140	150	160	170
22	0.58	0.90	1.29	1.73	2.24	2.81	3.45	4.15	4.91	5.73	6.62	7.56	—	—	—
28	0.64	0.96	1.38	1.85	2.38	2.97	3.62	4.34	5.11	5.96	6.86	7.83	8.86	—	—
32	0.68	1.03	1.45	1.92	2.46	3.07	3.73	4.46	5.25	6.11	7.02	8.00	9.05	10.2	—
38	0.74	1.11	1.54	2.04	2.59	3.22	3.90	4.65	5.46	6.33	7.27	8.27	9.33	10.5	—
45	0.80	1.19	1.65	2.17	2.75	3.39	4.10	4.87	5.70	6.60	7.56	8.58	9.66	10.8	12.0
57	0.91	1.34	1.84	2.39	3.01	3.69	4.44	5.25	6.12	7.05	8.05	9.10	10.2	11.4	12.7
73	1.07	1.55	2.09	2.70	3.36	4.10	4.89	5.75	6.67	7.65	8.70	9.81	11.0	12.2	13.5
89	1.22	1.75	2.34	3.00	3.72	4.50	5.34	6.25	7.22	8.26	9.35	10.5	11.7	13.0	14.4
108	1.39	1.99	2.64	3.36	4.3	4.98	5.88	6.85	7.88	8.97	10.1	11.3	12.6	14.0	15.4

续附表 75

管子外径/mm	保温层厚度/mm														
	30	40	50	60	70	80	90	100	110	120	130	140	150	160	170
133	1.63	2.30	3.03	3.83	4.68	5.60	6.59	7.63	8.74	9.91	11.1	12.4	13.8	15.2	16.7
159	1.88	2.63	3.44	4.32	5.26	6.26	7.32	8.45	9.64	10.9	12.2	13.6	15.0	16.5	18.1
219	2.44	3.38	4.38	5.45	6.58	7.77	9.02	10.3	11.7	13.2	14.7	16.2	17.9	19.6	21.3
273	2.95	4.06	5.23	6.47	7.76	9.12	10.5	12.0	13.6	15.2	16.9	18.6	20.4	22.3	24.2
325	3.44	4.17	6.05	7.45	8.91	10.4	12.0	13.7	15.4	17.2	19.0	20.9	22.9	24.9	27.0
377	3.93	5.37	6.86	8.43	10.0	11.7	13.5	15.3	17.2	19.1	21.1	23.2	25.3	27.5	29.7
426	4.39	5.98	7.63	9.35	11.1	13.0	14.9	16.8	18.9	21.0	23.1	25.3	27.6	30.0	32.4
478	4.88	6.64	8.45	10.3	12.3	14.3	16.3	18.5	20.7	22.9	25.2	27.6	30.1	32.6	35.1
529	5.36	7.28	9.25	11.3	13.4	15.6	17.8	20.1	22.4	24.8	27.3	29.9	32.5	35.1	37.9
630	6.31	8.55	10.8	13.2	15.6	18.1	20.6	23.2	25.9	28.7	31.4	34.3	37.2	40.2	43.3
720	7.16	9.68	12.3	14.9	17.6	20.4	23.2	26.1	29.0	32.0	35.1	38.3	41.5	44.7	48.1
820	8.11	10.9	13.8	16.8	19.8	22.9	26.0	29.2	32.5	35.8	39.2	42.7	46.2	49.8	53.4
920	9.05	12.2	15.4	18.7	22.0	25.4	28.8	32.4	35.9	39.6	43.3	47.1	50.9	54.8	58.7
1020	9.99	13.4	17.0	20.5	24.2	27.9	31.7	35.5	39.4	43.4	47.4	51.5	55.6	59.8	64.1

注：本表中所列数据以管长 100m 为单位；体积单位为 m³。

附表 76　保温材料工程量表面积计算

管子外径/mm	保温层厚度/mm														
	30	40	50	60	70	80	90	100	110	120	130	140	150	160	170
22	28.9	35.2	41.5	47.8	54.0	60.3	66.6	72.9	79.2	85.5	91.7	98.0	—	—	—
28	30.8	37.1	43.4	49.6	55.9	62.2	68.5	74.8	81.1	87.3	93.6	99.9	106	—	—
32	32.0	38.3	44.6	50.9	57.2	63.5	69.7	76.0	82.3	88.6	94.9	101	107	114	—

续附表 76

管子外径 /mm	保温层厚度 /mm														
	30	40	50	60	70	80	90	100	110	120	130	140	150	160	170
38	33.9	40.2	46.5	52.8	59.1	65.3	71.6	77.9	84.2	90.5	96.8	103	109	116	—
45	36.1	42.4	48.7	55.0	61.3	67.5	73.8	80.1	86.4	92.7	99.0	105	112	118	124
57	39.9	46.2	52.5	58.7	65.0	71.3	77.6	83.9	90.2	96.4	103	109	115	122	128
73	44.9	51.2	57.5	63.8	70.1	76.3	82.6	88.9	95.2	101	108	114	120	127	133
89	50.0	56.2	62.5	63.8	75.1	81.4	87.7	93.9	100	107	113	119	125	132	138
108	55.9	62.2	68.5	74.8	81.1	87.3	93.6	99.9	106	112	119	125	131	138	144
133	63.8	70.1	76.3	82.6	88.9	95.2	101	108	114	120	127	133	139	145	152
159	71.9	78.2	84.5	90.8	97.1	103	110	116	122	128	135	141	147	154	160
219	90.8	97.1	103	110	116	122	128	135	141	147	154	160	166	172	179
273	108	114	120	127	133	139	145	152	158	164	171	177	183	189	196
325	124	130	137	143	149	156	162	168	174	181	187	193	199	206	212
377	140	147	153	159	166	172	178	184	191	197	203	210	216	222	228
426	156	162	168	175	181	187	194	200	206	212	219	225	231	238	244
478	172	178	185	191	197	204	210	216	222	229	235	241	248	254	260
529	188	194	201	207	213	220	226	232	238	245	251	257	264	270	276
630	220	226	232	239	245	251	258	264	270	276	283	289	295	302	308
720	248	254	261	267	273	280	286	292	298	305	311	317	324	330	336
820	286	288	292	298	305	311	317	324	330	336	342	349	355	361	368
920	311	317	324	330	336	342	349	355	361	368	374	380	386	393	399
1020	342	349	355	361	368	374	380	386	393	399	405	412	418	424	430

注：本表中所列数据以管长 100m 为单位；表面积单位为 m²。

附表 77　常用保温材料性质

材料名称	密度/kg·m⁻³	导热系数/W·(m·K)⁻¹	最高使用温度/℃
超轻微孔硅酸钙	<170	0.0545	650
普通微孔硅酸钙	200~250	0.059~0.06	650
沥青矿渣棉制品	100~120	0.0464~0.052	250
防水坚直珍珠岩制品	<200	0.05997	300
水玻璃珍珠岩制品	200~300	0.052~0.0754	600
水泥珍珠岩制品	350~450	0.0696~0.0835	600
硅酸铝纤维毡	180	0.016~0.047	1000
水泥蛭石管壳	430~500	0.039	600

附表 78　常用保温材料性质

项　目	规　格	单　位	用　量
沥青玻璃布油毡	JC84—1988	m²/m²	1.2
玻璃布	中碱布	m²/m²	1.4
复合铝箔	玻璃纤维增强型	m²/m²	1.2
镀锌铁皮	δ=0.3~0.5mm	m²/m²	1.2
铝合金板	δ=0.5~0.7mm	m²/m²	1.2
镀锌铁丝网	六角网孔 25mm网孔 线经22G	m²/m²	1.1
镀锌铁丝	18号(DN≤100mm)	kg/m²	1.1
镀锌铁丝	16号(DN≤100mm)	kg/m²	2.0
铜带	宽15mm, 厚0.4mm	kg/m²	0.54
铆钉	圆钢 φ6	个/m²	12
自攻螺丝	M4×15	kg/m²	0.03

附录 L　水蒸气分压

附表 79　水蒸气分压

温度/℃	水蒸气分压/kPa	温度/℃	水蒸气分压/kPa	温度/℃	水蒸气分压/kPa	温度/℃	水蒸气分压/kPa
0	0.608012	25	3.157741	50	12.30735	75	38.53033
1	0.657046	26	3.353874	51	12.92516	76	40.17785
2	0.706079	27	3.559814	52	13.58221	77	41.86459
3	0.755112	28	3.765754	53	14.26868	78	43.62979
4	0.813952	29	3.991307	54	14.97475	79	45.45382
5	0.872792	30	4.226666	55	15.71025	80	47.34651
6	0.931632	31	4.471832	56	16.48498	81	49.29803
7	1.000278	32	4.736612	57	17.27932	82	51.3182
8	1.068925	33	5.011198	58	18.12269	83	53.39721
9	1.147378	34	5.305398	59	18.98567	84	55.56448
10	1.225831	35	5.609404	60	19.88789	85	57.8004
11	1.314091	36	5.923217	61	20.82932	86	60.10496
12	1.402351	37	6.256643	62	21.80999	87	62.47817
13	1.500417	38	6.599875	63	22.82988	88	64.94944
14	1.598484	39	6.972528	64	23.87919	89	67.47956
15	1.706357	40	7.354988	65	24.97754	90	70.10774
16	1.81423	41	7.75706	66	26.12492	91	72.81438
17	1.93191	42	8.178746	67	27.31152	92	75.60927
18	2.059397	43	8.610239	68	28.53735	93	78.49243
19	2.19669	44	9.071151	69	29.81222	94	81.46384
20	2.333983	45	9.551677	70	31.13611	95	84.53332
21	2.481082	46	10.06162	71	32.50904	96	87.69106
22	2.637989	47	10.58138	72	33.93101	97	90.68209
23	2.804702	48	11.13055	73	35.41181	98	94.31055
24	2.981222	49	11.70914	74	36.95146	99	97.7723

高炉煤气含水量的计算方法如下：

$$d = 0.804 \times \frac{p_s}{p_{dq} + p_m - p_s}$$

式中　d——煤气含水量，kg/m^3；

　　　p_s——水蒸气分压，kPa；

　　　p_m——高炉煤气压力，kPa；

　　　p_{qd}——当地大气压力，kPa。

附录 M 几种气体的定压平均摩尔热容

附表 80 几种气体的定压平均摩尔热容

t/°C	N₂ /kJ·(kmol·℃)⁻¹	O₂ /kJ·(kmol·℃)⁻¹	空气 /kJ·(kmol·℃)⁻¹	H₂ /kJ·(kmol·℃)⁻¹	CO /kJ·(kmol·℃)⁻¹	CO₂ /kJ·(kmol·℃)⁻¹	H₂O /kJ·(kmol·℃)⁻¹
0	29.136	29.262	29.082	28.629	29.104	35.998	33.490
18	29.140	29.299	29.094	28.713	29.144	36.4540	33.532
25	29.140	29.316	29.094	28.738	29.148	36.492	33.545
100	29.161	29.546	29.161	28.998	29.194	38.192	33.750
200	29.245	29.952	29.312	29.119	29.546	40.151	34.122
300	29.404	30.459	29.534	29.169	29.546	41.880	34.566
400	29.622	30.898	29.802	29.236	29.810	43.375	35.073
500	29.885	31.355	30.103	29.299	30.128	44.7115	35.617
600	30.174	31.782	30.421	29.370	30.450	45.908	36.191
700	30.258	32.171	30.731	29.458	30.777	46.980	36.781
800	30.773	32.523	31.041	29.567	31.100	47.943	37.380
900	31.066	32.845	31.338	29.697	31.405	48.902	37.974
1000	31.326	33.143	31.606	29.844	31.694	49.614	38.560
1100	36.614	33.411	31.887	29.998	31.966	50.325	39.138
1200	31.862	33.658	32.130	30.166	32.188	50.953	39.699
1300	32.092	33.888	32.624	30.258	32.456	51.581	40.428
1400	32.314	34.106	32.577	30.396	32.678	52.084	40.779
1500	32.527	34.298	32.783	30.547	32.887	52.586	41.282

注：压力为 1.013 × 10⁵ Pa。

附录 N　常用干式煤气柜设计参数表

附表 81　稀油密封干式煤气柜主要技术参数

序号	公称容积/m³	几何容积/m³	形式	形状	边数	边长/m	最大直径/m	侧板高度/m	底面积/m²	活塞最大行程/m	密封油循环装置	储气压力/kPa	密封油用量/t
1	30000	37000	稀油密封	正多边形	20	5.9	37.715	43.02	1099	34	3	3~6	80
2	50000			正多边形	20	5.9	37.715	54.36	1099	45.5	3	3~6	80
3	100000			正多边形	20	7.0	44.747	73.217	1547	64.7	4	3~8	
4	150000	165000		正多边形	24	7.0	53.629	82.965	2233	73.858	4	3~8	
5	300000	300265		圆形		—	64.6	107.2	3276	91.6	6	12	

附表 82　橡胶膜密封干式煤气柜主要技术参数

序号	公称容积/m³	几何容积/m³	形式	形状	直径/m	侧板高度/m	底面积/m²	活塞最大行程/m	皮膜面积/m²	储气压力/kPa
1	10000		橡胶膜	圆柱形	25.1	28.5	495	22.5	905	2.5~3
2	20000				34.377	28.5	928	22.5	1250	2.5~3
3	30000（Ⅰ）				41.377	28.5	1345	22.5	1520	2.5~3
4	30000（Ⅱ）				38.5	38.1	1164	31.0	1930	2.5~3
5	50000				46.585	38.1	1704	31.0	2346	2.5~3
6	80000				58.0	39.0	2642	31.0	3107	2.5~3
7	120000				61.8	40.495	3608	41.654	4800	2.5~3
8	150000				65.68	50.91	3718	41.654	4952	2.5~3

附表 83　干式煤气柜设备及土建工程消耗量

序号	气柜样式	气柜钢材/t	柜体工艺设备/t	钢筋混凝土量/m³
1	30000m³ 稀油密封干式煤气柜	835	约65	1020.6
2	50000m³ 稀油密封干式煤气柜	915	约70	1020.6
3	100000m³ 稀油密封干式煤气柜	1590	约95	1272.5
4	150000m³ 稀油密封干式煤气柜	1970	约115	1618.5
5	10000m³ 橡胶膜密封干式煤气柜	320	约32	617.3
6	20000m³ 橡胶膜密封干式煤气柜	460	约43	907.8
7	30000m³ 橡胶膜密封干式煤气柜（Ⅰ）	700	约58	1240.8
8	30000m³ 橡胶膜密封干式煤气柜（Ⅱ）	680	约58	1040.8
9	50000m³ 橡胶膜密封干式煤气柜	980	约70	1341.6
10	80000m³ 橡胶膜密封干式煤气柜	1260	约100	约3000.0
11	120000m³ 橡胶膜密封干式煤气柜	2800	约140	约5000.0
12	150000m³ 橡胶膜密封干式煤气柜	2953	约150	约5000.0

附录 O　常用低压燃气管道设计数据

附表 84　常用低压燃气管道设计数据

管道规格 $D \times \delta$/mm	惯性矩 $J(\delta-1)$/cm⁴	惯性矩 $J(\delta)$/cm⁴	断面系数 $W(\delta-1)$/kg·m⁻¹	金属质量/kg·m⁻¹	操作水质量/kg·m⁻¹	事故水重/kg·m⁻¹	预加负荷20%/kg·m⁻¹	Ⅰ类负荷/kg·m⁻¹	Ⅱ类负荷/kg·m⁻¹	Ⅲ类负荷/kg·m⁻¹	总重/kg·m⁻¹	最大跨距/m	操作应力/kg·m⁻²
108×4	136	176	25	10.26	2	8	3	26.26			12.26	6.5	258.5
133×4	258	337	39	12.73	3	13	3.5	34.23			15.73	7.5	284
159×4.5	516	651	65	17.15	4	18	4.5	44.65			21.15	8.5	294
219×5	1558	1922	145	26.25	8	30	7	68.25			34.25	10.5	326
219×4.5	1375	1742	123	23.75	8	30	6.5	65.25			31.75	10.5	356
273×5	3058	3774	224	32.70	19	53	10	105.7			51.70	11.5	380

续附表 84

管道规格 $D \times \delta$ /mm	惯性矩 $J(\delta-1)$ /cm⁴	惯性矩 $J(\delta)$ /cm³	断面系数 $W(\delta-1)$ /kg·m⁻¹	金属质量 /kg·m⁻¹	操作质量 /kg·m⁻¹	事故水重 /kg·m⁻¹	预加负荷 20% /kg·m⁻¹	I类负荷 /kg·m⁻¹	II类负荷 /kg·m⁻¹	III类负荷 /kg·m⁻¹	总重 /kg·m⁻¹	最大跨距 /m	操作应力 /kg·m⁻²
273×6	3774	4410	277	38.0	19	53	11.5	113			57.00	12.0	370
325×5	5195	6424	319	39.37	21	78	12	139.4			60.37	13.0	400
325×6	6424	7642	396	47.2	21	78	14	149.2			68.20	13.5	393
377×5	8152	10092	433	45.8	23	100	14	169.8			68.80	14.5	418
377×6	10092	12014	535	54.8	23	100	15	179.8			77.80	15.0	408
426×5	11816	14627	555	51.85	25	130	15	216.9			76.85	16.0	442
426×6	14627	17429	687	62.10	25	130	18	230.1			87.10	16.5	431
529×5	22730	28203	860	64.53	29	190	19	293.5	353.5	423.5	93.53	18.5	466
529×6	28203	33651	1070	77.3	29	190	20	307.3	367.3	437.3	106.3	19.0	450
630×5	38173	47855	1227	77.13	33	260	22	389.1	439.1	509.3	110.13	21.0	500
630×6	47855	57152	1520	92.2	33	260	25	407.2	457.2	527.2	135.2	21.5	477
720×5	57660	71650	1600	88.1	35	300	25	443.1	493.1	563.1	123.1	23.0	508
720×6	71650	85620	1990	105.6	35	300	28	463.6	513.6	583.6	140.6	24.0	508
820×5	85350	106110	2080	100.4	36	330	28	508.4	558.4	658.4	136.4	25.5	534
820×6	106110	126860	2590	120.3	36	330	32	532.3	582.3	682.3	156.3	26.0	510
920×5	120730	150150	2624	122.8	39	360	32	554.8	604.8	704.8	151.8	27.5	546
920×6	150150	179600	3270	135	39	360	35	580	630	730	174.0	28.5	544
1020×5	164690	204960	3230	125.1	74	400	40	615.1	665.1	765.1	199.1	28.0	604
1020×6	204960	245230	4020	150	74	400	45	645	695	795	244	29.0	585
1120×6	271700	325170	4850	164.4	78	420	49	733.4	833.5	933.5	242.4	31.0	601
1220×6	351560	420830	5760	179.6	82	450	52	781.6	881.5	981.5	261.6	33.0	616
1320×7	534570	622250	8100	226.56	85	480	62	868.56	968.56	1068.56	311.16	37.6	631
1420×7	666140	775240	9380	243.81	88	500	66	909.81	1009.81	1109.81	331.81	39.3	647
1520×7	817700	952100	10760	261.07	92	520	70	951.07	1101.07	1201.07	353.07	40.3	655
1620×7	990670	1153640	12230	278.32	145	540	84	1052.32	1152.32	1252.32	432.32	40.5	671

续附表84

管道规格 $D \times \delta$/mm	惯性矩 $J(\delta-1)$ /cm⁴	惯性矩 $J(\delta)$ /cm⁴	断面系数 $W(\delta-1)$ /kg·m⁻¹	金属质量 /kg·m⁻¹	操作水质量 /kg·m⁻¹	事故水重 /kg·m⁻¹	预加负荷20% /kg·m⁻¹	I类负荷 /kg·m⁻¹	II类负荷 /kg·m⁻¹	III类负荷 /kg·m⁻¹	总重 /kg·m⁻¹	最大跨距 /m	操作应力 /kg·m⁻²
1720×7	1186450	1381780	13800	295.63	150	560	89	1094.63	1194.63	1294.63	445.63	43.5	695
1820×7	1406460	1638170	15460	357.39	156	580	103	1190.39	1290.39	1390.39	513.39	43.8	700
2020×8	1924740	2242300	19060	396.83	164	620	106	1272.83	1372.83	1472.83	560.83	47.0	725
2220×8	2556980	2979250	23000	436.27	173	650	1222	1408.27	1508.27	1608.27	609.27	50.7	740
2420×8	3314400	3862190	27400	475.77	180	690	131	1496.77	1596.77	1696.77	655.77	53.7	765
2520×8	3743600	4362540	29710	495.49	185	700	136	1531.49	1631.49	1731.49	680.49	55.5	776

附录P　常用合金钢弹性模量

附表85　常用合金钢弹性模量

材料	在下列温度(℃)下的弹性模量($\times 10^3$, MPa)																		
	−196	−150	−100	−20	20	100	150	200	250	300	350	400	450	475	500	550	600	650	700
碳素钢[C≤0.30%]	—	—	—	194	192	191	189	186	183	179	173	165	150	133	—	—	—	—	—
碳素钢[C>0.30%],锰碳钢	—	—	—	208	206	203	200	196	190	186	179	170	158	151	—	—	—	—	—
碳钼钢,低路钼钢(至Cr3Mo)	—	—	—	208	206	203	200	198	194	190	186	180	174	170	165	153	138	—	—
中路钼钢(Cr5Mo~Cr9Mo)	—	—	—	191	189	187	185	182	180	176	173	169	165	163	161	156	150	—	—
奥氏体不锈钢(至Cr25Ni20)	210	207	205	199	195	191	187	184	181	177	173	169	164	162	160	155	151	147	143
高路钢(Cr13~Cr17)	—	—	—	203	201	198	195	191	187	181	175	165	156	153	—	—	—	—	—
灰铸铁	—	—	—	—	92	91	89	87	84	81	—	—	—	—	—	—	—	—	—
铝及铝合金	76	75	73	71	69	66	63	60	—	—	—	—	—	—	—	—	—	—	—
纯铜	116	115	114	111	110	107	106	104	101	99	96	—	—	—	—	—	—	—	—
蒙乃尔合金(Ni67~Cu30)	192	189	186	182	179	175	172	170	168	167	165	161	158	156	154	152	149	—	—
铜镍合金(Cu70~Ni30)	160	158	157	154	151	148	145	143	140	136	131	—	—	—	—	—	—	—	—

附录Q　中低压燃气管道设计数据

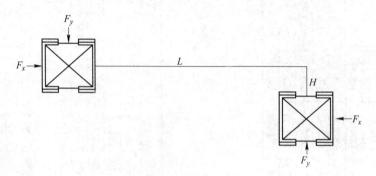

附图45　L形燃气管道结构

附表86　L形燃气管道系数

L/H	K_x	K_y	K_b	L/H	K_x	K_y	K_b
1.0	11.6	11.6	291	4.4	393	33.6	3350
1.2	16.7	12.1	372	4.6	442	35.0	3640
1.4	22.3	13.0	470	4.8	494	36.7	3940
1.6	31.0	14.0	574	5.0	552	38.2	4270
1.8	40.7	14.9	684	5.2	610	39.8	4600
2.0	52.3	16.1	825	5.4	678	41.7	4940
2.2	66.2	17.3	970	5.6	750	43.3	5270
2.4	81.8	18.4	1130	5.8	828	44.6	5630
2.6	99.8	20.0	1300	6.0	910	46.7	6030
2.8	121	21.3	1490	6.2	990	48.3	6390
3.0	145	22.3	1690	6.4	1075	50.3	6800
3.2	169	24.2	1890	6.6	1170	51.8	7230
3.4	201	25.7	2100	6.8	1270	53.3	7640
3.6	230	27.1	2320	7.0	1380	55.0	8060
3.8	266	28.6	2670	7.5	1560	59.3	8270
4.0	305	30.5	2830	8.0	2000	63.4	10400
4.2	345	32.0	3080				

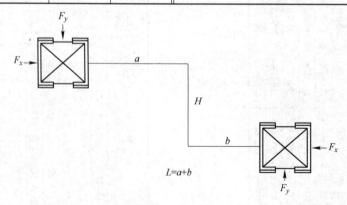

附图46　Z形燃气管道结构

附表 87 Z 形燃气管道系数

a/b	1			1.5			2			3			4		
L/H	K_x	K_y	K_b	K_x	K_y	K_b	K_x	K_y	K_b	K_x	K_y	K_b	K_x	K_y	K_b
0.6	8.97	41.7	677	8.29	37.9	737	7.08	13.1	688	6.3	24.3	592	5.8	21.3	535
0.8	12.4	37.8	560	11.0	34.0	616	10.2	28.1	575	8.9	22.3	503	8.25	19.4	454
1.0	16.7	36.7	502	15.4	33.0	559	13.9	28.1	534	12.2	21.3	422	11.5	18.4	405
1.2	21.8	36.7	468	20.4	34.0	559	17.5	28.1	534	15.5	22.4	429	13.6	19.4	413
1.4	27.5	36.7	492	26.2	35.0	559	21.6	29.1	543	19.4	23.3	445	18.4	20.4	424
1.6	34.4	40.8	536	33.0	36.9	575	29.1	31.1	558	26.2	24.3	492	23.3	20.4	424
1.8	41.7	41.8	584	39.8	37.8	608	36.9	32.0	575	33.0	25.2	486	29.1	21.3	480
2.0	51.8	44.3	643	48.5	39.8	648	44.7	34.0	616	40.7	20.2	543	38.3	23.3	510
2.2	61.2	46.6	701	58.3	41.8	713	55.3	36.9	672	49.5	28.2	592	46.6	24.3	552
2.4	73.7	49.5	740	69.0	44.7	776	66.0	38.8	728	59.2	30.1	648	56.3	26.2	600
2.6	86.4	52.9	820	81.5	47.6	817	76.9	41.7	785	68.8	32.0	697	67.0	28.1	648
2.8	99.0	56.3	884	93.0	51.4	892	88.3	44.7	852	78.5	34.0	745	77.6	29.1	705
3.0	113.5	60.3	940	107	54.4	955	101	47.6	932	89.3	35.9	803	87.3	31.0	750
3.2	128	64.2	1005	120	57.3	1040	114	49.5	980	103	37.9	866	101	33.0	802
3.4	144	68.0	1080	136	61.2	1085	129	52.4	1035	117	39.8	925	114	34.9	852
3.6	163	71.8	1140	163	64.0	1160	145	52.4	1095	132	43.7	937	128	37.0	900
3.8	183	75.7	1205	172	68.0	1225	160	58.0	1150	147	44.7	1030	142	38.8	947
4.0	204	79.5	1280	191	70.8	1290	176	61.2	1215	161	47.6	1080	158	40.8	1005
4.2	228	83.8	1345	213	74.7	1360	195	64.0	1275	179	49.5	1135	176	42.7	1055
4.4	252	88.0	1415	234	78.6	1430	215	67.0	1330	198	51.4	1190	195	44.6	1110
4.6	287	92.0	1480	245	82.5	1510	234	69.8	1410	217	54.3	1250	213	46.6	1160
4.8	301	96.0	1560	279	85.3	1570	256	72.7	1410	236	56.3	1305	232	48.5	1215
5.0	324	100	1630	304	89.3	1645	280	75.7	1540	253	59.2	1360	252	50.4	1265

续附表 87

a/b	1		1.5			2				3			4		
5.5	362	107	1735	345	95.2	1756	316	1637	80.6	290	1445	63.1	284	53.3	1345
6.0	476	121	1980	447	109	2010	410	1880	92.2	374	1660	71.0	310	61.2	1540
6.5	563	132	2170	527	119	2200	476	2047	100	444	1800	77.7	438	66.0	1662
7.0	650	141	2330	617	128	2380	518	2220	108	510	1950	83.5	510	71.8	1815
7.5	757	154	2540	713	137	2570	640	2380	117	598	2140	90.3	590	77.0	1945
8.0	872	165	2750	815	147	2750	747	2570	125	682	2260	96.0	672	82.5	2080

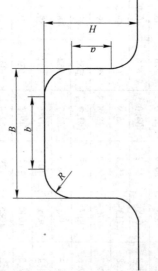

附图 47　方形补偿器结构

附表 88　方形补偿器数据

补偿能力	型号	公称直径 DN/mm											
		20	25	32	40	50	65	80	100	125	150	200	250
30	1	450	520	570	670								
	2	530	580	630	850								
	3	600	760	820	850								
	4		760	820	850								

续附表 88

补偿能力	型号	公称直径 DN/mm											
		20	25	32	40	50	65	80	100	125	150	200	250
50	1	570	650	720	760	790	860	930	1000				
	2	690	750	830	870	880	910	930	1000				
	3	790	850	930	970	970	980	980					
	4		1060	1120	1140	1050	1240	1240					
75	1	680	790	860	920	950	1050	1100	1220	1380	1530	1800	
	2	830	930	1020	1070	1080	1150	1200	1300	1380	1530	1800	
	3	980	1060	1150	1220	1180	1220	1250	1350	1450	1600		
	4		1350	1410	1430	1450	1450	1350	1450	1530	1650		
100	1	780	910	980	1050	1100	1200	1270	1400	1590	1730	2050	
	2	970	1070	1170	1240	1250	1330	1400	1530	1670	1830	2100	2300
	3	1140	12050	1360	1430	1450	1470	1500	1600	1750	1830	2100	
	4		1600	1700	1780	1700	1710	1720	1730	1840	1980	2190	
150	1		1100	1260	1270	1310	1400	1570	1730	1920	2120	2500	2800
	2		1330	1450	1540	1550	1660	1760	1920	2100	2280	2630	2900
	3		1560	1700	1800	1830	1870	1900	2050	2230	2400	2700	3100
	4				2070	2170	2200	2200	2260	2400	2570	2800	
200	1		1240	1370	1450	1510	1700	1830	2000	2240	2470	2840	3200
	2		1540	1700	1800	1810	2000	2070	2250	2500	2700	3080	3400
	3			2000	2100	2100	2220	2300	2450	2670	2850	3200	3700
	4					2720	2750	2770	2780	2950	3130	3400	
250	1			1530	1620	1700	1950	2050	2230	2520	2780	3160	3800
	2			1900	2010	2040	2260	2340	2560	2800	3050	3500	3800
	3					2370	2500	2600	2800	3050	3300	3700	
	4						3000	3100	3230	3450	3640	4000	4200

注:1 型表示 $b=2a$;2 型表示 $b=a$;3 型表示 $b=0.5a$;4 型表示 $b=0$。

附录 R　常用管道数据

附表 89　常用钢管许用应力

钢号	标准号	使用状态	壁厚上限/mm	强度指标 σb/MPa	σs/MPa	在下列温度下的许用应力/MPa																使用温度下限/℃	备注
						20℃	100℃	150℃	200℃	250℃	300℃	350℃	400℃	425℃	450℃	475℃	500℃	525℃	550℃	575℃	600℃		
碳素钢钢管(焊接管)																							
Q235-A Q235-B	GB/T 14980—1994 GB/T 13793—2008		12	375	235	113	113	113	105	94	86	77	—	—	—	—	—	—	—	—	—	0	①
20	GB/T 13793—2008		12.7	390	235	130	130	125	116	104	95	86	—	—	—	—	—	—	—	—	—	−20	①④
碳素钢钢管(无缝管)																							
10	GB/T 9948—2006	热轧 正火	16	330	205	110	110	106	101	92	83	77	71	69	61	—	—	—	—	—	—	−29，正火状态	②
10	GB/T 6479—2000	热轧，正火	15	335	205	112	112	108	101	92	83	77	71	69	61	—	—	—	—	—	—		
10	GB/T 8163—2008		40	335	195	112	110	104	98	89	79	74	68	66	61	—	—	—	—	—	—		
10	GB/T 3087—2008	热轧 正火	26	333	196	111	110	104	98	89	79	74	68	66	61	—	—	—	—	—	—		
20	GB/T 8163—2008	热轧 正火	15	390	245	130	130	130	123	110	101	92	86	83	61	—	—	—	—	—	—		
20	GB/T 8163—2008		40	390	235	130	130	125	116	104	95	86	79	78	61	—	—	—	—	—	—		
20	GB/T 3087—2008	热轧 正火	15	392	245	131	130	130	123	110	101	92	86	83	61	—	—	—	—	—	—		
20	GB/T 3087—2008		26	392	226	131	130	124	113	101	93	84	77	75	61	—	—	—	—	—	—		
20	GB/T 9948—2006	正火	16	410	245	137	137	132	123	110	101	92	86	83	61	—	—	—	—	—	—	−20	②，④
20G	GB/T 6479—2000	正火	16	410	245	137	137	132	123	110	101	92	86	83	61	—	—	—	—	—	—		
20G	GB/T 5310—2008	正火	40	410	235	137	137	126	116	104	95	86	79	78	61	—	—	—	—	—	—		

续附表 89

钢号	标准号	使用状态	壁厚上限/mm	σb/MPa	σs/MPa	20℃	100℃	150℃	200℃	250℃	300℃	350℃	400℃	425℃	450℃	475℃	500℃	525℃	550℃	575℃	600℃	使用温度下限/℃	备注
									低合金钢钢管（无缝管）														
16Mn	GB/T 12771—2000、GB/T 8163—2008	正火	15	490	320	163	163	163	159	147	135	126	119	93	66	43	—	—	—	—	—	−40	
			40	490	310	163	163	163	153	141	129	119	116	93	66	43	—	—	—	—	—		
15MnV	GB/T 6479—2000	正火	16	510	350	170	170	170	170	166	153	141	129	—	—	—	—	—	—	—	—	−20	④
			40	510	340	170	170	170	170	159	147	135	126	—	—	—	—	—	—	—	—		
09MnD		正火	16	400	240	133	133	128	119	106	97	88	—	—	—	—	—	—	—	—	—	−50	③
12CrMo12CrMoG	GB/T 6479—2000 GB/T 5310—2008	正火回火	16	410	205	128	113	108	101	95	89	83	77	75	74	72	71	50	—	—	—		④
			40	410	195	122	110	104	98	92	86	79	74	72	71	69	68	50	—	—	—		
12CrMo	GB/T 9948—2006	回火	16	410	205	128	113	108	101	95	89	83	77	75	74	72	71	50	—	—	—		
15CrMo	GB/T 9948—2006	正火回火	16	440	235	147	132	123	116	110	101	95	89	87	86	84	83	58	37	—	—		
15CrMo15CrMoG	GB/T 6479—2000 GB/T 5310—2008	正火回火	16	440	235	147	132	123	116	110	101	95	89	87	86	84	83	58	37	37	—		
			40	440	225	141	126	116	110	104	95	89	87	86	84	83	79	58	37	37	—		
12CrMoVG	GB/T 5310—2008	正火回火	16	470	255	147	144	135	126	119	110	104	98	96	95	92	89	82	57	35	—		
12Cr2Mo12Cr2MoG	GB/T 6479—2000 GB/T 5310—2008	正火回火	16	450	280	150	150	150	147	144	141	138	134	131	128	119	89	61	46	37	—		
			40	450	270	150	150	147	141	138	134	131	128	126	123	119	89	61	46	37	—		
1Cr5Mo	GB/T 6479—2000 GB/T 9948—2006	退火	16	390	195	122	110	104	101	98	95	92	89	87	86	83	62	46	35	26	18	−20	④
			40	390	185	116	104	98	95	92	89	86	83	81	79	78	62	46	35	26	18		
10MoWVNb	GB/T 6479—2000	正火回火	16	470	295	157	157	157	156	153	147	141	135	130	126	121	97	—	—	—	—		
			40	470	285	157	157	156	150	147	141	135	129	121	119	111	97	—	—	—	—		

注：中间温度的许用应力，可按本表的数值用内插法求得。

① GB/T 12771—2000、GB/T 13793—2008、GB/T 14980—1994 焊接钢管的许用应力未计入焊接接头系数，可参考 GB/T 50316—2000 相关规定。

② 使用温度上限不宜超过 425℃，或仅适用于短期使用。

③ 钢管的技术要求符合 GB 150—2011 附录 A 的规定。

④ 使用温度下限为 −20℃的材料，根据 GB/T 50316—2000 的规定，宜在大于 −20℃的条件下使用，不需做低温韧性试验。

附表90　高合金钢钢管许用应力

钢号	标准号	使用状态	壁厚上限/mm	在下列温度下的许用应力/MPa																				使用温度下限/℃	备注
				20℃	100℃	150℃	200℃	250℃	300℃	350℃	400℃	425℃	450℃	475℃	500℃	525℃	550℃	575℃	600℃	625℃	650℃	675℃	700℃		
0Cr13	GB/T 14976—2012	退火	18	137	126	123	120	119	117	112	109	105	100	89	72	53	38	26	16	—	—	—	—		③
0Cr19Ni9	GB/T 12771—2008	固溶	14	137	137	137	130	122	114	111	107	105	103	101	100	98	91	79	64	52	42	32	27	−196	①②
0Cr18Ni9	GB/T 14976—2012	固溶	18	137	114	103	96	90	85	82	79	78	76	75	74	73	71	67	62	52	42	32	27	−196	
0Cr18Ni11Ti	GB/T 12771—2008	固溶	14	137	137	137	130	122	114	111	108	106	105	104	103	101	83	58	44	33	25	18	13	−196	①②
0Cr19Ni10Ti	GB/T 14976—2012	固溶	18	137	114	103	96	90	85	82	80	79	78	77	76	75	74	58	44	33	25	18	13	−196	
0Cr17Ni12Mo2	GB/T 14976—2012	固溶	14	137	137	137	134	125	118	113	110	109	108	108	107	106	105	96	81	65	50	38	30	−196	①②
			18	137	117	107	99	93	87	84	82	81	81	80	79	78	76	73	73	65	50	38	30	−196	
0Cr18Ni12Mo2Ti	GB/T 14976—2012	固溶	18	137	137	137	134	125	118	113	110	109	108	108	107	106	105	96	81	65	50	38	30	−196	②
0Cr19Ni13Mo3	GB/T 14976—2012	固溶	18	137	117	107	99	93	87	84	82	81	81	80	79	78	76	73	73	65	50	38	30	−196	②
00Cr19Ni11	GB/T 12771—2008	固溶	14	118	118	118	110	103	98	94	91	89	—	—	—	—	—	—	—	—	—	—	—	−196	①,②
00Cr19Ni10	GB/T 14976—2012	固溶	18	118	97	87	81	76	73	69	67	66	62	—	—	—	—	—	—	—	—	—	—	−196	
00Cr17Ni14Mo2	GB/T 12771—2008	固溶	14	118	118	117	108	100	95	90	86	85	84	—	—	—	—	—	—	—	—	—	—	−196	①,②
	GB/T 14976—2012		18	118	97	87	80	74	70	67	64	63	62	—	—	—	—	—	—	—	—	—	—	−196	
00Cr19Ni13Mo3	GB/T 14976—2012	固溶	18	118	117	107	99	93	87	84	82	81	81	—	—	—	—	—	81	—	—	—	—	−196	②

注：中间温度的许用应力，可按本表的数值用内插法求得。
① GB/T 12771—2000、GB/T 13793—2008、GB/T 14980—1994 焊接钢管的许用应力未计入焊接接头系数，可参考 GB/T 50316—2000 相关规定。
② 改行许用应力，仅适用于允许产生微量永久变形的元件。
③ 使用温度下限为 −20℃ 的材料，根据 GB/T 50316—2000 的规定，宜在大于 −20℃ 的条件下使用，不需做低温韧性试验。

附表91 流体输送用不锈钢无缝钢管密度

组织类型	牌 号	密度/g·cm⁻³	组织类型	牌 号	密度/g·cm⁻³
奥氏体型	0Cr18Ni9	7.93	奥氏体型	00Cr19Ni13Mo3	7.98
	00Cr19Ni10	7.93		0Cr18Ni12Mo2Ti	8.00
	0Cr23Ni13	7.98		1Cr18Ni12Mo2Ti	8.00
	0Cr25Ni20	7.98		0Cr18Ni12Mo3Ti	8.10
	0Cr18Ni10Ti	7.95		1Cr18Ni12Mo3Ti	8.10
	0Cr18Ni11Nb	7.98		0Cr18Ni12Mo2Cu2	7.98
	0Cr17Ni12Mo2	7.98		00Cr18Ni14Mo2Cu2	7.98
	00Cr17Ni14Mo2	7.98		1Cr18Ni9Ti	7.90
	0Cr19Ni13Mo3	7.98	铁素体型	0Cr13	7.70
			奥氏体-铁素体型	0Cr26Ni5Mo2	7.80

附表92 冷拔无缝钢管数据

外径 /mm	壁厚/mm							
	1.0	1.2	1.5	1.8	2.0	2.5	3.0	3.5
	理论质量/kg·m⁻¹							
14	0.321	0.379	0.462	0.541	0.592	0.709	0.814	0.906
16	0.370	0.438	0.536	0.629	0.691	0.832	0.962	1.08
18	0.419	0.497	0.610	0.717	0.789	0.956	1.11	1.25
20	0.469	0.556	0.684	0.806	0.888	1.08	1.26	1.42
22	0.518	0.616	0.758	0.895	0.986	1.20	1.41	1.60
25	0.592	0.703	0.869	1.03	1.13	1.39	1.63	1.86
28	0.666	0.792	0.98	1.16	1.28	1.57	1.85	2.11
30	0.715	0.851	1.05	1.25	1.38	1.70	2.00	2.29
32	0.755	0.910	1.13	1.34	1.48	1.82	2.15	2.46
38	0.912	1.087	1.35	1.61	1.78	2.19	2.59	2.98
42	1.01	1.208	1.50	1.79	1.97	2.44	2.89	3.35
45	1.09	1.295	1.61	1.91	2.12	2.62	3.11	3.58
48	1.15	1.382	1.72	2.05	2.27	2.81	3.33	3.84
50	1.21	1.44	1.79	2.14	2.37	2.93	3.48	4.01
57	1.38	1.65	2.05	2.45	2.71	3.36	4.00	4.62

附表93　热轧无缝钢管数据

外径/mm	壁厚/mm														
	2.5	3	3.5	4	4.5	5	5.5	6	6.5	7	8	9	10	11	12
	理论质量/kg·m⁻¹														
32	1.82	2.15	2.46	2.76	3.05	3.33	3.59	3.85	4.09	4.32	4.74	—	—	—	—
38	2.19	2.59	2.98	3.35	3.72	4.07	4.41	4.74	5.05	5.35	5.92	—	—	—	—
42	2.44	2.89	3.35	3.75	4.16	4.56	4.95	5.33	5.69	6.04	6.71	7.32	7.88	—	—
45	2.62	3.11	3.58	4.04	4.49	4.93	5.36	5.77	6.17	6.56	7.30	7.99	8.63	—	—
50	2.93	3.48	4.01	4.54	5.05	5.55	6.04	6.51	6.97	7.42	8.29	9.10	9.86	—	—
54	—	3.77	4.36	4.93	5.49	6.04	6.58	7.10	7.61	8.11	9.08	9.99	10.85	11.67	—
57	—	4.00	4.62	5.23	5.83	6.41	6.99	7.55	8.10	8.63	9.67	10.65	11.59	12.48	13.32
60	—	4.22	4.88	5.52	6.16	6.78	7.39	7.99	8.58	9.15	10.26	11.32	12.33	13.29	14.21
63.8	—	4.48	5.18	5.87	6.55	7.21	7.87	8.51	9.14	9.75	10.95	12.10	13.19	14.24	15.24
68	—	4.81	5.57	6.31	7.05	7.77	8.48	9.17	9.86	10.53	11.84	13.10	14.30	15.46	16.57
70	—	4.96	5.74	6.51	7.27	8.01	8.75	9.47	10.18	10.88	12.23	13.54	14.80	16.01	17.16
73	—	5.18	6.00	6.81	7.60	8.38	9.16	9.91	10.66	11.39	12.82	14.21	15.54	16.82	18.05
76	—	5.40	6.26	7.10	7.93	8.75	9.56	10.36	11.14	11.91	13.42	14.87	16.28	17.63	18.94
83	—	—	6.86	7.79	8.71	9.62	10.51	11.39	12.26	13.12	14.80	16.42	18.00	19.53	21.01
89	—	—	7.38	8.38	9.38	10.36	11.33	12.28	13.22	14.16	15.98	17.76	19.48	21.16	22.79
95	—	—	7.90	8.98	10.04	11.10	12.14	13.17	14.19	15.19	17.16	19.09	20.96	22.79	24.56
102	—	—	8.50	9.67	10.82	11.96	13.09	14.21	15.31	16.40	18.55	20.64	22.69	24.69	26.63
108	—	—	—	10.26	11.49	12.70	13.90	15.09	16.27	17.44	19.73	21.97	24.17	26.31	28.41
114	—	—	—	10.85	12.15	13.44	14.72	15.98	17.23	18.47	20.91	23.31	25.65	27.94	30.19
121	—	—	—	11.54	12.93	14.30	15.67	17.02	18.35	19.68	22.29	24.86	27.37	29.84	32.26

续附表 93

理论质量/kg·m⁻¹

外径/mm	壁厚/mm														
	2.5	3	3.5	4	4.5	5	5.5	6	6.5	7	8	9	10	11	12
127	—	—	—	12.13	13.59	15.04	16.48	17.90	19.32	20.72	23.48	26.19	28.85	31.47	34.03
133	—	—	—	12.73	14.26	15.78	17.29	18.79	20.28	21.75	24.66	27.52	30.33	33.10	35.81
140	—	—	—	—	15.04	16.65	18.24	19.83	21.40	22.96	26.04	29.08	32.06	34.99	37.88
146	—	—	—	—	15.70	17.39	19.06	20.72	22.36	24.00	27.23	30.41	33.54	36.62	39.66
152	—	—	—	—	16.37	18.13	19.87	21.60	23.32	25.03	28.41	31.74	35.02	38.25	41.43
159	—	—	—	—	17.15	18.99	20.82	22.64	24.45	26.24	29.79	33.29	36.75	40.15	43.50
168	—	—	—	—	—	20.10	22.04	23.97	25.89	27.79	31.57	35.29	38.97	42.59	46.17
180	—	—	—	—	—	21.59	23.70	25.75	27.70	29.87	33.93	37.95	41.92	45.85	49.72
194	—	—	—	—	—	23.31	25.60	27.82	30.00	32.28	36.70	41.06	45.38	49.64	53.86
203	—	—	—	—	—	—	—	29.14	31.50	33.83	38.47	43.05	47.59	52.08	56.52
219	—	—	—	—	—	—	—	31.52	34.06	36.60	41.63	46.61	51.54	56.43	61.26
245	—	—	—	—	—	—	—	—	38.23	41.09	46.76	52.38	57.95	63.48	68.95
273	—	—	—	—	—	—	—	—	42.64	45.92	52.28	58.60	64.86	71.07	77.24
299	—	—	—	—	—	—	—	—	—	—	57.41	64.37	71.27	78.13	84.93
325	—	—	—	—	—	—	—	—	—	—	62.54	70.14	77.68	85.18	92.63
351	—	—	—	—	—	—	—	—	—	—	67.67	75.91	84.10	92.23	100.32
377	—	—	—	—	—	—	—	—	—	—	—	81.68	90.51	99.29	108.02
402	—	—	—	—	—	—	—	—	—	—	—	87.21	96.67	106.06	115.41
426	—	—	—	—	—	—	—	—	—	—	—	92.55	102.59	112.58	122.52
450	—	—	—	—	—	—	—	—	—	—	—	97.87	108.50	119.08	130.61
480	—	—	—	—	—	—	—	—	—	—	—	104.52	115.90	127.22	139.49
500	—	—	—	—	—	—	—	—	—	—	—	108.96	120.83	132.65	145.41

附表 94　低压流体输送用焊接钢管数据

公称口径/mm	公称外径/mm	普通钢管		加厚钢管	
		公称壁厚/mm	理论质量/kg·m⁻¹	公称壁厚/mm	理论质量/kg·m⁻¹
6	10.2	2.0	0.40	2.5	0.47
8	13.5	2.5	0.68	2.8	0.74
10	17.2	2.5	0.91	2.8	0.99
15	21.3	2.8	1.28	3.5	1.54
20	26.9	2.8	1.66	3.5	2.02
25	33.7	3.2	2.41	4.0	2.93
32	42.4	3.5	3.36	4.0	3.79
40	48.3	3.5	3.87	4.5	4.86
50	60.3	3.8	5.29	4.5	6.19
65	76.1	4.0	7.11	4.5	7.95
80	88.9	4.0	8.38	5.0	10.35
100	114.3	4.0	10.88	5.0	13.48
125	139.7	4.0	13.39	5.5	18.20
150	168.3	4.5	18.18	6.0	24.03

附表 95　低中压锅炉用无缝钢管数据

外径/mm	壁厚/mm													
	理论质量/kg·m⁻¹													
	2.0	2.5	3.0	3.5	4.0	4.5	5.0	6.0	7.0	8.0	9.0	10.0	11.0	12.0
18	0.789	0.956	1.11	—	—	—	—	—	—	—	—	—	—	—
19	0.838	1.02	1.18	—	—	—	—	—	—	—	—	—	—	—
20	0.888	1.08	1.26	—	—	—	—	—	—	—	—	—	—	—
22	0.986	1.20	1.41	1.58	1.78	—	—	—	—	—	—	—	—	—
24	1.009	1.33	1.55	1.77	1.97	—	—	—	—	—	—	—	—	—

续附表95

壁厚/mm 理论质量/kg·m⁻¹

外径/mm	2.0	2.5	3.0	3.5	4.0	4.5	5.0	6.0	7.0	8.0	9.0	10.0	11.0	12.0
25	1.13	1.39	1.63	1.86	2.07	—	—	—	—	—	—	—	—	—
29	—	1.63	1.92	2.20	2.47	—	—	—	—	—	—	—	—	—
30	—	1.70	2.00	2.29	2.56	—	—	—	—	—	—	—	—	—
32	—	1.82	2.15	2.46	2.76	—	—	—	—	—	—	—	—	—
35	—	2.00	2.37	2.72	3.06	—	—	—	—	—	—	—	—	—
38	—	2.19	2.59	2.98	3.35	—	—	—	—	—	—	—	—	—
40	—	2.31	2.73	3.15	3.55	—	—	—	—	—	—	—	—	—
42	—	2.44	2.89	3.35	3.75	4.16	4.56	—	—	—	—	—	—	—
45	—	2.62	3.11	3.58	4.04	4.49	4.93	—	—	—	—	—	—	—
48	—	2.81	3.33	3.84	4.34	4.83	5.30	—	—	—	—	—	—	—
51	—	2.99	3.55	4.10	4.64	5.16	5.67	—	—	—	—	—	—	—
57	—	—	4.00	4.62	5.23	5.83	6.41	—	—	—	—	—	—	—
60	—	—	4.22	4.88	5.52	6.16	6.78	—	—	—	—	—	—	—
63.5	—	—	4.48	5.18	5.87	6.55	7.21	—	—	—	—	—	—	—
70	—	—	4.96	5.74	6.51	7.17	8.01	—	—	—	—	—	—	—
76	—	—	—	6.26	7.10	7.93	8.75	10.36	11.91	13.42	—	—	—	—
83	—	—	—	6.86	7.79	8.71	9.62	11.39	13.12	14.80	—	—	—	—
89	—	—	—	—	8.38	9.38	10.36	12.28	14.16	15.98	—	—	—	—
102	—	—	—	—	9.67	10.82	11.96	14.21	16.40	18.55	20.64	22.69	24.69	26.63
108	—	—	—	—	10.26	11.49	12.70	15.09	17.44	19.73	21.97	24.17	26.31	28.41
114	—	—	—	—	10.85	12.15	13.44	15.98	18.47	20.91	23.31	25.65	27.94	30.19
121	—	—	—	—	11.54	12.93	14.30	17.02	19.68	22.29	24.86	27.37	29.84	32.26
127	—	—	—	—	12.13	13.59	15.04	17.90	20.72	23.48	26.19	28.85	31.47	34.03

续附表95

外径/mm	壁厚/mm													
	2.0	2.5	3.0	3.5	4.0	4.5	5.0	6.0	7.0	8.0	9.0	10.0	11.0	12.0
	理论质量/kg·m⁻¹													
133	—	—	—	—	12.73	14.26	15.78	18.79	21.75	24.66	27.52	30.33	33.10	35.81
159	—	—	—	—	—	17.15	18.99	22.64	26.24	29.79	33.29	36.75	40.15	43.50
168	—	—	—	—	—	18.14	20.10	23.97	27.79	31.57	35.29	38.97	42.59	46.17
194	—	—	—	—	—	21.03	23.31	27.82	32.28	36.70	41.06	45.38	49.64	53.86
219	—	—	—	—	—	—	—	31.52	36.60	41.63	46.61	51.54	56.43	61.26
245	—	—	—	—	—	—	—	35.36	41.09	46.76	52.38	57.95	63.48	68.95
273	—	—	—	—	—	—	—	—	45.92	52.28	58.60	64.86	71.07	77.24
325	—	—	—	—	—	—	—	—	—	62.54	70.14	77.68	85.18	92.63
377	—	—	—	—	—	—	—	—	—	—	—	90.51	99.29	108.02
426	—	—	—	—	—	—	—	—	—	—	—	—	112.58	122.52

附表 96　化肥设备用高压无缝钢管数据

外径×壁厚/mm×mm	理论质量/kg·m⁻¹	外径×壁厚/mm×mm	理论质量/kg·m⁻¹	外径×壁厚/mm×mm	理论质量/kg·m⁻¹
14×4	0.986	35×6	4.29	68×13	17.63
15×4	1.09	35×9	5.77	70×10	14.80
15×4.5	1.17	43×7	6.21	83×9	16.42
19×5	1.73	43×10	8.14	83×10	18.00
24×4.5	2.16	49×8	8.09	83×11	19.53
24×6	2.66	49×10	9.62	83×15	25.15
25×5	2.47	57×9	10.65	102×11	24.68
25×6	2.81	68×9	13.09	102×14	30.38
25×7	3.11	68×10	14.30	102×17	35.64

续附表 96

外径×壁厚/mm×mm	理论质量/kg·m⁻¹	外径×壁厚/mm×mm	理论质量/kg·m⁻¹	外径×壁厚/mm×mm	理论质量/kg·m⁻¹
102×21	41.95	159×18	62.59	180×30	110.97
108×14	32.45	159×19	65.60	219×35	158.81
127×14	39.01	159×20	68.55	273×18	113.19
127×17	46.12	159×28	90.45	273×20	124.78
127×21	54.89	168×28	96.67	273×34	200.39
133×17	48.63	180×19	75.43	273×40	229.83
154×23	74.30	180×22	85.72		

附表 97　高压锅炉用无缝钢管数据

外径/mm	公称壁厚/mm																								
	理论质量/kg·m⁻¹																								
	2.0	2.2	2.5	2.8	3.0	3.2	3.5	4.0	4.5	5.0	5.5	6.0	6.5	7.0	7.5	8.0	9.0	10	11	12	13	14	16	18	20
10	0.395	0.423	0.462	—	—	—	—	—	—	—	—	—	—	—	—	—	—	—	—	—	—	—	—	—	—
12	0.493	0.532	0.586	0.635	0.666	—	—	—	—	—	—	—	—	—	—	—	—	—	—	—	—	—	—	—	—
16	0.690	0.749	0.832	0.911	0.962	1.01	1.08	1.18	—	—	—	—	—	—	—	—	—	—	—	—	—	—	—	—	—
22	0.986	1.07	1.20	1.33	1.41	1.48	1.60	1.78	1.94	2.10	2.24	—	—	—	—	—	—	—	—	—	—	—	—	—	—
25	1.13	1.24	1.39	1.53	1.63	1.72	1.86	2.07	2.27	2.47	2.64	2.81	—	—	—	—	—	—	—	—	—	—	—	—	—
28	1.28	1.40	1.57	1.74	1.85	1.96	2.11	2.37	2.61	2.84	3.05	3.26	3.45	3.62	—	—	—	—	—	—	—	—	—	—	—
32	1.48	1.62	1.82	2.02	2.15	2.27	2.46	2.76	3.05	3.33	3.59	3.85	4.09	4.32	4.53	4.73	—	—	—	—	—	—	—	—	—
38	1.78	1.94	2.19	2.43	2.59	2.75	2.98	3.35	3.72	4.07	4.41	4.73	5.05	5.35	5.64	5.92	6.44	—	—	—	—	—	—	—	—
42	—	—	2.44	2.71	2.89	3.06	3.32	3.75	4.16	4.56	4.95	5.33	5.69	6.04	6.38	6.71	7.32	—	—	—	—	—	—	—	—
48	—	—	2.80	3.12	3.33	3.54	3.84	4.34	4.83	5.30	5.76	6.21	6.65	7.08	7.49	7.89	8.66	9.37	—	—	—	—	—	—	—
51	—	—	2.99	3.33	3.55	3.77	4.10	4.64	5.16	5.67	6.17	6.66	7.13	7.60	8.05	8.48	9.32	10.11	10.85	11.54	—	—	—	—	—
57	—	—	3.36	3.74	3.99	4.25	4.62	5.23	5.83	6.41	6.98	7.55	8.09	8.63	9.16	9.67	10.65	11.59	12.48	13.32	—	—	—	—	—

续附表97

公称壁厚/mm

理论质量/kg·m⁻¹

外径/mm	2.0	2.2	2.5	2.8	3.0	3.2	3.5	4.0	4.5	5.0	5.5	6.0	6.5	7.0	7.5	8.0	9.0	10	11	12	13	14	16	18	20
60	—	—	—	—	4.22	4.48	4.88	5.52	6.16	6.78	7.39	7.99	8.58	9.15	9.71	10.26	11.32	12.33	13.29	14.20	—	—	—	—	—
63	—	—	—	—	4.44	4.72	5.14	5.82	6.49	7.15	7.80	8.43	9.06	9.67	10.26	10.85	11.98	13.07	14.11	15.09	—	—	—	—	—
70	—	—	—	—	4.96	5.27	5.74	6.51	7.27	8.01	8.75	9.47	10.18	10.88	11.56	12.23	13.54	14.80	16.00	17.16	18.27	—	—	—	—
76	—	—	—	—	—	—	—	7.10	7.93	8.75	9.56	10.36	11.14	11.91	12.67	13.42	14.87	16.28	17.63	18.94	20.20	21.40	23.67	25.74	—
83	—	—	—	—	—	—	—	7.79	8.71	9.62	10.51	11.39	12.26	13.12	13.96	14.80	16.42	18.00	19.52	21.01	22.44	23.82	26.44	28.85	31.07
89	—	—	—	—	—	—	—	8.38	9.38	10.36	11.33	12.28	13.22	14.15	15.07	15.98	17.76	19.48	21.16	22.79	24.36	25.89	28.80	31.25	34.03
102	—	—	—	—	—	—	—	—	10.82	11.96	13.09	14.20	15.31	16.40	17.48	18.54	20.64	22.69	24.68	26.63	28.53	30.38	33.93	37.29	40.44
108	—	—	—	—	—	—	—	—	11.49	12.70	13.90	15.09	16.27	17.43	18.59	19.73	21.97	24.17	26.31	28.41	30.64	32.45	36.30	39.95	43.40
114	—	—	—	—	—	—	—	—	12.15	13.44	14.72	15.98	17.23	18.49	19.70	20.91	23.30	25.65	27.94	30.18	32.38	34.52	38.67	42.61	46.36
121	—	—	—	—	—	—	—	—	—	14.30	15.67	17.02	18.35	19.68	20.99	22.29	24.86	27.37	29.84	32.26	34.62	36.94	41.43	45.72	49.81
133	—	—	—	—	—	—	—	—	—	15.78	17.29	18.79	20.28	21.75	23.21	24.66	27.52	30.33	33.09	35.81	38.47	41.08	46.16	51.05	55.73
146	—	—	—	—	—	—	—	—	—	—	—	20.71	22.36	23.99	25.62	27.22	30.41	33.54	36.62	39.65	42.64	45.57	51.29	56.82	62.14
159	—	—	—	—	—	—	—	—	—	—	—	22.64	24.44	26.24	28.02	29.79	33.29	36.74	40.15	43.50	46.80	50.06	56.42	62.59	68.55
168	—	—	—	—	—	—	—	—	—	—	—	—	25.89	27.79	29.68	31.56	35.29	38.96	42.59	46.16	49.69	53.17	59.97	66.58	72.99
194	—	—	—	—	—	—	—	—	—	—	—	—	—	32.28	34.49	36.69	41.06	45.37	49.64	53.86	58.02	62.14	70.23	78.12	85.82
219	—	—	—	—	—	—	—	—	—	—	—	—	—	—	39.12	41.63	46.61	51.54	56.42	61.26	66.04	70.77	80.10	89.22	98.15
245	—	—	—	—	—	—	—	—	—	—	—	—	—	—	—	—	52.38	57.95	63.47	68.95	74.37	79.75	90.35	100.76	110.97
273	—	—	—	—	—	—	—	—	—	—	—	—	—	—	—	—	58.59	64.86	71.06	77.24	83.35	89.42	101.40	113.19	124.78
299	—	—	—	—	—	—	—	—	—	—	—	—	—	—	—	—	64.36	71.27	78.12	84.93	91.69	98.39	111.66	127.73	137.60
325	—	—	—	—	—	—	—	—	—	—	—	—	—	—	—	—	—	—	—	—	100.02	107.37	121.92	136.27	150.43
351	—	—	—	—	—	—	—	—	—	—	—	—	—	—	—	—	—	—	—	—	108.36	116.35	132.18	147.81	163.25
377	—	—	—	—	—	—	—	—	—	—	—	—	—	—	—	—	—	—	—	—	116.69	125.32	142.44	159.35	176.07
426	—	—	—	—	—	—	—	—	—	—	—	—	—	—	—	—	—	—	—	—	—	142.24	161.77	181.10	200.24

附表 98　石油裂化用无缝钢管数据

外径/mm	壁厚/mm 理论质量/kg·m⁻¹															
	1	1.5	2	2.5	3	3.5	4	5	6	8	10	12	14	16	18	20
10	0.222	0.314	0.395	—	—	—	—	—	—	—	—	—	—	—	—	—
14	0.321	0.462	0.592	0.709	—	—	—	—	—	—	—	—	—	—	—	—
18	—	—	0.789	0.956	—	—	—	—	—	—	—	—	—	—	—	—
19	—	—	0.838	1.02	—	—	—	—	—	—	—	—	—	—	—	—
25	—	—	1.13	1.39	1.63	—	—	—	—	—	—	—	—	—	—	—
32	—	—	—	1.82	2.15	2.46	2.76	—	—	—	—	—	—	—	—	—
38	—	—	—	—	2.59	2.98	3.35	—	—	—	—	—	—	—	—	—
45	—	—	—	—	3.11	3.58	4.04	4.93	—	—	—	—	—	—	—	—
57	—	—	—	—	—	—	5.23	6.41	7.55	—	—	—	—	—	—	—
60	—	—	—	—	—	—	5.52	6.78	7.99	10.26	12.33	—	—	—	—	—
83	—	—	—	—	—	—	—	—	11.39	14.80	18.00	21.01	—	—	—	—
89	—	—	—	—	—	—	—	—	12.28	15.98	19.48	22.79	—	—	—	—
102	—	—	—	—	—	—	—	—	14.20	18.54	22.69	26.63	—	—	—	—
114	—	—	—	—	—	—	—	—	15.98	20.91	25.65	30.18	34.52	38.67	—	—
127	—	—	—	—	—	—	—	—	17.90	23.48	28.85	34.03	39.01	43.80	—	—
141	—	—	—	—	—	—	—	—	19.97	26.24	32.30	38.17	43.85	49.32	—	—
152	—	—	—	—	—	—	—	—	21.60	28.41	35.02	41.43	47.64	53.66	—	—
159	—	—	—	—	—	—	—	—	22.64	29.79	36.74	43.50	50.06	56.42	—	—
168	—	—	—	—	—	—	—	—	23.97	31.56	38.96	466.16	53.17	59.97	—	—
219	—	—	—	—	—	—	—	—	31.52	41.36	51.54	61.26	70.77	80.10	—	—
273	—	—	—	—	—	—	—	—	—	—	—	77.24	89.42	101.40	113.19	124.78

附表 99　直缝电焊钢管数据

外径/mm	壁厚/mm 理论质量/kg·m⁻¹													
	2	2.5	3	3.5	4	4.5	5	6	7	8	9	10	11	12
25	1.134	1.387	—	—	—	—	—	—	—	—	—	—	—	—
32	1.480	1.819	2.145	—	—	—	—	—	—	—	—	—	—	—
38	1.776	2.189	2.589	2.978	—	—	—	—	—	—	—	—	—	—
45	2.12	2.62	3.11	3.58	—	—	—	—	—	—	—	—	—	—
54	2.56	3.17	3.77	4.36	—	—	—	—	—	—	—	—	—	—
60	2.86	3.54	4.22	4.88	—	—	—	—	—	—	—	—	—	—
70	3.35	4.16	4.96	5.74	—	—	—	—	—	—	—	—	—	—
76	3.65	4.53	5.40	6.26	—	—	—	—	—	—	—	—	—	—
89	4.29	5.33	6.36	7.38	8.38	—	—	—	—	—	—	—	—	—
102	4.93	6.13	7.32	8.50	9.67	—	—	—	—	—	—	—	—	—
108	—	—	7.77	9.02	10.26	11.49	12.70	—	—	—	—	—	—	—
114	—	—	8.21	9.54	10.85	12.15	13.44	—	—	—	—	—	—	—
121	—	—	8.73	10.14	11.54	12.93	14.30	—	—	—	—	—	—	—
127	—	—	9.17	10.66	12.13	13.59	15.04	17.90	—	—	—	—	—	—
133	—	—	—	11.18	12.72	14.26	15.78	18.79	—	—	—	—	—	—
159	—	—	—	—	15.3	17.1	19.0	22.6	26.2	—	—	—	—	—
168.3	—	—	—	—	16.2	18.2	20.1	24.0	27.8	—	—	—	—	—
219.1	—	—	—	—	—	23.8	26.4	31.5	36.6	41.6	46.6	—	—	—
244.5	—	—	—	—	—	26.6	29.5	35.3	41.0	46.7	52.3	—	—	—
273	—	—	—	—	—	—	33.0	39.5	45.9	52.3	58.6	64.9	71.1	—
325	—	—	—	—	—	—	—	47.2	54.9	62.5	70.1	77.7	85.2	—
377	—	—	—	—	—	—	—	54.9	63.9	72.8	81.7	90.5	99.3	108.0
426	—	—	—	—	—	—	—	62.1	72.3	82.5	92.5	102.6	112.6	122.5
480	—	—	—	—	—	—	—	70.1	81.6	93.1	104.5	115.9	127.2	138.5
508	—	—	—	—	—	—	—	74.3	86.5	98.6	110.7	122.8	134.8	146.8

附表100　低压流体输送用大直径电焊管数据

理论质量/kg·m⁻¹ — 壁厚/mm

外径/mm	4.0	4.5	5.0	5.5	6.0	6.5	7.0	8.0	9.0	10.0	11.0	12.5	14.0	15.0	16.0
177.8	17.14	19.23	21.31	23.37	25.42	—	—	—	—	—	—	—	—	—	—
193.7	18.71	21.00	23.27	25.53	27.77	—	—	—	—	—	—	—	—	—	—
219.1	21.22	23.82	26.40	28.97	31.53	34.08	36.61	41.65	46.63	51.57	—	—	—	—	—
244.5	23.72	26.63	29.53	32.42	35.29	38.15	41.00	46.66	52.27	57.83	—	—	—	—	—
273.0	—	—	33.05	36.28	39.51	42.72	45.92	52.28	58.60	64.86	—	—	—	—	—
323.9	—	—	39.32	43.19	47.04	50.88	54.71	62.32	69.89	77.41	84.88	95.99	—	—	—
355.6	—	—	—	47.49	51.73	55.96	60.18	68.58	76.93	85.23	93.48	105.77	—	—	—
406.4	—	—	—	54.38	559.25	64.10	68.95	78.60	88.20	97.76	107.26	121.43	—	—	—
457.2	—	—	—	61.27	66.76	72.25	77.72	88.62	99.48	110.29	121.04	137.09	—	—	—
508	—	—	—	68.16	74.28	80.39	86.49	98.65	110.75	122.81	134.82	152.75	—	—	—
559	—	—	—	75.08	81.83	88.57	95.29	108.71	122.07	135.39	148.66	168.47	188.17	201.24	214.26
610	—	—	—	81.99	89.37	96.74	104.10	118.77	133.39	147.97	162.49	184.19	205.78	220.10	234.38

理论质量/kg·m⁻¹ — 壁厚/mm

外径/mm	6.0	6.5	7.0	8.0	9.0	10.0	11.0	13.0	14.0	15.0	16.0	18.0	19.0	20.0	22.0	25.0
660	96.77	104.76	112.73	128.63	144.49	160.30	176.06	207.43	223.04	238.60	254.11	284.99	300.35	315.67	346.15	391.50
711	104.32	112.93	121.53	138.70	155.81	172.88	189.89	223.78	240.65	257.47	274.24	307.63	324.25	340.82	373.82	422.94
762	111.86	121.11	130.34	148.76	167.13	185.45	203.73	240.13	258.26	276.33	294.36	330.27	348.15	365.98	401.49	454.39
813	119.41	129.28	139.14	158.82	178.45	198.03	217.56	256.48	275.86	295.20	314.48	352.91	372.04	391.13	429.16	485.83
864	126.96	137.46	147.94	168.88	189.77	210.61	231.40	272.83	293.47	314.06	334.61	375.55	395.94	416.29	456.83	517.27
914	134.36	145.47	156.58	178.75	200.87	222.94	244.96	288.86	310.73	332.56	354.34	397.74	419.37	440.95	483.96	548.10
1016	149.45	161.82	174.18	198.87	223.51	248.09	272.63	321.56	345.95	370.29	394.58	443.02	467.16	491.26	539.30	610.99
1067	157.00	170.00	182.99	208.93	234.83	260.67	286.47	337.91	363.56	389.16	414.71	465.66	491.06	516.41	566.97	642.43
1118	164.54	178.17	191.79	218.99	246.15	273.25	300.30	354.26	381.17	408.02	434.83	488.30	514.96	541.57	594.64	673.88
1168	171.94	186.19	200.42	228.86	257.24	285.58	313.87	370.29	398.43	426.52	454.56	510.49	538.39	566.23	621.77	704.70
1219	179.49	194.36	209.23	238.92	268.56	298.16	327.70	386.64	416.04	445.39	474.68	533.16	562.28	591.38	649.44	736.15
1321	194.58	210.71	226.84	259.04	291.20	323.31	355.37	419.34	451.26	483.12	514.93	578.41	610.08	641.69	704.78	799.03
1422	209.52	226.90	244.27	278.97	313.62	348.22	382.77	451.72	486.13	520.48	554.79	623.25	657.40	691.51	759.57	861.30
1524	224.62	243.25	261.88	299.09	336.26	373.38	410.44	484.43	521.34	558.21	595.03	668.52	705.20	741.82	814.91	924.19
1626	239.71	250.61	279.49	319.22	358.00	398.53	438.11	517.13	556.56	595.95	635.28	713.80	752.99	792.13	870.26	987.08

附表 101　热轧流体输送用不锈钢无缝钢管数据

（mm）

外　　径	壁　　厚	外　　径	厚
68，70，73，76，80，83，89	4.5~12	168	7~18
95，102，108	4.5~14	180，194，219	8~18
114，121，127，133	5~14	245	10~18
140，146，152，159	6~16	273，351，377，426	12~18

附表 102　冷拔流体输送用不锈钢无缝钢管数据

（mm）

外　径	壁　厚	外　径	壁　厚	外　径	壁　厚	外　径	厚
6，7，8	0.5~2.0	25，27	0.5~6.0	63，65	1.5~10	90，95，100	3.0~15
9，10，11	0.5~2.5	28	0.5~6.5	68	1.5~12	102，108	3.0~15
12，13	0.5~3.0	30，32，34，35	0.5~7.0	77	1.5~12	114，127	3.0~15
14，15	0.5~3.5	36，38，40	0.5~7.0	73	2.5~12	133，140	3.0~15
16，17	0.5~4.0	42	0.5~7.5	75	2.5~10	146，159	3.0~15
18，19，20	0.5~4.5	45，48	0.5~8.5	76	2.5~12		
21，22，23	0.5~5.0	50，51	0.5~9.0	80，83	2.5~15		
24	0.5~5.5	54，56，57，60	0.5~10.0	86，89	2.5~15		

注：不锈钢每米理论质量计算公式如下：$W = 3.1416 \times (D - \delta) \times \delta \rho$。

附表 103　低压流体输送管道用螺旋缝埋弧焊钢管

外径 /mm	公称壁厚/mm														
	5	5.4	5.6	6	6.3	7.1	8	8.8	10	11	12.5	14.2	16	17.5	20
	理论质量/kg·m⁻¹														
273	33.05	35.64	36.93	39.51	41.44	46.56	52.28	57.34	64.86						
323.9	39.32	42.42	43.96	47.04	49.34	55.47	62.32	68.38	77.41						
355.6	43.23	46.64	48.34	51.73	54.27	61.02	68.58	75.26	85.23						
377	45.87	49.49	51.29	54.9	57.59	64.77	72.8	79.91	90.51						
406.4	49.5	53.4	55.35	59.25	62.16	69.92	78.6	86.29	97.76	107.26					
426	51.91	56.01	58.06	62.15	65.21	73.35	82.47	90.54	102.59	112.58					
457	55.73	60.14	62.34	66.73	70.02	78.78	88.58	97.27	110.24	120.24	137.03				
508			69.38	74.28	77.95	87.71	98.65	108.34	122.81	134.82	152.75				

续附表 103

公称壁厚/mm　理论质量/kg·m⁻¹

外径/mm	5	5.4	5.6	6	6.3	7.1	8	8.8	10	11	12.5	14.2	16	17.5	20
529			72.28	77.39	81.21	91.38	102.79	112.89	127.99	140.52	159.22				
559			76.43	81.83	85.87	96.64	108.71	119.41	135.39	148.66	168.47				
610				89.37	93.8	105.57	118.77	130.47	147.97	162.49	184.19				
630				92.33	96.9	109.07	122.72	134.81	152.9	167.92	190.36				
660				96.77	101.56	114.32	128.63	141.32	160.3	176.06	199.6	226.15			
711					109.49	123.25	138.7	152.39	172.88	189.89	215.33	244.01			
720					110.89	124.83	140.47	154.35	175.1	192.34	218.1	247.17			
762					117.41	132.18	148.76	163.46	185.45	203.73	231.05	261.87			
813					125.33	141.11	158.82	174.53	198.03	217.56	246.77	279.73			
864					133.26	150.04	168.88	185.6	210.61	231.4	262.49	297.59	334.61		
914							178.75	196.45	222.94	244.96	277.9	315.1	354.34		
1016							198.87	218.58	248.09	272.63	309.35	350.82	394.58		
1067								229.65	260.67	286.47	325.07	368.68	414.71	452.94	516.41
1118								240.72	273.25	300.3	340.79	386.54	434.83	474.95	541.57
1168								251.57	285.58	313.87	356.2	404.05	454.56	496.53	566.23
1219								262.64	298.16	327.7	371.93	421.91	474.68	518.54	591.38
1321															
1422									348.22	382.77	434.5	493	554.79	606.15	691.51
1524									373.38	410.44	465.95	528.72	595.03	650.17	741.82
1626									398.53	438.11	497.39	564.44	635.28	694.19	741.82
1727											528.53	599.81	675.13	737.78	841.94
1829											559.97	635.53	715.38	781.8	892.25
1930											591.11	670.9	755.23	825.39	942.07
2032												706.62	795.48	869.41	992.38
2134													835.73	813.43	1042.69
2235													875.58	957.02	1092.5
2337													915.83	1001.04	1142.81
2438													955.68	1044.63	1192.63
2540													995.93	1088.65	1242.94

附表104　常用规格管道计算数据

公称直径/mm	外壁×壁厚 /mm×mm	管道截面积 /cm²	流通面积 /cm²	单位长度 外表面积 /m²·m⁻¹	截面二次距 /cm⁴	截面系数 /cm³
普通低压流体输送用焊接钢管						
10	17×2.25	1.04	1.23	0.053	0.41	0.48
15	21.3×2.75	1.60	1.96	0.067	1.00	0.94
20	26.8×2.75	2.08	3.56	0.084	2.53	1.89
25	33.5×3.25	3.09	5.73	0.105	3.58	2.14
32	42.3×3.25	3.99	10.06	0.133	7.65	3.62
40	48×3.5	4.89	13.20	0.150	12.18	5.07
50	60×3.5	6.21	22.05	0.188	24.87	8.29
65	75.5×3.75	8.45	36.30	0.237	54.52	14.44
80	88.5×4	10.62	50.87	0.278	94.9	21.46
100	114×4	13.85	88.20	0.358	209.2	36.71
125	140×4	17.08	136.8	0.440	395.3	56.47
150	165×4.5	22.68	191	0.518	730.8	88.6
无缝钢管						
6	10×2	0.50	0.28	0.031	0.043	0.085
8	12×2	0.63	0.50	0.038	0.082	0.14
10	14×2	0.75	0.785	0.044	0.14	0.21
15	18×2	1.01	1.54	0.057	0.32	0.36
20	25×2.5 25×3	1.77 2.07	3.14 2.82	0.079	1.13 1.28	0.91 1.02
25	32×2.5 32×3	2.32 2.73	5.72 5.31	0.10	2.54 2.90	1.59 1.81
32	38×2.5 38×3	2.79 3.30	8.55 8.04	0.119	4.42 5.09	2.32 2.68
40	45×2.5 45×3	3.34 3.96	12.56 11.94	0.141	7.56 8.77	3.38 3.90
50	57×3.5	5.88	19.63	0.179	21.13	7.41
65	73×3.5 73×4	7.64 8.67	34.14 33.15	0.229	46.27 51.75	12.68 14.18
80	89×3.5 89×4 89×4.5	9.40 10.68 11.90	52.78 51.50 50.24	0.279	86.07 96.9 106.9	19.34 21.71 24.01
100	108×4 108×5	13.1 16.2	78.54 75.4	0.339	176.9 215.0	32.75 39.81
125	133×4 133×5	16.2 20.1	122.7 118.8	0.418	337.4 412.2	50.73 61.98

续附表 104

公称直径/mm	外壁×壁厚 /mm×mm	管道截面积 /cm²	流通面积 /cm²	单位长度 外表面积 /m²·m⁻¹	截面二次距 /cm⁴	截面系数 /cm³
150	159×4.5 159×6	21.8 28.8	176.7 169.6	0.499	651.9 844.9	82.0 106.3
200	219×6 219×7	40.1 46.6	336.5 332	0.688	2278 2620	208 239
250	273×7 273×8	58.5 66.6	526.6 518.5	0.857	5175 5853	379 429
300	325×8 325×9	79.63 89.30	749.5 739.3	1.02	10016 11164	616 687
350	377×9 377×10	104 115	1012 1000	1.18	17629 19431	935 1031
400	426×9 426×10	118 131	1307 1294	1.34	25640 28295	1204 1328
一般低压流体输送用螺旋焊缝埋弧焊钢管						
200	219.1×6 219.1×7	40.1 46.6	336.5 332	0.688	2278 2620	208 239
250	273×6 273×7	50.3 58.5	535 527	0.857	4485 5175	329 379
300	323.9×6 323.9×7	59.9 69.7	764 754	1.02	7574 8755	468 541
350	377×6 377×7 377×8	69.9 81.4 92.7	1046 1034 1023	1.18	12029 13922 15796	638 739 838
400	426×7 426×8 426×9	92.1 105 118	1333 1320 1307	1.34	20227 22953 25640	950 1078 1204
500	529×8 529×9	132 147	2067 2051	1.66	44439 49710	1680 1879
600	630×8 630×9	156 176	2961 2942	1.98	75612 84658	2400 2688
700	720×8 720×9	179 201	3891 3869	2.26	113437 127084	3151 3530
800	820×9 820×10	229 254	5049 5024	2.57	188595 208782	4599 5092
900	920×9 920×10	257 268	6387 6359	2.89	267308 296038	5811 6436
1000	1020×9 1020×10	286 317	7881 7850	3.20	365250 404742	7162 7936

附录 S　图例说明

序　号	图　例	说　明	序　号	图　例	说　明
1		蝶　阀	8		冷却装置
2		有效切断装置	9		气体存储及缓冲装置
3		止回阀	10		水封设备
4		闸　阀	11		离心泵
5		调节阀	12		往复式压缩机
6		流量计	13		混合装置
7		煤气柜	14		布袋除尘器

参 考 文 献

[1] 动力管道设计编写组. 动力管道设计手册[M]. 北京：化学工业出版社，2002.

[2] 氧气顶吹转炉汽化冷却设计编写组. 氧气顶吹转炉汽化冷却设计[M]. 包头：包头钢铁设计研究总院，1979.

[3] 王致祥，梁志钊，孙国模. 管道应力分析与计算[M]. 北京：水利电力出版社，1983.

[4] 冯俊凯，沈幼庭，杨瑞昌. 锅炉原理及计算[M]. 北京：科学出版社，2003.

[5] AVEVA. AVEVA PDMS 12. 0. SP3 and Associated Products[C]. AVEVA，英国，2011.

[6] 郭崇涛. 煤化学[M]. 北京：化学工业出版社，1992.

[7] 煤气设计手册编写组. 煤气设计手册（上册）[M]. 北京：中国建筑工业出版社，1983.

[8] 煤气设计手册编写组. 煤气设计手册（下册）[M]. 北京：中国建筑工业出版社，1987.

[9] 李光强，朱诚意. 钢铁冶金的环保与节能[M]. 北京：冶金工业出版社，2007.

[10] 张殿印，王纯. 除尘工程设计手册[M]. 北京：化学工业出版社，2007.

[11] E. E. 路德维希. 化工装置实用工艺设计[M]. 北京：化学工业出版社，2005.

[12] 黄璐，王保国. 化工设计[M]. 北京：化学工业出版社，2002.

[13] 包头市钢铁设计研究总院. 包头钢铁集团公司 4 号高炉煤气布袋除尘工程[R]，2008.

[14] 包头市钢铁设计研究总院. 包头钢铁集团公司 6 号高炉煤气布袋除尘工程[R]，2009.

[15] 包头市钢铁设计研究总院. 青岛钢铁集团公司高炉煤气布袋除尘[R]，2009.

[16] 中华人民共和国国家标准. 工业企业煤气安全规程（GB 6222—2005）[S]，2005.

[17] 中华人民共和国国家标准. 工业企业金属管道工程施工及验收规范（GB 50235—2010）[S]，2010.

[18] 中华人民共和国国家标准. 金属波纹管膨胀节通用技术条件（GB/T 12777—1999)[S]，1999.

[19] 中华人民共和国石油天然气行业标准. 低压流体输送管道用螺旋缝埋弧焊钢管（SY/T 5037—2000)[S]，2000.

[20] 钢铁企业燃气设计参考资料编写组. 钢铁企业燃气设计参考资料（煤气部分）[M]. 北京：冶金工业出版社，1978.

[21] 严铭卿. 燃气工程设计手册[M]. 北京：中国建筑工业出版社，2009.

[22] 袁国汀. 建筑燃气设计手册[M]. 北京：中国建筑工业出版社，1999.

[23] 李公藩. 燃气工程便携手册[M]. 北京：机械工业出版社，2002.

[24] 高附烨. 燃气制造工艺学[M]. 北京：中国建筑工业出版社，1995.

[25] 日本煤气协会. 用油气制造煤气与合成气[M]. 北京：石油化学工业出版社，1976.

[26] 中国冶金百科全书编写组. 中国冶金百科全书[M]. 北京：冶金工业出版社，1992.

[27] 岳雷. 冶金行业工厂设计改革[J]. 中国冶金，2010.

[28] 岳雷. 高炉煤气干式布袋除尘工程设计计算改进[J]. 中国冶金，2010.

[29] 岳雷. 氧气转炉汽化冷却烟道传热计算[J]. 节能技术，2012.

[30] 中华人民共和国石油化工行业标准. 石油化工管壳式余热锅炉（SH/T 3158—2009）[S]，2009.

[31] 中华人民共和国机械行业标准. 烟道式余热锅炉设计导则（JB/T 7603—1994)[S]，1994.

[32] 中华人民共和国机械行业标准. 氧气转炉余热锅炉技术条件（JB/T 6508—1992)[S]，1992.

[33] 中华人民共和国国家标准. 钢制压力容器（GB 150—1998)[S]，1998.

[34] 中华人民共和国国家质量监督检验检疫总局. 压力管道规范（GB/T 20801—2006)[S]，2006.

［35］中华人民共和国国家质量监督检验检疫总局．固定式压力容器安全监察规程（TSGR004—2009）［S］,2009.

［36］中华人民共和国国家质量监督检验检疫总局．压力管道安全技术监察规程—工业管道（TSGD0001—2009）［S］,2009.

［37］谢铁军，寿比南，王晓雷，等．固定式压力容器安全监察规程释义［M］.北京：新华出版社，2009.

［38］崔玉川，李思敏，李福勤．工业用水处理设施设计计算［M］.北京：化学工业出版社，2003.

［39］崔玉川，马志毅，王效承．废水处理工艺设计计算［M］.北京：水利电力出版社，1990.

［40］余昌铭．热传导及其数值分析［M］.北京：清华大学出版社，1981.

［41］刘燕．最新锅炉、压力容器、压力管道设计、运行与检测常用数据及标准规范速查手册［M］.北京：中国当代音像出版社，1998.

［42］龙马工作室．VisualC#2005从入门到精通［M］.北京：人民邮电出版社，2006.

［43］龙马工作室．Access 2003从入门到精通［M］.北京：人民邮电出版社，2006.

［44］冶金工业部钢铁司．冶金企业煤气的生产与利用［M］.北京：冶金工业出版社，1987.

［45］姜正候．燃气工程技术手册［M］.上海：同济大学出版社，1987.

［46］焦化设计参考资料编写组．焦化设计参考资料［M］.北京：冶金工业出版社，1978.

［47］中华人民共和国国家标准．城镇燃气设计规范 GB 50028—2006［S］,2006.

［48］中华人民共和国国家标准．流体输送用不锈钢无缝钢管（GB/T 14976—2012）［S］,2012.

［49］中华人民共和国国家标准．流体输送用不锈钢焊接钢管（GB/T 12771—2012）［S］,2012.

［50］中华人民共和国国家标准．低压流体输送用大直径电焊钢管（GB/T 14980—1994）［S］,1994.

［51］中华人民共和国国家标准．直缝电焊钢管（GB/T 13793—2008）［S］,2008.

［52］中华人民共和国国家标准．石油裂化用无缝钢管（GB 9948—2006）［S］,2006.

［53］中华人民共和国国家标准．高压化肥用无缝钢管（GB/T 6479—2000）［S］,2000.

［54］中华人民共和国国家标准．高压锅炉用无缝钢管（GB 5310—2008）［S］,2008.

［55］中华人民共和国国家标准．低中压锅炉用无缝钢管（GB 3087—2008）［S］,2008.

［56］中华人民共和国国家标准．工业金属管道工程施工质量验收规范（GB 50184—2011）［S］,2011.

［57］中华人民共和国国家标准．流体输送用无缝钢管（GB/T 8163—2008）［S］,2008.

［58］中华人民共和国国家标准．钢制对焊无缝管件（GB/T 12459—2005）［S］,2005.

［59］中华人民共和国国家标准．钢板制对焊管件（GB/T 13401—2005）［S］,2005.

读者意见反馈表

　　《钢铁企业燃气工程设计手册》有很多的不足，希望广大读者可以给予意见反馈，本手册中的所有计算方法都用编制了相关的软件，届时只要读者评购书小票和反馈意见即可通过电子邮件方式得到整套软件。

　　意见表可剪裁后邮寄至内蒙古包头市钢铁大街45#，岳雷收。邮编：014010，电话：0472-6966881。如不方便邮寄，可发电子邮件至 *yuelei@ beris. cn*，请注明您的意见和建议，并扫描购书小票。

　　同时，由于《钢铁企业燃气工程设计手册》是《中国冶金大典》中《冶金燃气设计手册》的重要组成部分，反馈意见的单位或个人，如果有非常有意义的资料或建议，分册主编可将反馈意见的单位或个人邀请一同编写《冶金燃气设计手册》。

- - - ✄ - ✄ - - - -

读者意见：（如意见或建议较多，可附页）

电子邮箱：